領導行為與
綜合測評研究

沈登學 著

崧燁文化

目　錄

第一篇　總論

第一章　領導行為與綜合素質測評 // 3
　　一、領導行為研究與綜合素質測評 // 3
　　二、對待領導素質測評的正確態度和調控 // 5

第二章　領導行為綜合測評與調控 // 7
　　一、領導行為測評心理概述 // 7
　　二、測評者和被測評者的一般心理影響 // 9
　　三、測評者的心理與調控 // 12
　　四、被測評者的心理與調控 // 19

第三章　領導行為評價的體系框架 // 25
　　一、領導行為評價的「利益相關者評價模式」// 25
　　二、領導行為評價的內容 // 31
　　三、領導行為評價的功能與目標 // 33
　　四、職業經理人評價的體系框架 // 37

第四章　領導力開發與企業家素質測評 // 39
　　一、商業環境的變化使領導力及其模型成為組織成功的關鍵要素 // 40

二、建構領導力模型，開發領導力勢在必行 // 41
三、開展人才素質測評是開發領導力的有力工具和手段 // 42
四、中國企業家的素質測評 // 44

第五章　領導行為勝任素質評價 // 49
一、領導行為勝任素質模型的構建 // 49
二、基於勝任素質模型的職業經理人素質評價 // 60
三、職業經理人勝任素質評價模型 // 81

第六章　領導行為績效評價 // 83
一、領導的個人績效與企業績效 // 83
二、領導的個人績效與管理團隊績效 // 84
三、領導績效評價與管理現狀實證研究 // 88
四、領導績效評價模型 // 101

第七章　領導行為綜合評價體系模型及其應用 // 113
一、領導行為綜合評價體系模型及其運行機制 // 113
二、領導行為綜合評價體系的應用 // 115

第八章　領導行為及領導力模型 // 152
一、領導行為理論概述 // 152
二、領導力與領導力模型的定義 // 154
三、領導力模型的理論基礎 // 155
四、領導力模型的作用 // 157

第九章　領導力建模的原則、流程和方法 // 159
一、領導力建模的原則和流程 // 159

二、領導力建模的主要方法 // 161

三、行為事件訪談法 // 162

第十章 常用的領導行為風格模型 // 164

一、「高效能人士的七個習慣」模型 // 164

二、5 種領導力 10 個使命模型 // 167

三、成功領導者模型 // 168

四、領導力五力模型 // 170

第十一章 知名企業領導力模型分享 // 190

一、通用電器（GE）的「4E」領導力模型：讓每個員工發展自我 // 190

二、培養最佳管理者——美國 3M 公司的領導力建模與領導力開發 // 191

三、解讀 IBM 領導力模型，揭示大象跳舞的秘訣 // 196

第十二章 領導力提升策略 // 202

一、決斷力的自我培養 // 202

二、創新力的自我培養 // 204

三、敏銳力的自我培養 // 204

四、自控力的自我培養 // 205

五、控制力的自我培養 // 205

六、授權與培育下屬意識的自我培養 // 207

七、溝通能力的自我培養 // 208

八、執行力的自我培養 // 209

第十三章 提升組織領導力水準策略 // 211

一、確定組織領導力培養和提升的目標 // 211

二、構建組織領導力模型，確定組織領導力培養的內容 // 212

三、選擇領導力培養對象 // 213

四、選擇領導力培養的途徑與方法 // 216

五、領導力培養計劃的實施與評價 // 217

第十四章　構築跨文化領導力及軟實力 // 219

一、跨文化領導力的挑戰 // 219

二、解讀跨文化領導力 // 223

三、培育跨文化適應力，為「贏在他鄉」奠定基礎 // 224

四、選拔具有跨文化適應力的外派經理 // 225

五、培育跨文化領導力 // 233

六、構建基於KPI和行為評價的考核體系 // 239

七、設計基於類別的績效導向薪酬體系 // 244

八、構建「雙贏」的外派經理職業生涯規劃體系 // 250

第二篇　領導行為有效性專論

第十五章　領導風格 // 255

一、中國企業家的領導風格特徵分析 // 255

二、鍛造領導力，造就獨特領導風格 // 257

第十六章　中國國情背景下的有效領導行為研究 // 259

一、中國企業CEO的領導行為及其對業績的影響 // 259

二、基於中國國情的有效領導行為 // 261

第十七章　領導行為有效性的研究、討論及建議 // 264

一、國內外領導行為有效性研究 // 264

二、企業領導行為有效性研究案例 // 265

三、企業領導行為有效性影響因素 // 267

四、企業領導行為研究、討論及建議 // 271

第十八章　人本管理的心理學思考 // 273

一、人本管理的根本是人，關鍵是促進人的潛能發揮 // 273

二、人本管理的層次與心理學的應用 // 274

三、企業管理中的心理和諧 // 276

第十九章　領導力模型 // 278

一、領導力模型構建的方法和步驟 // 278

二、領導力模型構建過程 // 282

三、領導力模型體系 // 290

四、領導主要職責對應所需要的領導力要求 // 296

五、獨特性分析 // 297

六、領導力模型驗證 // 298

七、領導力模型應用 // 301

附件1　領導行為績效管理系統研究調查問卷 // 305

附件2　領導行為各項素質評價等級的均值 // 312

附件3　領導綜合素質考評表 // 313

參考文獻 // 316

第一篇　總論

第一章　領導行為與綜合素質測評導論

一、領導行為研究與綜合素質測評

　　領導行為是指領導者在領導過程的不同階段中因情境和任務需要會表現出不同的領導行為。現代領導幹部的素質，不是由單一要素構成的，而是由多種素質組合而成的素質系統，而心態、人格綜合素質很難界定，具有很強的綜合性特點：以個性（人格）為核心的統籌兼顧的能力，既統攬全局、統籌規劃，又在重點突破中推動工作協調發展。開拓創新的能力，善於根據事物發展的客觀規律推動思維創新、方法創新、實踐創新、制度創新，創造性地開展工作。知人善任的能力，善於發現人才，正確識別人才，科學評價人才，合理使用人才，把各方面的優秀人才匯聚到事業中來。應對風險的能力，善於對各種可能出現的風險進行科學預判和超前準備，有隨機應對的能力，化風險為機遇，化被動為主動。維護穩定的能力，善於見微知著，有維護穩定的果斷性，及時化解矛盾糾紛，妥善處理群體性事件。同媒體打交道的能力，尊重新聞輿論的傳播規律，正確引導社會輿論，與媒體保持密切聯繫，自覺接受輿論監督。領導行為研究的一個重要因素是人的積極性能否得到充分發揮，而在影響人的積極性發揮的諸因素中，領導行為是關鍵。不同的領導行為往往給各種成員不同的心理影響。可以說，要把某一單位、某一部門管理好，沒有過硬的領導者不行，即領導行為要具有有效性。隨著領導素質測評理論的深化及技術的更新，領導行為研究在管理中的價值日益突出。

　　隨著領導素質測評理論的深化及技術的更新，它在管理中的價值日益突出。目前，隨著市場經濟的發展，領導素質測評進入中國黨政機關和企事業單位已是大勢所趨。領導素質測評的現實意義具體表現為以下幾點：

　　（一）有助於對領導人才的全面瞭解和因才施用

　　目前黨政機關和企事業單位選拔和任用領導人才，在很大程度上是考察學歷和檔案。學歷僅能說明一個人具有某一學習經歷，或者說具有某一專業系統知識的可能性。然而，每一具體崗位對人才都有特定的素質要求，如有

研究能力、公關能力、組織能力等，而這些都是學歷所無法反應的。檔案對人的素質有一定的記載，但檔案中僅僅有諸如「政策水準高」「團結同志」「具有創新能力」等評語，這些評語對於錄用人才來說過於籠統。領導素質測評一方面可以對領導人才進行人品考察、行為檢測、健康檢測、才智檢測、績效考評、問題診斷和優缺點鑑別，有利於組織人事機構得到其真實確切的個人材料，並能夠給予正確、全面的評價。另一方面，可以做到領導人才的優化組合，實現人職匹配。因為每個人的能力和個性特徵都不相同，在一個組織機構中，要完成工作目標，實現組織發展，不僅需要每個人素質優良，更需要領導人才的素質和工作目標、工作職位要求相符合，以發揮組織和個人的最大效能。

（二）有助於公平地選擇任用領導人才

以往黨政機關和企事業單位選拔和任用領導者時，受個人偏好的影響，有較大的主觀性。個別人甚至在選擇人才時，還存有私心，搞任人唯親、拉幫結派，從而背離了公平原則與效率原則，打擊了人才的積極性，削弱了組織的整體效能。領導素質測評將改變那種單純權力化、意志化、長官傾向化的「人治式」組織工作模式，使人才選拔變得更科學規範，更少失誤。同時，在現實生活中強化正氣和科學民主之風。

（三）有助於對領導人才的檢查監督

領導素質測評有利於領導階層更透澈地瞭解領導階層內部的真實情況，以便更好地改善和實施領導；有利於發現潛在的和現實的不稱職者、違法亂紀者、腐敗墮落者，以便及時純潔隊伍，確保領導階層能夠自覺地做到廉潔奉公、勤政為民和以人為本。領導素質測評中的民主測評和360度反饋等在這方面的作用尤其明顯。

（四）有助於領導人才資源的合理開發

對於領導人才資源來說，只使用而不開發，其資源將是有限的；既使用又開發，它是無限的。借助領導素質測評的技術手段，對各類領導人才的品德素質、能力表現、心理需要、價值取向等進行測試評價，反應出人才的功能與其實際崗位、擔負責任及其期望之間的距離，這就為每個人的培養目標和培訓計劃提供了科學依據，從而能高效地開發現有的領導人才資源。而且，領導素質測評也有助於領導者認識發現自己在性格特徵、能力素質、興趣培養等方面的不足，幫助他們更加客觀準確、深刻地瞭解和認識自己。

（五）有助於高效地激勵領導人才

領導素質測評的一項重要內容就是人才考核。運用科學的測評手段，定期對領導人才進行考核，一方面可以給予公平的報酬與獎勵，從而從外部給

予激勵。另一方面，可以使人才隨時在縱向上瞭解自己在能力和個性方面的優勢，從而自覺地接受組織培訓，加強自身的學習、訓練和修養，以達到調整、提高的目標。每個人才都有自尊和進取的需要，希望自己在人才測評中取得好成績、好結果，這就迫使人們發奮努力、不斷進取。從行為修正激勵理論觀點來看，獲得肯定性評價的行為將會趨於高頻率出現，而獲得否定性評價的行為將會趨於低頻率出現。因此，領導素質測評是促使領導者個體素質的培養與修養向著社會所期望的方向發展的強化手段。

二、對待領導素質測評的正確態度和調控

領導素質測評作為評估、鑑別領導者素質發展狀況的一種重要手段，越來越受到黨政機關和企事業單位的關心和重視。各類素質測評的工具、諮詢公司和相關培訓方式不斷湧現。對於領導素質測評，我們必須有充分的認識和正確的態度。

（一）領導素質測評的本土化或中國化

一方面，由於中國與西方發達國家在政治體制、經濟基礎、教育背景、價值觀念、人文環境上存在種種差異，簡單地引進西方發達國家關於領導者素質的理論模型和技術手段，直接在中國運用肯定會遇到「水土不服」的現象。對中國領導素質測評來講，確實存在著科學性和適用性等方面的問題。為此，必須注重鑑別、消化和吸收，努力使之本土化、中國化，增強其針對性和適用性。

另一方面，對於國內自編的心理測評工具，其存在的最重要的問題就是編製是否規範。要做到這一點，至少不能忽略以下兩點：第一，不能背離心理學理論和研究成果；第二，心理測評量表的編製必須規範化和標準化。一般說來，現在自編量表的測量理論主要有經典測驗理論、項目反應理論、概化理論三大理論。這三大理論是當今測量理論的主流。

（二）謹防領導素質測評的萬能論和無用論

一方面，領導素質測評是一種工具、一種手段，或者說是「參謀長」。它能為決策提供參考與依據。但它不是「司令員」，不能代替決策。它不是萬能的。另一方面，領導素質測評作為一種科學的技術手段，它確實具備了輔助選拔、診斷、預測、開發和諮詢的多種功能。領導素質的測量和評定是一項複雜的、綜合性的工作，不是一兩項測驗就可以解決的問題。需要借助各種辦法和措施，需要綜合運用定量、定性等多種方法。對測評方法的選擇和技術工具的應用必須採取科學慎重的態度。

（三）防止領導素質測評工具的濫用誤用

在西方發達國家，領導素質測評的技術工具對其使用者的資格以及道德準則都有嚴格的明文規定。美國心理學會最早頒發了測驗的管理條例，對有關測驗的版權、使用、資格都進行了詳細的說明。中國心理學會1992年12月專門制定頒布了《心理測驗管理條例》，對測驗註冊登記、測驗使用人員的資格認定以及測驗的控制與保管進行了具體規定。然而，由於利益驅使等原因，造成了領導素質測評工具的濫用誤用。更有甚者，把測評當成賺錢的手段。有些人根本沒有理解測評是怎麼回事，就去出售測評工具或進行測評服務。

因此，在中國領導素質測評中運用測評的方法技術，既要符合國家領導幹部選拔考試測評的各項規章制度，也要遵守心理測評的基本道德規範，嚴格按照素質測評的準則進行操作。要注意保護受測者的個人隱私，對測驗結果慎重解釋並嚴格保密，使測驗對領導人才選拔測評發揮出良好的作用。

（四）領導素質測評人員需要具備一定的專業能力

人才測評的結果既取決於技術，也取決於技術使用者。所有測評只能作參考，因為人是複雜的，個性也沒有絕對的好壞之分。進行領導素質測評，需要對測評情境進行嚴格控制，對測驗結果進行嚴格的統計學和心理學上的解釋，需要測評人員接受專門的知識培訓和技能訓練，要掌握和熟悉心理學、領導學、統計測量學等相關知識，具備測試職業資格條件。

第二章　領導行為綜合測評與調控

　　由於領導行為測評過程是測評者依據某種標準對被測評者有關方面的情況進行評判的過程。所以，測評者的心理狀態必定會影響測評結果；被測評者由於受到心理因素的影響作用，常常也會出現「失真」的情況，從而導致測評結果的不準確。為了提高測評的信度，就必須考慮和分析測評者和被測評者的測評心理現象，採取有效措施，克服各種心理干擾，提高評定的有效性和公正性。

一、領導行為測評心理概述

（一）領導行為測評心理的分類

　　心理是客觀現實在人腦中的反應。測評心理，是指測評者和被測評者對測評全過程的實踐活動和測評過程的各種關係、交往等現實活動的反應。因此，測評心理既指測評者和被測評者反應測評現實的心理現象，又指其對測評現實做出反應的行為方式。

　　在測評過程中，測評者或被測評者產生的心理活動變化多端，其現象多種多樣，表現的形象紛繁複雜。為了便於認識，必須討論測評心理的分類。根據不同的分類標準，測評心理可以概括為不同的種類。

1. 根據心理學範疇分類

　　根據心理學範圍可分為測評的心理過程、心理狀態、心理特徵。

（1）測評的心理過程，是指在測評過程中即時產生的各種心理活動。它包括觀察、社會知覺、記憶、比較、綜合、判斷、推理、想像等心理活動。

（2）測評的心理狀態，是指測評過程中較長時間的較為複雜的心理現象。它包括情感方面的情緒狀態，如飽滿或低沉、熱情或冷淡等狀態；注意力方面的集中或分心等狀態；意志力方面的信心或沮喪等狀態；思維方面的疑難與質疑、定勢與靈活等狀態。

（3）測評的心理特徵，是指測評者或被測評者比較穩定的心理學的心理

品質。它包括個性的不同氣質類型（膽汁質、多血質、黏液質、抑鬱質）；性格的理智特徵（如感知方面的記錄型、描述型、解釋型和思維方面的分析型、綜合型）；情緒特徵（如自覺性與獨斷性、堅毅性與頑固性、果斷性與武斷或優柔寡斷、自制力與任性或怯懦等）。

2. 根據測評過程的階段分類

根據測評過程的階段可分為組織過程心理、設計過程心理、實施過程心理、測評過程心理和被測評者的準備心理和自評心理、被測評者的受評過程心理、被測評者的結果反饋心理。

（1）組織過程心理，是指測評的組織者在組織測評工作全過程中的心理現象。它包括選擇測評人員、機構建立、測評者與被測評者溝通、相互調控、內部關係處理、測評意見衝突處理、總結匯報等環節中發生的心理現象。如選擇測評人員的熟悉、相似等心理。

（2）設計過程心理，是指測評人員設計測評方案，特別是測評標準時的心理現象，如新奇心理、角色心理、捷徑取巧、急躁、畏難心理等。

（3）實施過程心理，是指實施實際測評過程中的心理現象，如首因效應、近因效應、暈輪效應、遵從心理、逆反心理、心理定式、疲勞效應、期待心理、同行寬恕和冤家心理、時尚心理等。

（4）測評過程心理，是指對結果進行解釋和應用的心理現象，如親疏心理、刻板心理、老好人心理、迴避心理等以及工作結束時的大功告成、草率等。

（5）被測評者的準備心理和自評心理，是指被測評者準備接受測評和自我測評時的心理現象，如焦慮、恐懼、應付心理等。

（6）被測評者的受評過程心理，是指被測評者接受測評、配合測評時的心理現象，如對抗、迎合、防衛、怯場心理等。

（7）被測評者的結果反饋心理，是指被測評者接到測評結果通知時的心理現象，如對抗、護短、嫉妒、自我辯解、敏感問題心理等。

3. 根據測評者或被測評者的心理機制分類

根據測評者和被測評者的心理機制可分為意識傾向性、情意心理、認知傾向、個性心理特徵。

（1）意識傾向性，是指測評者不同的情趣、愛好、動機、理想、需要、價值觀等。

（2）情意心理，是指測評者的情感意志特徵和情緒狀態。例如，情緒穩定、心理愉快、心境開朗時，測評標準掌握較準，信息搜集較細、較全，分析測評較認真；如果心境憂鬱、情緒波動，則易偏離標準的客觀性，搜集信

息急躁草率；如果因被測評對象引起情緒不好，則易產生偏見，甚至報復心理，使測評偏差更大。意志方面的毅力、耐性、精力的具備與發揮狀態，直接影響測評的始終一致、前後統一的客觀性。

（3）認知傾向，是指測評者已有的知識、經驗、認識結構和價值觀念、知覺模式、思維定式、形而上學或辯證思維對測評可靠性的影響。

（4）個性心理特徵，是指氣質、性格、能力等方面的差異對測評可靠性的影響，如易受暗示的氣質特徵而出現「遵從心理」，且遵從程度較大、範圍較廣，等等。

從以上分類可以看出，不同的分類方法使測評心理具有不同的類型。

二、測評者和被測評者的一般心理影響

在測評活動中，參與測評的人員有測評者與被測評者兩個方面。這兩個方面的心理活動是不相同的，但又相互滲透、相互作用。由於測評者參加活動的始終，其測評心理占據主要地位，對測評的成敗起著決定性作用。相比而言，被測評者對測評活動的介入並不多，但其測評心理對測評工作有一定的影響。因此，在測評心理中，對這兩方面應分別給予考慮，而且應鄭重考慮測評者的心理現象及其效應。

（一）測評者對被測評者的一般心理影響

測評工作是測評者對測評對象做出價值判斷的過程。這種判斷有肯定和否定兩個方面，在肯定的測評中，價值又有高低之別。這對於與測評對象有關的被測評者，必將產生多方面的影響。

1. 對自信心和自我概念、自我知覺的影響

被測評者如果得到好評，就容易從肯定的方面看待自己，增強信心；如果得到不好的評價，就容易從否定方面看待自己，產生自卑感。

2. 對情緒穩定和不安的影響

被測評者得到好的評價時，就會出現情緒穩定、不安程度下降的傾向；得到不好的評價時，就會出現精神緊張、情緒不穩、不安程度加劇的傾向。

3. 對意志和動機的影響

被測評者得到好的評價時，意志增強，幹勁足；得到不好的評價時，意志沮喪、幹勁低。但是，有時得到好的評價，也會出現情緒低落的情況。雖然得到不好的評價，只要給予適當的指導，有時幹勁反而會更高。

4. 對要求水準和達到目標的影響

被測評者得到好評後，能出現向著更遠大目標前進的傾向；如果得到不

好的評價，會出現降低原定目標的傾向。但是，如果連續得到不好的評價，通常不可能實現高層次的目標，卻又產生留戀通常難以達到的更高目標的傾向。

5. 對測評者和被測評者之間關係的影響

被測評者得到好的評價時，會對測評者產生好感；得到不好的評價時，即使測評有充分依據，也會對測評者產生厭惡感。

(二) 測評者心理對測評過程的影響

1. 對制訂測評方案的影響

在制訂測評方案的過程中，測評者心理容易產生一系列的矛盾和衝突。如目標要求與工作實際的矛盾、需要與可能的矛盾、制定者的主觀意願與領導意圖的矛盾、定性與定量的矛盾等。對這些方面，測評者的情緒狀態、意志品質和性格氣質，都可能產生積極或消極的影響。

2. 搜集和分析測評信息的影響

在搜集和分析測評信息的過程中，測評者與被測評者之間的心理矛盾和衝突，可能影響到搜集信息的全與缺、真與偽、快與慢、純與雜。如果被測評者提供的信息使測評者產生懷疑和不滿，可能對信息的分析產生偏頗或失誤。

3. 對測定與測評的影響

在測定與測評的過程中，存在著更為複雜的矛盾，也會產生複雜多變的心理矛盾與衝突。測評者的心理狀態可能影響信息材料的取捨與歸屬，也可能影響測定方式和測評的嚴肅性，造成評分高低、評語褒貶、權重分配、成績效益認定、水準方向側重上的偏差等。

4. 對測評結果解釋的影響

測評結果的解釋，是對測評對象做出結論，進行因果分析，較之其測評活動，受主觀心理影響更大。測評者的心理傾向可能使測評結論產生全面或片面、誇張或縮小、主觀或客觀、因果倒置、牽強附會等一系列偏差現象，給測評結果的綜合分析帶來困難。

(三) 測評心理調控的意義

測評心理調控是指用一定的手段和方法，對測評者和被測評者可能出現的心理行為進行調節、控制和利用，使測評工作順利開展。如在測評前、測評中和測評結束時，對參評人員可能出現的各種心理效應進行調控，對搞好測評工作具有重要意義。

1. 通過心理調控，可以使人力資源測評的準備更加合理充分

人力資源測評是一項複雜的系統工程，準備工作的質量直接影響著測評

第二章 領導行為綜合測評與調控

的成敗。人力資源測評的準備工作要做的事情很多，其中主要的是方案準備和組織準備，這裡均涉及諸多心理學問題。

測評方案的準備主要是測評標準的編製，各種調查提綱、問卷以及試題的設計等。這時，設計者的個體經驗、認識水準、氣質性格、態度、意志品質、道德水準、情緒狀態，特別是價值觀等都會對上述各方面產生這樣或那樣的影響。事實上制定測評標準就是測評主體個體規律及價值的能動反應，是客觀見之於主觀的產物。如果認為滿足社會和個體發展需要的人力資源測評才是有價值的，那麼測評標準的制定就會以此為出發點，立足於考查人的政治價值、經濟價值和文化價值，考查對人的自然適應性、社會適應性和創造性的促進。因而應注意對被測評者的品德、知識、智能、體魄發展的評價。如果標準的制定者認為人力資源測評主要是為了考查知識的掌握，那麼在編製指標體系或在命題時，將偏重於對被測評者知識記憶的考查上。其他心理因素的影響也很明顯，例如意志薄弱者易受暗示，往往把本來正確的設計內容輕率地修改掉，而有的則固執己見，明明意見不合理也不願意放棄。

對於測評的組織準備，從心理學的角度分析要特別注意人員組成心理結構的合理性。誠然，測評人員的知識結構是重要的，但是思想品德、素質能力及其他心理更是不可忽視的方面。例如，如果某一測評小組是由一些順從、主動性差、優柔寡斷的人員所組成，工作就會缺乏生氣，從而影響測評活動的順利開展。反之，倘若全部由獨立性強、易急躁衝動、情緒不穩定的人員組成，也將難以互相配合、協調一致、踏踏實實做好工作。

2. 通過心理調控，可以保證人力資源測評活動得以順利進行

測評者和被測評者的心理現象對測評的實施過程影響特別明顯，因而在實施過程中心理調控也更為重要。一方面，表現在信息搜集與分析的環節上，測評者和被測評者的心理現象都能直接影響信息資料搜集的真偽、全缺和快慢。例如，倘若測評者對被測評者抱有成見，致使對被測評者的不足之處格外挑剔，對其優點則充耳不聞、視而不見，影響對信息的獲取、分析與整理。另一方面，被測評者對測評者缺乏信任和好感，也會處處設防，產生對抗情緒。表現在結果的解釋和結論的確定上，測評者的心理傾向影響尤為突出，這是造成評價偏差的重要原因。例如，在人力資源測評活動中，一般情況是一種集體測評，此時測評者由多人組成，以求結論更加準確、客觀，但是倘若不注意心理現象的影響，就很容易出現測評偏差，這是由於集體測評往往是在同一時空的條件下，對同一測評對象發表意見，這時人際影響十分突出，其結果容易造成相符行為，也就是說，某些人的意見和行為，出於各種原因，與他人的行為、意志相符合。如有的人根據集體中持某種測評意見人數的多

少，做出符合大多數人意見的評價；有的則為保持與同行的融洽關係，表現出一定的從眾行為；有的屈從於某種權威人士的意見；也有的因缺乏自信而遵從他人的評價結論。這種不負責任的人雲亦雲、隨波逐流的行為，影響了對測評的深入分析和探討，不同的意見不能充分地發表，不合理的結論得不到及時修正，自然會影響測評的準確性。可見，在測評的實施過程中，重視和加強心理調控是非常必要的，它有利於有效地克服各種不良因素的干擾，使測評更加合理。

3. 通過心理調控，可以使人力資源測評的功能得以全面發揮，圓滿實現測評的目的

人力資源測評不僅具有鑒定功能和為教育決策服務的功能，也具有評價成就、改進工作的功能。但是，能否有效地發揮這些功能，在很大程度上取決於測評活動中測評者或被測評者的心理狀態。心理學理論認為，人的個體行為規律是：需要決定動機，動機支配行為。在這裡，動機具有十分重要的作用。它驅動和誘發人們的行為，規定行為的方向和力度，是產生行為的直接原因。一個人的工作成績，不僅與他的能力有關，也與其動機的激發程度有極為密切的關係。因此，為了更好地使人力資源測評產生良好的效益，就要研究需要，研究激發動機的規律。很難相信一個持有消極態度、認為測評不公正、不合理的被測評者，會在測評之後尊重測評結論，其積極性得到充分的調動，主動按照測評結論改進自己的工作。因此，在測評活動中，測評本身必須力求科學、合理，同時還要注意心理調控這一環節，端正人們的測評態度，排除心理因素中的不良干擾，正確對待測評結論，圓滿實現測評目的。

綜上所述，不難看出，無論是測評前還是測評中，或者是測評後，測評者與被測評者心理狀態和心理傾向的影響都是明顯的，所以必須認真研究人力資源測評全過程的心理活動形式和規律，特別是要研究產生消極影響的心理現象及其形成和發生作用的規律，探討心理調控的方法和措施，以求克服消極心理的不良影響，確保測評的客觀性、準確性和有效性。

三、測評者的心理與調控

（一）測評者的心理現象

測評者在測評過程中居於主體地位。為保證測評的客觀性和可靠性，必須充分認識測評者的心理現象，以便採取措施加以調節和控制。下面對測評過程中測評者的心理現象進行研究和分析。其中，有的心理現象是貫穿於各

環節之間的。

1. 準備過程的心理現象

（1）角色心理。所謂角色心理，是身分的自我意識及潛能意識表現的一種心理現象，是特定的職業責任、道德規範、行為習慣、職業利益等的反應。參與準備工作的測評人員從不同的崗位而來，各具特有的角色心理，會在準備過程中反應出來。在設計測評方案時，容易從各自的角色心理出發，表現不同的價值取向。如專家往往偏重方案的理論依據和科學性，實際工作者則傾向於方案的可行性。

（2）心理定式。所謂心理定式，是指由一定的心理活動所形成的準備狀態，影響或決定心理活動趨勢的一種心理現象。它的積極方面，反應了心理活動的穩定性和一致性；消極方面，妨礙思維的靈活性。在準備工作中，每個人往往按各自的心理表達自己的見解，不太注意分析具體情況，會影響測評方案的客觀性。

（3）新奇感。從各個崗位調來參加測評準備工作的人員，由於以往從未擔任過測評者的角色，會對測評工作以及自己將要擔任的角色產生一種新奇感。新奇感就是一種不定向情緒，延續時間長。人們往往帶著好奇心進入測評準備工作，當完成一些任務時，新奇感轉為喜出望外的愉悅心情；遇到難題無法進展時，又往往會轉化為懷疑或動搖的心態。

（4）時尚效應。時尚效應是指對新穎、時髦事物的向往和崇拜的一種心理現象。在追求時尚的狂熱中，往往停止自己的獨立思考，服從社會潮流，接受多數人所熱衷的東西，來獲得心理滿足。在制訂方案時，由於時尚效應，可能去追求新穎、時髦的東西，影響測評方向。如果所追求的「時尚」符合客觀規律，就能起積極作用；否則，就會起消極作用。

（5）期望效應。在測評實施前，對測評的期望主要表現為三種形式：積極期望、消極期望和中性期望。積極期望是指測評者對測評的期待積極，肯定多於消極和否定。人總是渴求滿足一定的需要和達到一定的目標。這個目標反過來對激發一個人的動機又具有一定的影響。消極期望是與積極期望相反的一種心理期望。它是指對測評的期待消極，否定多於積極和肯定。由於消極期望的影響，測評者對測評的期望值不高，認為評來評去都是否定結果，不值得花費精力，因而工作沒有積極性。中性期望是介於積極期望和消極期望之間的心理期望。對測評對象既無過分肯定的期待，也無過分否定的願望。由於期望值不高也不低，因而在測評工作中多採取不偏不倚的態度，對有些問題態度不明朗，既不贊成也不反對。

心理期望是自然產生的，無絕對好壞之分。但是為了使工作不受影響，

測評者有必要在工作前反省一下自己的心理期望是屬於哪一類型的，從而能在工作中注意克服該心理期望可能產生的不利影響，並及時控制自己的情緒，達到搞好工作的目的。

2. 測評過程的心理現象

（1）自尊心理。指測評者在測評活動中，具有力求正確地掌握測評標準，正確運用測評方法，正確執行測評程序，力求取得正確的測評結果，以顯示自己尊嚴的心理態勢。這是絕大多數測評者的共同心態。測評者深知自己所承擔的測評責任十分重大，能否高質量地完成測評任務，取得正確的測評結果，不僅關係到能否對測評對象做出正確評價，而且也能顯示自己的業務理論素質、工作能力水準。自尊心理在測評活動中的表現是：

堅持原則。以測評方案規定的原則為依據來開展測評工作，不以個人的好惡和興趣對待測評活動和測評對象。

實事求是。搜集測評信息，整理、測量測評信息，堅持以事實為依據，以測評標準為準繩。對測評對象做結論，不偏聽偏信，更不摻雜個人情感。

敢於對測評活動中的不正確做法提出批評意見，堅持正確的做法。

（2）首因效應。首因效應就是指「先入為主」，它是指第一印象比較鮮明、深刻，持續時間較長，經久不忘、不易改變的心理效應。這種第一印象有印刻作用，帶有烙印深刻、形象強烈和知覺印象不易改變等特點。不論是第一好印象或第一壞印象，都有可能由於該效應而成為固定的刻板印象。甚至客觀對象已經改變，其效應造成的印象仍保持不變。研究者做了一個實驗，分別給兩組被測評者看一個人的照片，並對甲組被測評者說，這是一個屢教不改的罪犯；而對乙組被測評者說，這是一位著名的學者。然後讓被測評者根據這個人的外貌來分析這個人的性格特徵。結果甲組的被測評者說，深陷的眼睛裡隱藏著險惡，高聳的額頭表明死不改悔的決心；乙組的被測評者說，深沉的目光表明他思想深邃，高聳的前額表明了他對科學探索的堅強意志。這些實驗說明了第一印象對知覺的重要影響。

（3）近因效應。近因效應是指由近因形成的新印象所產生的效果。近因效應與第一印象在時間上相反，是指認知對象最後給人留下的印象，往往具有較強烈的影響。

（4）暈輪效應。暈輪效應又稱光環效應，是指在觀察某個人時，由於對象的某些品質或特徵看起來比較突出，使觀察者對此產生了特別清晰和明顯的知覺，從而掩蓋了對其他特徵、品質的知覺和評價。也就是說，這些突出的特徵起著一種類似暈輪的作用，使觀察者看不到他的其他品質，從而由一點做出對這個人整個概況的判斷。這個效應在判斷一個人道德品質，或性格

特徵時表現得最明顯。例如看到某人衣貌整潔，印象不錯，就可能認為他做事細心、有條理、肯負責任。反之，如果對某人的印象不好，往往也會忽略他的優點。

暈輪效應一般產生在掌握信息不充分和刺激強弱程度不等的情況下，而且因測評者個人的心理因素差異而不同。這種心理效應的危害是以點帶面，以偏概全。測評者要防止暈輪效應，全面、細緻地瞭解每個被測評者的優缺點，才能克服成見，準確地進行測評活動。

（5）參照效應。參照效應是指某些測評對象的「形象」影響著對另一些測評對象的印象和測評的一種心理現象。其效應的意義是指在某個較高「形象」的參照下，其他測評對象便有黯然失色之感；相反，在某個較低「形象」的參照下，會反襯其他測評對象熠熠生輝。正如喝了蜂蜜再喝白開水，便覺得白開水有苦澀味道一樣。

（6）理想效應。理想效應是指對測評對象設想完美的先期印象影響其實際測評的一種心理現象。這也叫作「求全效應」。其效應的意義表現為，測評者在測評前存在一個理想化的測評對象，面對測評對象時自覺不自覺地提高了期待要求和求全心理，以此來衡量實際，便很容易產生不滿意的體驗。由於理想效應，使測評者掌握的測評標準不是客觀標準，而是以頭腦中的理想模式為標準，由過高的期望導致過分的失望，結果使好的被評成較好，較好的被評成一般，合格的被評成不合格。

（7）順序效應。在人力資源測評中，順序效應是指因測評的先後順序不同，而對測評對象的測評結果產生干擾的一種心理態勢。測評工作初期，信心足、精力旺盛，工作往往細緻，要求嚴格，其標準掌握要嚴一些。到了後期，因精力、時間不濟，或產生厭煩情緒，往往會放寬要求，草草結束。順序效應有兩種形式：

第一，先嚴心理。先嚴心理的表現是，開始測評時掌握標準偏嚴，導致測評結果偏低。產生這種現象的原因是因為測評剛開始時，測評者對測評標準還不熟悉，「嚴格掌握測評標準」的要求還牢牢印在腦中，認為要搞好測評，就要嚴格地掌握測評標準，甚至抱著「寧嚴勿寬」的思想進行測評工作，自然掌握標準就會偏嚴。

第二，先寬心理。先寬心理的表現與先嚴心理相反，開始測評時，掌握標準偏低，評出的結果偏高。產生這種狀況的原因，是剛開始測評時測評者對測評標準還不熟悉，害怕標準掌握嚴了測評結果低了，測評對象接受不了，抱著「試試看」，別「自找麻煩」的思想進行測評，自然就會降低要求。

（8）「趨中」心理。「趨中」心理是指測評者對測評對象既不願給優者以

太高的評價，也不願給劣者以太低的評價，盡量縮小差距，向中間狀態集中的一種心理現象。出現這種心理現象，或由於自己沒有把握，來個「模糊」處理；或由於「好人主義」，怕得罪人；或由於嫉妒心理，不願別人冒出來；或由於平均主義思想，不承認判別對優者嚴，對劣者寬，填平補齊。這就使優劣程度難以區別出來。

（9）成見效應。成見效應是指對測評對象的既有看法和態度影響對測評對象做出正確判斷的一種心理現象。成見效應表現在兩個方面：一是牽制測評者的注意力和認知，使其總是圍繞著固有看法去搜集信息、整理資料。凡是符合自己固有看法的就認定為真的；不符合自己固有看法的則抱懷疑態度，甚至認定為假的。二是對材料進行分析時持有成見，進行因果分析和價值判斷，對與自己成見相悖的因果關係或價值認定加以排斥，最後以自己的固有看法做出測評結論。

成見效應有兩種：一是有利於測評對象的好感成見，一是不利於測評對象的惡感成見。兩種成見都是主觀主義的，都不能保證測評的客觀性，因此必須克服。

（10）寬大效應。在測評活動中，有一種常見的傾向，表達積極、肯定的測評往往多於消極、否定的測評。心理學把這種現象稱之為寬大作用積極性偏見。

一般來說，在對人的知覺中有一種積極、肯定的偏見，但在對物的知覺中是少有或沒有的。這反應了在測評我們人類的夥伴中具有的一種特殊的寬大效應。寬大效應使得人們在人力資源測評中有過分寬宏大量的傾向，使過多的被測評者得到相當高的評定，從而縮小了被測評者之間的差異。

（11）附和權威心理。在測評過程中，有的測評者在對測評對象作測評結論時往往先瞭解自認為是「權威人士」的意見和態度，當瞭解到領導或「權威人士」的測評意見與自己的看法不一致時，哪怕明知領導或「權威人士」的意見並不十分正確，也要違心地使自己的結論與領導或「權威人士」的意見一致。

3. 結果處理過程的心理現象

（1）類群效應。這是指測評者與被測評者的類群關係影響測評客觀性的一種現象。「物以類聚，人以群分」，人們通常喜歡那些在各個方面與自己有著某種程度相似的人。測評者與被測評者之間總是存在著一種同行、同類、同專業、同地區等群屬關係，這些關係具體到測評者與被測評者之間，又有親疏、熟陌、利害、遠近的區別。這些關係使測評者在結果處理過程中會或多或少，或大或小地影響測評的客觀性。

（2）從眾心理。從眾心理是指個體因團體或個人真實的或臆想的壓力所引起的行為、觀點變化的一種心理現象。我們經常所講的「隨大流」，這是一種從眾行為。造成從眾心理的原因有兩個：一是規範壓力的作用。社會團體輿論一般以大多數人的意見為規範。個人如果不願被人認為「越軌」「不合群」「離經叛道」「出風頭」，就必須與群體意見保持一致。二是信息壓力的作用。個人行動時除依賴個人貯備的知識外，還需要借助外界信息，因而往往相信個人或群眾的信息來源，特別是在模棱兩可的情況下，個人缺乏做出決定所依據的參考意見時，更是如此。

從眾心理的積極意義在於容易形成一致意見，減少無謂爭端。消極作用在於不利於形成民主氣氛以充分發表各種不同意見，從而可能使其他各種心理和原因引起的偏見、成見或失誤難以得到糾正，少數人的真理也難以得到肯定。

（3）逆反心理。逆反心理是指在某種特定條件下，某些人的言行與當事人的主觀願望相反，產生一種與常態相反的逆向反應。逆反心理產生的心理基礎：一是人們的好奇心和求知欲，二是與人們的好勝心理有關係。這種現象在日常生活中比較常見。例如某篇文藝作品不大引人注意，但一經批評，反而會引起人們的極大興趣。逆反心理是一種不健康和背離客觀的反常心理。利用逆反心理的目的，是為了消除這種心理的影響。在測評過程中，由逆反心理引起的專唱對臺戲的心理現象有利於形成民主氣氛，充分討論，集思廣益，辯證思維，減少測評失誤。但是無原則的逆反心理則屬於「搗亂」的一類。

（4）本位心理。本位心理是指測評者在測評中堅持反應自己價值觀的一種心理現象。其效應意義表現為在測評中堅持反應自身的利益要求及其價值觀。如人事部門的代表一般要求偏重測評大中專學校畢業生的動手、實踐、交際等方面的實際能力以及相應的實踐性教學環節。在測評過程中，要注意克服本位心理，否則，可能會影響測評集體內部的人際合作關係，致使影響測評工作的順利開展。

（5）模式效應。模式效應是指以過去的有限經驗和固定模式去解釋測評結果的一種心理現象。若測評者頭腦中儲存著多種固有模式，則會造成先入為主，離開測評標準，錯誤地把測評對象納入主觀固有的某種類型或模式之中；或者不細緻分析測評對象的實際情況和差異，把自己主觀認定的某種特徵歸屬於測評對象。

（二）測評者的心理調控

對測評者的心理調控可以採取某些技術性措施。事實上，測評過程中的

心理現象並不是孤立的心理過程、心理狀態、心理特徵等心理因素所致，而與測評者的思想覺悟、道德水準、世界觀、方法論、能力素質、知識經驗有密切聯繫。因此，心理調控不僅要有技術性措施調控，而且要進行思想教育、紀律教育和技術培訓。

1. 測評者素質能力的調控

（1）把好選拔關。這是對測評者的基本素質等把關並保證測評結果的客觀性。選拔測評者時，要注意考核他們的思想品德、工作能力、知識結構和實踐經驗，看他們是否經過專門訓練等；組織測評者時，要注意保證測評者有一定的數量，並使他們具有廣泛的代表性；組織內部整體結構要合理，要包括各方面的代表，也要有各種能勝任測評專業工作的如統計、速記等人員。如有可能，還應進行人格測量，對那些情緒特別不穩定、性格孤僻、敏感、多疑、嫉妒和暗示性強的人，應重點教育和採取措施控制，或者另選他人。

（2）測評技能培訓。這是從人員能力的角度去保證測評的可靠性。技能培訓主要從測評知識和測評技術兩個方面進行。具體內容包括測評原理、測評方案設計、評分方法、數據處理、結果解釋、測評的心理等，還有領導怎樣作出測評決策，怎樣組織測評隊伍，如何選拔測評人員，如何組織測評工作，如何調控測評心理等方面的教育。

（3）思想品德教育。這是從思想、覺悟、道德的角度保證測評的準確性。這一工作是在培訓活動中進行的。教育內容包括兩個方面：一是學習有關文件，包括對測評指導思想、測評標準等文件的學習，以掌握測評思想，也包括進行科學理論和各種政策性文件、測評經驗總結等方面的學習。二是思想覺悟、政策水準、道德品質和紀律法制教育，包括進行組織原則、規章制度、保密條例以及公正、認真、負責、堅持原則、虛懷若谷、聯繫群眾等內容的教育。

2. 管理上的調控

通過對測評工作的組織管理，採取有針對性的措施進行預防、檢查、監督某些心理現象的發生或控制某些心理效應的影響。作為測評的組織領導者，應掌握測評心理活動的基本規律，時常觀察、瞭解測評者的心理動態，或採取措施加以預防，或出現苗頭及時糾正。在測評進行時，應時常提醒並檢查測評者對標準的掌握，強調根據全部信息做出判斷，而不要只看一時一刻。在信息採集的時間安排上應精心設計，採用順序換位、交換評判、多次或多人評定等組織措施，以調控趨中、暈輪、首因、近因等效應。在人員安排上要全面考慮，進行角色交換，多層次多類別評判，強調比較對照，以防止出現本位、類群、理想、成見效應。對那些明顯干擾測評可靠性的心理行為，

應及時組織測評人員進行評議，以明辨是非。對嚴重者可立即停止工作，調換崗位，以確保測評工作順利進行。

3. 通過心理「換位」使測評者自覺進行調控

在測評過程中，應提倡測評者扮演兩種角色，既扮演測評者，又扮演測評對象；既站在測評者立場上，客觀公正地進行評價，又要站在測評對象的立場，設身處地地思考測評問題，認真考慮測評的哪些方面合理，哪些方面不夠合理，哪些問題可以接受，哪些難以接受。實踐表明，這種心理換位的方法，可以使測評者個人將測評對象的親、疏、好、惡拋在一邊，從而客觀地實施測評。

4. 通過完善規章制度加以調控

建立和健全測評規章制度，嚴格遵守規範化的測評制度，一切按制度辦事，對於違反測評紀律則要嚴肅處理，這也是防止不良心理現象干擾測評活動正常進行的有效措施之一。

四、被測評者的心理與調控

（一）被測評者的心理現象

辯證地看，被測評者是動態角色，他可以是下級人員，可以是同級人員，也可以是上級人員。由於測評的目的不同，不同層次的人員可以處於測評者的位置，也可以處於被測評者的地位。

1. 自我測評心理現象

自我測評心理現象是在準備接受測評階段發生的心理現象，包括自我測評和準備接受測評的心理狀態與傾向。

（1）自我認可的疑懼心理。自我測評對現代測評來說是任何外部測評的基礎，其意義有兩點：一是自我認識（診斷或總結），二是作為外部測評的基礎。自我測評的這種特徵，使得自評者必然要產生一種疑懼心理——懷疑自己的測評與將來外部測評是否相符。這是該階段多數自評者必然要產生的心理現象。自評認可與否的疑懼心理可能對自我測評產生一些消極的影響。

自我測評過低。唯恐自評高於外部測評，以影響「人格形象」，於是以較低水準測評自己。

自我測評模糊。為避免自我測評與外部測評發生矛盾衝突，於是採用概括化的定性描述，運用含糊的詞語給出判斷。

自我測評過高。認為自評是基礎，外部測評是走過場，因而企圖以自我測評基點來抬高外部測評基點。

（2）被審心理。被測評者在接受外部測評之前，往往產生被動接受審查評價的心理，特別是那些資歷較淺的被測評者更是如此。被審心理是一種被動心理，它對測評的影響也是消極的。

2. 測評過程的心理現象

（1）應付心理。應付心理是被測評者在測評過程中的一種消極心理現象。它的表現多種多樣，如自我測評馬虎草率，圖形式，走過場；測評動員不力，敷衍了事；提供材料支離破碎、殘缺不全；日常安排計劃不周，時受衝擊；測評組織機構不健全，人員濫竽充數；對測評者所提要求推三阻四，拖拉搪塞等。

（2）迎合心理。迎合心理是一種與應付心理表面相反的「積極」心理狀態——不正常、不健康的「積極」狀態。它對測評會產生消極影響：

腐蝕軟化作用。「酒城肉兵」，阿諛奉承，使人「拿了手短，吃了口軟」，心理麻醉，失去防衛；使原則瓦解，標準崩潰，測評偏離方向。

線索誘導作用。形式上的「積極」狀態和態度上的「認真」氣氛，使測評者受到情緒感染，發生移情，心理上染上愉悅、理解、同情的色彩，被誘導進入正面肯定的心理狀態，從而導致偏向性的肯定。

（3）自衛心理。心理學研究認為，人在生活中處理自己與現實關係的心理現象有兩種，一為適應，二為自衛。在評價過程中，自衛心理一般表現為如下幾種思想和情緒：

疑慮—緊張—厭煩連續心理。對測評的意義、要求認識不清，容易產生懷疑心理，懷疑測評是否有損於自身，也可能懷疑測評的科學性、可能性，是否能客觀、準確地反應自身情況，測評結果是否公正。由疑而慮，便進入緊張狀態，擔憂測評影響個人或單位的名譽、領導印象、晉級提薪、重點扶持。由緊張又產生兩種心理狀態，一是厭煩，不願參與測評過程；或者發牢騷，散布對測評的不信任感，影響輿論，挫折決心，以圖使測評走過場，或為不佳的測評結果起掩飾作用；二是怯場，表現為參加考核的個人，因過度緊張而無法控制、支配自己的精神潛力，不能充分發揮自己的體力、智力。

迴避—旁觀—磨抗連續心理。在前述心理支配下，有的採取迴避態度，如請假、出差，借此脫離測評現實。迴避不了的則採取旁觀態度，如表面上不露聲色，形式上積極參加，但是一言不發，冷眼旁觀，態度曖昧，以此衝淡測評氣氛，獲得內心平衡。實在迴避不了的便採取磨抗態度，或者把缺點、問題、弱點掩蓋起來，不暴露可能導致否定測評的材料信息；或者對不得不暴露的問題採取大事化小、小事化了的手段；或者採取大帽子底下開小差，以抽象肯定、具體否定的手段文過飾非。

顯示—誇耀—比較的連續心理。自衛心理的另一種表現是以進為退的策略，即一反躲躲閃閃、含糊其辭的姿態，轉而積極參加，四處活動；或是宣揚自己的長處、優點、貢獻、績效，以圖「取長補短」，衝淡人們對短處的注意；或是挑剔別人的短處和問題，轉移測評者的視線；或是以攻為守，揪測評者的小辮子，鑽空子，以圖混淆視聽，打亂陣腳，使測評者自顧不暇，從而自身從容逃避。

2. 結果反饋心理現象

無論是哪種類型的測評，都必須把測評結果反饋給被測評者、被測評單位或決策者，即測評報告的接受者，通過教育決策，自覺改進工作或造成社會輿論壓力，促進被測評單位或被測評個人改進工作。只有這樣，測評工作才能起到作用。在反饋測評結果的過程中會出現許多心理現象，其中有的是消極的，為此，必須予以注意和調控。

（1）敏感心理。敏感心理主要表現在以下幾方面：

第一，分數敏感。結果反饋時，人們對測評結果的累積總分最為敏感，對與此相應的測評結果曲線圖、側面圖、比例分、位置名次排序等同樣敏感。

第二，利害因素敏感。結果反饋時，人們總是更為關心與自身有利害關係的那些指標和要素。一般情況下，人們對素質和能力等指標較為敏感，因為這涉及被測評對象的使用價值和發展價值。在特定情況下則關心與測評目的有關的要素指標。

第三，公正敏感。結果反饋不為被測評者滿意時，被測評者便轉而關注起測評是否公正的問題。無論是外部測評與自我測評相矛盾，還是位置名次落後，分數較低，或是應該肯定的未予肯定，都會引起對測評的不滿，進而懷疑測評的公正性，並從各個方面挑剔測評的缺點或問題，企圖否定測評結果。

（2）文飾心理。文飾心理又叫理由化的適應，是指被測評者為掩飾自己的缺點和短處，尋找各種理由來為自己辯護。即一個人為了掩飾不符合社會價值標準、明顯不合理的行為或不能達到個人追求目標時，往往在自己身上或周圍環境中找一些理由來為自己粉飾。如把考試成績不好歸咎於身體不好，或出題不公正。護短心理有多重表現形式，一是把自己的思想、行為和態度投射到他人身上，用他人的類似行為為自己開脫。二是把原因歸之於客觀偶然因素。三是自我解嘲，使自己心理上得到安慰和平衡。

護短心理作為自我防禦機制有一定的積極意義，但如果護短心理太強，則會使測評的功能難以實現。

（3）嫉妒心理。嫉妒心理一般是在得知自己的測評結論不佳時產生的一

種心理現象。被測評者得知自己的測評結果後希望人人都得到類似的測評，對測評好的對象心懷不滿，故意找茬。表現在，聯合同病相憐者告狀，貶低他人成績，誇大他人缺點，甚至當面非難、責備別人。

（4）對測評進行評價的心理。被測評者在瞭解測評結果時，也會產生對測評評頭論足的心理。嚴格說來，對測評進行評價是一種正確反饋，測評者應予鼓勵、重視。但是動機不純或缺乏自知之明者，也可能借此方式刁難以致否定測評。其否定方式有以下幾種：

以自我測評或自我感覺否定外部測評。

挑剔測評過程的細節，尋找缺點、問題、失誤以否定測評結果。

以非正式測評否定正式測評。

以局部測評否定全面、系統、綜合的測評。

以自身縱向比較和與他人橫向比較的測評否定客觀測評。

以歷史的測評否定現實測評。

除了以上列舉的否定測評的極端心理傾向外，還有責備測評不公正，指責測評不注重成績，重視缺點，懷疑測評不科學等心理。

（二）被測評者的心理調控

被測評者在測評過程中產生的心理現象是由對測評的認識和測評活動引起的，其心理內容集中地表現為怎樣對待測評的問題，因此，被測評者心理的調控，主要解決思想認識問題和控制測評的方式與活動。

1. 提高對測評的認識

（1）搞好測評動員。測評動員應開誠布公地宣講測評的目的、意義和積極作用，使被測評者認識到測評對他們是有利的，是一種肯定人們的價值和工作價值的重要手段。

（2）徵求群眾對測評方案的意見，採納合理的建議；組織指導自我測評，推行測評結果與本人見面，打破測評的神祕主義。

（3）講明測評的計劃和日程安排，使被測評者做到心中有數，能夠積極主動地配合工作。

（4）建立和健全測評制度，公布測評紀律，把自我測評與外部測評的態度、工作效果作為有關考核內容之一。

（5）被測評單位的領導和骨幹要為群眾做出榜樣，以正確的態度積極投入測評工作。

2. 採用多種測評形態，控制測評效應

所謂測評效應，具體地說，就是指通過測評者的目的、動機、需要、價值觀等構成的測評心理機制及傾向性，與不同的測評方式結合，作用於被測評者時引起被測評者的自我意識、情緒狀態、意志動機、需要和成就目標及與測評者人際關係的變化等。

測評態度體系與測評方式的結合可以分為幾種測評類型：以測評的肯定與否定界限分，可分為正測評和負測評；以測評的態度為主劃分，有期望型、激勵型、公正型、偏見型、偏激型測評；以測評主體劃分，有外部測評、自我測評等。在以上測評類型中顯然要摒棄偏見型和偏激型。其他測評類型各有利弊，應予合理安排，以避免產生不良的測評效應。

3. 保持測評者和被測評者良好的心理交往狀態

測評者和被測評者的心理交往狀態有以下四種基本狀態：

（1）測評者情緒好與被測評者情緒好相結合。測評者情緒好，容易看到被測評者的長處，熱情幫助對方，能對被測評者的情緒進行疏導。被測評者情緒好，能積極投入測評活動，主動配合。這是最佳狀態，測評容易獲得成功。

（2）測評者情緒好，被測評者情緒不好。測評者熱情、積極、認真，被測評者淡漠、厭煩或煩躁，測評者與被測評者之間心理上會產生隔閡。遇到這種情況，測評者能平等、寬容、克服，因勢利導，見機行事，不激化矛盾，可能改變被測評者的情緒，測評才有成功的可能。

（3）測評者情緒不好，被測評者情緒好。測評者對測評工作信心不足，情緒低落，對被測評者態度冷漠，不願理解對方。在這種情況下，被測評者即使情緒高漲，態度積極，也會如冷水澆頭。由於難以捉摸測評者的心理，往往從對自己不利的方面估計，情緒會由高變低，可能導致測評失敗。

（4）測評者與被測評者情緒都不好。測評者與被測評者由於種種原因發生衝突或對立，雙方情緒處於低落狀態，心理上的距離很大，以致形成僵局。結果會不歡而散，導致測評失敗。

從以上四種狀態不難看到，無論在什麼情況下，測評者的情緒和態度是至關重要的。有素養的測評者，應該始終保持良好的情緒，使雙方心理交流處於良好狀態，這樣才有可能採取主動，對被測評者的心理實施調控，使測評工作得以順利進行。

4. 結果反饋方式要靈活多樣

被測評者心理的調控要注意反饋結果的方式、方法，以避免被測評者有挫折感，產生焦慮，引起心理衝突。為此，我們不妨考慮以下的方式方法：

反饋要持平等相待、期之以望的態度；啓發式反饋，啓發其自我客觀認識，達到自知之明；講座式反饋，可以轉移過分關心分數的注意力；模糊性反饋，不講優缺點，只做一分為二的解釋，或者只告訴等級或相對等級分數的百分比；反饋範圍應有適當限制，如個別方式，迴避他人，以防擴散否定性測評結果；針對不同測評對象的特點、需要和敏感因素採取不同方式，如老年人不在乎素質測評，可直接反饋，而青年人敏感素質測評，則需曲線反饋。

第三章　領導行為評價的體系框架

一、領導行為評價的「利益相關者評價模式」

(一) 企業系統與系統思維方式

從高層領導行為來看，他們作為一個管理團隊掌握著整個企業的經營管理權。如圖 3-1 所示，企業是在特定的環境中生存和發展的，與環境進行著人、財、物、信息、產品與服務等的交換，企業本身就是一個開放的社會系統。因此，研究領導行為評價必須將其放在企業系統中，運用系統思維方式去探討。

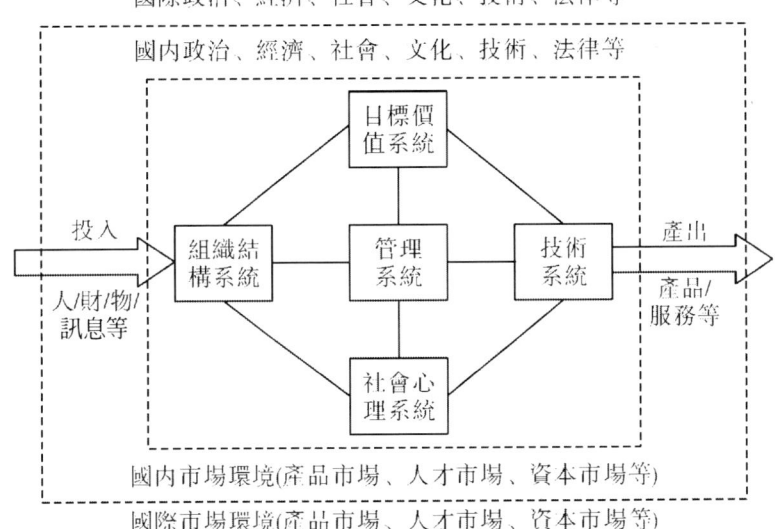

圖 3-1　影響企業經營的環境因素示意圖

所謂系統是指包含兩個或兩個以上元素的整體。一個整體要成為系統必須滿足以下三個條件：每一個元素的行為均對整體的行為起作用；各元素的行為及其對整體的作用是相互依賴的，沒有一個元素可以對系統整體單獨起作用；無論這些元素如何進一步分解，那些分解後的部分均對整體起作用，

但沒有一個部分能對整體單獨起作用,即系統的各個元素之間緊密相連,不能被分割成獨立的部分。由系統的含義可以得出兩個推論:系統的每一個部分均有其屬性,當它從系統中分解出來後,該屬性將產生損失;每一個系統均具備一定的屬性,但它的任何部分均不能獨立具備這些屬性。當系統被分解後,它的必要屬性將遭受損失。因此,把系統作為一個整體去理解,必須採取系統式的思維模式。系統思維的過程包括:部分:首先,識別包含該系統的包容系統(Supra-system);其次,解釋該包容系統的屬性或行為;最後,從在包容系統中所起的作用或應具備的功能的角度來解釋該系統。系統式思維模式具備以下特徵:

(1)系統式思維不僅關注系統內部,同時也要關注系統與環境的互動關係。根據系統產生的條件,系統的屬性僅靠系統的元素無法充分解釋,必須考慮這些元素之間的關聯性以及它們與系統環境之間的關聯關係。環境會影響系統,因此解釋系統時必須考慮環境,環境的變化也是導致系統發生偏差的重要原因。

(2)理解一個事物需要理解其包容系統。按照系統式思維,每一個事物都有其包容系統。事物的價值在於它對其包容系統所起的作用,因此,要理解該事物的價值就必須將其放到與包容系統的聯繫之中。

(4)系統的績效更多地決定於:系統元素之間的相互作用而不是它們的獨立行動。大量的實踐經驗表明,系統元素之間和諧的關聯關係對系統績效的產生至關重要,而這種和諧關係一般是以犧牲局部的效率為前提的,如果系統的各組成元素都達到最高效率,系統本身一般不能取得最佳整體績效,人事部績效的提高甚至可能導致整體績效的降低。

(二)領導行為的角色定位及其利益相關者

在社會系統中,職業經理人作為一個職業階層而存在,他們在社會經濟發展中發揮著重要的作用,同樣他們的行為也必須接受社會的監督與約束,在企業內部系統中,他們在與各相關職位的工作過程中履行崗位職責和完成任務目標。從現代社會分工和企業內部角色分工角度來看,領導行為主要承擔著以下七種不同的角色:

1. 領導行為的社會分工角色是「職業經理」

前文已經探討了領導行為的職業化特徵。從社會分工的角度來看,領導行為屬於「職業經理」,內部資源的稀缺性使之稱為社會上「最稀缺的人力資本」。

2. 領導行為的公司治理角色是「代理人」

如前所述,從經濟學委託—代理理論研究的角度來看,在企業所有權與

經營權分離的前提下，領導行為是企業所有者委託的代理人，而充當著「牧羊人」的角色，承擔著企業所有者資產保值增值的責任，並通過自身人力資本的價值獲取相應的薪酬。

3. 領導行為的企業內部專業分工角色是「專業經理」

從企業內部分工的角度來看，每個領導行為的專業與能力不同，他們分別在總經理（或首席執行官、執行總裁）、人事行政副總經理（或總監）、財務副總經理（或總監）、行銷副總經理（或總監）、研發副總經理、生產副總經理等職位上，履行不同的崗位職責，他們都是各專業領域的專業經理。

4. 領導行為的管理分工角色是「領導者」與「教練」

如圖3-2所示，領導行為都在各層級管理崗位上，管理者主要是通過他人來完成工作任務，管理的過程實際上是一個「借力」的過程。21世紀的企業管理者應成為教練型的領導者，不能僅依賴職權強制下屬完成任務，而應通過領袖魅力影響和激勵下屬，並運用教練型的輔導方式不斷挖掘下屬潛能，提升下屬能力與素質。本書所研究的高層領導行為在管理層級上屬於高層管理者，具備領袖魅力尤為重要。

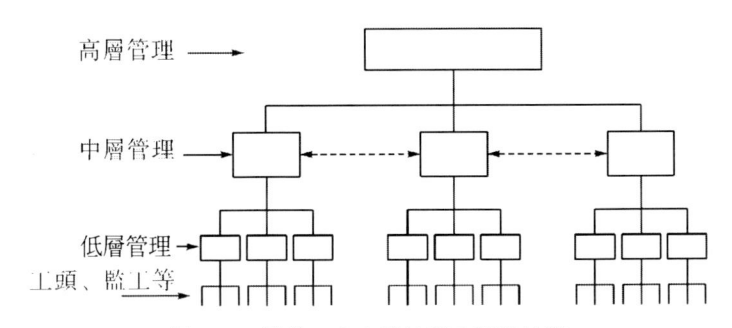

圖3-2 現代工商企業的基本層級結構

註：每一方塊代表一辦事處，虛箭頭代表不同經營單位之間工作的橫向協作關係。
資料來源：小艾爾弗雷德·D.錢德勒. 看得見的手——美國企業的管理革命 [M]. 重武, 譯. 北京：商務印書館，1987: 2.

5. 領導行為的崗位定位角色——上司的職務代理人

在企業中存在著多重委託—代理關係。從企業管理層級來看，董事會所選擇的經營代理人屬於企業的高層領導行為，而在企業經營過程中，高層領導行為按照管理層級授權給中層領導行為，由其代行部分職責。如前所述，企業家職能的分解促成了職業經理群體的發展，實際上高層領導行為是企業家的職務代理人，中、基層領導行為則分別是他們上司的職務代理人。

6. 領導行為的崗位定位角色——同事的內部顧客（合作夥伴）

從企業組織結構來看，不同經營單位相對獨立，職能管理部門也具有相

對的獨立性，但從整個企業系統來看，實現企業整體目標需要不同的經營單位、不同的職能部門之間的協作與配合。另外，從企業經營價值鏈的角度來看，每個經營單位和職能部門都是價值鏈的一個環節，它們之間應該是供應者與顧客之間的關係，因此，對同事來講，領導行為是榜樣。

7. 領導行為的崗位定位角色——下屬的授權者

在多重委託—代理關係中，對下屬來講，領導行為是委託人通過授權的方式進行職責和權限的分解，並激勵、指導、監督下屬恰當行使權力，正確履行職責，定期對下屬的工作進行評價，以確保工作任務的完成和目標的實現。

領導行為履行各角色職責的過程實際上也是與各類利益相關者打交道的過程。本書將領導行為工作中的主要利益相關者分為兩類：

（1）企業內部的利益相關者：企業內部的利益相關者主要是由領導行為的公司治理角色、管理分工角色與崗位定位角色等決定的，主要包括董事會、上司、同事與下屬。

（2）企業外部的利益相關者：企業外部的利益相關者主要是由領導行為「職業經理」這一社會分工角色和高層管理者角色所決定的，主要包括銀行等債權人、仲介機構、媒體、職業經理人市場、職業經理人協會、供應商、聯盟合夥人、外部顧客、政府相關主管部門等。

職業經理人角色定位及其利益相關者如圖 3-3 所示。

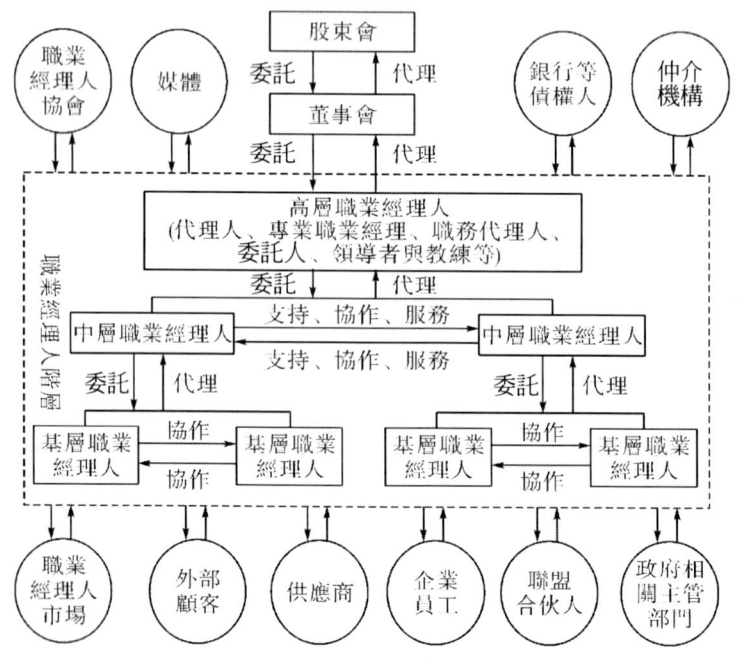

圖 3-3 職業經理人角色定位與利益相關者示意圖

第三章　領導行為評價的體系框架

（三）領導行為的「利益相關者評價模式」

領導行為與利益相關者之間是互惠關係：一方面，對不同的利益相關者來講，領導行為的價值不同，他們對領導行為的要求差異很大，領導行為應力求滿足他們的需要，實現利益相關者滿意，這樣才能實現企業的戰略目標。從企業實踐的角度來看，越來越多的企業高管們已經意識到了「現在保護長期股東利益以及為股東創造價值的途徑就是找到一個使多個利益相關者滿意的方法」；另一方面，企業和領導行為在滿足利益相關者要求的同時，利益相關者也在為企業做出貢獻。

1. 利益相關者的要求與滿意

不同的利益相關者對企業和領導行為的要求是有差異的：

（1）股東。對股東來講，他們的要求是投資回報，很多企業也將它們存在的理由界定為「為股東創造價值」，因此股東關心的是資產收益率、銷售利潤率等收益類財務指標。

（2）顧客。對顧客來講，他們要求企業提供物美價廉的產品和優質的服務，因此企業需要通過提高顧客滿意度、客戶維持率等來滿足顧客的需要。

（3）供應商。對供應商來講，他們要求企業能夠信守承諾、履行合同，他們最關心企業的銷售目標完成率、流動比率、資產負債率等反應企業盈利能力和償債能力等的指標。

（4）聯盟合夥人。對聯盟合夥人來講，他們要求能從聯盟中獲取收益，他們最關心的是企業在合作期內合作領域或項目的盈利能力。

（5）債權人。對銀行等債權人來講，他們的要求是企業能夠定期履行償債義務，他們最關心資產、負債率、流動資產週轉率等償債類財務指標。

（6）仲介機構。會計師、律師事務所等仲介機構和媒體等輿論機構的存在，對企業和領導行為來講是一種監督約束因素，這就要求企業誠實守信，合法經營，維護企業聲譽，同時也是在維護自身的聲譽。

（7）職業經理人市場、職業經理人協會。作為職業經理，領導行為接受職業經理人市場、職業經理人協會等機構的監督與約束，這就要求他們恪守職業道德，維護職業信譽，履行企業的社會責任，它們和仲介機構最關心的是領導行為的信用。

（8）政府相關主管部門。對政府相關主管部門來講，它們要求企業遵守國家相關的法律、法規，它們對企業和職業經理人的行為進行監督與約束，它們最關心的是職業經理人的職業信用狀況。

（9）員工。對企業員工來講，他們要求企業能夠認可他們的價值，定期給他們兌現應得的薪酬，期望在企業有良好的發展前途等，企業應通過提高

員工滿意度等滿足員工的需要，員工最關心反應企業近期盈利能力方面的指標並關注企業的長遠發展。

（10）上司。對上司來講，他要求職業經理人能夠正確履行分解給他的職責，完成分解給他的目標，上司最關心的是任務目標的完成情況。

（11）同事。對同事來講，他們要求職業經理人在工作中能夠協作與配合以完成工作任務，他們最關心的是領導行為的協作意識。

（12）下屬。對下屬來講，他們要求職業經理人具備領導技巧，公平對待每一位下屬，他們最關心的是職業經理人的領導行為。

2. 利益相關者的貢獻

企業意識到越來越多的利益相關者有越來越多的要求，但實際上企業對其利益相關者也有著越來越多的要求：對股東，要求他們多投入但少求回報；對外部顧客，要求其重複購買企業的產品和服務，忠誠於企業，維護企業，不斷為企業提供營業收入；對聯盟合夥人，要求其聯合開發，共同承擔成本，拓展市場；對銀行等債權人，要求其增加資金投入，更具冒險性，要給予長期支持；對供應商，要求其能承擔更多的外包任務、賣主相對集中，提供總體解決方案，具有整合性；對仲介機構、職業經理人協會，要求其提供更多的專業服務；對職業經理人市場，要求其提供更多的專業服務，並能為企業不斷輸送優秀的管理人才；政府相關主管部門，要求其為企業提供更好的服務，創造良好的經營環境；對員工，要求其具有多項技能和靈活性，多提建議，忠誠於企業；對上司，要求其多支持和指導自己的工作，給自己一個良好的工作環境，盡可能滿足自己的多種需求；對同事，要求其更主動配合自己的工作；對下屬，要求其工作更敬業，業績更優秀等。

利益相關者的要求、領導行為績效、企業戰略目標之間的邏輯關係應該是：企業根據主要利益相關者的要求制定戰略目標；領導行為根據戰略目標的要求履行職責，完成任務；企業與領導行為的行為表現與績效結果滿足利益相關者的利益，讓他們滿意，他們就願意為企業做出貢獻；利益相關者做出貢獻，企業才能實現其戰略目標（見圖3-4）。因此，應該由利益相關者對職業經理人的工作進行評價，利益相關者是職業經理人的評價主體。本書將此種評價模式界定為「利益相關者評價模式」，是系統思維模式在領導行為評價中的具體應用。

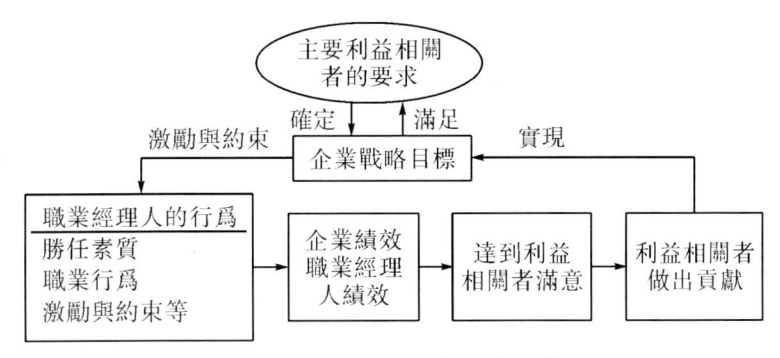

圖 3-4　職業經理人評價的主體

按照「利益相關者評價模式」，職業經理人的評價主體應該是各利益相關者，但從企業實踐的角度來看，職業經理人的利益相關者較多，他們對企業和領導行為影響的重要程度也存在著很大的差異。本書選擇影響較大的董事會、上司、同事、下屬等內部利益相關者和職業經理人協會、職業經理人市場、顧客、政府相關主管部門、銀行等債權人、媒體、仲介機構等外部利益相關者作為評價主體。他們的要求不同，評價的角度不同。

①內部利益相關者。董事會主要從委託人的角度評價領導行為盡責的情況；上司、同事、下屬是領導行為工作中日常打交道的對象，他們主要從職業經理人工作合作者的角度評價領導行為的工作業績和行為表現。

②外部利益相關者。職業經理人協會、職業經理人市場、銀行等、債權人、媒體、仲介機構等主要是從監督和服務的角度對職業經理人進行信用評價；外部顧客主要是從接受服務的角度對企業和領導行為進行滿意度及全面的評價。

二、領導行為評價的內容

（一）企業內部利益相關者評價的主要內容

從企業內部利益相關者的角度來看，他們對領導行為評價的主要目的有兩個：通過評價選聘適合企業需要的職業經理人；通過評價瞭解職業經理人的工作表現與業績以做出獎懲、調配（晉升、平調、降職或解聘等）、薪酬分配等人事決策。職業經理人的能力與素質在短期內難以改變，職業經理人的工作努力程度和誠信度等也受到職業經理人個性的影響。因此，招聘到高素質的職業經理人對提高企業績效至關重要。而在職業經理人招聘選拔過程中，企業和職業經理人的信息是不對稱的，職業經理人能通過欺騙、誇大自己的能力等來獲取企業的信任，從而得到應聘的職位。職業經理人的素質高低只

有其本人自己知道，而企業則對職業經理人的信息知之甚少。當然，企業會千方百計地獲得職業經理人的信息，而職業經理人也會盡量地掩蓋自己的缺點，誇大自己的優點，因此，職業經理人的招聘選拔過程其實就是雙方相互博弈的過程。在這個過程中企業如果能夠充分瞭解職業經理人的相關信息就可以提高招聘的質量，實現有效招聘。因此，企業首先必須明確各職位的職業經理人的任職資格條件，根據任職資格條件選拔適合企業的職業經理人。但「在市場競爭日趨激烈的情況下，中國企業的競爭力已逐步深化為一種人才的競爭力，而人才的競爭又集中表現為職業經理人之間的競爭」。

1. 勝任素質評價

為了招聘到高素質的職業經理人，有條件的企業應該構建職業經理人勝任素質模型，然後根據勝任素質模型對外部應聘者或內部候選人進行評價。從勝任素質 FPEB 模型的構成來看，職業經理人勝任素質包括專業勝任素質、行為勝任素質、心理勝任素質、職業操守素質四個方面，因此，企業根據勝任素質模型的四部分構成內容設計評價方法，據此可以判斷候選人是否具備職位勝任素質，即進行勝任素質評價。

2. 信用評價

職業經理人的職業發展是一個連續的過程，以往的職業經歷可以在一定程度上預測其未來工作績效和職業發展的成敗，為此，在招聘選拔職業經理人時企業有必要對其進行背景調查。調查的主要內容包括核實以往任職經歷和相關證照的真實性，瞭解其以往的工作表現與業績、離職的原因等，尤為重要的是其職業信用、職業操守方面的信息（如是否有違法犯罪記錄等），以判斷其是否有資格被雇傭，即對職業經理人進行信用評價。

4. 績效評價

企業選聘的職業經理人到任以後，他們是否真正勝任工作也是委託人關心的問題，因此，需要由利益相關者定期對其工作表現及績效進行評價，委託人據此作出相關人事決策。

（二）企業外部利益相關者評價的主要內容

1. 職業資格認證

如前所述，企業在招聘職業經理人時可以通過多種方法與途徑瞭解其能力高低和職業操守優劣，但難度大、時間長並且成本高。作為一個職業階層，職業經理人的專業技術性、職業化特徵決定了他們必須具備基本的職業能力與素質才能實現市場化，所以有必要運用統一的評價標準，按照規範的程序對職業經理人進行企業知識、職業技能與經驗、職業操守等方面的評價，確定其是否具備職業經理人必備的職業資格，即進行職業資格認證。有了統一、

規範的職業資格認證，企業就可以通過證書等級判斷職業經理人職業能力的高低以做出是否錄用或晉升等決策。由此可見，職業資格證書是企業對領導行為信任建立的基礎，是領導行為信用的證明。因此，職業經理人職業資格認證既是外部利益相關者對職業經理人進行職業管理與約束的有效措施，也是職業經理人信用評價的必要組成部分。從職業經理人職業化的要求來看，職業資格認證工作應該由外部利益相關者——職業經理人協會統一負責。與此同時職業經理人協會還能夠通過職業資格考試培訓、專業培訓等方面給職業經理人提供專業支持。

2. 信用評價

銀行等金融企業、政府主管部門、顧客等外部利益相關者在與職業經理人打交道的過程中對其行為進行監督與約束，瞭解職業經理人職業經歷中職業操守方面的相關信息，承擔著職業經理人信用評價的職責。從具體內容看包括個人信用和職業信用評價兩方面。

三、領導行為評價的功能與目標

(一) 領導行為評價的功能

對職業經理人進行綜合評價能夠發揮有利於企業選聘合適的職業經理人、有利於企業家與職業經理人之間信任的建立與累積、有利於推動經理人職業化的進程、有利於激勵和約束職業經理人的行為、有利於提升職業經理人隊伍的整體素質等作用。

1. 有利於企業選聘合適的職業經理人

領導行為綜合評價體系的構建可以從以下幾個方面幫助企業對職業經理人進行甄別。①職業經理人的職業資格等級證書是其職業能力的證明。職業資格是有關組織對從事某一行業工作人員基本條件的客觀規定。對於個人來說，職業資格是一張進入社會、以專業知識和技能服務於社會並取得薪酬的准入證，反應任職者的水準；對企業來說，職業資格是崗位工作要求的客觀形式，也是對從事該工作人員的要求和考核標準，並具有依照職業規範向有關部門進行申訴的權利；對社會來說，職業資格是允許個體進入特定勞動力市場的一種法律許可或社會承諾，並由此完成由「企業人」向「社會人」的轉變。職業經理人職業資格等級證書是其進入企業的「門檻」標準。因此，企業可以將職業資格等級作為評價職業經理人素質的依據之一。②職業經理人勝任素質評價可以幫助企業瞭解職業經理人的能力與素質，從而判斷其能否勝任崗位工作，以便作出是否錄用的決策。③職業經理人個人信用系統可

以提供其在金融信貸、公共消費、遵紀守法等方面的信息，企業可以瞭解職業經理人是否有不良記錄，職業經理人的職業信用則是其在以往職業經歷中的工作業績、工作行為與表現、遵守財務紀律等方面的記錄，企業可以瞭解職業經理人在以往職業經歷中是否有敗德行為，從其業績記錄判斷其實踐中表現出來的真實職業能力水準。④在企業從內部選拔領導行為時，客觀的績效評價可以作為選擇的重要依據。

2. 有利於企業與職業經理人之間信任的建立與累積

在市場經濟條件下，企業與職業經理人之間的相互信任是職業化管理隊伍形成的關鍵。因為信任的累積是一個過程，需要很長的時間，所以這種信任在很大程度上決定著企業的發展速度與企業的規模。換一個角度講，真正制約企業擴展速度的是「融入」（企業內部人的融合，人的融合在很大程度上也就是相互之間信任建立的過程），而不是融資。建立企業與職業經理人之間信任的途徑主要有法律機制、感情機制和聲譽機制。

法律機制是指雙方簽訂合同，如果職業經理人有欺騙行為，就會受到懲罰，如果預期懲罰大於欺騙所得，職業經理人就不會選擇欺騙行為，就會贏得企業的信任。感情機制則是指偏好的內在化，如果一個人的效用函數中包含他人利益，如別人過得越幸福我就越高興，意味著我把別人的利益內在化為自己的利益，我關心他勝於對我自己的關心（如圖3-5所示），如果職業經理人對企業家的感情系數（關心程度）超過0.5的話，他就不會欺騙企業了。血緣關係、相處時間的長短等都是影響感情的因素，培養感情也就是培養信任。信譽機制源於重複博弈，在多次重複博弈中，人們更多考慮的是合作的長期收益，而非短期的一次性好處，如果有更多的機會進行長期合作，人們就更有可能放棄短期利益誘惑，因而相互之間就更能信任，長期交往又有利於增進相互之間的感情，所以重複博弈從信譽與感情兩方面都有助於信任的建立。

從上述職業經理人與企業之間信任的建立來看，職業經理人綜合評價體系可以從三方面發揮作用：首先，初次合作博弈，職業經理人以往的信用檔案、職業資格證書等是獲取企業信任的基礎資料；其次，在雙方合作的過程中，職業經理人的工作績效、工作行為與表現、職業信用等信息會定期記入其信用檔案，這樣將有助於雙方信任的累積，並有可能和特定企業多次合作；最後，從整個市場來看，職業經理人綜合評價體系的建立有利於鑑別職業經理人的優劣，對於有良好記錄的職業經理人來講，在市場競爭中能夠脫穎而出取得企業的信任，而有不良記錄的職業經理人則因為得不到企業的信任而逐漸被淘汰出局。

第三章　領導行為評價的體系框架

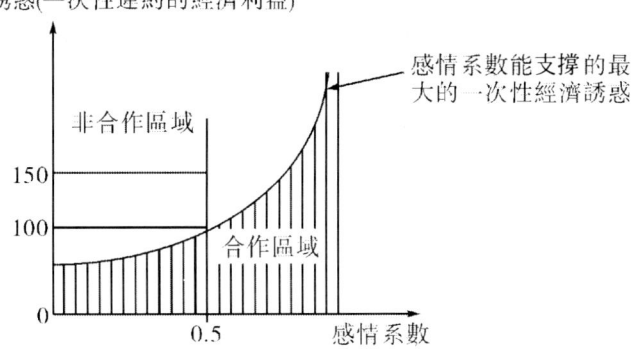

圖 3-5　經濟利益與非經濟利益的衝突
資料來源：張維迎. 企業家與領導行為：如何建立信任 [J]. 北京大學學報, 2004（9）：45.

3. 推動經理人職業化的進程

張維迎認為，職業化管理具有以下幾個特點：首先，職業化管理是靠「法治」而不是靠「人治」，即企業內部是法治的組織而非人治的組織，在職業化管理的企業中最重要的是對老板的約束；其次，職業化的管理是要靠程序與規則來管理企業，而不是靠興趣和感情；再次，職業化管理的企業，一個人靠能力與品德取得崗位，而不是靠出身與關係；最後，領導行為是靠出售知識和服務得到薪酬，而不是靠出售產品得到薪酬。由此可見，職業經理人綜合評價體系的建立就能提供個人職業能力與職業道德的資質證明，是職業經理人擇業的資格證。

4. 有利於激勵與約束職業經理人的行為

職業經理人的聲譽創建使職業經理人不僅要考慮當期薪酬最大化，更重要的是考慮上期業績、聲譽對下期薪酬的影響，以便形成自我規範與約束行為的機制。法瑪強調了職業經理人市場對職業經理人行為的約束，他認為，在競爭的職業經理人市場上，職業經理人的市場價值決定於其過去的經營業績。從長期來看，職業經理人必須對自己的行為負有完全的責任，因此即使顯性激勵不充分，職業經理人也會積極努力工作，因為這樣做可以改進自己在職業經理人市場上的聲譽，從而提高未來的收入。職業經理人綜合評價體系的建立對職業經理人聲譽的創建至關重要，為了自身的聲譽，職業經理人便會自覺約束自己的行為。綜合評價體系的構建有利於對職業經理人進行甄別，形成優勝劣汰的競爭機制，這樣有利於優秀領導人的脫穎而出，因而對他們也是一種激勵。

5. 提升職業經理人隊伍的整體素質

成熟的職業經理人市場具有健全的職業經理人人才價值評估功能，通過

對職業經理人才能與業績的比較分析，對職業經理人的人力資本做出客觀、公正的評估。職業經理人的未來收入取決於他們所經營企業的成敗。職業經理人的成功使其獲得企業承認（薪酬）和社會承認（榮譽與信譽）並產生滿足感與成就感，形成內在激勵。所以，職業經理人不會輕易拿自己的地位與聲譽作賭註，否則會造成人力資本的貶值。為此，職業經理人綜合評價體系的建立將能夠推動其不斷提升自身能力與素質，以更高的職業資格等級和良好的業績記錄來豐富自己的信用檔案，從而提高職業經理人隊伍的整體素質。

（二）職業經理人評價的目標

職業經理人在其包容系統中承擔著經濟（績效目標）和非經濟（誠信經營等）方面的功能，他們的價值在於對利益相關者有貢獻。如圖 3-6 所示，他們的工作過程就是一個為利益相關者創造價值的過程。這就要求職業經理人必須瞭解利益相關者的需要，以此為工作起點，並通過工作過程的行為表現和結果來滿足之。利益相關者對職業經理人的評價往往也是以需要滿足的程度為標準。因此，職業經理人評價的目標是使利益相關者滿意。

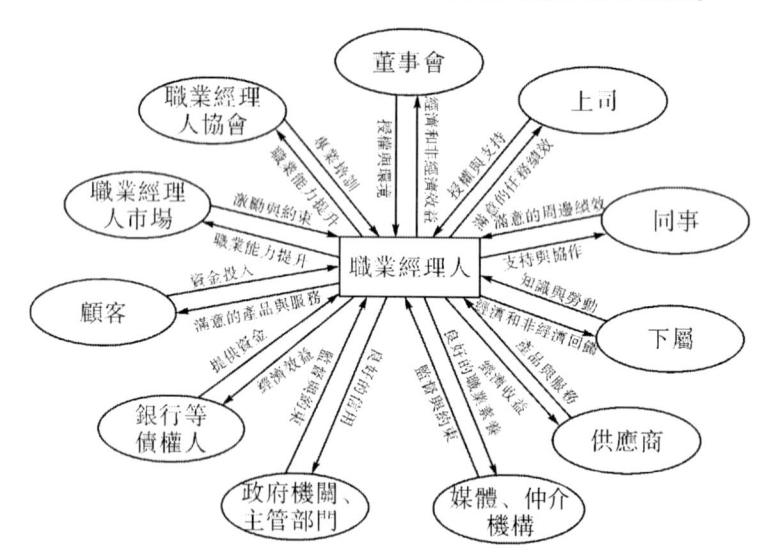

圖 3-6　職業經理人對利益相關者的價值體系示意圖

綜合上述分析結果，本書認為：職業經理人評價是利益相關者根據他們的期望，綜合運用各種評價工具對職業經理人進行勝任素質、績效和信用評價，企業據此進行招聘錄用、薪酬分配、獎懲、人員調配等相關人事決策，實現企業戰略目標，使利益相關者滿意，提高職業經理人個人職業能力與素質，達到職業經理人與企業利益相關者共贏的目標。

四、職業經理人評價的體系框架

整合上述研究內容，本書構建的職業經理人評價的體系框架如圖 3-7 所示。

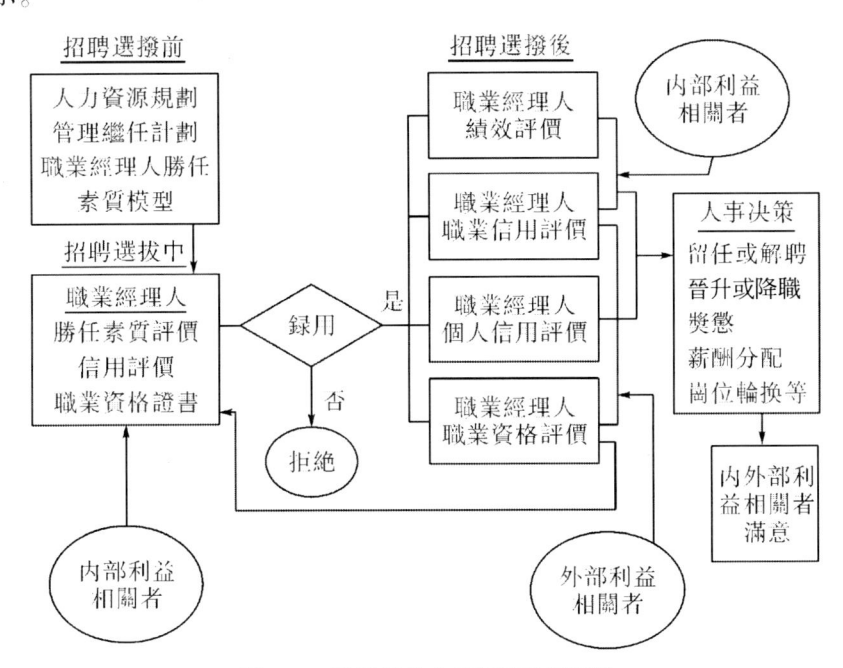

圖 3-7 職業經理人評價體系框架圖

職業經理人的評價可以劃分為三個階段：招聘選拔前的準備階段、招聘選拔中和招聘選拔後的評價階段。每個階段的側重點是不同的。

(一) 招聘選拔前的準備階段

企業應有計劃地進行領導行為的招聘選拔工作，在招聘選拔前需做好相關的基礎性工作：制定人力資源規劃，明確在一定時期內的職業經理人需求數量及結構；為了確保職業經理人的供給，企業可以實施管理繼任計劃，該計劃可以明確所需要的職業經理人的層次與具體職位，為招聘選拔提供具體的需求信息；構建職業經理人勝任素質模型，該模型為招聘選拔職業經理人提供標準。

(二) 招聘選拔中的評價階段

在招聘選拔職業經理人時，主要由董事會、企業高層管理者等內部利益相關者對候選人進行評價，評價的內容主要是勝任素質和職業信用。經過規範考試獲得的職業資格證書等級在一定程度上可以反應職業經理人的專業知

識與能力水準，因而也可以作為評價的依據。通過勝任素質評價企業選擇合適的職業經理人。

（三）招聘選拔後的評價階段

企業選擇的職業經理人上崗後，董事會、績效評價委員會、上司、同事、下屬等內部利益相關者應定期對其進行績效和職業信用評價，考查其是否勝任工作，並根據評價的結果做出留任或解聘、晉升或降職、獎懲、薪酬分配、崗位輪換等人事決策。企業外部利益相關者則主要對其進行信用評價，包括職業信用、個人信用和職業資格評價，並根據評價結果確定對企業的相關政策與合作策略。

職業經理人綜合評價體系的最終目標是達到企業內外部利益相關者滿意，同時滿足職業經理人個人的職業發展需要，從而達成職業經理人與其利益相關者共贏的目標。

第四章　領導力開發與企業家素質測評

　　一個組織能否在當今多變的環境中取得成功，在很大程度上取決於領導者勝任能力的高低。有效的領導是任何組織成功的關鍵。可以說，領導的勝任能力直接決定組織發展的前途。在這種情況下，如何提高領導者的能力和素質，已受到了越來越多的組織的關注和重視。許多組織目前側重於領導者知識和技能的提升，往往忽視了培養領導者組織所需要的個性特質，而組織所需要的個性特質的集合就是組織所需要的領導力模型。毫無疑問，領導力模型是決定領導行為及其表現最為關鍵的因素。領導力模型將領導者的個性特質與組織及崗位任務聯繫起來，這不僅對提高領導者的個人績效有積極意義，而且有助於提高整個組織的績效。

　　著名的美世人力資源諮詢公司（William Mercer）新近在全球領導力的專項調查研究中發現，全球17個行業223名大型企業高管中，大多數人認為未來最重要的挑戰是日益增強的競爭壓力、對迅速變化的市場做出反應、創新不足、滿足顧客的期望四個方面，並認為其所在公司的領導力開發投入不夠，不足以有效應對上述挑戰。研究也發現，採取措施進行領導力培養的公司，業績表現更好。這項研究結果從國際化視野的角度闡釋了領導力及其模型與企業發展的關係，表明了領導力是企業成功的關鍵因素。

　　IBM一項最新調查研究報告表明，根據近期對40多個國家的400多位人力資源主管進行的調查訪問表明，超過75%的被訪者對培養企業未來的領導人才表示重視。調查顯示，領導力問題正在波及全球，世界經濟中每個領域的企業都受到影響。亞太地區的企業尤其關注培養未來領導者的能力（88%）；隨後是拉丁美洲（74%）；歐洲、中東和非洲（74%）；日本（73%）以及北美洲（69%）。

　　此次IBM全球人力資本調查報告定名為《解析高適應性人才團隊的構建基因》，由IBM全球企業諮詢服務部的人力資本管理諮詢和IBM商業價值研究院共同完成，並得到經濟學人智庫（EIU）的鼎力支持。通過對各個行業企業的人力資源主管進行系統性的訪談（對其中許多人進行面談），瞭解他們關

於人力團隊轉型方面的見解。

在激烈的市場競爭背後,企業的全球化和創新的步伐正在加大,新的領導技能奇缺。與此同時,戰後「嬰兒潮」時代出生的企業領導層正在接近他們的退休年齡。上述情況導致企業的領導力危機迫近,這場危機遍及全球,處於不同領域的企業都受到了影響。明顯受到領導力缺乏影響的企業包括那些在亞太地區開展業務的企業,以及在行業部門內部營運的組織。

數據顯示,在總部位於亞太區的企業中,有一半的企業認為,缺乏領導力是現在公司面臨的首要挑戰。相對於亞太市場的蓬勃發展,這些企業在領導儲備特別是經驗豐富的領導的儲備上相對較少。而那些向亞洲擴展的企業,由於很難將本國合適的人才帶到亞洲,所以也面臨領導力短缺的問題。

翰威特公司曾對來自 5,200 家公司的人力資源主管人員進行了「領導人才最佳雇主」調研,評選出亞太地區「領導力十佳雇主」。結果發現:

在領導力發展方面,中國企業還處於起步階段,與亞洲其他國家差距甚大;在入選「亞太區領導人才十佳雇主」的企業中沒有一家中國企業。每個地區都聲稱自己缺乏領導力人才,但是中國是缺乏領導力人才比例最高的國家。有47%的被調研公司認為他們缺乏領導力人才。

一、商業環境的變化使領導力及其模型成為組織成功的關鍵要素

社會經濟結構的變更是領導者概念轉變的來源,現代高度信息化和知識化的扁平式組織結構,改變了傳統的由簡單重複勞動形成的自上而下金字塔式的組織關係結構下形成的組織行為,現代項目化的工作模式使組織機構中的任何成員都在工作的不同時空相互發揮領導作用。在現代社會中,人們在工作、學習、生活的各個方面都在自覺或不自覺地行使領導力。當然,在現代組織中對管理人員的領導力要求也越來越高了。

對於進入市場經濟尤其是加入 WTO 之後的中國,領導力已被認同為國內許多企業家最為欠缺的能力。由於許多中國企業領導人和管理人員實際上都沒有經過嚴格的商業訓練,儘管在一些特殊的環境和條件下,他們也能夠取得令人矚目的成就,但是,在他們的身上以及他們的領導活動中或多或少地存在著不足甚至是缺陷,而他們在人力資本管理的理念、思路和能力方面的不足和缺陷可能是最為突出的,這些缺陷和不足可能會成為他們所領導的企業發展的障礙。隨著企業規模擴大,與國際接軌加快,領導力的危機越來越明顯。實際上,我們經常可以看到,一些曾經非常成功和輝煌的企業家轉眼間就煙消雲散,而他們所領導的企業也往往只不過是曇花一現。因此,發展

領導力已成為中國組織必須面臨和必須重視的問題。

二、建構領導力模型，開發領導力勢在必行

目前，人們對領導力的理解還往往局限於通用的、普遍的領導力原則。這些原則是身為一名領導者無論在任何一個組織都需要具備的，如做正確的事情、表率榜樣作用、不斷學習等。優秀的領導者應該理解和應用這些普遍的領導力原則，在組織內創造成功的領導力氛圍。目前多數對領導者的培養也是基於這樣的理論和認識之上的。

但除上述要點外，要作為一名真正意義上的成功領導者，還需要具備實現組織戰略目標所要求的特別能力，而不僅僅是遵守「放之四海而皆準」的原則。這就是「領導力模型」概念，即在特定的組織、行業和環境要求下，為支持組織達到既定戰略目標，推動組織發展而必須具備的最佳行為和領導能力模式總和，如圖4-1所示。這些要素能支持組織的戰略遠景，也是支持組織取得業務成功的重要因素。例如，一家正面臨著轉型以適應新興市場要求的企業會特別需要領導者具備領導變革和創新的能力。而另一家面臨如何有效執行現有商業模式的企業則需要領導者具備極強的推動結果達成、計劃和組織能力（目前比較推崇的「執行力」）。

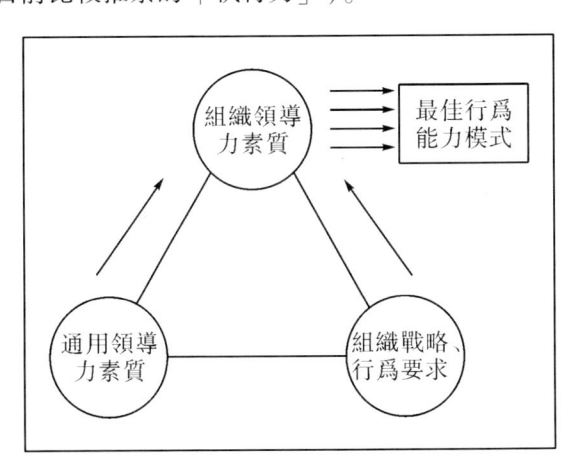

圖4-1　領導力模型

根據組織個性化要求制定的領導力模型一方面能作為培訓發展的準繩，明確核心員工培養的方向，更重要的是，由於標準的制定根據組織戰略目標出發，使人的發展真正做到了為實現目標績效而服務，而不僅僅是盲目跟風，缺乏目的性。

在 20 世紀 60 年代美國經濟發生劇烈變革的時期，以美國著名組織行為學家保羅·赫塞博士等為代表的一批科學家就開始針對領導思維和模式如何適應經濟結構變革的需要，著手研究各種流派的領導力模型，並將這些研究成果應用在跨國公司的管理上。隨著領導力模型和應用工具的日臻成熟，越來越多的組織在其管理人員甄選、管理接班人選擇、員工培訓規劃、員工職業生涯設計等方面廣泛應用領導力的理論、模型和工具，而且這些組織的管理層也開始逐步意識到重視領導力模型的價值。在柯臨斯的《領導》一書中，他採訪了多家美國跨國公司的總裁有關領導力模型應用的問題。包括美國運通公司、通用電器、聯邦快遞、美洲銀行、高盛集團、寶潔公司等企業的領導人都認為，組織中領導力模型及其開發項目對於本組織的管理人員培訓和組織的成功起到了十分重要的作用。

三、開展人才素質測評是開發領導力的有力工具和手段

人才素質測評是指運用先進的理論學科體系及科學方法，對社會各類人員的知識水準、能力傾向、工作技能、個性特徵和發展潛力以及綜合素質如 IQ（智力）和 EQ（非智力）等因素，實施測量和評鑒的人事管理活動。它是一門融現代心理學、測量學、社會學、統計學、行為科學及計算機技術於一體的綜合性科學及人才測量方法。

人才素質測評是對知識、技能、素質的載體——人的綜合要素進行有效激發和科學量化的先進鑒定手段。人才素質測評的方法包含在概念自身中，即測量和評價。「定量分析」是人才素質測評科學化的重要保證。評價則是應用這種數學描述來確定測量對象的價值和意義。

廣義的來講，人才素質測評應該包括主觀性測評和客觀性測評。在領導人才測評工作中，最常用的主觀性測評包括個人面談、證明核查、簡歷評價等。誠然，通過上述方法可能得到一些有用的信息，但還是存在明顯的不足之處：①以獲取表面信息為主，難於獲取深層次信息；②以評價現有水準為主，難於評價發展潛能；③以定性化描述為主，缺乏定量化的科學工具；④依賴於主觀經驗，缺乏客觀評價標準等。總之，其非標準化以及主觀性大大降低了招聘的有效性。隨著心理學、統計學、管理學等學科的發展，標準化、客觀性的人才素質測評方式應運而生，代替了原來通常使用的主觀性招聘方法，得到了越來越廣泛的應用。

狹義的人才素質測評（Personnel Testing），是以心理學、管理學、測量學、系統論和計算機技術等多門學科為基礎，用於確定特定人員工作適合性

的標準化的客觀程序。它是根據一組事先確定好的標準,對被測人員的特定工作知識、技術水準、能力結構以及工作態度等方面進行測量和評價的一種科學的綜合選才方法體系。依據特定工作的要求,對參加測評人員的測評結果進行分析評價。這樣,通過人才素質測評,就可以確定被測人員中哪些更有資格來承擔這一工作。人才素質測評不僅可以幫助用人單位瞭解人才(知人者智),而且可以加強人才對自身的瞭解(自知者明),它為科學用人和人盡其才提供了可靠有效的科學依據,已經成為現代人力資源管理中不可或缺的工具。

當代所說的人才素質測評一般都是指狹義的人才素質測評,即客觀性人才素質測評。它起源於用人單位對應聘人員進行快速、準確評價的需要,主要適用於當待測人員數量較大,而施測單位僅根據其過去的工作成績和工作經歷不能夠對其做出快速而準確的判斷的情況。基於心理學的研究,只有被測者具備了某項工作所需的適當知識、技術、能力以及態度,才有把這項工作做好的可能性;從邏輯學上講,這是一個必要條件的判定過程。而上述情況可以通過人才素質測評得到科學而迅速的衡量和預測。

在人才測評中,要堅持幾個原則:

(一)客觀測評與主觀測評相結合的原則

客觀測評與主觀測評相結合的原則是指在素質測評過程中,既要盡量採取客觀的測評手段與方法,但又不要忽視主觀性綜合評定的作用,既要強調客觀性,又不能完全追求客觀性而忽視測評主體主觀能動作用,二者不可偏廢。

在人才測評的發展歷程中,一直存在著刻意強調測評的客觀性的傾向,著名的美國心理測量學專家桑代克就曾聲稱:一切事物的存在都是量的存在,而量的存在則是可以測量的。他的話對於推動心理測驗項目的發展,對於推動心理學和人才測量學的科學化、客觀化有著積極的作用。在他的引導下美國的心理測量學走上了一條純粹客觀主義的道路。

(二)定性測評與定量測評相結合的原則

定性的測評是一種主觀的、質化的測評,它是依據測評者的主觀經驗對應試者的各種素質進行評估、判斷的一種方法,定性的測評側重從行為性質和個性特徵方面對素質進行測評。定量測評是採用量化的方法對受試者的某些素質進行量化的分析與處理,同時也可以從數量關係反應出個人之間的差異,人與人之間的這種差異達到一個什麼樣的程度。

定性的研究和定量的研究在對人的素質研究方面交互起作用,早在科學心理學產生之前,對人的定性研究占主導地位,定量研究在心理學發展的近

百年中受到了越來越多的重視，但同時也出現有盲目數量化的傾向。

由於人本身的複雜性，對人的素質進行量化評價本身就有一定的困難，對有些不能量化的指標，刻意進行量化處理本身就會失去其真實性。任何事物的存在都具有質與量兩種形式，因此在進行企業家素質測評時要切實注意定性與定量的結合，如果只是進行定性的測評，那只能反應出素質的性質特點；僅是定量測評，勢必會忽視素質的質的方面的特徵。在進行企業家測評時，既要進行量的測評，又要進行質的考核，二者不可偏廢。

（三）素質測評同績效考核相結合的原則

企業家的素質測評是對其品德、能力、知識和個性等素質進行評估，這是基於個人素質方面的測評，而績效考核則是針對個人的工作業績進行考察。這兩種評估方式是相輔相成的，從理論上講，素質高是取得高績效的一種保障條件，而高績效的取得也是和高素質密切相關的。但高績效不一定完全與素質有關，一個績效的產生在很大程度上受周圍的環境影響。特別是在企業經營業績易受外界經濟環境影響的行業，則這種環境的作用就更為突出。

21世紀是人才逐鹿的世紀，領導人才是人才中的人才，是最寶貴的人才資源之一。運用科學的人才測評工具對於識別領導人才、選擇領導人才具有十分重要的意義。

四、中國企業家的素質測評

（一）中國企業家的測評標準

在不同的條件下，人們對企業家的評價標準是不同的。在計劃經濟條件下，人們對企業管理者的評價采用一種標準，而在市場經濟條件下人們對企業家的評價標準也發生了根本性的轉變。這種轉變是社會的需要造成的，也就是說社會的需要是我們評價一個事物、一種人或一群人的標準。不同的社會需要產生不同的評價標準，這是不以人們的意志為轉移的客觀事實。

任何一個社會的群體都有一個評價標準體系。社會群體的主體在對客體進行評價活動時，總是從自身所具有的社會評價標準體系中選擇一個或幾個評價標準，從而實現對客體的評價。因此可以肯定地說不同的社會、不同的時期人們對所要評價對象的評價標準是不同的。

中國企業家的評價是由社會公認的標準來對其品德、行為、能力和人格特點進行評價。儘管對企業家的評價有著各種各樣的評價標準，但是作為職業企業家仍有一些共同的特徵。這些共同的特徵是在評價中國企業家時所要涉及的內容。這種社會公認的標準是來源於社會群體的共同需要，社會群體

的共同需要是我們建立中國企業家評價標準的主要依據。我們處在知識經濟飛速發展、新產品、新觀念不斷湧現的時期，同時也是生存競爭異常激烈的時期。在這種社會歷史條件下，對職業企業家的素質提出了一些與以往不同的新的要求，評價的標準也相應發生了一些變化。在這些變化如此迅猛的時期，企業家要有很強的創新能力、良好的心理素質、較強的社會適應能力等。

（二）中國企業家素質測評的要點、難點、熱點

人類社會發展到了今天，我們已經對很多的事物有了一個比較清晰的認識，對一些事物的把握也到了一個相當熟悉的程度。但由於人們的認識水準和認識手段的局限性，對有些事物，特別是對人類自身的一些特點尚缺乏足夠的認識。從古到今，人們一直在重複一個古老的夢想，那就是認識我們自己，然而時至今日，人們對自身的認識還停留在一個比較初級的水準上，認識自己也成了哲人心中的一個情結。對人的認識難，對作為人類精英分子的企業家的認識就更難了，這也就決定了企業家測評的難度是很大的，同時也激起了人們對此充分認識的興趣。

1. 中國企業家測評的要點

企業家有其特定的含義，所以測評的對象應有界定，針對對象的特點設計所應採用的方法與技術，對這一特定的人群的工作特點應有足夠的研究，任何一種測量方法都是以對象的工作分析為基礎的。

企業家在企業中主要有以下一些重要的作用，也可以說扮演這些角色，主要可以分為三類：一是人際間問題的處理者；二是信息的管理控制者；三是決策制定與執行者。

第一類：指的是從企業主管的角度來處理人際間的關係，其中包括：①掛名（Figure Head Role）的角色。如主持一些典禮、授獎、參加職工的婚禮等。這類工作並不重要，但很必要，以此可增加與下屬、客戶、部門之間的友好關係。②領導（Leadership Role）角色。指導和協調下屬完成各項工作任務。包括任用、提升、處罰、等等，還有激勵下屬的種種辦法。③聯絡（Liaison Role）角色。聯繫組織內部與外部的信息溝通，如與客戶、地方政府、董事會成員、供貨商的聯繫等。通過聯繫可以獲得對本企業有用的情報，通過聯繫建立的關係網也有助於瞭解市場動態。

第二類：指的是信息管理與控制，其中包括：①監視的角色，高級經理好像是在雷達系統中的監守員，在屏幕上註視著可能對企業有影響的信息，這包括各種傳聞、小道消息與其他人分享，有時這種傳播是通過專門渠道進行的。②發言人的角色，這是說高級經理向外界發表正式的報告、宣言、聲明等，在電視上露面，開記者招待會等。

第三類：指的是決策者（Decisional Role）的角色，包括：①企業家角色，高級經理應致力於組織的改善，提出計劃，改革的要求，關心新思想、新知識，鼓勵中層經理提出新設想、鼓勵創新，給予支持。②處理干擾的角色，高級經理應善於解決矛盾，處理下屬職工與企業之間的糾紛，如罷工之類，這些問題是很難避免的，問題是如何正確對待，處理得體。③資源分配者角色，高級經理應有責任決定誰得到某種資源，誰不能得到，如額外的獎勵、設備、人員等。預算該如何分配，資金花在設備上多少、福利上多少等。④談判者角色，代表本企業與有關方面進行談判，能否勝任與上述其他角色有關。

上述種種角色反應企業家應具有多面手的特點，我們在評價一位企業家時也應考慮到這種多樣性，不能總從某一方面或某方面來進行測評、考核。在不同的企業，其企業家的角色任務也不一樣，更應區別對待，很難找到一種「萬能」的測評方法，這也是我們在討論中應注意到的一個重要特點。

2. 中國企業家測評的難點

如前所述，由於企業家任務的複雜性，角色的多樣性，所以很難找出某一種能適用各類經理的通用的測評方法，如果結合各種情況，又難以有一個比較的標準，而且全國各地社會、經濟條件各異，更難以找出一個廣泛應用的「常模」，而這是測量學中最基本的要求，如何考慮針對性與通用性的矛盾，這是一個必須認真研究的問題。

在管理心理學中探討領導行為，領導風格時，很難采用「好人」「壞人」的標準，在測量時總是避免對這種性質的判斷，也就是說不應對領導者本人的政治、品德、行為等進行測評，而實際應用部門，往往對這方面的測量更感興趣，這在從事測評研究的專家之間也有不同的看法。

在測評方法、技術上的難點也很多，如何把定性與定量方法相結合仍是未能很好解決的難點，再者如果有若干個「考官」，怎麼把他們的評分相結合也是一個難點。在心理測量學中有許多量表、測驗，其中有很多屬於主觀測量，如果被測者說真話、實話，其可靠性是高的，如在一些醫學心理、病理心理測驗中可靠性都比較好，因為被測者知道，他真實反應自己的情況，對治好自己的毛病有幫助，而在人事選拔、考核、評估測量中，被測者往往有意做偽，使測量結果受干擾，這是許多測量不準確的原因之一。

在發達國家，企業家都是一步步提升的，有些基本的測評在入公司時就已經過考察，如智力測驗不必再對企業家進行測評，在國內往往對企業家還需要一些基本的測試，一方面加大了測試的量，另一方面對某些高級人員測一些基本的東西也會引起反感，這一問題應靈活處理。

3. 中國企業家測評的熱點

對企業家的測評與培訓相結合，這是當前國內外管理學界、人力資源開發的熱點和發展方向，因單純用一兩次測評很難對一位企業家有正確的認識，通過有計劃地設計，把培訓工作有意識地與測評相結合，則會收到更好的效果，通過一些專門的課程進行模擬、扮演等起到了測評的作用，為提升他們當高級經理打下了基礎。從國外情況看，這也是一種趨勢，有比較成熟的經驗。

把中國、外國的實踐經驗相結合，把東方、西方的思想與理論相結合，隨著經濟全球化和「一帶一路」的實施，特別需要一大批能適應國際接軌的高級管理人員，如何選拔、任用、管理都是十分迫切的問題，在這方面已經累積了不少經驗，應加以總結、系統化。

(三) 中國企業家素質測評的功用

1. 甄選

在人才素質測評的領域中，對人的素質進行測評可以用來對人才進行選拔。通過測評，可以把合適的人選用在恰當的位置上。隨著社會的發展，企業的管理工作對企業家的素質要求也越來越高，在這種情況下那種僅僅依靠個人的經驗來選拔人才，無法很準確地對一個人的素質進行全面的、客觀的和科學的評估。隨著社會的發展，人與人之間的關係越來越表面化、快捷化，通過這種表面的和快捷的接觸難以對人有一個正確的瞭解。要想在一個較短的時間內對一個人的素質進行評估，只有依靠科學的人才測評手段，才能幫助決策者進行正確的人事決策，使人才能夠充分發揮作用，同時也大大地提高了甄選效率。

美國於 1942 年通過使用弗拉納根（JC Flanagan）等編製的全套心理測驗選拔程序，使飛行員的淘汰率由 65% 下降到 36%。中國空軍也於 20 世紀 80 年代中後期開始研製和啟用飛行員選拔的心理素質測驗系統，使招收飛行員的成功率有了大幅度的提高。所有這些都體現了人事測量對人才選拔的科學貢獻，它已經成了當代人事工作不可缺少的一個重要組成部分，心理測驗也由此受到了各方面的普遍關注。

2. 診斷與預測

隨著社會化大生產的發展，人們之間的分工越來越精細，不同的工作對人的素質要求會有所不同，這就要求在人員和工作之間選擇最佳匹配。首先，通過人事測量，可以對個人的各種心理特點、個性特徵如他的興趣、愛好、需要、能力、個性特點和知識技能等多方面進行深入的瞭解與分析，為合理地使用人才提供有效的信息。人才測評的診斷作用首先表現為它的諮詢作用，

一個企業或一個人的發展目標是否合理，素質開發的方式是否得當，均可以通過人才測評獲得有關信息。其次表現在對人力資源開發方案、開發工作的計劃與改進，起著重要參考作用。

根據素質測評的結果，可以預測到受測者素質發展的方向和潛在的能量，因此也可以預測其未來發展的程度。預測性的測驗在今天顯得越來越重要了，現代社會節奏越來越快，變化越來越多，人與人的接觸越來越表面化，這樣在人才選拔上更多地依賴這種科學、有效的人才測評工具，為人才的選拔與使用提供重要參考。

考核與培訓人才測評能夠提供關於個人行為的描述，形成對被測者的全面評價，從而為人事考核及培訓提供依據。在人力資源開發領域，對被測者的能力水準、工作滿意度水準及可供開發的潛力等方面進行評價，是對被測者進行考核和培訓時所應瞭解的信息。

對於企業家的考核方法是多種多樣的，素質測評是對其品德、能力、工作態度等方面進行考核的一種有效方法。通過測評瞭解其存在的問題，針對存在的問題，進行培訓提高。

21世紀是一個多元化的時代。這種時代的變遷對我們更為充分地認識人的本性提供了很好的機會和條件。由於人本身的獨特性和複雜性，要達到對人全面、科學的認識，必須把握人的全部生活、一切實踐形式、一切關係（包括人與人的關係、人與自然的關係）。而要實現這一點，對人的研究就不能僅停留在或僅限於反思以及直觀的研究。而必須首先認識它所依存的自然界和社會，所以，人對自身的認識落後於對自然、社會的認識也是必然的。雖然現代科學已為我們全面認識人自己提供了基本的條件，但要在這個領域達到真理的標準，其道路似乎更加艱難，因此，可以說，只要有人的存在和發展，「人」——就是一個永恆的研究課題。

第五章　領導行為勝任素質評價

一、領導行為勝任素質模型的構建

在對領導行為綜合評價體系進行研究的過程中，本書運用了問卷調查實證研究方法，目的之一是根據調查結果構建領導行為勝任素質模型。

(一) 領導行為能力與素質要素的確定

借鑑斯賓瑟的經理人員通用素質模型、彭劍鋒等人的管理者通過素質模型和 FPEB 模型以及其他相關學者的研究成果，本書選擇了其中的成就欲、主動性、人際理解力、服務意識、人才培養、團隊合作、監控能力、領導能力、專業知識技能、演繹思維能力、歸納思維能力、自信、影響力、關係建立能力 14 項素質。此外，針對本書的研究範疇——高層領導行為崗位的工作特點與素質要求，根據本書作者長期在企業擔任管理顧問的經驗，借鑑和一些企業家和領導訪談的結果，增加了責任心、溝通能力、自我控制能力、正直、誠信、職業忠誠度 6 項素質。因此，在調查問卷中列出了 20 項基本能力與素質（見附件 1 第 7 部分）選項，每項素質劃分為 10 個等級，由回答問卷的領導者判斷自己在各項能力方面所達到的等級，而回答問卷的企業所有者和人力資源經理則根據企業的實際情況選擇本企業績效優秀的領導行為在各項能力與素質方面達到的等級。

(二) 領導行為績效評價指標的設計與分類

編製調查問卷時，本書根據平衡計分卡原理設計了財務、客戶、企業內部營運、成長與創新四大類 13 項反應企業績效的指標（見附件 1）。為了規範性研究的需要，通過聚類分析法對其進行分類。

本書通過層次聚類分析中的 R 型聚類分析法對績效指標進行分類，表 5-1 是聚類分析合併進程表。

表 5-1　　聚類分析合併進程表（Agglomeration Schedule）

步驟	聚類分析 類1	聚類分析 類2	系數	類第一次出現的步驟 類1	類第一次出現的步驟 類2	下一步
1	9	10	0.855	0	0	6
2	4	5	0.691	0	0	5
3	6	7	0.664	0	0	8
4	8	13	0.582	0	0	8
5	4	4	0.582	0	2	7
6	9	11	0.548	1	0	9
7	1	4	0.478	0	5	10
8	6	8	0.469	4	4	9
9	6	9	0.446	8	6	10
10	1	6	0.417	7	9	11
11	1	12	0.445	10	0	12
12	1	2	0.416	11	0	0
……						

註：類1、類2中的數字編號「1～13」是附件調查問卷第5部分「公司業績」中績效指標的編號。

根據表5-1的結果對13項績效指標進行分類：把第9、10兩項劃分為一類，根據指標含義將其歸為財務類指標；把第1、4、5項分為一類，根據指標含義將其歸為客戶類指標；把第8、12、13項分為一類，歸為學習、成長和創新類指標；把第6、7項分為一類，根據指標的內涵將其歸為企業內部營運類指標。本次聚類分析的結果基本上符合問卷設計的目的。

需要說明的是：在進行聚類分析時，第11項跟第9項被聚類到一起，但第9項以最大的系數0.855和第10項聚類到一起，作為財務類指標；而從管理原理和平衡計分卡指標分類的一般思路來考慮，第11項指標和第6、7項指標作為一類更合理，作為企業內部營運類績效指標。從表5-1可以看出，第2項指標僅以0.416的系數跟第1項聚為一類，說明第2項「企業生產經營費用呈減少趨勢」與第1項「企業業績呈增長趨勢」有一定的關係，但第1項已經以0.478的系數與第4項聚類，根據指標的含義和平衡計分卡思路將它們作為客戶類指標；而第2項指標「公司的生產經營費用呈減少趨勢」歸為客戶類指標不太合理，根據平衡計分卡的指標分類思路應將其歸為企業內部營運類指標。

綜合上述聚類分析結果，調查問卷中的績效指標分類見表5-2。

表 5-2　　　　　　　　調查問卷中績效指標分類表

編號	調查問卷中的績效指標	指標分類
9 10	貴公司的財務安全狀況逐步提高 貴公司的財務營運狀況逐步提高	財務類指標
1 3 4 5	貴公司的業績呈增長趨勢 貴公司市場佔有率逐步提高 貴公司社會形象逐步提高 貴公司顧客滿意度逐步提高	客戶類指標
2 6 7 11	貴公司的生產經營費用呈減少趨勢 貴公司的內部作業流程效率逐步提高 貴公司員工滿意度逐步提高 貴公司的各種管理制度逐漸完善	企業內部 營運類指標
8 12 13	貴公司骨幹人才流失率逐步降低 貴公司新產品、新技術的研發逐步提高 貴公司的人員引進、員工培訓效果逐步提高	學習、創新 與成長類指標

(三) 領導行為勝任素質要素的確定

績效指標分類後，通過計算平均數的方式，把每一類績效指標整合成一項指標。然後把這四類績效指標的每一項指標的績效評價結果都分為「好」和「差」兩種情況。根據每項指標在各等級數值上選擇數量的多少，本書把財務類指標和客戶類指標選擇等級 4 及其以下等級的界定為低績效，把等級 4 以上的界定為高績效；對於企業內部營運類指標和學習、創新與成長類指標，把等級 4 以下的等級界定為低績效，把等級 4 及其以上的等級界定為高績效。以此分類作為 T 檢驗的兩個獨立樣本，對領導行為的基本能力和素質指標進行 T 檢驗。在 T 檢驗結果中，在績效高、低兩個獨立樣本下，方差相等假設下均值 T 檢驗的雙尾 T 檢驗概率小於 0.05 的指標是有明顯差異的指標。有明顯差異的指標即被選擇為與高績效相關的領導行為的素質。這樣就可以從 T 檢驗結果表中得出與每類績效指標相關的領導行為勝任素質要素。

1. 與財務類績效指標相關的領導行為勝任素質

以財務類績效指標為樣本的 T 檢驗結果如表 5-3 所示。

表 5-3　　　　　以財務類績效指標為樣本的 T 檢驗結果表

| 指標 | F 的相伴概率 | 方差相等假設下的均值 T 檢驗結果 |||
		T 值	自由度數 (df)	雙尾 T 檢驗概率 Sig. (2-tailed)
成就欲	0.044	-2.094	154.666	0.038*
主動性	0.461	-2.667	442	0.008*

表5-3(續)

指標	F 的相伴概率	方差相等假設下的均值 T 檢驗結果		
		T 值	自由度數 (df)	雙尾 T 檢驗概率 Sig. (2-tailed)
責任心	0.024	-2.406	142.849	0.017*
人際理解力	0.404	-1.140	440	0.255
服務意識	0.549	-2.856	440	0.005*
人才培養	0.245	-2.184	440	0.030*
團隊合作	0.227	-4.447	444	0.001*
溝通能力	0.164	-2.745	442	0.006*
監控能力	0.162	-4.996	441	0.000*
領導能力	0.052	-4.549	444	0.000*
專業知識技能	0.114	-1.448	444	0.151
演繹思維能力	0.574	-1.678	449	0.094
歸納思維能力	0.204	-2.008	449	0.045*
自信	0.108	-2.257	442	0.025*
自我控制能力	0	-2.057	141.548	0.041*
正直	0.027	-1.271	149.492	0.206
誠信	0.084	-1.699	441	0.090
職業忠誠度	0.214	-1.949	441	0.054
影響力	0.071	-2.786	442	0.006*
關係建立能力	0.246	-2.586	449	0.010*

註：表中雙尾 T 檢驗概率表中概率小於 0.05 的指標用「*」表示。

由表5-4可以看出，成就欲、主動性、責任心、服務意識等14項素質在進行 T 檢驗時概率小於0.05，說明財務類績效指標「好」與「差」兩個群體在這些素質方面存在著差異，它們可以被選擇作為與財務類績效指標相關的領導行為勝任素質。

2. 與客戶類績效指標相關的領導行為勝任素質

以客戶類績效指標為樣本的 T 檢驗結果如表5-4所示。

表 5-4　　　以客戶類績效指標為樣本的 T 檢驗結果表

指標	F 的相伴概率	方差相等假設下的均值 T 檢驗結果		
		T 值	自由度數 (df)	雙尾 T 檢驗概率 Sig. (2-tailed)
成就欲	0.608	-0.462	442	0.718

第五章　領導行為勝任素質評價

表5-4(續)

指標	F的相伴概率	方差相等假設下的均值T檢驗結果		
		T值	自由度數（df）	雙尾T檢驗概率 Sig.(2-tailed)
主動性	0.442	-1.517	444	0.130
責任心	0.484	-1.576	444	0.116
人際理解力	0.141	-0.186	440	0.853
服務意識	0.744	-1.468	442	0.143
人才培養	0.928	-2.289	440	0.023*
團隊合作	0.561	-2.064	444	0.040*
溝通能力	0.546	-0.861	444	0.490
監控能力	0.510	-1.566	444	0.118
領導能力	0.857	-2.294	444	0.022*
專業知識技能	0.947	-1.450	444	0.178
演繹思維能力	0.924	-1.725	440	0.085
歸納思維能力	0.140	-1.040	442	0.299
自信	0.241	-0.569	444	0.570
自我控制能力	0.760	-1.652	440	0.099
正直	0.408	-0.480	444	0.641
誠信	0.497	-0.982	441	0.427
職業忠誠度	0.695	-1.164	444	0.245
影響力	0.744	-1.2144	444	0.240
關係建立能力	0.064	-0.445	440	0.657

註：表中雙尾T檢驗概率表中概率小於0.05的指標用「*」表示。

由表5-4可以看出，人才培養、團隊合作、領導能力等4項素質在進行T檢驗時概率小於0.05，說明客戶類績效指標「好」與「差」兩個群體在這些素質指標方面存在著差異，它們可以被選擇作為與客戶類績效指標相關的領導行為勝任素質。

3. 與企業內部營運類績效指標相關的領導行為勝任素質

以企業內部營運類績效指標為樣本的T檢驗結果如表5-5所示。由表5-5可以看出，主動性、服務意識、人才培養等11項素質在進行T檢驗時概率小於0.05，說明企業內部營運類績效指標「好」與「差」兩個群體在這些素質指標方面存在著差異，它們可以被選擇作為與企業內部營運類績效指標相關的領導行為勝任素質。

表 5-5　　以企業內部營運類績效指標為樣本的 T 檢驗結果表

指標	F 的相伴概率	方差相等假設下的均直 T 檢驗結果		
		T 值	自由度數（df）	雙尾 T 檢驗概率 Sig.（2-tailed）
成就欲	0.824	-0.717	446	0.474
主動性	0.811	-2.001	447	0.046*
責任心	0.415	-1.840	448	0.067
人際理解力	0.640	-1.406	444	0.161
服務意識	0.444	-2.705	445	0.007*
人才培養	0.565	-2.958	444	0.004*
團隊合作	0.421	-4.147	448	0.002*
溝通能力	0.484	-1.990	447	0.047*
監控能力	0.742	-2.109	446	0.046*
領導能力	0.110	-2.142	448	0.044*
專業知識技能	0.564	-1.141	448	0.255
演繹思維能力	0.152	-1.021	444	0.408
歸納思維能力	0.417	-0.854	444	0.494
自信	0.864	-2.178	447	0.040*
自我控制能力	0.480	-1.784	444	0.075
正直	0.561	-1.116	446	0.265
誠信	0.684	-1.546	445	0.125
職業忠誠度	0.448	-2.510	446	0.014*
影響力	0.754	-1.125	447	0.044*
關係建立能力	0.490	-2.204	444	0.028*

註：表中雙尾 T 檢驗概率表中概率小於 0.05 的指標用「*」表示。

4. 與學習、創新與成長類績效指標相關的領導行為勝任素質

以學習、創新與成長類績效指標為樣本的 T 檢驗結果如表 5-6 所示。由表 5-6 可以看出，服務意識、人才培養等 2 項素質在進行 T 檢驗時概率小於 0.05，說明學習、創新與成長類績效指標「好」與「差」兩個群體在這些素質指標方面存在著差異，它們可以被選擇作為與學習、創新與成長類績效指標相關的領導行為勝任素質。

第五章 領導行為勝任素質評價

表 5-6　以學習、創新與成長類績效指標為樣本的 T 檢驗結果表

指標	F 的相伴概率	方差相等假設下的均直 T 檢驗結果		
^	^	T 值	自由度數（df）	雙尾 T 檢驗概率 Sig.(2-tailed)
成就欲	0.406	-0.564	440	0.574
主動性	0.499	-1.577	441	0.116
責任心	0.112	-1.661	442	0.098
人際理解力	0.272	-1.049	441	0.295
服務意識	0.905	-2.088	429	0.048*
人才培養	0.911	-2.444	428	0.016*
團隊合作	0.922	-1.042	442	0.404
溝通能力	0.940	-0.494	441	0.622
監控能力	0.440	-1.850	440	0.065
領導能力	0.111	-1.604	442	0.110
專業知識技能	0.974	-1.285	442	0.200
演繹思維能力	0.648	-1.051	428	0.294
歸納思維能力	0.789	-0.782	428	0.445
自信	0.792	-1.107	441	0.269
自我控制能力	0.998	-1.470	428	0.172
正直	0.191	-0.824	440	0.411
誠信	0.280	-1.289	429	0.198
職業忠誠度	0.400	-1.644	440	0.101
影響力	0.452	-1.476	441	0.170
關係建立能力	0.809	-1.079	428	0.281

註：表中雙尾 T 檢驗概率表中概率小於 0.05 的指標用「*」表示。

綜合上述研究結果，與四類績效指標相關的勝任素質要素有成就欲、主動性、責任心、服務意識、人才培養、團隊合作、溝通能力、監控能力、領導能力、歸納思維能力、職業忠誠度、影響力、關係建立能力等。將其與績效指標進行多元線性迴歸分析，得到了領導行為勝任素質的重要性排序。如表 5-7 所示。從中可以看出，團隊合作、領導能力、影響力、關係建立能力、人才培養是很重要的勝任素質。

表 5-7　　　　　　　領導行為勝任素質的重要性排序

績效指標	與績效指標相關的基本能力與素質指標及其重要性順序（由高到低）	績效指標	與績效指標相關的基本能力與素質指標及其重要性順序（由高到低）
財務類指標	1. 團隊合作 2. 領導能力 4. 關係建立能力 4. 自我控制能力 5. 監控能力 6. 人才培養 7. 溝通能力 8. 歸納思維能力 9. 影響力 10. 服務意識 11. 責任心 12. 自信 14. 成就欲 14. 主動性	企業營運類指標	1. 團隊合作 2. 影響力 4. 自信 4. 監控能力 5. 關係建立能力 6. 溝通能力 7. 人才培養 8. 職業忠誠度 9. 領導能力 10. 主動性 11. 服務意識
客戶類指標	1. 領導能力 2. 人才培養 4. 團隊合作	學習/創新與成長類指標	1. 人才培養 2. 服務意識

（四）領導行為勝任素質模型

1. 領導行為勝任素質分類

為了便於後面的研究，本書運用層次聚類分析中的 R 型聚類分析的方法對所選擇的領導行為個人基本能力與素質進行分類，聚類分析合併進程表如表 5-8 所示。

表 5-8　基本能力與素質指標聚類分析合併進程表（Agglomeration Schedule）

步驟	聚類分析		系數	類第一次出現的步驟		下一步
1	12	14	0.892	0	0	8
2	16	17	0.888	0	0	4
3	16	18	0.842	2	0	9
4	2	4	0.826	0	0	14

第五章 領導行為勝任素質評價

表5-8(續)

步驟	聚類分析		系數	類第一次出現的步驟		下一步
5	19	20	0.820	0	0	15
6	9	10	0.815	0	0	11
7	7	8	0.799	0	0	11
8	11	12	0.769	0	1	10
9	5	16	0.742	0	4	14
10	11	14	0.741	8	0	12
11	4	7	0.721	0	7	15
12	9	11	0.718	6	10	14
13	9	15	0.701	12	0	16
14	2	5	0.688	4	9	18
15	4	19	0.676	11	5	17
16	6	9	0.654	0	14	17
17	4	6	0.651	15	16	18
18	2	4	0.642	14	17	19
19	1	2	0.554	0	18	0

註：類1和類2中的「1~20」是附件1第7部分領導行為應具備的能力與素質要求編號。

①認知族。由表5-8可以看出，12、14歸為一類，11、12歸為一類，11、14歸為一類，因此可以將11、12、14歸為一類，借鑑前人的研究成果，將其命名為「自我概論族」的「自信」，「自信」屬於自我認知範疇，因此將其並入「認知族」。

②職業操守族。該表5-8可以看出，16、17歸為一類，16、18歸為一類，5、16歸為一類，因此可以將5、16、17、18歸為一類，這些都是在市場經濟條件下對領導行為職業素質的基本要求，也是建立領導行為與企業家之間信任的基本前提，本書將其命名為「職業操守族」以體現高層領導行為的職位特徵。

③目標與行動族。由表5-8可以看出，2、4歸為一類，1、2歸為一類，因此可以將1、2、4歸為一類，借鑑前人的研究成果將其命名為「目標與行動族」。

④影響力族。由表5-8可以看出，19、20歸為一類，借鑑以往的研究成果將其命名為「影響力族」。

⑤管理族。由表 5-8 可以看出，9、10 歸為一類，7、8 歸為一類，4、7 歸為一類，4、6 歸為一類，6、9 歸為一類，9、15 歸為一類，因此，可以將 4、6、7、8、9、10、15 歸為一類，命名為「管理族」，「管理族」涵蓋了以往研究成果「管理族」中的項目，增加了對領導行為來講很重要的溝通能力要素。並將原有研究成果中的「幫助與服務族」中的「人際理解力」歸到該類中。而原有研究成果「幫助與服務族」中的「客戶服務」要素已根據領導行為的職位特點調整為「服務意識」歸類到了「職業操守族」中。

因此，本書對領導行為勝任素質的分類既繼承了前人的研究成果，同時又體現了高層領導行為的職業特徵與職位要求。

2. 領導行為通用勝任素質模型

根據表 5-3~表 5-6 的統計結果與表 5-8 的聚類分析結果，本書構建領導行為通用勝任素質模型如圖 5-1 所示：

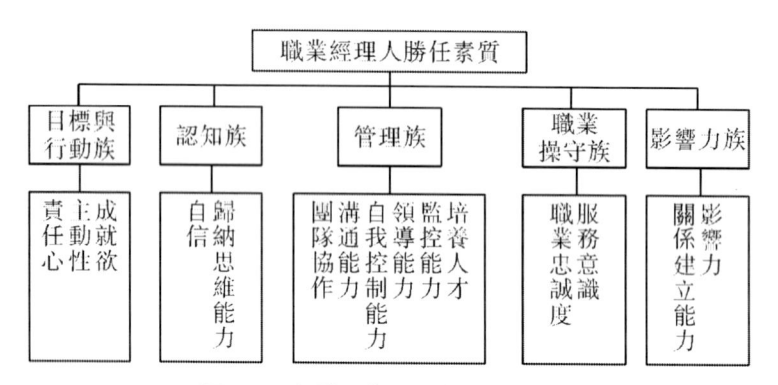

圖 5-1　領導行為通用勝任素質模型

由圖 5-1 可以看出，本書所構建的領導行為勝任素質模型共包括 15 項勝任素質，涵蓋了前人研究的成就欲、主動性、團隊協作、自信、培養人才、影響力等主要勝任素質，但是未包括人際理解力、專業知識技能勝任素質，增加了職業忠誠度勝任素質。

4. 領導行為分類勝任素質模型

在構建了領導行為通用勝任素質模型的基礎上，本書進行分類研究，分別構建了樣本量較大的總經理、行銷副總經理和人事行政副總經理的勝任素質模型。見圖 5-1(1)~圖 5-1(3)。

第五章 領導行為勝任素質評價

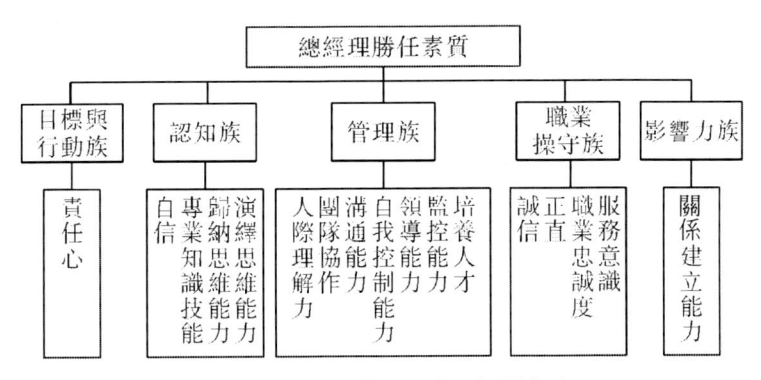

圖 5-1（1） 總經理勝任素質模型

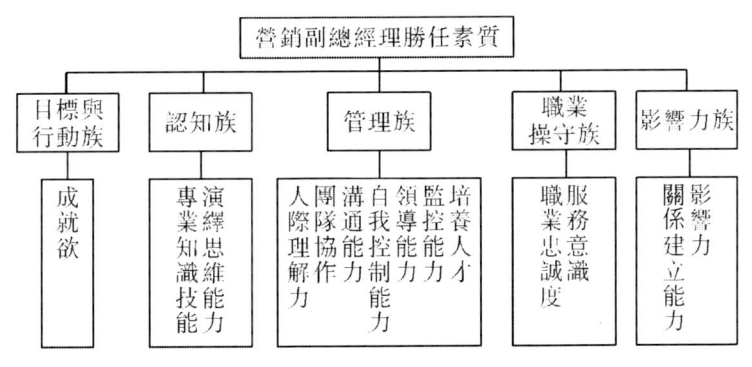

圖 5-1（2） 行銷副總經理勝任素質模型

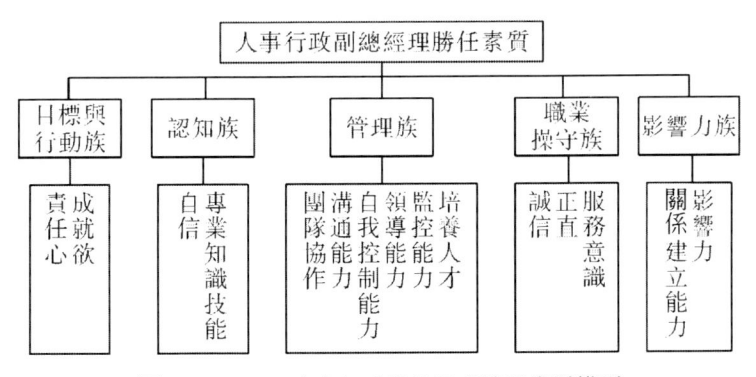

圖 5-1（3） 人事行政副總經理勝任素質模型

由圖 5-1（1）～圖 5-1（3）可以看出，總經理勝任素質模型涵蓋了 17 項勝任素質，但未包括前人研究中的「成就欲」「影響力」指標。在行銷副總經理和人事行政副總經理的勝任素質模型中分別包括了 13、15 項素質，基本上能夠體現這兩類職位的特徵與工作要求。

為了便於後面勝任素質評價的研究，本書參照「FPEB 管理者素質模型架構」對領導行為勝任素質按照 FPEB 框架進行分類，分類結果如表 5-9 所示。

表 5-9　　　　　　　　領導行為 FPEB 素質分類

FPEB 素質分類	領導行為應具備的基本能力與素質
專業勝任素質	專業知識技能
心理勝任素質	人際理解力；主動性；成就欲；自我控制能力；自信；演繹思維能力；歸納思維能力
職業操守素質	責任心；職業忠誠度；誠信；正直；服務意識
行為勝任素質	團隊合作；人才培養；溝通能力；關係建立能力；監控能力；領導能力；影響力

二、基於勝任素質模型的職業經理人素質評價

（一）領導行為勝任素質評價的步驟與內容

1. 構建適合企業的個性化領導行為勝任素質模型

參照上述領導行為勝任素質模型，各企業可根據企業規模、企業所處的發展階段、企業所在行業的特點、市場競爭環境、企業掌握資源的成熟度、企業管理隊伍現狀、企業的發展戰略對高級管理人才的素質要求等確定各類領導行為的勝任素質模型，確定各職位的勝任素質要求。

2. 編製領導行為勝任素質辭典

企業構建起適合自己需要的領導行為勝任素質模型，還需要對各項勝任素質進行級別定義及行為描述，並確定各職位領導行為應該達到的最低等級要求。企業在進行勝任素質級別定義及行為描述時可借鑑斯賓瑟的勝任素質辭典。勝任素質辭典通常從三個維度對勝任素質定義進行描述和等級劃分：

（1）行動的強度與完整性。這是描述勝任素質定義與級別的最核心維度，它展現了勝任素質對於驅動績效目標實現的強度，以及為實現績效目標而採取的行動的完整性，在勝任素質辭典中通常用「A」來表示。

（2）影響範圍的大小。影響範圍表示受該勝任素質影響的人的數量與層級以及規模的大小。例如，「影響力」勝任素質可能會涉及一個人、一個工作團隊、部門和整個企業組織。另外，影響範圍還可以通過對一個問題的重要程度來體現，例如，範圍小到影響一個人的部分工作績效，大到影響一個企業的經營方式，等等。在勝任素質辭典中通常用「B」表示。

（3）主動程度。主動程度包括行動的複雜程度與行為人在主觀方面的努

力程度，即為達到某一目標而花費的人力、物力、信息與資源以及投入額外的精力或時間的多少等。

表 5-10 是「成就導向（成就欲）」勝任素質的分級定義及行為描述。

表 5-10　　　　成就導向（ACH）的級別定義及行為描述

A. 目標的設定	
級別	行為描述
A.-1	不符合工作標準。工作上漫不經心，只符合基本的要求（卻很關心工作以外的事如社交等）
A.0	關注工作任務本身。工作很辛苦，但是績效並不好
A.1	想要把工作做好。想要努力工作以符合工作上要求的標準，嘗試把工作做好、做對，但由於工作缺乏效率導致績效改進並不明顯
A.2	設法達成他人設定的標準。如管理層設定的各種標準（完成銷售額等）
A.3	設立自己衡量優異的標準，使用自己特定的方法來衡量產出，而不是來自管理要求的優異標準，如成本、花費的時間等，不具備太強的挑戰性
A.4	持續不斷地改善績效。改變系統或工作方法以提高績效。但沒有設定任何特定的目標
A.5	設定具有挑戰性的工作目標，並努力達成（如 6 個月改善銷售額、產品質量、生產率等）。即使目標沒有達成也予以計分
A.6	進行成本—收益分析。基於投入與產出的衡量做出決策、設立優先順序或選擇目標
A.7	敢於承擔一定的風險。投入組織重要的資源和時間來進行績效的改善，嘗試全新而富有挑戰的目標，如開發新產品和服務，採取革新的操作方式，同時降低風險，如利用市場調研預先分析顧客的需求；或鼓勵以及支持部屬承擔創新的風險
A.8	堅忍不拔。直面挫折，採取持久的行動，付出不斷的努力，達成創新的目標
B. 影響的範圍（要求目標的設定在 A.3 級以上）	
級別	行為描述
B.1	影響個體績效。通過時間管理和良好的人際溝通能力努力改善自己的績效
B.2	影響 1 個或 2 個人的績效，影響其財務上小額的承諾。如組織小型的工作會議
B.3	影響一群人（4~15 人）獲得中量的銷售或財務承諾。經努力工作使系統或其他的人更有效率地去改進群體的績效。如組織一個中等規模的研討會

表5-10(續)

B.4	影響一個部門（超過15人）的人，獲得一項大的業績或相當程度的財務承諾
B.5	影響一個中等規模的組織（或一個大組織的部門）的績效
B.6	影響一個大型企業/組織的績效
B.7	影響整個產業的效益
C. 主動程度（要求目標的設定在A.3級以上）	
級別	行為描述
C.0	沒有任何創新
C.1	嘗試自己工作上不曾經歷的創新做法，但或許在組織其他部門已有此經驗
C.2	對企業/組織進行創新，嘗試一些新穎和不同的做法來改進績效
C.3	產業的創新，利用獨特的創新來改善績效，對於產業是全新的嘗試
C.4	對於產業全新而有效的創新與改革（如蘋果電腦公司對個人電腦產業的變革）

資料來源：Lyle M. Spencer, Jr. and Sige M. Spencer, 魏梅金譯，《才能評鑒法》（Competence at work: Models for superior performance），汕頭大學出版社，2003年版，第34-35頁。

3. 確定勝任素質評價內容與等級，繪製雷達圖

企業編製領導行為勝任素質辭典，界定了各勝任素質的等級劃分及各等級的含義，然後根據企業的需要確定各類領導行為各項勝任素質的等級要求，就可以繪製如圖5-2所示的雷達圖。圖中有兩組數據：「領導行為勝任素質等級」的數據來自本書問卷調查結果——董事長與人力資源經理對本企業績效優秀領導行為各項素質評價等級的均值（見附件2），代表的是績效優秀的職業經理人在各項勝任素質方面達到的等級。「領導行為能力素質等級的（基本）要求」的數據是借鑑前面的通用勝任素質模型以及領導行為勝任素質的重要性排序等確定的，代表的是企業對領導行為在各項能力素質上的基本要求。對企業來講，招聘選拔的職業經理人在各項能力素質方面的評價等級必須落在「領導行為能力素質等級的（基本）要求」的外側，否則就不符合崗位任職資格的基本要求。兩組數據之間的差距代表著各領導行為與績效優秀領導行為之間在這些能力素質方面的差異，可以對在某方面存在差距的領導行為有針對性地設計培訓開發項目予以改善和提高。因此，雷達圖不僅可以為企業提供招聘選拔職業經理人的標準，還有利於提高培訓開發工作的針對性與效果。在此基礎上就可以構建基於勝任素質的人力資源管理系統。

第五章　領導行為勝任素質評價

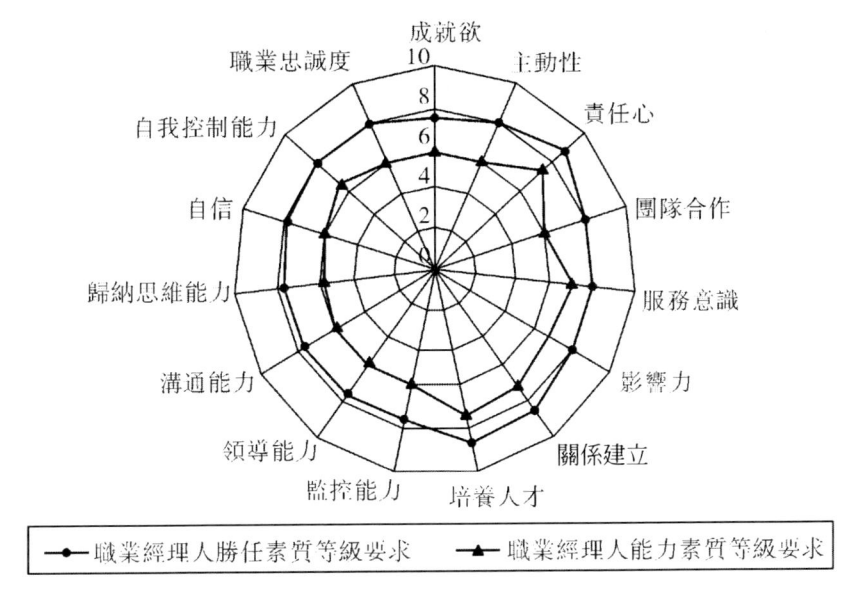

圖 5-2　職業經理人勝任素質等級要求雷達圖

企業在實際操作中也可以根據需要提出便於操作的各管理層級知識經驗與技能要求，並據此開展相關的招聘選拔、績效評價、培訓開發等工作，表 5-11 是某公司各級管理崗位通用素質等級要求。

表 5-11　　　　　　某公司各級管理崗位通用素質等級要求

級別	角色定義
一級 （初做者）	（1）有限的知識和技能，主要是從事本專業工作所必需的一些基本知識或單一領域的某些知識點，這種知識往往未在工作中實踐過； （2）在本專業領域僅有較少的經驗，這種經驗是不夠全面的，不能為獨立工作提供扶持。在工作中遇到的許多問題是其從未接觸和解決過的； （4）對整個體系的瞭解是局部的，並對整個體系各個組成部分之間的關聯不能清晰把握； （4）只能在指導下從事一些單一的、局部的工作； （5）不能完全利用現有的方法/程序解決問題。
二級 （基層業務主管）	（1）具有基礎的和必要的知識、技能，這種知識、技能集中於本專業中的一個領域並且已在工作中多次得以實踐； （2）能夠運用現有的程序和方法解決問題，但這種問題不需要進行分析或僅需要不太複雜的分析，工作相對而言是程序化的； （4）在適當指導的情況下，能夠完成工作，在例行情況下有多次獨立運作的經驗； （4）能夠理解本專業領域中發生的改進和提高； （5）工作是在他人的監督下進行的，工作的進度安排亦是給定的； （6）能夠發現流程中一般的問題。

63

表5-11(續)

級別	角色定義
三級 （業務骨幹）	（1）具有全面的、良好的知識和技能，在主要領域是精通的，並對相關領域的知識有相當的瞭解； （2）能夠發現本專業業務流程中存在的重大問題，並提出合理有效的解決方案； （4）能夠預見工作中的問題並能及時解決之； （4）對體系有全面的瞭解，並能準確把握各組成部分之間的相關性； （5）能夠對現有的方法/程序進行優化，並解決複雜問題； （6）可以獨立地、成功地、熟練地完成大多數工作任務，並能有效指導他人工作。
四級 （專家）	（1）在本專業大多數領域具有精通、全面的知識和技能，對與本專業相關的其他領域也有相當程度的瞭解； （2）對本專業業務流程有全面、深刻的理解，能夠洞察其深層次的問題並給出相應的解決方案；能夠以縝密的分析在專業領域給他人施加有效影響，從而推動和實施本專業領域內重大的變革； （4）能夠通過改革現有程序/方法解決本專業領域內複雜的、重大的問題； （4）可以指導本專業內的一個子系統有效地運行； （5）能夠把握本專業的發展趨勢，並使本專業發展規劃與業內發展趨勢相吻合。
五級 （高級專家/ 業務權威）	（1）具有博大精深的知識和技能； （2）業務流程的建立者或重大流程變革發起者； （4）調查並解決需要大量的複雜分析的系統性的/全局性的/特殊困難的問題，其解決方法往往需要創造新的程序/技術/方法； （4）可以指導整個體系的有效運作； （5）能夠洞悉和準確把握本專業的發展趨勢，並提出具有前瞻性的思想。

資料來源：某公司人力資源總監的授課資料。

（二）領導行為勝任素質評價方法

勝任素質評價既是企業領導行為招聘甄選中很重要的一個環節，也是領導行為能力發展的關鍵環節。因此，構建基於勝任素質模型的領導行為素質評價體系能更好地實現「個人—職位」「個人—企業」的合理匹配，並在此基礎上實現「個人—主管」的匹配。目前比較成熟的勝任素質評價方法主要有知識測驗、心理測驗、評價中心、結構化行為事件訪談法、360度評價法等。但每種方法都是從特定的視角對領導行為進行評價，在實際操作中企業可以整合運用多種評價工具對領導行為進行綜合的勝任素質評價。

1. 專業勝任素質評價

專業勝任素質評價主要用於職業經理人的招聘選拔、專業知識與技能的培訓、職業生涯規劃與職業發展等人力資源管理領域。因此，除了評價領導

行為具備的知識技能水準以外，還應該對其專業經驗進行評價：

（1）必備知識評價。領導行為必備知識主要是完成管理工作必須具備的基礎知識，包括基本的管理知識、各領域的專業知識以及行業與公司知識。管理知識包括基本管理理論與規律、戰略管理、人力資源管理、會計與財務管理、行銷管理、領導科學與藝術、管理溝通、組織變革與發展等。專業知識包括領導行為分管領域的專業知識，如財務總監必備的財務狀況分析與投資可行性論證等知識，人力資源總監必備的各人力資源管理模塊的基本知識等。行業與公司知識包括行業業務特點與發展規律、行業政策與相關規定、公司的發展戰略與主要業務單元的業務特點、公司的技術與業務流程、公司的組織系統與主要職能管理領域、公司的產品與服務等。必備知識的評價一般以知識考試為主。企業可以根據勝任素質模型中的必備知識要求建立考試題庫，通過規範的考試組織與閱卷客觀評價領導行為具備的知識水準。在評價必備知識水準時還可以參照各專業領域職業資格考試的等級。

（2）專業技能評價。專業技能是指通過練習而獲得的操作方式和習慣。如職業經理人必備的面試技巧、人力資源經理必備的崗位分析與評價技能、面試技能等。市場行銷經理必備的市場調研、客戶滿意度調查等專業技能。專業技能的評價也可以採取考試評價的方式，但考試題庫的建立應注重理論與實踐相結合，側重操作技能，主要針對各專業領域中具有代表性的操作和行為進行測試。除了傳統的筆試外，還可以設計情景模擬測試方法。

（3）專業經驗評價。專業經驗主要是指在公司內外從事本專業工作的經驗以及在專業領域取得的工作績效。如人力資源總監在本專業領域的人力資源戰略規劃、勝任素質模型構建、薪酬體系設計、績效管理方案設計、職業生涯規劃等方面的經驗以及以往工作的業績。專業經驗的評價主要採取追溯職業經理人的職業發展歷程，通過背景調查和職業信用檔案瞭解其在本專業及相關領域的工作經驗等方法進行評價。

企業可以針對知識考試、專業技能與經驗評價分別制定等級標準，對領導行為進行評價定級。

2. 行為勝任素質評價

對領導行為勝任素質進行評價，可以選擇被廣泛應用的評價中心方法。評價中心是指通過把候選人置於相對隔離的一系列模擬工作情景中，以團隊作業的方式，並採用多種測評技術和方法，觀察與分析候選人在模擬的各種情景壓力下的心理、行為、表現以及工作績效，以測評候選人的管理技術、管理能力和潛能等素質的一個綜合、全面的測評系統。它又被稱為情景模擬測評、模擬演示測評以及管理鑑別與培訓中心等。

評價中心被認為是當代管理中識別管理者才能最有效的工具，它最早的起源可以追溯到德國心理學家哈茨霍恩與梅（Hartshorn&May）1928年在進行人的個性研究時所採用的模擬測驗技術。1929年，德國心理學家建立了一套用於挑選軍官的非常先進的多項評價程序（Assessment Centersand Managerial Performance）。該程序中的一項是對領導才能進行測評，測評的方法是讓被試參加指揮一組士兵，他必須完成一些任務或向士兵們解釋一個問題。在此基礎上，評價者再對他的面部表情、講話形式和筆跡進行觀察和評價。這就是評價中心技術的前身。二戰期間，美國的戰略情報局（OSS）使用小組討論和情境模擬練習來選拔情報人員，並獲得了成功。最早在工業組織中使用評價中心技術的是美國電話電報公司（AT&T）。1956年，布雷和他的助手首先在AT&T啓動了「管理進步研究計劃」，其目的是要弄清楚在該公司中具備什麼樣特性的年輕雇員能夠從公司中的低級職位不斷提升到中級和高級職位。該評價工作從1956年一直持續到1960年，被評價的是受雇於該公司的274名大學畢業生和148名非大學畢業生。測評結果在對公司的高層管理者保密了8年之後才被拿出來與員工實際發展情況相對照。結果證明，在被提升到中級管理崗位的員工中，有78%與評價中心的評價鑒定是一致的。在未被提升的員工中，有95%與評價中心在8年前認定的缺乏潛在管理能力的判斷是吻合的。之後，美國許多知名的大公司，如通用電氣公司、國際商用機器公司（IBM）、福特汽車公司等都採用了這項技術，並建立了相應的評價中心機構來評價管理人選。美國政府的一些部門，如農業部、國內稅收署也應用評價中心來選拔人才。據統計，目前美國每年有數十萬人接受評價中心的測評，其中絕大多數是經理和高級管理人員及其候選人。為了規範評價中心技術的測評，美國還專門制定了《評價中心實施標準和道德準則》，英國、法國、加拿大、澳大利亞、日本等國也都採用這種方法進行人才測評，中國的企事業單位和國家機關也在近幾年嘗試運用評價中心技術選拔中、高層管理人員，並取得了一定的效果。評價中心所採用的測評技術和方法包括公文處理（公文筐）測驗、模擬面談（與人談話）、演講、無領導小組討論、書面案例分析、管理遊戲等。各種測評技術與方法測評的主要內容及各種情景模擬方法在評價中心的應用情況分別見表5-12、表5-13。

第五章 領導行為勝任素質評價

表 5-12　　各類情景模擬方法的測試內容與評價要點匯總表

測試	測試內容	評價要點
公文處理	被評價者扮演管理者的角色，模擬未來的管理工作，要求其在規定的時間內處理一批包括通知、報告、客戶來信、下級反應情況的信件、電話記錄、關於人事或財務等方面的信息等的信件或文稿，以考查被評價者的管理潛力	自信心、組織領導能力、計劃安排能力、書面表達能力、分析決策能力、承擔風險能力與信息敏感性、處理問題的條理性、對信息的利用能力等，每一維度可用五點量表進行評定
模擬面談	被評價者與評價者扮演的角色（下屬/客戶等）進行談話，解決對方要解決的問題。由評價者對面談過程進行觀察與評價	說服能力、表達能力、處理衝突的能力、思維的靈活性和敏捷性等
即席發言（演講）	被評價者按照給定的材料或題目組織自己的觀點，並且向評價者闡述自己的觀點和理由，常見的方式有競選演說、辯論式演講、就某問題發表自己的觀點等	評價者主要從語言表達、儀態舉止、內容組織等方面考查被評價者的思維反應能力、理解能力、思維的發散性、語言表達能力、言談舉止、風度氣質等方面的心理素質
無領導小組討論	一般由 4～8 個被評價者在給定的時間（一般 1 小時左右）裡在既定的背景下圍繞給定的問題[1]展開討論，並得出一個小組意見。被評價者可以被指定角色，也可以不指定角色。討論中不指定領導角色	領導慾望、主動性、說服能力、口頭表達能力、自信程度、抗壓能力、人際交往能力等，也可通過被評價者寫一份討論記錄，以反應其歸納能力、決策能力、分析能力、綜合能力等
管理游戲	要求被評價者扮演一定的管理角色，模擬實際工作情境中的一些活動或完成一項具體的管理事務，通常採用非結構化的情景，在被評價者之間進行交互作用	全面考查被評價者在游戲中的行為與表現，綜合評價被評價者的能力：組織協調能力、領導能力與特徵、合作精神、智力特徵等
書面案例分析	讓每位被評價者閱讀一些關於企業中的問題材料，讓其準備一系列的建議，撰寫分析報告	考查被評價者的綜合分析能力、判斷決策能力、管理能力和業務技能等
案例討論[2]	被評價者閱讀關於企業中的問題材料，準備一系列的建議，然後小組成員之間相互討論，並得出一致結論	綜合分析能力、判斷決策能力、接受他人觀點的能力、總結問題的能力、口頭表達和說服能力、抗壓能力等
搜尋事實	給被評價者關於一個他所要解決問題的少量信息，他可以向能夠提供信息的人詢問額外的情況以發掘與該問題有關的其他信息，然後要求其給出解決問題的建議	考查被評價者獲取信息的能力、分析問題的能力、理解和判斷能力、社會知覺能力、決策能力和對壓力的容忍能力

註：①無領導小組討論題目類型主要有意見求同型、資源爭奪型、團隊作品型、兩難式等。②在實際操作中通常把案例討論設計成無領導小組討論形式。

表 5-13　　　　　　　各種情景模擬測評方法在評價中的應用

	測驗的類型		評價中使用的比例(%)
比較複雜的 ↑ ↓ 比較簡單的	管理游戲		25%
	公文處理		81%
	小組任務		未調查
	小組討論	分配角色的	44%
		未分配角色的	59%
	即席發言		46%
	案例討論		74%
	搜尋事實		48%
	模擬面談		47%

資料來源：楊旭華，王新超. 卓越人才保證技術——企業人才選聘經典實務 [M]. 廣州：廣東經濟出版社，2003：280.

3. 心理勝任素質評價

心理勝任素質屬於「勝任素質結構冰山模型」中隱藏在水下的那部分潛質，具有內隱性、穩定性、一致性等特點。一般通過標準的心理測驗方法進行評價。著名的心理測驗學家阿娜斯塔西（A. Anastasi）認為，心理測驗實質上是行為樣本的客觀的和標準化的測量。通俗來講，心理測驗就是通過觀察人的少數代表性行為，從而對於貫穿於人的行為活動中的心理特徵，依據確定的原則進行推論和數量化分析的一種科學手段。心理測驗操作簡便、評分方法規範、結果反饋及時，因而被廣泛應用。測驗技術的應用情況見表 5-14。

表 5-14　　　　　　　　　測驗技術的應用頻率

人力資源開發的各個領域	測驗技術的運用頻率（%）
最終的選拔決策	84
提升	76
職業發展	67
職業諮詢	66
成功計劃	47
最初的應聘和篩選	42
人員的安置諮詢	40

用於測評勝任素質的心理測驗是通用的，而每個企業領導行為的勝任素質要求是個性化的，因此，企業需要選擇合適的心理測驗方法。按測驗功能不同，心理測驗可分為智力測驗、特殊能力測驗、人格測驗與興趣測驗、管

理能力測驗等。由於每類心理測驗測評的勝任素質不同，就需要選擇多種心理測驗工具。

（1）智力測驗。領導行為智力水準評價可以選擇韋克斯勒成人智力量表、瑞文標準推理測驗和語言邏輯推理測驗。

A. 韋克斯勒成人智力量表。韋克斯勒（D. Wechsler）成人智力量表（Wechsler Adult Intelligence Scale，WAIS）是世界上最有影響力和應用最為廣泛的智力測驗。韋克斯勒認為，智力是個人有目的的行動、理智的思考以及有效地應對環境的整體的或綜合的能力，基於該定義，他的量表共設計了11個分測驗，其中由6個分測驗組成言語量表，5個分測驗組成操作量表。在測驗時，每個分測驗均可單獨計分。因此既可以瞭解受測驗者的總體智力水準，還可以瞭解其智力結構。韋氏（韋克斯勒）成人智力量表的內容見表5-15。

表5-15　　　　　　　　韋氏成人智力量表的內容

分測驗名稱		所欲測的內容
言語量表	常識	知識的廣度、一般學習能力以及對日常事物的認識能力
	背數	注意力和知識記憶能力
	詞彙	言語理解能力
	算術	數學推理能力、計算和解決問題的能力
	理解	判斷能力和理解能力
	類同	邏輯思維和抽象概括能力
操作量表	填圖	視覺記憶、辨認能力，有視覺理解能力
	圖片排列	知覺組織能力和對社會情景的理解能力
	積木圖	分析綜合能力、知覺組織及視覺動作協調能力
	圖形拼湊	概括思維能力與知覺組織能力
	數字符號	知覺辨別速度與靈活性

資料來源：王益明. 人員素質測評［M］. 濟南：山東人民出版社，2004：400.

B. 瑞文標準推理測驗。英國心理學家瑞文（R. J. Raven）設計的瑞文標準推理測驗（Raven's Standard Progress Matreces，RSPM）主要測量人的推理能力、問題解決過程中表現出的能力，以及發展關係和利用自己所需信息，有效地適應社會生活等能力。這種能力主要取決於天賦，是人們進行有意義的學習、交往和獲得新技能的基礎。該測驗共有60個題目，分為A~E五組，難度逐步增加；每組內部的題目也是由易到難排列。各組題目測試的內容見表5-16。測驗的構成為每個題目都有一定的主題圖，但是每張大的主題圖中都缺少一部分，主題圖下面有6~8張小圖片，受測試者的任務就是從小圖片中找出適合於填補主題圖缺失部分的小圖片，從而使整個圖案合理與完整。

該測驗屬於非文字智力測驗，操作簡單，信度與效度都較高，因此中國企業在招聘和選拔人員時使用較多。

表 5-16　　　　　　　　　瑞文標準推理測驗的內容

題目分組	題目數量	各組題目欲測的內容
A 組	12	視覺辨別力、圖形比較、圖形想像等
B 組	12	類同、比較、圖形組合等
C 組	12	比較、推理、圖形組合等
D 組	12	系列關係、圖形套合
E 組	12	圖形套合、互換等抽象推理能力
合計	60	

C. 語言理解能力測驗。語言理解能力是運用語言文字進行表達、交流和思考的能力，涉及對字詞、句子、段落含義的迅速把握和理解。語言理解能力強的人語言概念清晰、嚴謹，具有較強的閱讀理解能力，能準確理解和把握語言文字材料的內涵，測量語言理解能力的題目有些類似語文考試題目，但這些題目重點測試受測驗者的潛在能力而不是記住的知識。

D. 數量關係及邏輯推理能力測驗。數量關係能力是指對事物之間的數量關係做出分析、理解和判斷的能力，這項能力是和數字打交道工作者的必備能力，邏輯推理能力是指發現和理解事物之間的關係，利用已有知識和行業信息對所面臨的問題進行分析、判斷和歸納推理的能力，它涉及對語詞文字、時空關係的認識理解、分析判斷和歸納推理等方面。邏輯推理能力是智力的核心部分，代表著一個人對事物的本質和事物之間關係認知能力的高低。測試邏輯推理能力的題目通常以數字、圖形、文字等各種形式來呈現。

（2）人格測驗與興趣測驗。對領導行為進行人格與職業興趣測驗可選擇加州心理測驗、卡特爾 16 種人格因素測驗、霍蘭德職業興趣測驗、MBTI 診斷量表和職業風格類型測驗。

A. 加州心理測驗。美國心理學家高夫（Harrison G. Gough）編製的加州心理測驗（California Psychological Inventory，CPI）是國際上經典的個性測驗之一。該測驗從 18 個維度對人的個性進行測量，18 個分量表測試個體四個方面的能力：第一類是人際關係適應能力的測驗，該測驗包括支配性（Do, Dominance）、上進心（Cs, Capacity for status）、社交性（Sy, sociability）、自在性（Sp, Social presence）、自我接納（Sa, Selfacceptance）、幸福感（Wb, Sense of Well-being）6 個分量表；第二類是社會化、成熟度、責任感、價值觀測驗，包括責任感（Re, Responsibility）、社會化（So, Socialization）、自

制力（Sc，Self-control）、寬容性（To，Tolerance）、好印象（Gi，Good impression）、從眾性（Cm，Communality）6個分量表；第三類是成就潛能與智能效率，包括遵循成就（Ac，A-chievement via conformance）、獨立成就（Ai，Achievement via independence）、智能效率（1c，Intellectual efficiency）4個分量表；第四類是個人生活態度與傾向方面的測驗，包括心理感受性（Py，Psychological-mindedness）、靈活性（Fx，Flexibility）、女性化（Fe，Femininity）4個分量表。各分量表測試的內容及高分和低分的主要特徵總結如表5-17所示。

表5-17　加州性格測驗各分量表及高分者和低分者的主要特徵

因素	分量表	測量的內容	高分者特徵	低分者特徵
人際關係適應能力的測驗	支配性	領導能力、支配性及社會主動性	自信/有毅力/有說服力/有領導潛能/工作主動	拘謹/思維和行動遲緩/自信不足/缺少激情
	上進心	個人積極爭取達到某種地位的能力	有雄心/積極主動/精力旺盛/興趣廣泛等	和善/樸實/淡泊名利/興趣不廣
	社交性	外向性、參與社交活動的能力	喜歡交往/有事業心/有競爭意識和上進心	順從/傳統/態度超然、與世無爭/易受他人影響
	自在性	與社會交往情境下的自在性及自信心	機敏/熱情/自然不拘謹/健談/充滿活力	穩健/有耐心/自我克制/易猶豫不決/較為呆板
	自我接納	自我接納、獨立思考及行動的能力	聰慧/自信/機敏/語言表達和說服能力強	保守/傳統/安靜/自責/行動消極/興趣狹窄
	幸福感	一個人煩惱與抱怨的程度	精力充沛/上進/積極工作、能力強	胸無大志/懶散/謹小慎微/缺乏熱情/自我防禦
社會化、成熟度、責任感、價值觀測驗	責任感	責任心、可靠性或事業心、道德感	善於計劃/進取/獨立/有能力/高效率/講良心	不成熟/情緒化/懶惰/易變、不可信/行為易衝動
	社會化	社會成熟程度、完整性及正直性程度	嚴肅/誠實/勤奮/謙虛/善良/真誠/穩重/自我克制	保守/挑剔/怨恨/固執、不安分/狡猾/掩飾自己
	自制力	自我調節、自我控制的程度	平靜/有耐心/深思熟慮/嚴於自律/寬容待人	衝動/自我為中心/具有攻擊性且武斷
	寬容性	心胸寬廣、對人寬容、接納的程度	進取/忍讓/機智/聰慧/善於言辭/興趣廣泛	疑心重/心胸狹窄/冷漠/機警/退縮/態度消極
	好印象	製造良好印象，並關心別人的反應	合作/進取/外向/熱情/樂於助人/給人以好印象	壓抑/謹慎/警惕/冷淡/自我為中心/不關心他人
	從眾性	測量一個人與量表常模符合的程度	和氣/信賴/真誠/有耐心/穩定/現實/誠實有良知	易變化/不耐心/複雜的/富於想像/不安/狡猾

表5-17(續)

因素	分量表	測量的內容	高分者特徵	低分者特徵
成就潛能與智能效率	遵循成就	在集體創造活動中能起積極促進作用的那些興趣和動機	有能力/合作/講效率/組織性/負責任/有毅力/注重智力活動及其成就	固執/冷漠/笨拙/緊張狀況下易驚慌失措/對自己的前途常悲觀
	獨立成就	在獨立自主創造活動中能起積極促進作用的興趣與動機	成熟/有能量/支配性強/有預見性/獨立、自強/高超的智力和判斷能力	保守/焦慮/謹慎/不滿足/戒備心重/屈從於權威/缺乏內省和自我瞭解
	智能效率	智能水準或精幹性	有效率/頭腦清楚/有能力/有計劃/做事徹底	謹慎/糊塗/防衛/思維模式固化/缺乏自律
個人生活態度與傾向方面	心理感受性	對別人需求、動機和興趣的敏感性	善察言觀色/敏捷/善談/隨機應變/社會化程度高，不願受約束	富有同情心/平靜/嚴肅/細緻/反應較慢/對權威絕對服從/傳統
	靈活性	思維與社會行為的靈活性及適應性	有洞察力/信息靈通/冒險/自信/反抗/理想化/自我為中心	細緻/謹慎/擔憂/勤奮/警惕/世故/對權威、習慣、傳統絕對服從
	女性化	個人興趣男性化或女性化的程度	有耐心/樂於助人/善良/謙遜/誠實/被人接納和受人尊重/女性化	外向/有雄心/男子漢氣概濃/活躍/積極/與他人相處有操縱性傾向

B. 卡特爾16種人格因素測驗。美國伊利諾伊州大學人格及能力研究所卡特爾教授編製的卡特爾16種人格因素測驗，簡稱卡特爾16PF測驗。該測驗將人格特質分為16種，它們各自相互獨立，與其他因素的相關度很小。這些因素的不同組合構成了一個人不同於其他人的獨特個性。各特質高分者與低分者特徵的含義匯總如表5-18所示。

表5-18　卡特爾16PF的各因素及高分者和低分者特徵

因素	特質名稱	高分者特徵	低分者特徵
A	樂群性	熱情、外向	緘默、孤獨、內向
B	聰慧性	聰慧、富有才識	遲鈍、學識淺薄
C	穩定性	情緒穩定而成熟	情緒激動不穩定
E	恃強性	好強固執、支配性強	謙遜服從
F	興奮性	輕鬆興奮	嚴肅謹慎、沉默寡言
G	有恒性	有恒心、重良心	權宜敷衍、原則性差
H	敢為性	冒險敢為、少有顧忌、主動性強	害羞、畏縮、退卻
I	敏感性	細心、敏感、好感性用事	理智、著重實際

第五章　領導行為勝任素質評價

表5-18(續)

因素	特質名稱	高分者特徵	低分者特徵
L	懷疑性	懷疑、剛愎、固執己見	真誠/合作/信賴隨和
M	幻想性	富於想像、狂妄不羈	現實、合乎成規
N	世故性	精明、圓滑、世故、善於處事	坦誠、直率、天真
Q	憂慮性	憂慮抑鬱、沮喪悲觀、缺乏自信	安詳沉著、有自信心
Q_1	試驗性	自由開放、批評激進	循規蹈矩、尊重傳統
Q_2	獨立性	自立、當機立斷	依賴、隨群附眾
Q_3	自律性	知己知彼、自律嚴謹	不能自制、自我矛盾
Q_4	緊張性	緊張困擾、有挫折感、缺乏耐心	心平氣和、知足常樂

　　C. 霍蘭德的職業興趣測驗。霍蘭德（Holland）的職業興趣測驗（SDS）主要通過瞭解人的人格類型，並據此選擇與其匹配的職業類型。人的一生都面臨著許多職業和職位的選擇甚至所從事具體項目的選擇，這些選擇能否與自己的個體特徵相匹配是影響一個人成功的重要因素。霍蘭德認為，一個人的職業興趣會影響到其職業的適宜度。如圖5-3所示，根據職業本身的內容（工作中一般涉及人—People、物—Thing、資料—Data、觀念—Idea等因素，需要跟這四類因素打交道）及其對任職者素質的要求，可以將職業分成六種類型：實際型（R, Realistic）、調研型（I, Invesligaliwe）、藝術型（A, Artistic）、社會型（S, Social）、企業型（E, Enterprise）、常規型（C, Conventional）。每一種職業對從業者人格類型的要求不同，而人的人格類型也可以分為上述六種類型。最理想的職業選擇就是個體能夠找到與其人格類型重合的職業環境，如社會型人格特徵的人在社會型的職業環境中工作，這種情況就是「和諧（Congruence）」或「一致（Consistency）」，在這樣的職業環境中：做個體容易獲得滿意感和體會到工作的樂趣，並最有可能發揮自己的才能。霍蘭德在實驗中還發現，儘管大多數人的人格類型可以主要歸為某一類型，但每個人又有廣泛的適應能力，其人格類型在某種程度上相近於與其相鄰的另外兩種人格類型，因此也適應另外兩種職業類型的工作。如社會型與相鄰的企業型、藝術型高度相關，社會型的人在企業型、藝術型的職業環境中經過努力也能夠適應，即相鄰職業環境與人格類型間的相關性最大。而相隔職業環境與人格類型之間的相關性次之，如社會型與研究型、常規型之間既有一致性又有不同性，這種職業環境和人格類型有很多不一致，但不完全相斥。而相對職業環境與人格類型間的相關性最小。如社會型與現實型基本上屬於相斥關係，兩者之間沒有共同之處，個人如果選擇與其人格類型相排斥的職業環境就可能很難適應，甚至無法勝任工作。各種類型的人格類型特

點、職業環境特點、職業特點及適合的職業如表 5-19 所示。

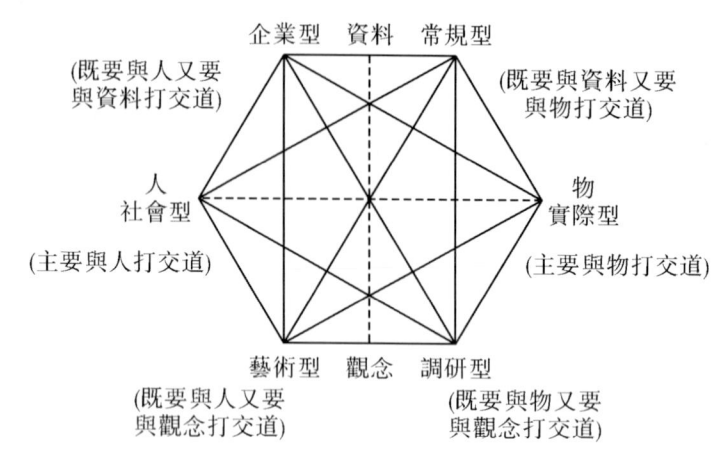

```
              企業型   資料   常規型
(既要與人又要                        (既要與資料又要
 與資料打交道)                        與物打交道)

    人                                    物
   社會型                                實際型
(主要與人打交道)                    (主要與物打交道)

              藝術型   觀念   調研型
(既要與人又要                        (既要與物又要
 與觀念打交道)                        與觀念打交道)
```

圖 5-3 職業類型示意圖

表 5-19 霍蘭德六種人格類型、職業環境特點和職業類型特點及其適合的職業一覽表

類型	人格類型特點	職業環境特點	職業特點	適合的職業
實際型	具備機械操作能力或體力，適合與機器、工具等具體事物打交道	要求明確的、具體的工作任務和操作技能，人際要求不高	熟練的手工和技術工作，用工具或機器進行工作	工程師、飛機機械師、電工、木工、牧民、漁民、測繪員、描圖員等
調研型	具備從事觀察、評價、推理等方面活動的能力	要求具備思考和創造性，對能力、社交要求不高	科學研究和實驗工作	物理、化學、數學、生物學、經濟學等方面的專家或助手，飛機駕駛員等
藝術型	具有藝術性、獨創性的表達和直覺能力，不喜歡硬性任務，情緒性強	通過語言、動作、色彩和形狀來表達審美原則，單獨工作	從事藝術創作	作家、演員、詩人、作曲家、畫家、舞蹈家、編輯、雕刻家、室內裝修專家等
社會型	喜歡從事與人打交道的活動，人道主義，同情心強	說服和轉化人的行為，具備高水準的溝通技能，熱情助人	通過說服教育、培訓等方式，幫助、教育、服務人	社會科學等方面的教師、教育行政人員、社會團體工作者、諮詢者、思想工作者等
企業型	以說服、管理、監督和領導等能力來獲得政治、社會與經濟利益	察言觀色、有說服他人和管理的能力，完成監督性角色	說服、指派他人去做事的工作	各級管理者、政治家、推銷員、批發商、調度員等
常規型	注意細節，講求精確，具備記錄和歸檔能力	要求制度化、常規化的行為，具體體力要求低，人際技能要求不高	各種辦公室、事務性工作	會計員、統計員、出納員、稅務員、秘書、保管員、打字員、法庭速記員等

D. MBTI 診斷量表。MBTI（Myers-Briggs Type Indicator）診斷量表是以瑞士著名心理學家榮格（Carl G. Jung）的心理類型理論為基礎，美國人凱瑟琳·布瑞格斯（Katharine Briggs）與伊莎貝爾·布瑞格斯·邁爾斯（Isabel Briggs Myer）母女將其開發成一種人格類型指標，並經其家族半個世紀的改良，使其演變成了一個測評工具並被廣泛應用於職業發展領域。MBTI 指標是一種強迫選項的自我報告性問卷，它用於測量並描述人們信息獲取、決策制定、生活取向等方面的偏好，並將其歸納為四個維度、八個方面：外傾—內傾、感知—自覺、思考—感覺、判斷—認知。四大維度的劃分及其含義如表 5-20 所示。

表 5-20　　　　　　　　MBTI 四大維度的劃分及其含義

外傾型/內傾型 (Extraversion/Introversion) 如何與世界互動，能量釋放到何處		感知/直覺 (Sensins/Instuition) 留意到的信息的種類		思考/感覺 (Thinking/Feeling) 決策方式		判斷/認知 (Judge/receiving) 喜歡的生活方式	
外傾型	通過人際關係獲取能量。把注意力和精力放在身外的世界，主動與人交往，喜歡互動	感知型	傾向於收集詳細的事實資料，注重具體感受。只注重真實可靠的事，相信自己的經驗	思考型	決策時較為客觀，喜歡符合邏輯的決策，善於客觀地分析一切，並常引以為豪	判斷型	條理性強。喜歡生活安排得有條不紊，事事井然有序，喜歡決策
內傾型	通過個人思考和感覺獲取能量。專注於自我的內心世界，喜歡獨處並陶醉其中，先想後做	直覺型	側重於思考各種可能性之間的聯繫，更相信直覺。能預示事件的發生，總想不斷創新	感覺型	常因自己的喜好和感覺決策。能體貼人，常富有同情心，並自以為榮	認知型	生活散漫隨意，生活機動性強時最高興。樂意嘗試一切可能的事情。理解而不是控制生活

人格的每個維度都有兩個彼此對立的極端，有 8 種人格偏好，共形成 16 種人格，每種類型對應一套行為特徵和價值觀，其適應的工作也不同，16 種人格類型的特點及與其相適應的工作見表 5-21(1)～表 5-21(4)。通過測評瞭解領導行為的人格類型，可以據此進行工作崗位的安排。

E. 職業風格類型測驗。職業風格類型又稱為管理性個性，是由行為學家麥柯比（M. Maccoby）用了 6 年時間，對美國 12 家高科技公司中 250 名高、中、基層男性管理人員進行深入訪談，發現這種組織背景中的管理人員可分為四大類。第一類是「工匠」型。這種類型的人是技術專家，對行政事務和職位不感興趣，但熱愛本專業，刻苦鑽研，有著一定要搞出點成果來的韌勁，他們喜歡革新，討厭規章制度的約束，對人際關係不敏感也不擅長。第二類

是「鬥士」型。這種類型的人又分為兩種：一是「獅型鬥士」，他們領袖欲強，有強烈的權力需要，想獨當一面，建立自己的「王國」，他們闖勁大，干勁足，有不達目的不罷休的氣概，敢冒風險；二是「狐型鬥士」，他們雖然也頗具野心，卻沒有「獅型鬥士」的膽魄與能力，只好利用搞陰謀、耍權術等手段試圖攫取權力。第三類是「企業人」型。這種類型的人循規蹈矩，嚴守組織的既定政策與計劃，忠實可靠，兢兢業業，只求穩妥無過，進取心與革新性不高。第四類是「賽手」型。這種類型的人把人生看作一場競賽，他們渴望成為優勝者。但與「鬥士」們不同的是，他們並不醉心於個人的勢力範圍與主宰地位，而是想做一個勝利團隊中的明星。

表 5-21（1） MBTI 診斷量表中 16 種人格類型的特點及與其相適應的工作一覽表

		感知型（S）	
		思考型（T）	感覺型（F）
內傾型 I	判斷型 J	ISTJ：內向/感知/思考/判斷型 特徵：一絲不苟/認真負責/講求實際/務實/專注/做事有條不紊、四平八穩 適應的工作特點：令其滿意的工作是技術性工作/獨立的工作環境/充裕的時間獨立工作/運用專注力完成工作 相應工作：審計員/後勤經理/工程師/電腦編程員/地質學者等	ISFJ：內向/感知/感覺/判斷型 特徵：忠心耿耿/一心一意/富有同情心/樂於助人/職業道德很強 適應的工作特點：令其滿意的工作是需要細心觀察和精確性要求極高的工作/通過默默付出表達自己的感情投入，但個人貢獻需要得到承認 相應工作：人事管理人員/電腦操作員/客戶服務代表/信貸顧問/零售業主等
	認知型 P	ISTP：內向/感知/思考/認知型 特徵：奉行實用主義/不愛空談/長於分析/敏於觀察/好奇心強/只相信可靠確鑿的事實/善於利用資源和把握時機 適應的工作特點：令其滿意的工作是做盡可能有效利用資源的工作/願意精通機械或使用工具工作/工作必須有樂趣、有活力、獨立性強且常有機會去戶外 相應工作：證券分析員/銀行職員/管理顧問/技術培訓人員/軟件開發商等	ISFP：內向/感知/感覺/認知型 特徵：溫柔/體貼/敏感/從不輕言個人化的理想和價值觀/常通過行動而不是語言表達情感/有耐心/隨和/無意控制他人 適應的工作特點：適合做非常符合自己內心價值觀的工作/在做有益他人的工作時希望注重細節/希望有獨立工作的自由又不遠離與自己合得來的人/不喜歡受繁文縟節或僵化程序的約束 相應工作：行政人員/海洋生物學者/廚師/室內（風景）設計師等

第五章　領導行為勝任素質評價

表5-21（2）　MBTI診斷量表中16種人格類型的特點及與其相適應的工作一覽表

		感知型（S）	
		思考型（T）	感覺型（F）
外傾型 E	判斷型 J	ESTJ：外向/感知/思考/判斷型 特徵：辦事能力強/喜歡出風頭/辦事風風火火/責任心強/忠於職守/喜歡框架/能組織各種細節工作/能如期實現目標並力求高效 適應的工作特點：適合做理順事實和政策以及人員組織工作/能有效利用時間和資源找出合乎邏輯的解決方案/在目標明確的工作中運用嫻熟技能/希望工作測評標準公正 相應工作：銀行官員/項目經理/信息總監/保險代理/電腦分析人員等	ESFJ：外向/感知/感覺/判斷型 特徵：喜歡通過直接合作以切實幫助他人/注重人際關係/受人歡迎也喜歡迎合他人/態度認真/遇事果斷/表達意見堅決 適應的工作特點：最滿意的工作是與人交往，密切參與整個決策流程/工作目標明確/有明確的業績標準/希望組織能安排自己及周圍人的工作以確保一切進展得盡可能順利 相應工作：公關客戶經理/個人銀行業務員/銷售代表/人力資源顧問/接待員等
外傾型 E	認知型 J	ESTJ：外向/感知/思考/判斷型 特徵：辦事能力強/喜歡出風頭/辦事風風火火/責任心強/忠於職守/喜歡框架/能組織各種細節工作/能如期實現目標並力求高效 適應的工作特點：適合做理順事實和政策以及人員組織工作/能有效利用時間和資源找出合乎邏輯的解決方案/在目標明確的工作中運用嫻熟技能/希望工作測評標準公正 相應工作：銀行官員/項目經理/信息總監/保險代理/電腦分析人員等	ESFJ：外向/感知/感覺/判斷型 特徵：喜歡通過直接合作以切實幫助他人/注重人際關係/受人歡迎也喜歡迎合他人/態度認真/遇事果斷/表達意見堅決 適應的工作特點：最滿意的工作是與人交往，密切參與整個決策流程/工作目標明確/有明確的業績標準/希望組織能安排自己及周圍人的工作以確保一切進展順利 相應工作：公關客戶經理/銀行業務員/銷售代表/人力資源顧問/接待員等

表5-21（3）　MBTI診斷量表中16種人格類型的特點及與其相適應的工作一覽表

		直覺型（N）	
		感覺型（F）	思考型（T）
內傾型 I	判斷型 J	INFJ：內向/直覺/感覺/判斷型 特徵：極富創意/感情強烈/原則性強/良好的個人品德/善於獨立進行創造性思考/面對懷疑仍堅信自己的觀點 適應的工作特點：令其滿意的工作是從事創造型的工作，能幫助他人成長/喜歡生產或提供自己能感到自豪的產品或服務/工作必須符合自己的價值觀 相應工作：人力資源經理/行銷人員/職位分析人員/企業培訓人員/社會科學工作者/企業組織發展顧問/口譯人員/編輯等	INTJ：內向/直覺/思考/判斷型 特徵：完美主義者/強烈要求自主/看重個人能力/對自己的創新思想堅定不移/邏輯性強/有判斷力/喜歡我行我素 適應的工作特點：最適合的工作是能創造和開發新穎的解決方案來解決問題或改進現有系統/願意與責任心強、自己在專業知識和能力等方面敬佩的人一起工作/喜歡獨立工作，需要定期與少量智囊人物切磋交流 相應工作：管理顧問/經濟學者/設計工程師/信息系統開發商/金融規劃師等

表5-21（3）（續）

		直覺型（N）	
		感覺型（F）	思考型（T）
內傾型 I	認知型 P	INFP：內向/直覺/感覺/認知型 特徵：珍視內在和諧勝過一切/敏感/理想化/忠心耿耿/在個人價值觀方面有強烈的榮譽感/能獻身自己認為值得的事業便情緒高漲/處理日常事務靈活、有包容心/很少表露強烈的情感/寡言少語 適應的工作特點：適合做合乎個人價值觀、能通過工作陳述自己遠見的工作/工作環境需要有靈活的架構，情緒高昂時能從事各項工作/能發揮個人的獨創性 相應工作：人力資源開發專業人員/社會科學工作者/編輯/顧問等	INTP：內向/直覺/思考/認知型 特徵：善於解決抽象問題/時常會表現出創造性/外表恬靜，內心專注，總忙於分析問題/目光挑剔，獨立性極強 適應的工作特點：工作滿意源自能醞釀新觀念/專心負責某一創造性流程而不是最終產品/解決複雜問題時能跳出常規的框框、冒風險去探求最佳解決方案 相應工作：電腦軟件設計師/系統分析人員/戰略規劃師/金融規劃師/信息服務開發商等

表5-21（4） MBTI 診斷量表中 16 種人格類型的特點及與其相適應的工作一覽表

		直覺型（N）	
		感覺型（F）	思考型（T）
外傾型 E	認知型 P	ENFP：外向/直覺/感覺/認知型 特徵：熱情奔放/滿腦子新觀念/樂觀充滿自信和創造性/對靈感推崇備至，善於發明/不墨守成規，善於創新 適應的工作特點：在創造性靈感的推動下與不同的人群合作從事各種項目；不喜歡從事需要自己親自處理日常瑣碎雜務的工作/喜歡按自己的工作節奏行事 相應工作：人力資源經理/變革管理顧問/廣告客戶經理/團隊培訓人員/事業發展顧問/戰略規劃人員/宣傳人員等	ENTP：外向/感知/思考/認知型 特徵：好激動/健談/聰明/多面手/致力於提高自己的能力/天生有創業心/好鑽研/機敏善變/適應能力強 適應的工作特點：適合於有機會從事創造性解決問題的工作/工作有一定的邏輯順序和公正的標準/希望通過工作提高個人權力並常與權威人士交流 相應工作：人事系統開發人員/投資經紀人/後勤顧問/金融規劃師/投資銀行業職員/行銷策劃人員/廣告創意指導等
	判斷型 J	ENFJ：外向/直覺/感覺/判斷型 特徵：有愛心/對生活充滿熱情/對自己很挑剔/注意別人的感受而很少在公眾場合發表批評意見/對行為的是非曲直明察秋毫/社交高手 適應的工作特點：最適合的工作是能建立溫馨的人際關係/能置身於自己信賴且富有創意的人群中工作/希望工作多姿多彩但又能有條不紊地干 相應工作：人力資源開發人員/銷售經理/客戶經理/公關專業人士/協調人/記者等	ENTJ：外向/直覺/思考/判斷型 特徵：極為有力的領導人和決策者/能明察各種可能性並喜歡發號施令/做事深謀遠慮策劃周全/事事力求做好/能一針見血發現問題並迅速找到改進方法 適應的工作特點：最適合的工作是做領導、發號施令/完善運作系統並高效運行達到預期目標/喜歡從事長遠戰略規劃/尋求創造性地解決問題的方式 相應工作：(人事/銷售)經理/技術培訓人員/國際銷售經理/特許經營業主等

他們善於團結和鼓舞他人，願意培養與提攜部下，同時他們又有進取心與干勁。斯泰貝（L. Stybel）根據這種管理風格分類法，提出了「人才動態使用」的觀點。他認為企業要想利用每類人才的優勢，就不應把人才固定在某種特定崗位上。他結合高技術企業產品更新換代較快的特點，認為在一項商品生命週期的不同階段應合理地配備不同類型的管理人才。例如在產品還處於引進期時，新產品仍在開發的最後階段，尚待定型，在市場上也屬試銷期，此時技術開發能力很重要，項目組應配備兼具「工匠」與「鬥士」特徵的管理人員，或「鬥士」掛帥，「工匠」輔佐。待到產品進入成長期，產品業已定型，銷路也已打開，此時的首要任務是擴大生產能力以源源不斷的產品去投放市場滿足日益增長的需求。此時可以將「工匠」調去其他正在開發新產品的項目組，而讓「鬥士」留下來獨撐門面，去衝鋒陷陣，擴大「地盤」。待產品進入成熟期，市場漸趨飽和，無須再投資擴產，只需利用已占市場收穫利潤。這時應讓善於守業的「企業人」去接過攤子，把原來的「鬥士」安排去從事其他項目的開創工作。待產品進入衰退期，需要關、停、並、轉，此時又宜請「鬥士」在轉讓談判中討價還價或收拾殘局。這樣靈活機動地使用人才，才能充分做到人盡其才。至於「賽手」型人物，因屬稀缺寶貴資源，只用於特別重要項目的領導，並著眼於把他們培養成未來的統帥，不宜輕率動用。根據該理論的研究，對領導行為進行職業風格測試將有助於企業根據實際需要進行人員的甄選和配置。

（3）管理能力測驗。管理能力測驗主要是對領導行為的管理能力和潛能等進行評價與鑒定，並提供配置使用與職業發展等方面的建議。常見的管理能力測驗主要有人際敏感能力測驗、管理人員數量分析能力和邏輯推理能力測驗、基本管理風格測驗、團隊指導技能測驗、自我實現測驗、溝通技能測驗、管理方式測驗、管理情景技巧測驗、創造力測驗、管理變革測驗等。這裡僅介紹兩種測驗：

A. 管理人員數量分析能力和邏輯推理能力測驗。數量分析能力測驗可以考察領導行為對數量圖表等信息的敏感性和分析能力，測驗的內容主要包括對數值和圖表的敏感性、快速的綜合分析能力、一定的快速數字估算能力等，該項能力是高素質企業管理人員必須具備的。邏輯推理測驗主要是考察領導行為的語言分析能力、信息加工能力和分析問題的能力，該項測驗可以反應被試的思維準確性和敏銳度，以及邏輯推理的嚴密性和連續性，而這些能力對領導行為準確地分析與解決問題十分重要。

B. 創造力測驗。創造力主要是指產生新的想法、發現和創造新的事物的能力或能力傾向。決策是企業高層領導行為的日常工作，而決策就需要創新，

因此他們需要具備一定的創造力。心理學家認為，創造力的核心是創造性思維的能力，創造性思維主要表現在思維的流暢性、靈活性、獨特性和發散性等方面，而發散性思維是其重要的組成部分。因此創造性思維能力測驗主要考察被試的發散性思維，主要用由一個項目聯想到別的項目的多少來衡量。

4. 職業操守素質評價

領導行為職業操守的要求來自於社會道德規範、行業準則、企業價值觀三個方面，三個層次逐層遞進，構成了領導行為職業操守共性化與個性化的要求。企業可以在社會道德規範和行業準則要求之上根據本企業價值觀提出對領導行為職業操守方面的具體要求，以此約束領導行為的理念與行為。為了便於理解和操作，還可以將職業操守分為職業觀念、職業作風、職業情感：職業觀念是指對所從事職業的工作角色、義務、意義與性質的心理認知，這是職業操守的中心環節，一個人一旦牢固確立了職業觀念，就能準確定位自覺履行自己的職業義務；職業作風是任職者在職業活動中表現出來的一貫的態度與行為傾向，如廉潔奉公等；職業情感則是人們在處理自己與職業的關係和評價職業行為過程中形成的榮辱好惡等情緒和態度，包括人們對所從事職業的榮譽感與責任感。領導行為一旦確立了準確的所有者資本「牧羊人」的角色，熱愛自己的職業，工作中廉潔自律，就可以表現出高度的責任感與義務感，全身心投入做好自己的本職工作。

企業對領導行為職業操守的評價方法主要有信用調查法和360度評價法。

（1）信用調查法。企業從外部招聘選拔職業經理人時可以通過以下途徑對其領導行為進行信用調查：一是背景調查法。企業可以通過背景調查瞭解職業經理人在以往供職企業的職業操守狀況。二是個人信用調查。從個人信用系統獲取職業經理人在金融行為、公共消費行為、遵紀守法等方面的個人信用信息。三是領導行為信用檔案調查法。領導行為信用檔案系統建立起來之後，可以有償從職業經理人協會獲取候選人的信用檔案，瞭解其信用歷史。通過上述途徑如果瞭解到職業經理人有違規違紀甚至違法犯罪記錄，則對其「一票否決」。

（2）360度評價法。企業設計領導行為職業操守評價指標及標準，由直接上級、同事、直接下級、董事會、考核委員會等對職業經理人的職業操守進行評價。其中，董事會、考核委員會、直接上級、直接下級的評價結果在總分中所占的比重應該高一些。

（三）領導行為勝任素質評價的主體

企業可以根據職業經理人勝任素質評價的內容和自身的管理現狀選擇合適的素質評價主體：

1. 職業經理人協會

目前中企聯 CPMQ 認證考試的評價內容包括品德、知識、能力和經營管理業績四個方面，權重分別為 10%、20%、30% 與 40%。未來職業經理人協會統一負責職業經理人職業資格認證工作，制定的評價標準除了專業勝任素質和行為勝任素質以外，還應該包括心理勝任素質評價、職業操守素質評價。此外，職業經理人協會還可以運用心理測驗、評價中心等方法為企業和職業經理人個人提供心理勝任素質與行為勝任素質測評。

2. 專業諮詢公司

企業在招聘選拔職業經理人時，可以委託擁有素質評價工具與專業人才的諮詢公司提供專業勝任素質、心理勝任素質與行為勝任素質評價服務。職業經理人個人也可以通過接受素質評價服務瞭解自身特點以便準確進行職業定位，做好職業發展規劃。

3. 企業

有實力的大企業可以通過構建領導行為勝任素質模型或引進適用的素質評價工具對領導行為進行評價，以做出聘用與否、培訓什麼和如何培訓、能否留任、晉升或降職等人事決策。這樣，不但能提高決策的準確率，還能夠充分發揮每位職業經理人的作用，不斷提高其素質。

4. 研究機構

一些高等院校或專業研究機構既擁有專業素質評價人才，又具備系統完善的領導行為勝任素質評價工具，企業也可以委託這些研究機構為企業提供素質評價服務。

5. 人才仲介服務機構

目前，國家級、省級、市級、縣（區）級的人才交流中心和人力資源市場組成的覆蓋全國的人才仲介服務機構給用人單位提供信息查詢、代理招聘、檔案代管等業務，也定期或不定期舉辦各種類型的人才交流會、招聘會與洽談會等。有條件的可以開展人才素質測評等相關配套服務業務，為企業和職業經理人個人提供有償服務。

三、職業經理人勝任素質評價模型

綜合上述研究內容，本書構建如圖 5-4 所示的職業經理人勝任素質評價模型。

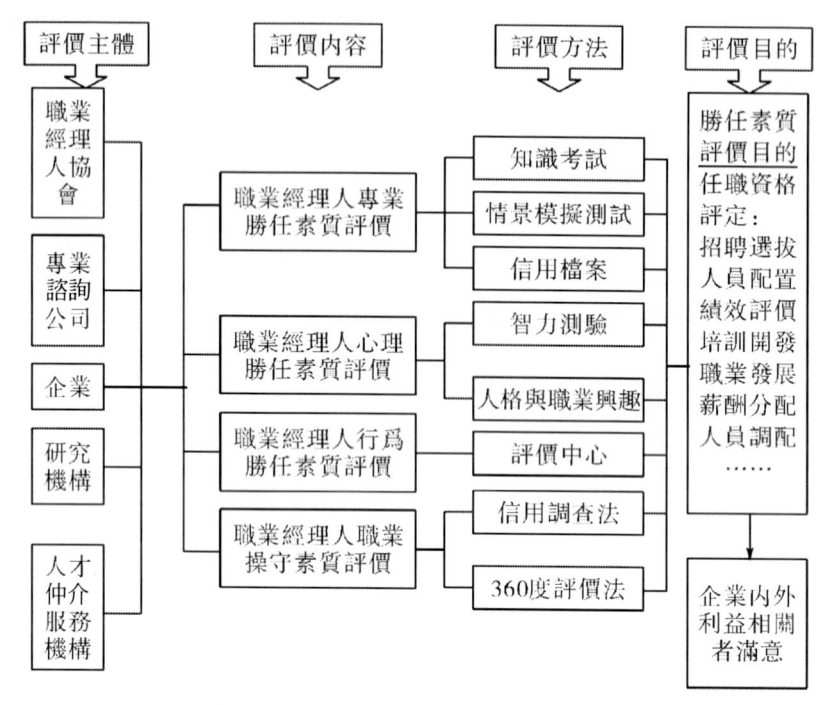

圖 5-4　職業經理人勝任素質評價模型

　　如圖 5-4 所示，對職業經理人進行勝任素質評價的主體除了企業以外，還包括職業經理人協會、專業諮詢公司、研究機構、人才仲介服務機構等。評價的內容主要包括專業勝任素質、心理勝任素質、行為勝任素質和職業操守素質四個方面。對四類勝任素質的評價方法是不同的：可以通過知識考試、情景模擬測試、信用檔案調查等方法對職業經理人進行專業勝任素質評價；心理勝任素質的評價方法主要有智力測驗、人格與職業興趣測驗等；可以通過評價中心方法對職業經理人進行行為勝任素質的評價。而職業操守素質的評價方法主要有信用調查法、360 度評價法。勝任素質評價的目的主要是為了對職業經理人進行任職資格評定，為職業經理人的招聘選拔與配置、績效評價、培訓開發、職業發展、薪酬分配、人員調配等人事決策提供科學的依據，最終達到企業內外利益相關者滿意的目標。

第六章　領導行為績效評價

一、領導的個人績效與企業績效

企業是一個開放的社會系統，領導行為的個人績效產生於其中並依靠企業績效來體現。企業為職業經理人搭建價值實現的平臺，職業經理人的知識、技術和能力等人力資本必須通過生產經營管理活動投入企業，並經過可配置資源的轉化來實現，可以說企業績效是高層領導行為個人績效最直接的反應。因此，企業在職業經理人經營管理期間績效的變動情況是衡量其個人績效的一個重要指標。當然，企業績效與職業經理人的個人績效並不完全一致。表 6-1 對二者進行了比較。

表 6-1　經營者（領導行為）績效評價與企業績效評價的區別

	領導行為績效評價	企業績效評價
評價主體	委託人（所有者）	投資者
評價內容	經理人選聘、薪酬計劃、激勵 企業價值在領導行為經營期間的增量	投資決策 企業整體經濟效益
業績影響因素	個人的能力水準和努力程度	企業內部、外部各種因素

資料來源：李蘋莉，寧超. 關於經營者業績評價的思考［J］. 會計研究，2000（5）：22-27.

因此，在設計領導行為績效評價指標體系時，首先要確定企業整體的績效目標，然後對目標進行分解，確定各領導行為分管業務領域應承擔的績效目標，並據此確定個人績效評價指標及評價標準。只有各業務領域目標的達成才能確保企業整體績效目標的實現。為了強化職業經理人對企業整體績效的責任意識，可以通過以下方式將其個人績效與企業績效結合起來。

$$\text{職業經理人績效評分表} = \text{個人績效評價分數} \times a + \text{企業績效評價分數} \times b$$

二、領導的個人績效與管理團隊績效

(一) 包含個人績效的管理團隊績效

現代企業日益重視團隊建設以及團隊文化的形成。團隊文化是指企業團隊管理的目的和行為都是為了保持企業的協調、維護企業的利益和充分發揮企業的優勢。團隊要求其成員應對企業具備強烈的榮譽感和認同感,強調成員對企業的歸屬感,在企業中形成「命運共同體」的融洽氣氛。在這種背景下的績效管理也就不同於傳統的績效管理。具體如表 6-2 所示。

表 6-2　　　　　傳統與現代績效管理理論和方法之比較

比較對象	時期	主要特點	優勢	局限性
傳統績效管理理論與方法	20世紀80年代以前	基於個人,關注局部目標、員工績效	使用普遍,指標客觀;易統計和操作,程序簡單,成本低	短視行為;忽略核心能力的培養和發展;無法承載現代高層管理團隊 (TMT) 的發展
現代績效管理理論與方法	20世紀80年代以來	著眼企業,基於團隊;關注戰略目標	關注個人績效與企業戰略的長效機制;注重核心能力的培養和發展	缺乏規範的團隊管理經驗和模式以及專門化培訓;尚未構建明確的個人與團隊績效評價體系

越來越多的企業日益注重團隊建設與發展,並將團隊運作與企業戰略掛勾以確保戰略目標的實現。因而只有運用系統思維模式,將關注局部和關注整體的績效管理理論與方法有機結合,才能構建更適合現代企業需要的績效管理系統。企業的績效與管理團隊績效的高低有著很強的關聯性。同時,團隊績效在一定程度上依賴於其成員個人的努力,個體因素對團隊也有很大的影響。因此,在高層管理團隊 (Top Management Team, TMT) 中的每位成員不僅要時刻注意自己的知識累積、觀念更新,更重要的是要把自己先進的經營理念、勇於創新的精神、良好的價值觀念傳播給其他成員,使團隊形成共同價值觀,並逐漸昇華為企業精神。在企業內部形成團結友愛、相互尊重、相互學習、平等競爭、勤於思考、不斷創新的開放性 TMT 和其他類型的工作團隊。影響團隊產生高績效的因素主要有團隊的目標、團隊成員的素質、團隊的領導、團隊成員的多樣化、團隊成員的熟悉程度、團隊凝聚力、團隊的激勵政策等。因此創建高績效 TMT 需要注意以下幾點:①確定合理的團隊目標。企業的目標就是 TMT 目標,目標設置必須符合 SMART 原則,指標可以表現為數量、效率、質量、時間、成本、客戶滿意度等多種形式。②選拔合格的管理團隊成員。根據勝任素質模型選拔具備所需要各項能力與素質的

TMT成員，在選拔管理團隊成員時還應該注意專業知識、心理特徵、性別、管理技能等方面的多樣性，以實現優勢互補。③增強成員對團隊的認同感，提高團隊凝聚力。培養團隊成員「與團隊（企業）共命運」的情感，讓每個成員認識到他們之間的協作以及貢獻對於管理團隊獲得成功是至關重要的。可以建立共同的企業願景來增強成員的認同感。團隊凝聚力與績效存在很大的相關性，高凝聚力的多樣化管理團隊才能取得1+1>2的協同效應。④確定規範的團隊秩序，形成良好的制度。建立良好的獎懲政策與制度，對成員進行激勵和約束。⑤樹立合作競爭的理念。TMT作為一個整體，必然要求內部成員的合作，但也要促進內部競爭，在評價團隊績效的同時注重成員個人目標的實現情況。⑥建立有效的TMT領導機制。高層管理團隊必須有一個強有力的領導，並形成有效的決策機制，以確保管理團隊的統一行動，實現共同的團隊目標。團隊領導對團隊績效有很大的影響，相關研究表明，團隊氛圍對團隊績效有40%的影響，而領導力風格對團隊氛圍有70%的直接影響。

（二）建立連接個人績效與管理團隊績效的六西格瑪管理體系

團隊文化只有融入企業實踐中，與企業的經營管理、創新機制結合起來，滲透到企業管理的方方面面，並轉變為一種自覺的行為方式，才能在企業的經營管理實踐中發揮積極的導向作用。本書以六西格瑪管理在團隊建設中的應用來探討該問題。六西格瑪管理理論以DMAIC（定義、測量、分析、改進和控制）為理論基礎，在團隊建設中，可以通過這五個步驟的運作消除團隊建設中產生缺陷的原因，提高團隊績效：①定義。定義階段只是為後續工作解決一些基本問題，並以此制訂DMAIC計劃，主要工作包括創建團隊、描述和確定流程與規範。②測量。測量階段主要是通過測量用事實與數據評估與理想團隊之間的差距，包括選擇質量特性、定義績效標準、測量系統分析。③分析。分析階段主要是用來分析實際與理想團隊之間差距存在的原因，以及消除差距的合理措施。④改進。改進階段主要是通過發現問題，及時地進行調整糾偏，並利用統計的方法衡量改善的效果，使團隊績效逐步接近目標。⑤控制。控制階段主要是對關鍵因素進行長期控制並採取措施維持改進的效果。團隊建設貫穿於整個團隊管理過程，也是團隊文化逐步形成、穩定和擴散的過程。這一過程始終注重培養追求科學完善、無邊界合作的開放型團隊文化。如圖6-1所示。

如表6-3所示，按照工作流程來劃分，團隊可分為匯集型、連續型、互動型、聚焦型四種類型。高層管理團隊兼具互動型、聚焦型團隊的特點，工作的相互依賴性很強，需要團隊成員的密切合作才能實現團隊目標。

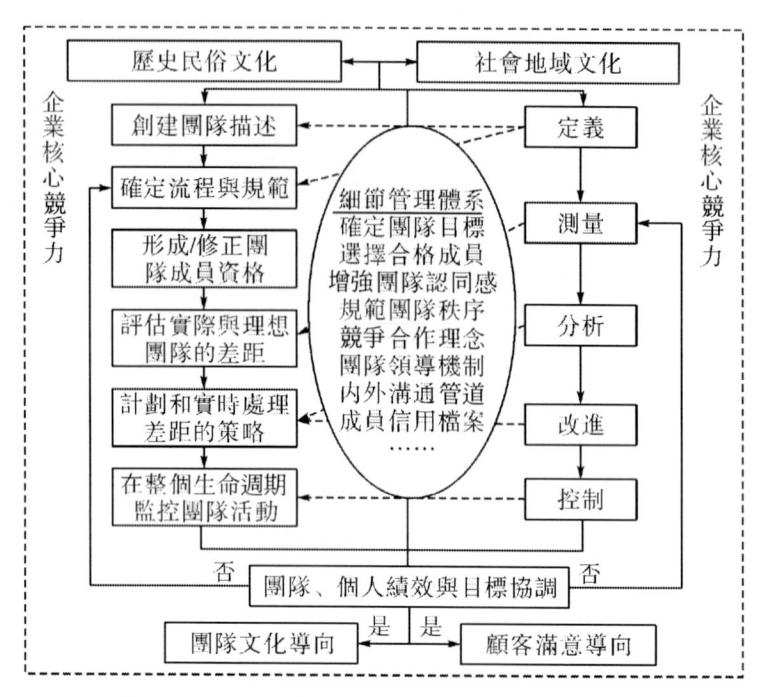

图 6-1　六西格玛管理思想在团队建设中的应用模型

资料来源：王彦伟. 六西格玛管理与团队建设 [J]. 中国人力资源研究，2006（24）.

表 6-3　　　　　　　　　不同类型团队的特徵及其绩效特点

团队类型	团队特徵	绩效特点
汇集型团队	每个团队成员独立地进行工作和採取行动，工作并不在团队的成员间进行流动	团队总体绩效是每个成员个体绩效的汇总，每个个体工作努力的总和决定团队绩效
连续型团队	工作按工序从一个成员流向下一个成员，多数情况下方向单一	团队绩效更多地依靠团队成员之间的相互作用，每一个团队成员都对整体绩效做出贡献
互动型团队	在一段时间内，工作在团队成员间来回流动，信息传递更加富於动态流动性	成员的角色变换更加难以区分，相互依赖性更强，团队绩效显现出很复杂的合作形式
聚焦型团队	团队成员聚焦於某一项共同任务，共同进行问题诊断，通过沟通讨论提出解决问题的方案并付诸行动	团队成员间形成了高度的互相依赖性，必须有效沟通、密切合作才能确保团队任务的完成

因此，在构建领导行为个人绩效评价指标体系时，应注重高层管理团队的协作导向，通过各相关业务单元与管理领域的有效合作达成管理团队的整体目标，即实现企业的整体目标。TMT 绩效评价流程见图 6-2。

第六章　領導行為績效評價

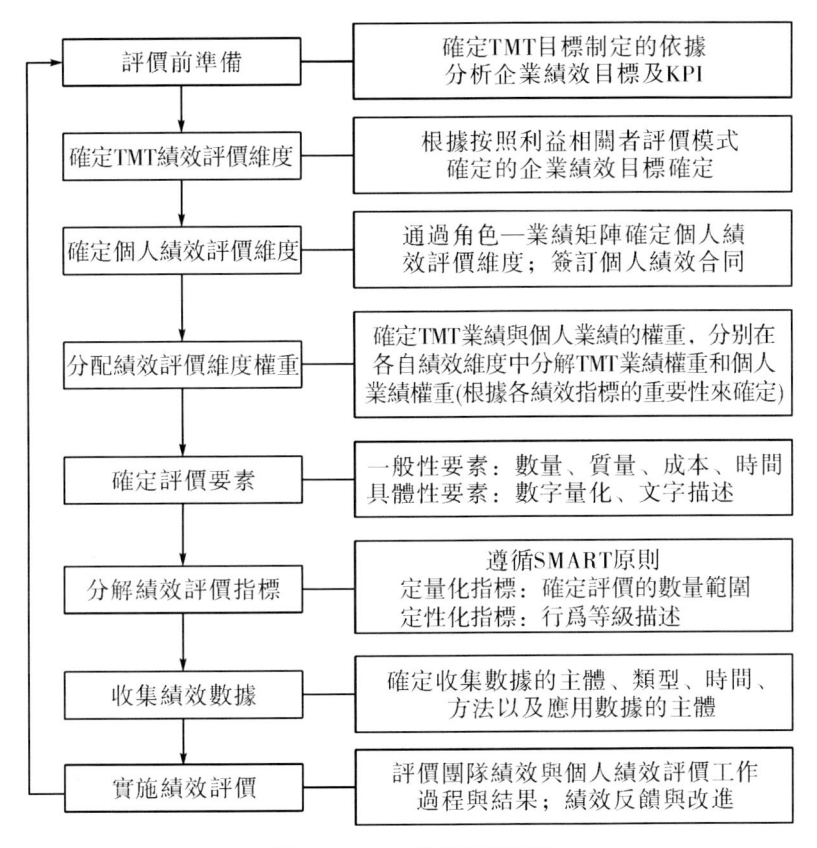

評價前準備	確定TMT目標制定的依據 分析企業績效目標及KPI
確定TMT績效評價維度	根據按照利益相關者評價模式 確定的企業績效目標確定
確定個人績效評價維度	通過角色—業績矩陣確定個人績效評價維度；簽訂個人績效合同
分配績效評價維度權重	確定TMT業績與個人業績的權重，分別在各自績效維度中分解TMT業績權重和個人業績權重(根據各績效指標的重要性來確定)
確定評價要素	一般性要素：數量、質量、成本、時間 具體性要素：數字量化、文字描述
分解績效評價指標	遵循SMART原則 定量化指標：確定評價的數量範圍 定性化指標：行為等級描述
收集績效數據	確定收集數據的主體、類型、時間、方法以及應用數據的主體
實施績效評價	評價團隊績效與個人績效評價工作過程與結果；績效反饋與改進

圖 6-2　TMT 績效評價流程

如圖 6-2 所示，高層管理團隊績效評價包括以下幾個階段：

（1）評價前準備。該階段主要是依據企業經營戰略和企業內外利益相關者的要求來確定高層管理團隊的目標，並為確定評價指標提供依據，對高層管理團隊來講，其團隊績效目標就是企業績效指標。

（2）確定 TMT 績效評價維度。從一般意義來看，確定團隊績效維度的方法主要有利益相關者關係圖法、企業績效目標分解法、業績金字塔法、工作流程圖法等，高層管理團隊績效評價維度則主要根據客戶關係圖法和企業績效目標分解法的思路，按照「利益相關者評價模式」，根據平衡計分卡技術來確定財務、客戶、企業營運、學習創新與成長四個維度。

（3）確定個人績效評價維度。在高層管理團隊中，除了對團隊績效評價以外，每位團隊成員也希望自己對團隊的貢獻能夠被認可，因此，還需要對團隊成員進行評價，可以通過角色—績效矩陣（見表 6-4）來確定高管團隊成員的個人績效評價維度。

表 6-4　　　　　　確定個人績效評價維度的角色—績效矩陣

	團隊績效維度 1 財務類指標	團隊績效維度 1 客戶類指標	團隊績效維度 4 企業內部營運類	團隊績效維度 4 學習/創新與成長類
團隊成員 A	個人績效	個人績效	個人績效	個人績效
團隊成員 B	個人績效	個人績效	個人績效	個人績效
團隊成員 C	個人績效	個人績效		個人績效
團隊成員 D			個人績效	個人績效
團隊成員 E	個人績效		個人績效	個人績效

資料來源：借鑑徐芳編著的《團隊績效測評技術與實踐》中的相關內容，根據本書的研究對象與內容整理。

（4）分配績效評價維度權重。權重用來表示各項績效評價維度的相對重要性，以幫助團隊明確各項業績的相對重要程度，也可以幫助成員合理分配資源。可以通過專家評價法、層次分析法等科學的方法確定權重，也可以根據以往的管理經驗來確定，一般來講每個績效評價維度的權重設計的範圍為 5%～40%。

（5）確定評價要素。評價要素主要是用來對每項業績進行評價的具體衡量標準，一般有數量、質量、成本、時間等要素，具體的可以有定量化和定性化兩種表現方式。

（6）分解績效評價指標。定量化指標可以確定一個範圍，定性化指標可以用行為等級描述法來確定。

（7）收集績效數據。收集與績效評價有關的數據是確保評價客觀性的重要前提，應通過報表或其他途徑收集績效評價數據。

（8）實施績效評價。根據前面確定的評價指標分別對團隊績效和個人績效進行評價，根據評價結果對績效進行綜合診斷，以便於採取有針對性的績效提升與改進對策。

三、領導績效評價與管理現狀實證研究

為了瞭解領導行為績效評價與管理的現狀，本書設計了調查問卷，問卷調查的主要目的有：①瞭解被調查企業績效評價與管理的現狀，包括考核指標體系的設置、績效評價主體的構成、績效評價結果的運用情況等；②由答卷者對所設計評價指標的重要性進行等級評價，並根據他們的評價構建不同類型領導行為的績效評價指標體系；③瞭解被調查企業近兩年的績效變化狀況，通過被調查者對領導行為所具備的基本能力與素質的評價，分析其與公

第六章　領導行為績效評價

司績效之間的關聯性，構建領導行為勝任素質模型；④通過被調查者對培訓相關選項的回答，在瞭解被調查企業培訓現狀的基礎上研究領導行為培訓與素質提升的途徑與方法。

本書運用平衡計分卡的四類評價指標框架於 2006 年 4 月設計了領導行為績效管理系統研究調查問卷，並於 2006 年 4 月至 5 月對山東省濟南、東營、菸臺、淄博、威海等城市部分企業高層領導行為進行了測試，收回有效問卷 218 份，根據對答卷者的訪談和對回收問卷進行初步分析，對問卷進行了調整：刪去了部分不符合企業實際情況的指標；改變了原來企業業績「是（否）」兩個簡單選項為五級選項；增加了「領導行為應具備的基本能力與素質要求」部分的內容，以瞭解領導行為素質與企業業績之間的關係，以便於構建領導行為勝任素質模型。調整後的正式問卷「領導行為績效管理系統研究調查問卷」（見附件 1）共包括個人基本信息、績效評價者、評價指標、績效評價結果的應用、公司業績、企業環境、領導行為應具備的基本能力與素質要求七部分內容，不僅要求答卷者根據企業的實際情況對這些選項的現狀進行判斷，同時要求他們評價相關選項的重要程度。

2006 年 6 月至 11 月通過發放打印的紙質問卷和發送電子郵件的方式發放調查問卷，共回收有效問卷 480 份。調查的對象主要包括山東省濟南、東營、菸臺、淄博、濟寧、臨沂、德州、萊蕪等城市 100 多家公司。調查企業的分佈較廣，具體詳見下面的分析。

（一）領導行為績效評價與管理現狀的問卷調查

1. 調查問卷的分佈情況

（1）不同行業中調查問卷的分佈情況。本次調查包含了製造業，批發與零售業，房地產業，住宿和餐飲業，採礦業，交通運輸、倉儲和郵電業，金融業，電力、燃氣和水的生產和供應業，信息傳輸、計算機服務和軟件業，農、林、牧、漁業等幾乎所有的行業。具體分佈情況如圖 6-3 所示。其中，第二產業是主體部分，尤其以第二產業中的製造業為主，占整個調查比例的 44.86%。符合中國的產業結構以第二產業為主的現狀。

（2）不同所有制企業中的調查問卷分佈情況。本次調查包括了國有企業、民營企業、合資或外商獨資企業三種類型的企業，具體分佈情況如圖 6-4 所示。其中國有企業和民營企業分別占 40.68% 和 41.74%，占了本次調查的絕大部分比例，因此本次問卷調查的結果對國有和民營企業都有較重要的借鑑意義。此外，合資或外商獨資企業占了本次調查問卷的 14.2%，本次調查的結果對他們也有一定的借鑑意義。

領導行為與綜合測評研究

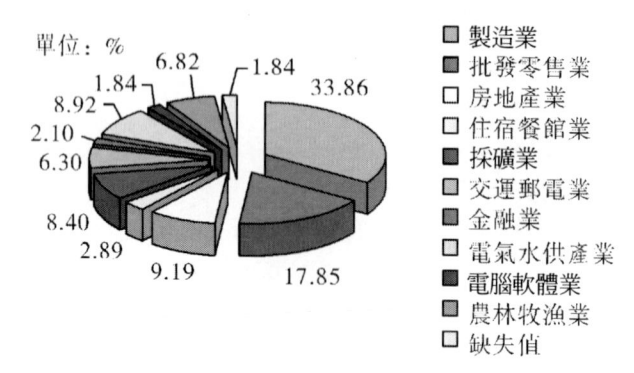

圖 6-3　不同行業中調查問卷分佈圖

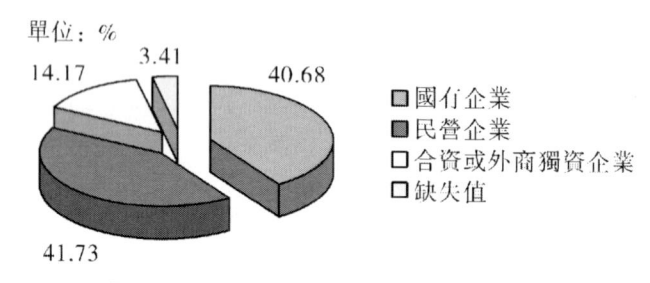

圖 6-4　不同所有制企業的調查問卷分佈圖

（3）不同規模企業調查問卷的分佈情況。本次調查問卷既包括了擁有幾千員工的大型企業，也包括了擁有 100 名員工以下的小型企業，具體分佈情況如圖 6-5 所示。其中比例較大的是小企業和 2,000~4,000 人的大企業，均為 18.11%。因此，調查問卷選擇的樣本具有代表性，研究結果對於各種規模的企業來說，都具有一定的參考價值。

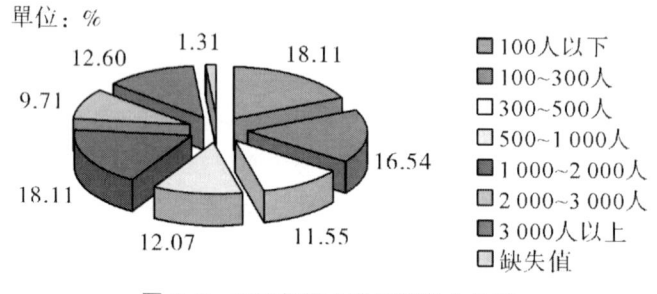

圖 6-5　不同規模企業的問卷分佈圖

（4）不同治理結構企業問卷的分佈情況。本次調查問卷包含了個人獨資公司、有限責任公司、無限責任公司、股份有限公司四種類型的企業。如圖 6-6 所示，有限責任公司和股份有限公司分別占 57.74% 和 41.5%，這與現階

段有限責任公司是中國企業治理結構主流的現狀是相符的。因此，主要根據對有限責任公司進行問卷調查的結果得出的結論更具有說服力和指導性。

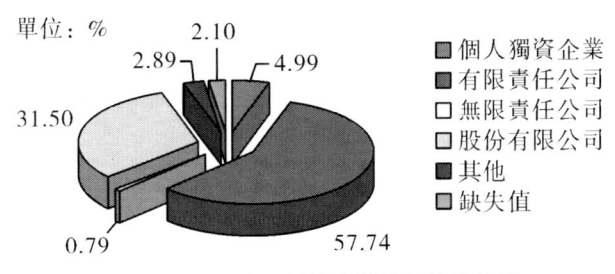

圖 6-6　不同治理結構企業的問卷分佈圖

2. 調查對象的職位分佈情況

本次問卷調查對象包括公司所有者（董事長）、總經理、副總經理、財務總監等高層領導和人力資源經理。調查對象的人員構成見圖 6-7。其中，總經理、人力資源經理和行銷副總所占的比例稍大一些，分別為 17.59%、17.59%和 14.91%。其他各職位所占比例相差不大，比較均勻的調查對象分佈將有利於後面績效指標設計。

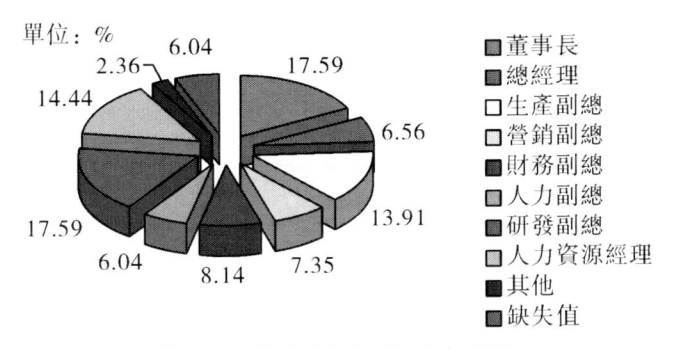

圖 6-7　調查處對象的職位分佈圖

3. 領導行為績效評價指標設置現狀

調查問卷中績效評價指標設計的依據：一是根據平衡計分卡原理設計了財務、客戶、企業營運和學習、創新與成長四大類指標；二是根據領導行為勝任素質特徵的要求設計了個人的能力與行為指標。為了更準確地進行指標分類，本書通過層次聚類分析中的 R 型聚類分析方法對績效評價指標進行分類，聚類分析合併進程表如表 6-5 所示。

表 6-5　　聚類分析合併進程表（Agglomeration Schedule）

步驟	聚類分析 類1	聚類分析 類2	系數	類第一次出現的步驟 類1	類第一次出現的步驟 類2	下一步
1	5	6	0.900	0	0	10
2	29	40	0.892	0	0	19
3	1	2	0.877	0	0	45
4	4	4	0.876	0	0	29
5	18	19	0.860	0	0	7
6	10	11	0.851	0	0	11
7	18	20	0.817	5	0	14
8	14	15	0.812	0	0	18
9	45	46	0.799	0	0	26
10	5	12	0.798	1	0	16
11	9	10	0.787	0	6	16
12	41	42	0.784	0	0	40
13	47	48	0.782	0	0	24
14	17	18	0.778	0	7	27
15	49	40	0.768	0	0	25
16	5	9	0.766	10	11	22
17	46	47	0.757	0	0	47
18	8	14	0.754	0	8	20
19	28	19	0.741	0	2	44
20	7	8	0.748	0	18	22
21	44	44	0.748	0	0	41
22	5	7	0.744	16	20	28
23	21	22	0.744	0	0	40
24	47	49	0.727	14	0	40
25	48	49	0.422	0	15	42
26	44	45	0.721	0	9	42
27	16	17	0.712	0	14	45
28	5	14	0.712	22	0	29
29	4	5	0.674	4	28	47
30	41	47	0.670	12	14	46
31	41	44	0.664	0	21	44

第六章　領導行為績效評價

表6-5(續)

步驟	聚類分析 類1	聚類分析 類2	系數	類第一次出現的步驟 類1	類第一次出現的步驟 類2	下一步
32	44	44	0.645	0	26	46
33	27	28	0.645	0	19	41
34	41	42	0.626	4J	0	40
35	1	16	0.621	4	27	48
36	41	44	0.619	40	22	42
37	4	46	0.616	29	17	48
38	1	4	0.598	45	47	41
39	24	26	0.577	0	0	44
40	21	41	0.576	24	44	46
41	1	27	0.555	48	44	44
42	48	41	0.542	25	46	44
43	1	24	0.478	41	49	48
44	45	48	0.474	0	42	45
45	25	45	0.466	0	44	47
46	21	24	0.455	40	0	47
47	21	25	0.426	46	45	47
48	1	21	0.404	44	47	0

註：表中類1和類2列的數字「1~49」是調查問卷中績效評價指標的序號。

根據表6-5的聚類步驟，本書原則上都是按照第一次聚類的結果對各績效指標進行歸類。因此，雖然第1項和第16項、第4項和第46項、第21項和第41項相關係數較大，但也未將它們劃在同一類指標中。但在聚類過程中出現的一個特殊情況，第45項指標「員工合理化建議的次數、採納程度及帶來的效益」在調查問卷設計時將其歸為「學習、創新與成長」指標類，在聚類分析中，該指標分別以0.474和0.466的系數與第48項「決策能力」和第25項「分管領域制度建設」分到同一類中，統計分析結果應該與「決策能力」分到「個人能力與行為」類指標中，但從管理實踐的角度來看將其與「分管領域制度建設」劃分到「企業內部營運類」指標中更合理。所以本書設計的調查問卷中只有第45項的歸類與問卷的設計有所不符。具體的分類結果如表6-6所示。

領導行為與綜合測評研究

表 6-6　　　　　　領導行為績效評價指標分類一覽表

指標分類	績效評價指標
財務類指標	(1) 銷售目標完成率；(2) 銷售利潤率；(4) 淨資產收益率；(4) 總資產報酬率；(5) 總資產週轉率；(6) 流動資產週轉率；(7) 存貨週轉率；(8) 應收帳款週轉率；(9) 資產負債率；(10) 流動比率；(11) 現金流動負債率；(12) 總資產增長率；(13) 銷售增長率；(14) 貨款回收率（回款率）；(15) 資金週轉率
客戶類指標	(16) 客戶滿意度；(17) 市場佔有率；(18) 客戶開發率；(19) 客戶維持率；(20) 客戶利潤率
企業營運類指標	(21) 員工培訓目標達成的程度；(22) 人才引進計劃的完成程度；(23) 費用預算的執行情況；(24) 事故發生率；(25) 資金安全性；(26) 分管領域制度建設；(27) 項目、產品開發計劃完成的程度；(28) 交貨期；(29) 設備維護；(30) 會計核算準確性；(31) 員工合理化建議的次數、採納程度及帶來的效益
學習創新與成長類指標	(32) 員工滿意度；(33) 員工留住率；(34) 人才戰略規劃；(35) 骨幹人才適用率；(36) 新產品（項目）收入占總收入的比率；(37) 技術改造創造的收益
個人能力與行為指標	(38) 決策能力；(39) 溝通協調能力；(40) 授權與激勵能力；(41) 學習與創新能力；(42) 人才培養能力；(43) 個人影響力；(44) 專業知識技能；(45) 工作主動性；(46) 團隊協作意識；(47) 成就動機；(48) 自信；(49) 責任心

註：表中小括號內的數字 1~49 是調查問卷中績效評價指標的序號。

領導行為各類績效評價指標設置現狀的調查結果匯總見表 6-7 (1) ~表 6-7 (5)。

表 6-7 (1)　　　領導行為財務類績效評價指標設置現狀統計表

問卷中的編號	評價指標	在企業現行評價體系中包含該指標的選擇數量（%）	在企業現行評價體系中未包含該指標的選擇數量（%）	對此選項沒有回答的試卷數量（%）
1.1	銷售目標完成率	244（64）	112（29.4）	25（6.6）
1.2	銷售利潤率	214（55.9）	142（44.6）	46（9.4）
1.3	淨資產收益率	111（29.1）	216（56.7）	54（14.2）
1.4	總資產報酬率	81（21.4）	241（64.4）	59（15.5）
1.5	總資產週轉率	95（24.9）	229（60.1）	57（15.0）
1.6	流動資產週轉率	104（27.4）	220（57.7）	57（15.0）
1.7	存貨週轉率	124（42.4）	204（54.4）	55（14.4）
1.8	應收帳款週轉率	127（44.4）	201（52.8）	52（14.6）
1.9	資產負債率	111（29.1）	216（56.7）	54（14.2）

第六章　領導行為績效評價

表6-7(1)(續)

問卷中的編號	評價指標	在企業現行評價體系中包含該指標的選擇數量（%）	在企業現行評價體系中未包含該指標的選擇數量（%）	對此選項沒有回答的試卷數量（%）
1.10	流動比率	92（24.1）	226（59.4）	64（16.5）
1.11	現金流動負債率	97（25.5）	225（59.1）	59（15.5）
1.12	總資產增長率	99（26.0）	224（58.5）	59（15.5）
1.13	銷售增長率	175（45.9）	159（41.7）	47（12.4）
1.14	貨款回收率(回款率)	142（47.4）	188（49.4）	51（14.4）
1.15	資金週轉率	140（44.1）	195（51.2）	56（14.7）

由表6-7（1）可以看出，領導行為現行績效評價指標體系中超過50%的答卷者設置的財務指標只有銷售目標完成率（64%）、銷售利潤率（55.9%），其次是銷售增長率（45.9%），而包括其他指標的企業的數量都較少。這可能有兩個原因：一是調查對象中生產、人事行政和研發副總，他們對財務績效指標負有間接責任，這些領導行為的績效評價指標中財務指標較少；二是企業的績效評價指標設置不全面，指標體系中未包括這些財務指標。

表6-7（2）　　領導行為客戶類績效評價指標設置現狀統計表

問卷中的編號	評價指標	在企業現行評價體系中包含該指標的選擇數量（%）	在企業現行評價體系中未包含該指標的選擇數量（%）	對此選項沒有回答的試卷數量(%)
2..1	客戶滿意度	242（64.5）	109（28.6）	29（7.6）
2.2	市場佔有率	169（44.4）	172（45.1）	49（10.2）
2.3	客戶開發率	140（46.7）	194（50.9）	47（12.4）
2.4	客戶維持率	149（46.5）	194（50.7）	48（12.6）
2.5	客戶利潤率	107（28.1）	222（58.4）	50（14.1）

由表6-7（2）可以看出，只有客戶滿意度指標的設置比例超過50%，其次是市場佔有率（44.4%），其餘指標選擇的數量都較少。說明相當一部分答卷者所在的企業對領導行為的評價未包括客戶類指標。

由表6-7（3）可知，費用預算的執行情況（72.2%）、員工培訓目標達成的程度（62.7%）、分管領域制度建設（66.1%）、事故發生率（55.4%）、員工合理化建議的次數、採納程度及帶來的效益（54%）等指標選擇的比例都超過了50%。其他指標除了與特定職位有關的交貨期指標外，選擇的數量也都超過了40%，高於前兩類指標，這說明企業比較重視內部營運狀況的評價。

領導行為與綜合測評研究

表 6-7（3） 領導行為企業內部營運類績效評價指標設置現狀統計表

問卷中的編號	評價指標	在企業現行評價體系中包含該指標的選擇數量(%)	在企業現行評價體系中未包含該指標的選擇數量(%)	對此選項沒有回答的試卷數量(%)
3.1	員工培訓目標達成的程度	249（62.7）	112（29.4）	40（7.9）
3.2	人才引進計劃的完成程度	174（45.7）	166（44.6）	49（10.2）
3.3	費用預算的執行情況	257（72.2）	75（19.7）	40（7.9）
3.4	事故發生率	2ll（55.4）	124（42.4）	44（11.5）
3.5	分管領域制度建設	252（66.1）	89（24.4）	48（10.0）
3.6	項目、產品開發計劃完成的程度	168（44.1）	158（41.5）	5514.4）
3.7	交貨期	145（45.4）	190（49.9）	56（14.7）
3.8	設備維護	157（41.2）	167（44.8）	56（14.7）
3.9	會計核算準確性	165（44.4）	160（42.0）	56（14.7）
3.10	資金安全性	18g（49.4）	146（48.4）	47（12.4）
3.11	員工合理化建議的次數、採納程度及帶來的效益	202（54.0）	148（46.2）	41（10.8）

表 6-7（4） 領導行為學習、成長與創新類績效評價指標設置現狀統計表

問卷中的編號	評價指標	在企業現行評價體系中包含該指標的選擇數量（%）	在企業現行評價體系中未包含該指標的選擇數量(%)	對此選項沒有回答的試卷數量（%）
4.1	員工滿意度	261（68.5）	97（25.5）	24（6.0）
4.2	員工留住率	172（45.1）	171（44.9）	48（10.0）
4.3	人才戰略規劃	189（49.6）	152（49.9）	40（10.5）
4.4	骨幹人才適用率	184（48.0）	158（41.5）	40（10.5）
4.5	新產品（項目）收入占總收入的比率	115（40.2）	214（55.9）	54（14.9）
4.6	技術改造創造的收益	102（26.8）	222（58.4）	57（15.0）

由表 6-7（4）可以看出，員工滿意度指標的選擇率超過 50%，人才戰略規劃（49.6%）、骨幹人才適用率（48%）的選擇率接近 50%。說明有一半左右答卷者所在的企業較重視學習、創新與成長類指標的評價。

第六章　領導行為績效評價

表 6-7（5）　領導行為個人能力與行為類績效評價指標設置現狀統計表

問卷中的編號	評價指標	在企業現行評價體系中包含該指標的選擇數量（%）	在企業現行評價體系中未包含該指標的選擇數量（%）	對此選項沒有問答的試卷數量（%）
5.1	決策能力	264（69.0）	84（22.0）	44（8.9）
5.2	溝通協調能力	295（77.4）	61（16.0）	24（6.4）
5.3	授權與激勵能力	250（65.6）	98（25.7）	42（8.4）
5.4	學習與創新能力	277（71.7）	72（18.9）	41（8.1）
5.5	人才培養能力	255（66.9）	89（24.4）	47（9.7）
5.6	個人影響力(個人魅力)	214（56.2）	128（44.6）	49（10.2）
5.7	專業知識技能	285（74.8）	68（17.1）	28（7.4）
5.8	工作主動性	284（74.4）	656（17.1）	44（8.7）
5.9	團隊協作意識	298（78.21）	56（14.7）	27（7.1）
5.10	成就動機	214（56.2）	124（42.5）	42（11.0）
5.11	自信	220（57.7）	117（40.7）	44（11.4）
5.12	責任心	400（78.7）	56（14.7）	24（6.4）

由表 6-7（5）可以看出，在個人能力與行為指標部分，所有指標選擇的比例都超過了 50%，說明超過半數領導行為所在企業都比較重視領導行為個人能力和行為的評價，並已把這些指標納入各類領導行為的績效評價體系中。但對魅力型領導較重要的成就動機、自信、個人魅力、人才培養能力等個人素質進行評價的比例相對較低。

4. 領導行為績效評價指標設計狀況矩陣圖

在調查問卷中，除了讓答卷者回答企業現行績效評價指標體系中是否包含各指標，還讓他們對這些指標的重要性進行等級評價。為了進一步瞭解企業領導行為績效評價指標體系設計的現狀，本書按照答卷的兩個維度「現狀『有─沒有』、答卷者認為『重要─不重要』」分別就 6 類領導行為的績效評價指標設置現狀進行分析，統計結果見圖 6-8（1）~圖 6-8（6）。

領導行為與綜合測評研究

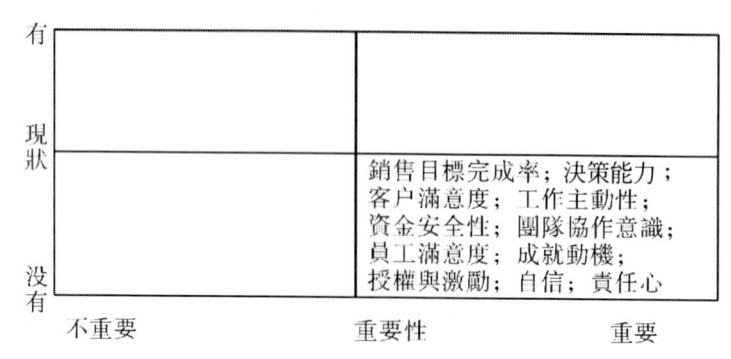

	不重要	重要
有 現狀 **沒有**		銷售目標完成率；決策能力； 客戶滿意度；工作主動性； 資金安全性；團隊協作意識； 員工滿意度；成就動機； 授權與激勵；自信；責任心

圖 6-8（1） 總經理績效評價指標設置現狀矩陣圖

由圖 6-8（1）可以看出，總經理績效評價指標體系中不存在「有—不重要」的指標，有 11 項答卷者認為重要的指標但沒有被評價。其中，個人能力與行為類指標有 7 項，其他四類指標各一項，客戶滿意度、員工滿意度是影響企業可持續發展能力的指標，但卻沒有被評價。在個人能力與行為指標中，「成就動機」對總經理來講很重要，因為該指標的高低不僅影響到總經理個人在事業上的進取心，更重要的是會影響到他們在企業發展方面的成就欲，會影響一個企業未來的發展。

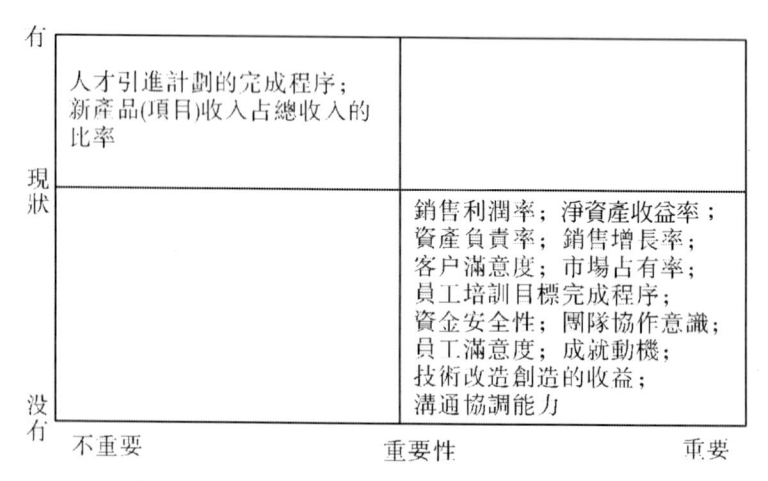

	不重要	重要
有 現狀 **沒有**	人才引進計劃的完成程序； 新產品(項目)收入占總收入的比率	銷售利潤率；淨資產收益率； 資產負責率；銷售增長率； 客戶滿意度；市場占有率； 員工培訓目標完成程序； 資金安全性；團隊協作意識； 員工滿意度；成就動機； 技術改造創造的收益； 溝通協調能力

圖 6-8（2） 生產副總經理評價指標設置現狀矩陣

由圖 6-8（2）可以看出，生產副總經理績效評價指標體系中有 2 項不重要的指標，從職責分工的角度來看比較合理，但是從人才對企業可持續發展的重要性的角度來看，生產副總經理也應該承擔部分引進人才的責任。共有 14 項他們認為重要但在現行評價指標體系中未包含的指標。從生產部門是企業直線部門的職責來看，14 項指標中的財務類指標主要是反應企業現行盈利

第六章　領導行為績效評價

能力的，客戶和成長類指標主要反應未來的盈利能力，這些指標的高低與生產副總經理職位有較重要的關係。4項個人能力與行為指標對該職位績效的高低有較大的關聯性，屬於領導行為勝任素質特徵的要素。

由圖6-8（3）可以看出，行銷副總經理績效評價指標體系中有12項不重要的指標，從職責分工的角度來看比較合理。但從企業可持續發展的角度來講，所有的高層領導行為都應該重視人才引進、員工培訓工作和項目、產品開發計劃的完成。同時有20項他們認為重要但在現行績效評價指標體系中未包含的指標。其中的4個財務指標、4個客戶類指標、2個企業內部營運類指標都是與行銷副總崗位職責密切相關的但卻未被評價，說明目前對行銷副總經理的績效評價比較欠缺。4個學習、創新與成長類指標涉及企業未來盈利能力，7個個人能力與行為指標都屬於領導行為勝任素質特徵要素，是影響其績效的重要因素。

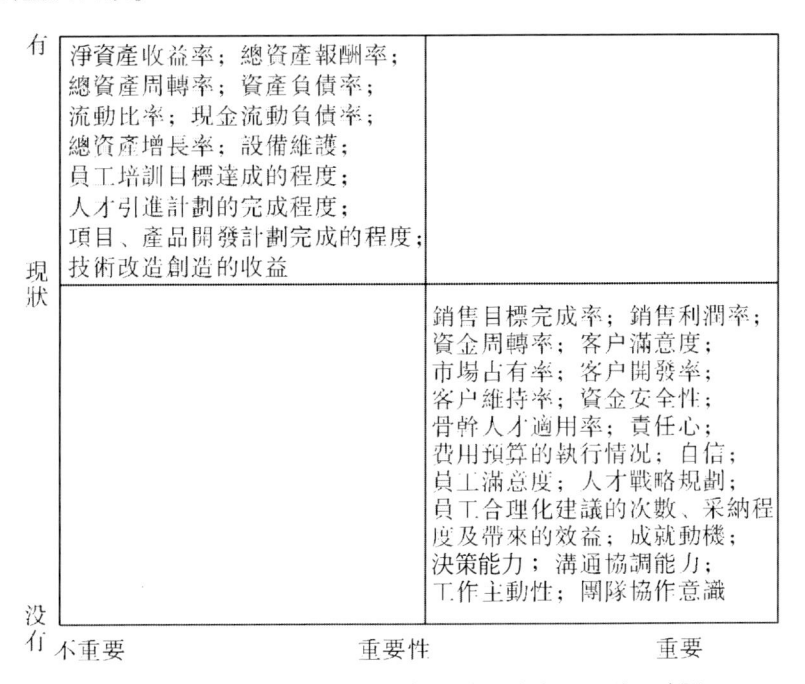

現狀	不重要	重要
有行	淨資產收益率；總資產報酬率；總資產周轉率；資產負債率；流動比率；現金流動負債率；總資產增長率；設備維護；員工培訓目標達成的程度；人才引進計劃的完成程度；項目、產品開發計劃完成的程度；技術改造創造的收益	
沒行		銷售目標完成率；銷售利潤率；資金周轉率；客戶滿意度；市場占有率；客戶開發率；客戶維持率；資金安全性；骨幹人才適用率；責任心；費用預算的執行情況；自信；員工滿意度；人才戰略規劃；員工合理化建議的次數、采納程度及帶來的效益；成就動機；決策能力；溝通協調能力；工作主動性；團隊協作意識

圖6-8（3）　行銷副總經理績效評價指標設置現狀矩陣圖

由圖6-8（4）可以看出，財務副總經理績效評價指標體系中有10項不重要的指標。但從財務管理的角度來看，反應企業償債能力的4項財務類指標總資產週轉率、流動資產週轉率與流動比率與財務副總經理的職責有關，應該予以評價。此外，從企業可持續發展的角度來看，員工留住率是每位管理者的責任，作為高層管理者的財務副總經理也應該承擔該項職責。同時有

10項財務副總經理認為重要但在現行績效評價指標體系中未包含的指標。其中4項企業內部營運類指標都是財務副總經理職責範圍內的工作，應該予以評價，2項學習、創新與成長指標關係到企業未來的盈利能力，4項個人能力與行為指標也都屬於領導行為勝任素質特徵要素，是影響其績效的重要因素。

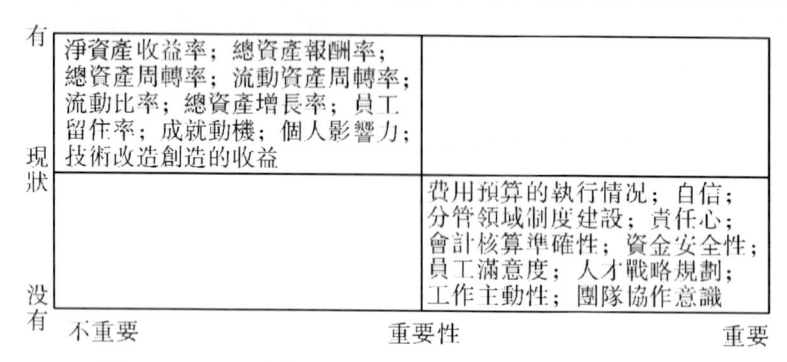

	不重要	重要性	重要
有現狀	淨資產收益率；總資產報酬率；總資產周轉率；流動資產周轉率；流動比率；總資產增長率；員工留任率；成就動機；個人影響力；技術改造創造的收益		
沒有		費用預算的執行情況；自信；分管領域制度建設；責任心；會計核算準確性；資金安全性；員工滿意度；人才戰略規劃；工作主動性；團隊協作意識	

圖 6-8（4）　財務副總經理績效評價指標設置現狀矩陣圖

由圖 6-8（5）可以看出，人事行政副總經理績效評價指標體系中有4項不重要的指標，從職責分工的角度來看比較合理。他們認為在目前的績效評價指標體系中不存在重要的指標但沒有被評價的情況，說明人事行政副總經理的績效評價指標設計比較全面。

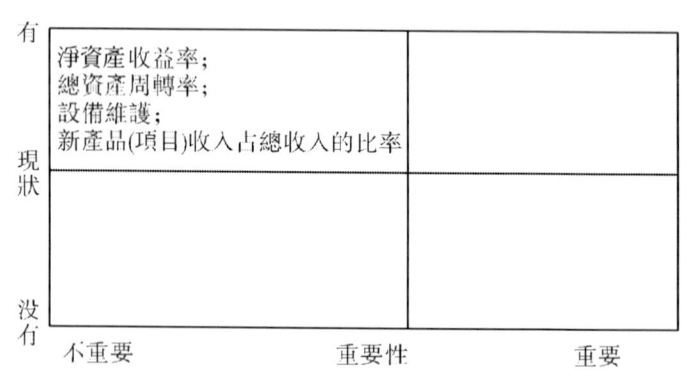

	不重要	重要性	重要
有現狀	淨資產收益率；總資產周轉率；設備維護；新產品(項目)收入占總收入的比率		
沒有			

圖 6-8（5）　人事行政副總經理績效評價指標設置現狀矩陣

由圖 5-8（6）可以看出，研發副總經理績效評價指標體系中有4項不重要的指標，從職責分工的角度來分析，比較合理。同時有14項研發副總認為重要但在現行績效評價指標體系中未包含的指標，其中2項學習、創新與成長指標關係到企業未來的盈利能力，其餘12項都是個人能力與行為指標，說明目前對研發副總在個人能力與行為方面的評價比較欠缺。

有 ↑ 現 狀 ↓ 沒 有	總資產周轉率； 應收帳款周轉率； 總資產增長率； 客戶維持率	
		員工滿意度；決策能力； 人才戰略規劃；工作主動性； 溝通協調能力；授權與激勵能力； 學習與創新能力；責任心； 人才培養能力；個人影響力； 專業知識技能；團隊協作意識； 成就動機；自信

圖6-8（6）　研發副總經理績效評價指標設置現狀矩陣圖

四、領導績效評價模型

（一）領導行為績效評價的內容——績效評價指標體系設計

領導行為績效評價內容的確定實際上就是績效評價指標的設計問題。由於不同類型領導行為在企業績效目標方面的責任差異很大，所以本書在設計領導行為績效評價指標時，按照領導行為的分類——總經理、生產副總經理、行銷副總經理、財務副總經理、人事行政副總經理、研發副總經理分別建立績效評價指標體系。首先根據領導行為對問卷中績效指標選項重要程度的評價情況，通過描述性統計分析（均值分析）的方法確定各類領導行為的績效評價指標。由於被調查對象選擇的重要性等級普遍較高，因此，在分析之前首先對問卷的各項指標進行了偏度分析，通過分析發現，各項指標的偏度基本都在1左右，所以，在均值取值時都採用4作為中值點。均值在中值點以上的指標說明比較重要，即被選為該類領導行為的績效評價指標。各指標均值的統計結果見表6-8。

表 6-8　各類領導行為對各績效指標重要性評價的均值一覽表

指標分類	績效指標	各類領導行為重要性評價的均值					
		2	3	4	5	6	7
財務類指標	銷售目標完成率	4.57	4.41	4.54	4.20	4.44	4.00
	銷售利潤率	4.64	4.45	4.44	4.44	4.44	4.94
	淨資產收益率	4.10	4.21	4.66	4.68	2.94	4.44
	總資產報酬率	4.78	4.15	4.48	4.45	2.82	4.69
	總資產週轉率	4.80	4.94	4.50	4.45	2.79	4.48
	流動資產週轉率	4.82	4.0	4.85	4.79	2.94	4.47
	存貨週轉率	4.87	4.0	4.79	4.68	4.04	4.48
	應收帳款週轉率	4.02	4.21	4.76	4.05	2.94	4.50
	資產負債率	4.00	4.44	4.47	4.44	2.94	4.44
	流動比率	4.76	4.92	4.57	4.54	2.89	4.50
	現金流動負債率	4.94	4.0	4.60	4.56	2.85	4.40
	總資產增長率	4.07	4.41	4.71	4.44	2.86	4.50
	銷售增長率	4.42	4.56	4.41	4.06	4.17	4.64
	貨款回收率(回款率)	4.29	4.15	4.84	4.00	4.04	4.88
	資金週轉率	4.40	4.20	4.16	4.95	4.00	4.75
客戶類指標	客戶滿意度	4.64	4.44	4.52	4.11	4.69	4.19
	市場佔有率	4.54	4.44	4.40	4.67	4.17	4.60
	客戶開發率	4.22	4.06	4.14	4.59	4.14	4.75
	客戶維持率	4.46	4.45	4.42	4.00	4.18	4.54
	客戶利潤率	4.18	4.94	4.98	4.71	4.04	4.74
企業內部營運類指標	員工培訓目標達成的程度	4.09	4.11	4.79	4.28	4.14	4.06
	人才引進計劃的完成程度	4.88	4.76	4.59	4.71	4.94	4.94
	費用預算的執行情況	4.16	4.00	4.25	4.15	4.69	4.94
	事故發生率	4.40	4.26	4.11	4.29	4.75	4.94
	分管領域制度建設	4.98	4.11	4.00	4.41	4.27	4.11

第六章　領導行為績效評價

表6-8(續)

指標分類	績效指標	各類領導行為重要性評價的均值					
		2	3	4	5	6	7
企業內部營運類指標	項目、產品開發計劃完成的程度	4.02	4.57	4.49	4.14	4.29	4.41
	交貨期	4.0	4.47	4.89	4.19	4.14	4.06
	設備維護	4.81	4.25	4.67	4.00	4.04	4.67
	會計核算準確性	4.27	4.19	4.84	4.40	4.44	4.71
	資金安全性	4.54	4.06	4.18	4.50	4.50	4.71
	員工合理化建議的次數、採納程度及帶來的效益	4.0	4.06	4.18	4.84	4.07	4.00
學習、創新與成長類指標	員工滿意度	4.14	4.45	4.16	4.25	4.41	4.44
	員工留住率	4.91	4.94	4.74	4.06	4.04	4.06
	人才戰略規劃	4.14	4.75	4.20	4.42	4.17	4.42
	骨幹人才適用率	4.16	4.14	4.05	4.42	4.21	4.21
	新產品（項目）收入占總收入的比率	4.85	4.88	4.76	4.50	4.00	4.80
	技術改造創造的收益	4.84	4.20	4.56	4.54	4.12	4.00
個人能力與行為指標	決策能力	4.58	4.47	4.27	4.42	4.40	4.40
	溝通協調能力	4.60	4.41	4.47	4.49	4.46	4.45
	授權與激勵能力	4.47	4.18	4.16	4.20	4.27	4.28
	學習與創新能力	4.46	4.47	4.07	4.29	4.46	4.47
	人才培養能力	4.25	4.94	4.02	4.00	4.41	4.49
	個人影響力	4.41	4.41	4.07	4.65	4.81	4.42
	專業知識技能	4.19	4.41	4.05	4.24	4.11	4.42
	工作主動性	4.55	4.54	4.27	4.09	4.46	4.74
	團隊協作意識	4.54	4.41	4.41	4.18	4.29	4.47
	成就動機	4.40	4.29	4.25	4.88	4.04	4.21
	自信	4.47	4.44	4.41	4.05	4.11	4.42
	責任心	4.72	4.54	4.56	4.42	4.49	4.64

1. 總經理績效評價指標體系設計

根據表6-8的統計結果，本書設計總經理的績效評價指標體系，見圖6-9。

領導行為與綜合測評研究

```
                                    不重要              重要性                        重要
                                              ┌─────────────────────────────────────┐
                              ┌─ 財務類指標 ──┤ 銷售目標完成率；銷售利潤率；銷售增  │
                              │               │ 長率；淨資產收益率；總資產增長率；資  │
                              │               │ 金周轉率；應收帳款周轉率；貨款回收率  │
                              │               └─────────────────────────────────────┘
                              │               ┌─────────────────────────────────────┐
                              ├─ 客戶類指標 ──┤ 客戶滿意度；市場占有率；              │
        總                    │               │ 客戶開發率；客戶維護率；客戶利潤率    │
        經                    │               └─────────────────────────────────────┘
        理                    │               ┌─────────────────────────────────────┐
        的                    │   企業內部    │ 員工培訓目標達成率；資金安全性；      │
        績 ───────────────────┼─ 運營類指標 ──┤ 人才引進計劃完成率；事故發生率；      │
        效                    │               │ 費用預算的執行情況；會計核算準確性；  │
        評                    │               │ 項目、產品開發計劃完成的程度          │
        價                    │               └─────────────────────────────────────┘
        指                    │               ┌─────────────────────────────────────┐
        標                    │   學習、創新  │ 員工滿意度；人才戰略規劃；骨幹人才    │
        體                    ├─ 與成長指標 ──┤ 適用率                                │
        系                    │               └─────────────────────────────────────┘
                              │               ┌─────────────────────────────────────┐
                              │               │ 管理績效類；決策能力；溝通協調能力；  │
                              │               │ 授權與激勵能力；學習與創新能力；      │
                              │   個人能力    │ 才培養能力；自信；個人影響力；專業    │
                              └─ 與行為指標 ──┤ 知識技能；成就動機；周邊績效類指標；  │
                                              │ 工作主動性；團隊協作意識；責任心      │
                                              └─────────────────────────────────────┘
```

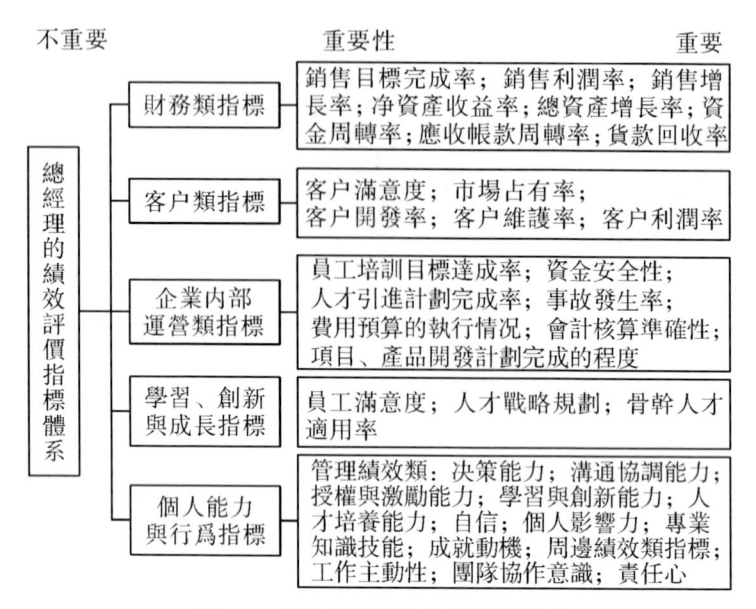

圖 6-9　總經理的績效評價指標體系

由圖 6-9 可以看出，總經理的績效評價指標體系包含了全部 12 項個人能力與行為指標，說明該職位能力要求的全面性，包括 8 項反應企業盈利能力、營運能力和償債能力的財務指標，在很大程度上影響企業未來盈利能力的 5 項客戶類指標和 4 項學習、創新與成長類指標，包括 7 項企業內部運營類指標。因為總經理對企業生產經營目標的實現負有最終責任，因此這些指標主要涉及企業總體經營狀況，但這些指標的重要程度是不一樣的，企業要根據不同發展階段各指標的重要性設計不同的權重，並且應根據具體情況進行指標的選擇。

2. 生產副總經理的績效評價指標體系

根據表 6-8 的統計結果，本書設計生產副總的績效評價指標體系，具體如圖 6-10 所示。

從表 6-8 的均值來看，生產副總經理均值超過 4 的績效指標有 47 項，但生產副總經理對各指標的重要性等級評價普遍偏高，因此在選擇其績效評價指標時進行了適當的調整：財務類指標均值超過 4 以上的有 10 項，根據該類指標高於其他類型領導行為評價均值的情況選擇了與生產副總經理職位有關、均值在 4.4 以上的 5 個指標；客戶類指標選擇均值最大的 2 項作為評價指標；企業內部營運類指標選擇平均值在 4.2 以上的 5 個指標；學習、創新與成長類指標選擇了均值 4 以上的 4 個指標；個人能力與行為指標選擇了所有 12 個指標。

第六章　領導行為績效評價

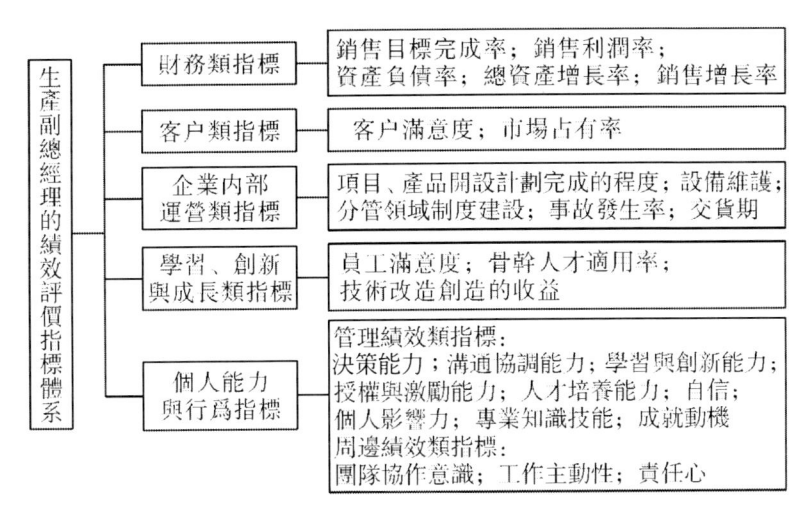

```
                ┌─ 財務類指標 ─── 銷售目標完成率；銷售利潤率；
                │                  資產負債率；總資產增長率；銷售增長率
                │
                ├─ 客戶類指標 ─── 客戶滿意度；市場占有率
                │
  生產副總      ├─ 企業內部     ── 項目、產品開設計劃完成的程度；設備維護；
  經理的績效    │  運營類指標      分管領域制度建設；事故發生率；交貨期
  評價指標      │
  體系          ├─ 學習、創新   ── 員工滿意度；骨幹人才適用率；
                │  與成長類指標    技術改造創造的收益
                │
                └─ 個人能力     ── 管理績效類指標：
                   與行為指標      決策能力；溝通協調能力；學習與創新能力；
                                   授權與激勵能力；人才培養能力；自信；
                                   個人影響力；專業知識技能；成就動機
                                   周邊績效類指標：
                                   團隊協作意識；工作主動性；責任心
```

圖 6-10　生產副總經理的績效評價指標體系

3. 行銷副總經理的績效評價指標體系

根據表 6-8 的統計結果，本書設計行銷副總經理的績效評價指標體系，如圖 6-11 所示。行銷副總經理績效評價指標體系中涵蓋了表 6-6 第 5 列行銷副總經理對各績效指標重要性等級評價中所有均值大於 4 的指標。

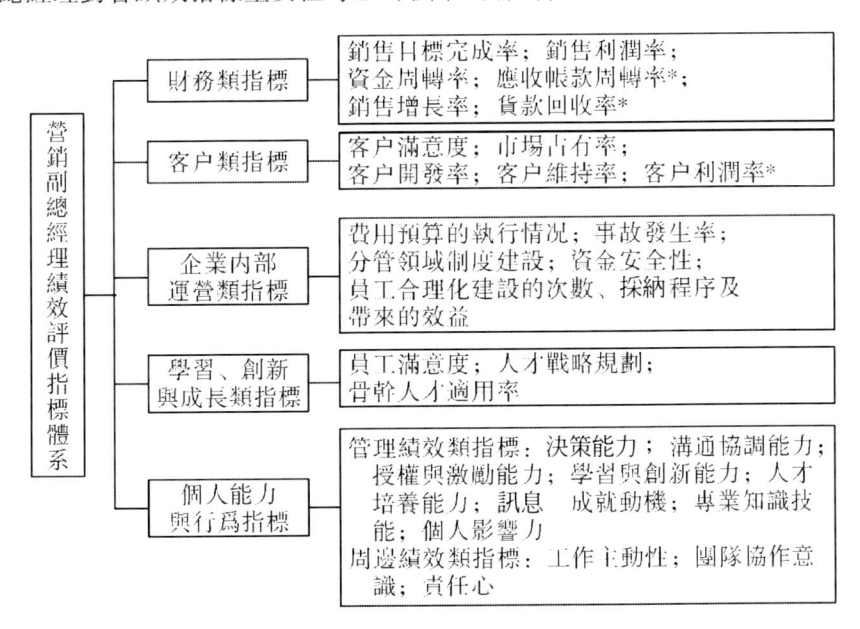

```
                ┌─ 財務類指標 ─── 銷售目標完成率；銷售利潤率；
                │                  資金周轉率；應收帳款周轉率*；
                │                  銷售增長率；貨款回收率*
                │
                ├─ 客戶類指標 ─── 客戶滿意度；市場占有率；
                │                  客戶開發率；客戶維持率；客戶利潤率*
                │
  營銷副總      ├─ 企業內部     ── 費用預算的執行情況；事故發生率；
  經理績效      │  運營類指標      分管領域制度建設；資金安全性；
  評價指標      │                  員工合理化建設的次數、採納程序及
  體系          │                  帶來的效益
                │
                ├─ 學習、創新   ── 員工滿意度；人才戰略規劃；
                │  與成長類指標    骨幹人才適用率
                │
                └─ 個人能力     ── 管理績效類指標：決策能力；溝通協調能力；
                   與行為指標      授權與激勵能力；學習與創新能力；人才
                                   培養能力；訊息　成就動機；專業知識技
                                   能；個人影響力
                                   周邊績效類指標：工作主動性；團隊協作意
                                   識；責任心
```

圖 6-11　行銷副總經理的績效評價指標體系

企業內部營運類指標中的「分管領域制度建設」指標的均值恰好為 4，

105

該指標是各分管副總經理都很重要的工作,因此將其納入指標體系中。圖中帶「*」號的3個指標均值低於4,但這三個指標都是行銷副總經理較重要的職責,所以也將其包含在績效評價指標體系中。前面領導行為績效評價現狀分析時已提到行銷副總經理的績效評價比較欠缺,從表6-8可以反應出行銷副總經理對一些重要指標的認識還不夠,應該加強相關培訓。

4. 財務副總經理的績效評價指標體系

根據表6-8的統計結果,本書設計財務副總經理的績效評價指標體系,具體如圖6-12所示。財務副總經理績效評價指標體系中涵蓋了表6-8第6列財務副總經理對各績效指標重要性等級評價中所有均值大於4的指標。財務類「貨款回收率(回款率)」指標、個人能力與行為「人才培養能力」指標的均值恰好為4,這兩項指標是財務副總經理很重要的職責和能力要求,因此將其納入指標體系中。圖中帶「*」號的指標「資金週轉率」均值低於4,但該指標是財務副總經理較重要的職責,所以也將其包含在績效評價指標體系中。

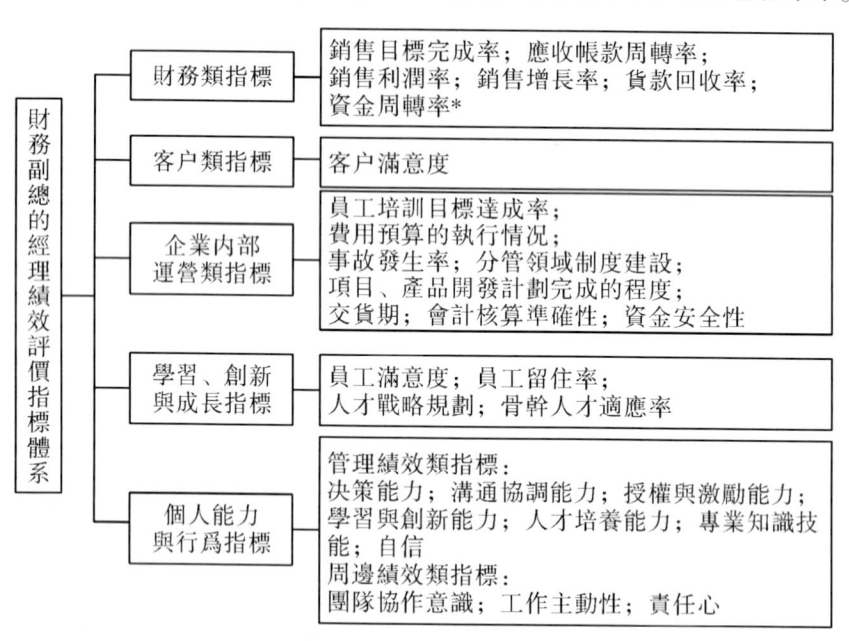

財務副總的經理績效評價指標體系
- 財務類指標:銷售目標完成率;應收帳款周轉率;銷售利潤率;銷售增長率;貨款回收率;資金周轉率*
- 客戶類指標:客戶滿意度
- 企業內部運營類指標:員工培訓目標達成率;費用預算的執行情況;事故發生率;分管領域制度建設;項目、產品開發計劃完成的程度;交貨期;會計核算準確性;資金安全性
- 學習、創新與成長指標:員工滿意度;員工留住率;人才戰略規劃;骨幹人才適應率
- 個人能力與行為指標:管理績效類指標:決策能力;溝通協調能力;授權與激勵能力;學習與創新能力;人才培養能力;專業知識技能;自信 周邊績效類指標:團隊協作意識;工作主動性;責任心

圖6-12 財務副總經理的績效評價指標體系

5. 人事行政副總經理的績效評價體系

根據表6-8的統計結果,本書設計人事行政副總經理的績效評價指標體系,具體如圖6-13所示。人事行政副總經理績效評價指標體系中涵蓋了表6-8第7列人事行政副總經理對各績效指標重要性等級評價中所有均值大於4的指標。該指標體系中沒有財務和客戶類指標,這主要是因為職責分工不同:

第六章　領導行為績效評價

人事行政工作主要是為企業發展提供人力資源以及做好相關行政管理工作，對企業效益目標提供支持與服務。圖 6-13 中帶「＊」號的企業內部營運類「人才引進計劃的完成程度」指標的均值低於 4，但該指標是企業人才戰略規劃實施的保障，也是人事行政副總經理非常重要的職責，所以將其包含在績效評價指標體系中。圖 6-13 中帶「＊」號的企業內部營運類「費用預算的執行情況」指標的均值低於 4，但作為人事行政副總經理應該對人事行政費用預算的執行情況負責，因此將其納入績效評價指標體系中。圖 6-13 中帶「＊」號的個人能力與行為類「個人影響力」指標的均值低於 4，但對於主要跟人打交道的人事行政副總經理來講，該項能力對其工作來講至關重要，因此將其納入績效評價指標體系中。之所以目前接受調查的人事行政副總經理對這幾個指標的重要性評價不高，說明他們還沒有從戰略的高度認識人力資源管理的重要性，應通過培訓實現他們觀念的轉變。

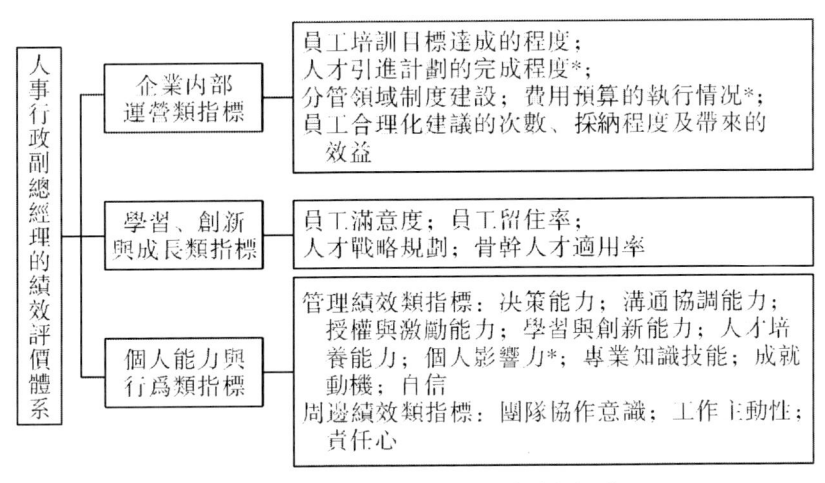

```
                    ┌─ 員工培訓目標達成的程度；
                    │  人才引進計劃的完成程度＊；
         企業內部   ─┤  分管領域制度建設；費用預算的執行情況＊；
         運營類指標  │  員工合理化建議的次數、採納程度及帶來的
                    └─ 效益
人事
行政
副總
經理     學習、創新  ┌─ 員工滿意度；員工留住率；
的績    ─與成長類指標─┤  人才戰略規劃；骨幹人才適用率
效評                 └─
價體
系                   ┌─ 管理績效類指標：決策能力；溝通協調能力；
         個人能力與   │    授權與激勵能力；學習與創新能力；人才培
        ─行為類指標──┤    養能力；個人影響力＊；專業知識技能；成就
                    │    動機；自信
                    └─ 周邊績效類指標：團隊協作意識；工作主動性；
                          責任心
```

圖 6-13　人事行政副總經理的績效評價體系

6. 研發副總經理的績效評價指標體系

根據表 6-8 的統計結果，本書設計研發副總經理的績效評價指標體系，具體如圖 6-14 所示。研發副總經理績效評價指標體系中涵蓋了表 6-8 中研發副總經理對各績效指標重要性等級評價中所有均值大於 4 的指標。4 個均值恰好等於 4 的指標「銷售目標完成率」「員工合理化建議的次數、採納程度及帶來的效益」「技術改造創造的收益」是與研發副總經理職責密切相關的指標，所以將它們納入績效評價指標體系中。圖 6-14 中帶「＊」號的財務類「銷售利潤率」指標的均值低於 4，但企業研發的產品數量與質量直接影響到銷售收入和利潤，所以將該指標納入績效評價指標體系中。圖 6-14 中帶「＊」號的企業內部營運類「費用預算的執行情況」指標的均值低於 4，但作為研發

107

行政副總經理應該對研發費用預算的執行情況負責，因此將其納入績效評價指標體系中。圖6-14中帶「＊」號的學習、創新與成長類「新產品（項目）收入占總收入的比率」指標的均值低於4，但企業研發的新產品能否給企業創造效益關鍵看其是否為市場所接受，為了強化研發工作的市場導向，因此將其納入績效評價指標體系中。從目前的調研結果來看，研發副總經理的市場導向意識還比較欠缺，所以應通過績效評價幫助他們轉變觀念，形成市場意識。

```
                            ┌─ 財務類指標 ── 銷售目標完成率；銷售利潤率*
                            │
                            ├─ 客戶類指標 ── 客戶滿意度
                            │
 研發副總經理的績效評價指標體系 ─┼─ 企業內部運營類指標 ── 員工培訓目標達成的程度；交貨期；
                            │                      分管領域制度建設；費用預算的執行情況*；
                            │                      項目、產品開發計劃完成的程度；員工合理化
                            │                      建議的次數、採納程度及帶來的效益
                            │
                            ├─ 學習、創新與成長指標 ── 員工滿意度；員工留住率；人才戰略規劃；骨
                            │                        幹人才適用率；新產品(項目)收入占總收入
                            │                        的比率*；技術改造創造的收益
                            │
                            └─ 個人能力與行為指標 ── 管理績效類指標：決策能力；溝通協調能力；
                                                  授權與激勵能力；學習與創新能力；人才培養
                                                  能力；個人影響力；專業知識技能；自信；
                                                  成就動機
                                                  周邊績效類指標：團隊協作意識；工作主動性；
                                                  責任心
```

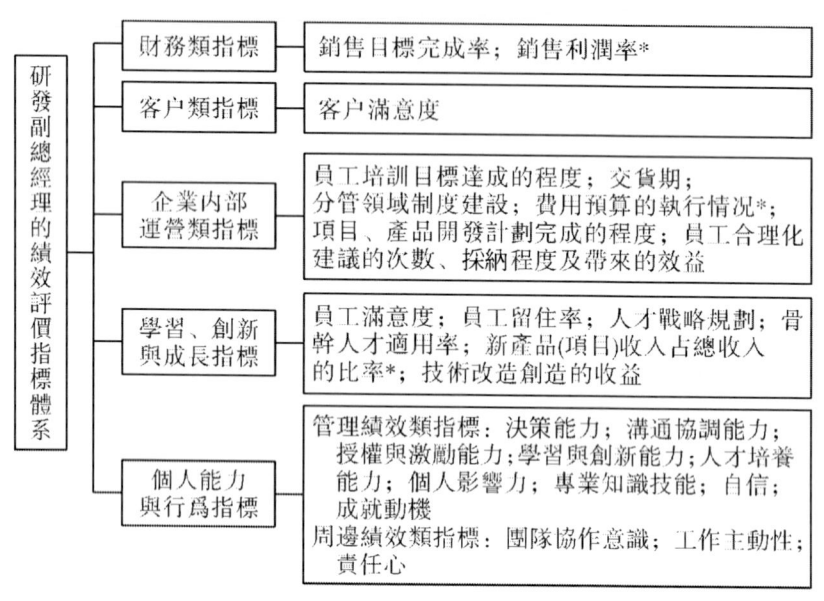

圖6-14 研發總經理的績效評價指標體系

從上述各類領導行為績效評價指標體系的設計可以看出：首先，除了財務副總經理職位（包含了10個）以外，其他職位都涵蓋了問卷中設計的12個個人能力與行為指標，體現了以勝任素質為基礎的現代企業績效評價的特點。其次，除了生產副總經理職位，其他所有職位都包含了在圖6-8（1）～圖6-8（6）中，解決了目前領導行為績效評價指標體系設計中存在的指標缺失問題。最後，在設計各類領導行為績效評價指標體系時既尊重統計分析結果，同時又充分考慮管理實踐中各職位分工的要求和現代管理發展趨勢與管理理念對各職位提出的要求，適當調整了選擇指標的標準，因此設計的指標體系能夠體現不同職位的特點。

（二）領導行為績效評價主體

根據前文提出的「利益相關者評價模式」，本書在調查問卷中設計了領導行為績效評價評價主體選項，統計結果如圖6-15所示。由於是多選題，所以

圖中的百分比是評價主體占整個調查問卷的比例。從圖6-15可以看出，領導行為的績效評價主體中首先是直接上級最多，占41.65%。其次是績效評價委員會和同事，比例分別為11.47%和11.01%。而自己和直接下級評價所占比例相差不大。有11.24%答卷者的評價主體還選擇了上級主管部門，這主要是因為有一部分領導行為來自國有企業的原因。董事會評價的比例為8.47%。

單位：%

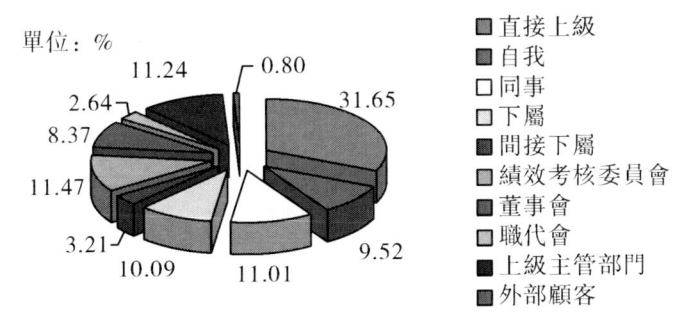

類別	百分比
直接上級	31.65
自我	9.52
同事	11.01
下屬	10.09
間接下屬	3.21
績效考核委員會	11.47
董事會	8.37
職代會	2.64
上級主管部門	11.24
外部顧客	0.80

圖6-15　領導行為績效評價主體選擇情況統計圖

對領導行為進行績效評價的利益相關者主要有：

1. 直接上級評價

直接上級評價的內容主要側重於任務績效（財務類、企業內部營運類、客戶類和學習、創新與成長類指標）與管理績效（個人能力與行為指標中的管理績效類指標）。直接上級評價主要有以下優點：直接上級對下屬的工作職責與內容、工作表現、工作任務的完成情況比較瞭解；直接上級評價可以與加薪、獎懲等相結合，有利於強化直接上級的權威；直接上級評價有機會與下屬更好地溝通，瞭解下屬的想法與需求，激勵下屬，挖掘下屬的潛力，縮短與下屬之間的心理距離等。但直接上級評價也存在一定的缺陷：由於上級掌握著獎懲權，評價時下屬往往會感覺到一定的威脅性，心理負擔較重；直接上級的評價常常成為說教式的單項溝通，達不到預期的雙向溝通效果；直接上級可能會有偏見，根據個人好惡進行評價，不能保證評價的客觀公正，可能會影響下屬的積極性。

2. 同事評價

同事評價具有對被評價者瞭解比較全面與真實、有利於培養工作中的協作意識和服務意識、避免單一主體評價的片面性等優點。但也存在著可能會受人情關係影響、可能會導致競爭加劇等缺陷。因此比較適合於工作聯繫比較多、對彼此工作比較瞭解的領導行為之間的互相評價，評價的內容主要側重於周邊績效（個人能力與行為指標中的周邊績效類指標）。

3. 下屬評價

下屬評價具有能促進上級提升管理能力、強化上級的指導與服務意識、

達到權力制衡的目的等優點。但也存在著下屬在評價中不敢實事求是地表達真實想法、下級可能從自身利益出發對上級進行評價、可能導致下級在工作中縮手縮腳、下級對上級的工作瞭解不全面而產生片面看法等缺陷。因此，下屬評價主要側重於管理績效。

4. 自我評價

領導行為比較瞭解自己的工作，自我評價具有比較輕鬆不會使領導行為感到很大壓力、提高領導行為的自省意識、改進工作、提升工作績效等優點。但也可能會出現對自己的績效進行高估的現象。自我評價可主要側重於周邊績效和管理績效。

5. 董事會評價

股份公司的董事會接受股東大會的委託經營企業，但董事會只是決策機構，而把企業的日常生產經營活動委託給經理層。因此，董事會對高層領導行為進行績效評價有利於強化經理人的責任意識，對其行為產生約束作用，在一定程度上規避其機會主義行為與道德風險。但也會存在因為信息不對稱不能客觀地對領導行為進行評價的問題。董事會的評價可主要側重於任務績效和管理績效。

6. 績效考核委員會評價

一些企業為了提高績效評價工作的客觀性，設立由董事會成員、經理層、骨幹業務單位和核心職能部門負責人等成員組成的績效考核委員會，由委員會對高層領導行為的績效進行評價，評價內容主要包括任務績效、周邊績效和管理績效。委員會評價在一定程度上可以集中不同評價者的意見，提高評價的客觀性。

7. 外部顧客評價

外部顧客主要是對企業所提供產品和服務的質量進行評價，外部顧客評價（客戶滿意度）可以增強領導行為的顧客服務意識，提高市場敏感度。

由此可見，企業績效評價主體的評價各有利弊，企業可以根據自身規模、發展階段、管理的規範化水準、績效評價的目的等因素選擇合適的評價主體，並根據管理的需要採用專家評價法、層次分析法或經驗法等確定各評價主體評價分數在總分數中所占的權重。從現代績效管理發展趨勢來看，多角度的360度評價被越來越多的企業所採用，這也符合本書前面所設計的「利益相關者評價模式」。

（三）領導行為績效評價方法

本書根據問卷調查結果構建了各類領導行為一般的績效評價指標體系，在具體操作過程中，企業可以根據自身的戰略目標、行業特點與業務性質、

第六章　領導行為績效評價

管理的規範化程度、企業文化及員工行為等因素選擇各類領導行為合適的評價指標，形成個性化的各職位績效評價指標體系。西蒙斯認為，設計與完善績效管理系統（Performance Management System，PMS）如果不考慮人們的行為是不可能「有效」的。對於任務類評價指標（「人才戰略規劃」指標除外），可採用目標管理法、外部標杆法等確定量化評價標準，再根據各指標的重要程度利用德爾菲（Delphi）法、層次分析法等方法確定各指標在總評價指標體系中的權重，據此可進行分數匯總：

任務績效評價分數(pt) = $\sum$（權重 × 各評價主體的評價分數）/ 評價人數

周邊績效評價分數(pc) = $\sum$（權重 × 各評價主體的評價分數）/ 評價人數

管理績效評價分數(pm) = $\sum$（權重 × 各評價主體的評價分數）/ 評價人數

但對於必須達成既定標準的指標（如「員工滿意度」「客戶滿意度」指標）需要單獨評價，不能簡單地與其他指標一起進行評價分數的匯總。

管理績效、周邊績效、任務績效中的「人才戰略規劃」「客戶滿意度」「員工滿意度」指標屬定性評價指標，這些指標難以量化，一般採用行為描述的方法進行等級評價，然後再轉化為評價分數的方法。這些指標是對領導行為工作的基本要求，大部分指標屬於前文的勝任素質要素。

因此，領導行為績效的綜合評價不能運用簡單計算綜合分數的方法，應該通過構建「績效評價雷達圖」（見圖6-16）進行評價。在對領導行為進行

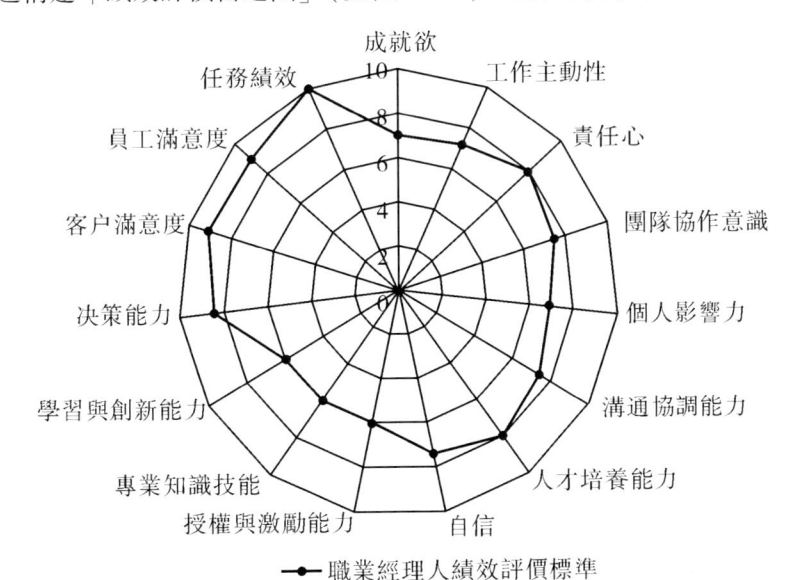

圖6-16　職業經理人績效評價雷達圖

註：雷達圖中各等級數據由企業根據《領導行為勝任素質辭典》確定的勝任素質等級和績效評價標準確定。

評價時，所有評價指標的分數值如果落在雷達圖「領導行為績效評價標準」網絡線上及其外側，說明達成了績效目標或者能力達到了要求。此外，還可以根據實際評價分數與標準進行比較找出差距並予以改進。

(四) 領導行為績效評價模型

綜合上述研究結果，本書構建領導行為績效評價模型，如圖 6-17 所示。

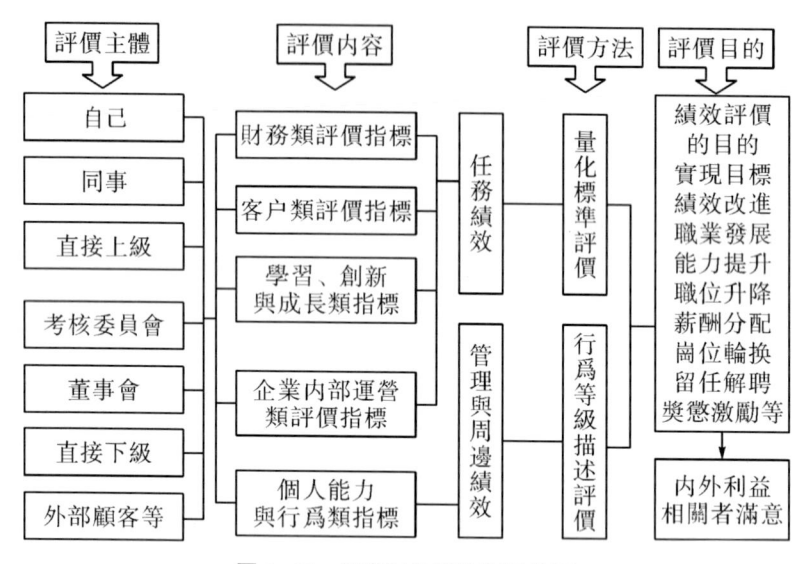

圖 6-17 領導行為績效評價模型

如圖 6-17 所示，領導行為績效評價模型包括評價主體、評價內容、評價方法、評價目的四部分內容。對領導行為進行績效評價的主體是多元化的，主要有領導行為自己、直接上級、同事、績效考核委員會、董事會、直接下級、外部顧客等，企業可以根據需要進行選擇。評價的內容包括兩大部分：第一部分是由財務類、客戶類、企業內部營運類和學習、創新與成長類評價指標構成的任務績效指標；第二部分是個人能力與行為類評價指標中包含的管理績效和周邊績效類指標。對於能夠量化的絕大部分任務類評價指標可以通過設計量化標準進行評價，而不能量化的管理績效與周邊績效指標則採取行為等級描述的方法進行評價。績效評價的目的是為了實現企業的戰略目標、改進與提高績效，為企業進行職位升降、薪酬分配、崗位輪換、留任解聘、獎懲激勵等人事決策提供客觀的依據，同時也可以為領導行為的職業發展和能力提升等提供依據。最終達到企業內外利益相關者滿意的目標。

第七章　領導行為綜合評價體系模型及其應用

一、領導行為綜合評價體系模型及其運行機制

(一) 領導行為綜合評價體系模型

在這裡，我們構建了一個領導行為綜合評價體系模型。如圖 7-1 所示。

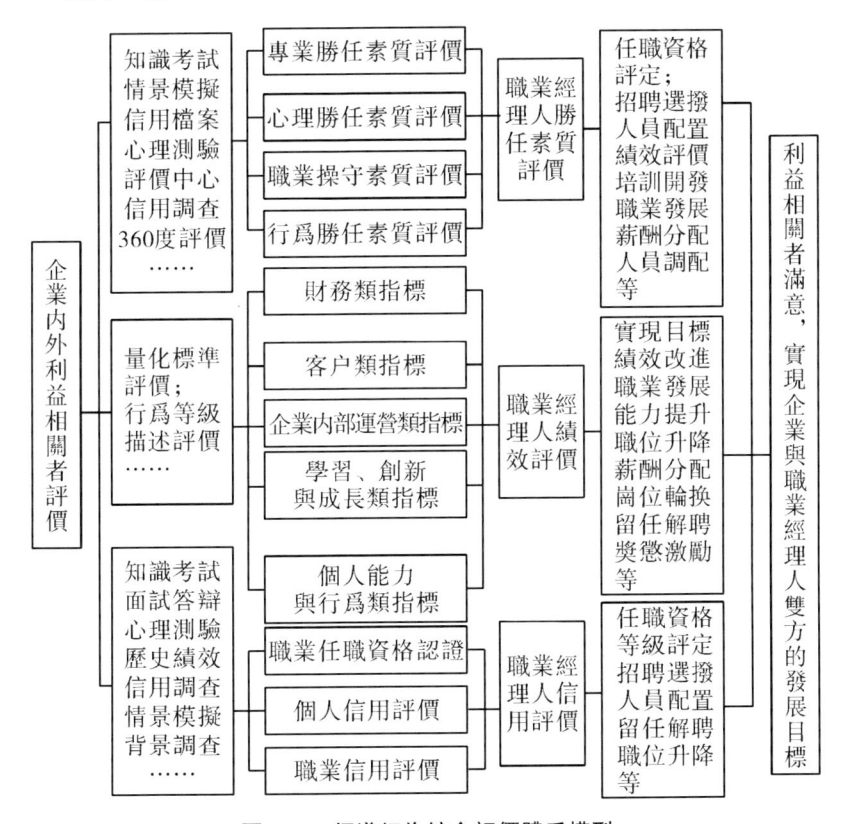

圖 7-1　領導行為綜合評價體系模型

（1）勝任素質評價。運用知識考試、情景模擬、信用檔案、心理測驗、評價中心、信用調查和 360 度評價等方法分別對領導行為的專業、心理、職業操守和行為勝任素質進行評價，以判斷其是否具備企業所提出的勝任素質要求，從而做出是否錄用、聘任的決策，並且為後續的人員配置、績效評價、培訓開發、職業發展、薪酬分配、人員調配等人事決策和其他人力資源管理職能提供科學的依據。

（2）績效評價。主要運用量化評價標準和行為等級描述評價方法，按照財務類、客戶類、企業營運類、學習創新與行為類指標四個維度對領導行為進行績效評價，評價的結果除了用於績效的改進與提升，從而確保組織目標的實現，還可以為職業經理人個人的職業發展、能力提升、職位升降、薪酬分配、崗位輪換、留任解聘、獎懲激勵等提供依據。

（3）信用評價。主要運用知識考試、面試答辯、心理測驗、歷史績效、信用調查、情景模擬、背景調查等方法對領導行為的職業信用、個人信用進行評價，進行職業任職資格認證，確定其任職資格等級，為企業的招聘選拔、人員配置、留任解聘、職位升降等人事決策提供參考。領導行為綜合評價的最終目的是「利益相關者滿意，實現企業與職業經理人雙方的發展目標」。

（二）領導行為綜合評價體系的運行機制

領導行為評價是一個動態的系統評價過程。在其運行過程中需要與勝任素質評價、績效評價與信用評價相關信息來源主體之間協調運行。借鑑國際上通行的做法，職業經理人協會應成為對領導行為及領導行為市場進行有效監管的主體。因此，本書設計領導行為綜合評價模型的運行機制如圖 7-2 所示。

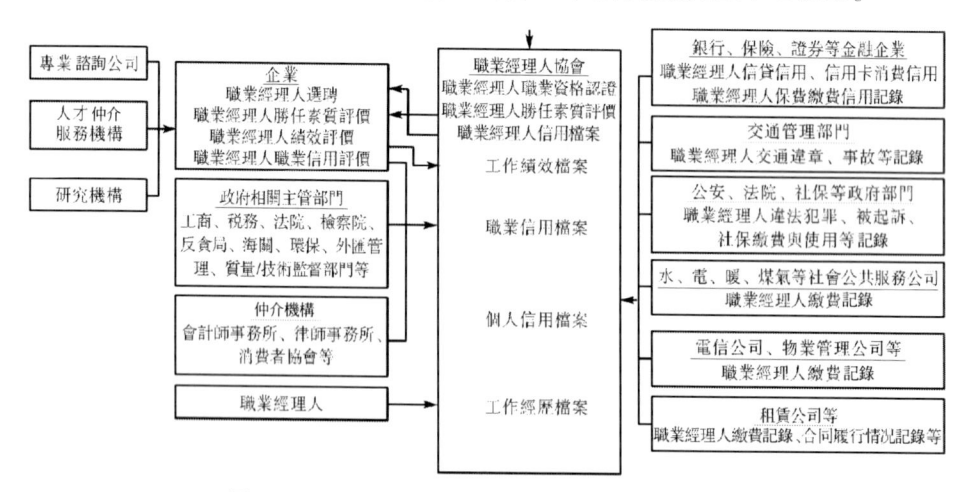

圖 7-2　領導行為綜合評價模型的運行機制示意圖

（1）職業經理人協會。職業經理人協會接受國家人力資源和社會保障部

人才流動中心的授權負責職業資格認證考試工作並為企業提供領導行為勝任素質評價服務，也是領導行為信用檔案系統的管理部門。領導行為檔案系統由工作績效檔案、職業信用檔案、個人信用檔案、工作經歷檔案四個主體部分構成，其他還包括個人基本資料、教育與培訓經歷等信息。凡是通過考試取得職業經理人任職資格證書的職業經理人，協會都為其開設檔案帳戶。通過職業經理人提供相關檔案資料、證書、自我申報等方式形成職業經理人的初始檔案。該檔案需要動態調整與不斷完善，信息則來自相關其他評價主體。首先，職業經理人協會定期從職業經理人個人信用信息的來源渠道獲取相關信息：從銀行、保險、證券等金融公司取得個人信貸金融信用信息；從公安、法院、社保、交通管理等政府部門取得個人遵紀守法方面的信息；從水、電、暖、煤氣等社會公共服務公司取得繳費狀況的信息；從電信公司、租賃公司等獲取繳費情況的信息。其次，職業經理人協會定期從職業經理人職業信用信息來源渠道獲取相關信息：從工商、稅務、海關、環保、外匯、質量與技術監督部門等政府相關部門獲取其是否合法、誠信經商方面的信息；從會計師事務所、律師事務所、消費者協會等仲介服務機構獲取其誠信經商方面的信息。最後，定期檢查職業經理人個人申報、企業提報的相關績效評價信息，並及時督促信息按時提報。

（2）企業。一方面，企業在招聘選拔職業經理人時可以通過從職業經理人協會有償獲取候選人信用檔案資料作為選聘職業經理人的參考依據。另一方面，定期對錄用的職業經理人進行職業信用評價與績效評價，並將評價結果提報給職業經理人協會。這樣企業與職業經理人協會之間就構成了動態的互惠合作關係。

（4）職業經理人。職業經理人定期向協會提報個人供職單位變動、教育與培訓經歷等信息，以便協會及時更新其信用檔案資料。

二、領導行為綜合評價體系的應用

（一）領導行為綜合評價體系的應用模型

為了瞭解領導行為績效管理的現狀，本書選取了績效評價結果常用的六個人力資源管理領域進行了問卷調查。調查結果「領導行為績效評價結果運用現狀」及「領導行為對績效評價結果運用重要性評價的均值表」分別見表7-1和表7-2。

領導行為與綜合測評研究

表 7-1　　　　　　　領導行為績效評價結果運用現狀統計表

編號	問題	企業現行績效評價結果運用於相關領域的選擇數量(%)	企業現行績效評價結果未運用於相關領域的選擇數量(%)	對此選項沒有回答的問卷數量(%)
4.1	評價結果及時反饋	325（85.4）	39（10.2）	17（4.5）
4.2	考核結果作為您的職業生涯規劃的依據	223（58.5）	132（44.6）	26（6.8）
4.3	評價結果作為對您的獎懲的依據	326（85.6）	36（9.4）	19（5.0）
4.4	評價結果作為您的薪酬分配的依據	308（80.8）	56（14.7）	17（4.5）
4.5	評價結果作為您的職位升降的依據	285（74.8）	74（19.4）	22（5.8）
4.6	評價結果作為對您培訓的依據	210（55.4）	136（45.7）	35（9.2）

由表 7-1 可以看出，「評價結果作為獎懲依據」「評價結果及時反饋」「評價結果作為薪酬分配的依據」這三項選擇的比例較高，都超過了 80%。「評價結果作為職位升降依據」的選擇比例也接近 75%。從績效管理要求的角度來看，這四項內容是績效評價結果運用的基本要求。但仍然有 10.2% 的被調查對象得不到績效評價結果的反饋，9.4% 的被調查對象的獎懲未與績效考核結果掛鉤，14.7% 被調查對象的報酬未與績效評價結果掛鉤，近 20% 被調查對象的職位升降與績效評價結果無關。而「評價結果作為職業生涯規劃的依據」和「評價結果作為培訓依據」這兩項內容的數量較少，僅占總數比例的 55% 多一點。從上述調查結果來看，企業比較重視績效評價，而在績效管理方面做得還比較欠缺。因此，本書對將績效評價結果在領導行為素質提升方面的應用進行了深入的探討。

表 7-2　　　　　　領導行為對績效評價結果運用重要性評價的均值表

項目	考核結果及時反饋	考核結果作為您的職業生涯規劃的依據	考核結果作為對您的獎懲的依據	考核結果作為您的薪酬分配的依據	考核結果作為您的職位升降的依據	考核結果作為對您培訓的依據
均值	4.47	3.98	4.26	4.24	4.14	3.88

由表 7-2 可知，領導行為比較關心績效評價結果與自己當前利益掛鉤的應用領域。對於績效評價結果與個人未來發展的職業生涯規劃和培訓等方面的關心程度還是比較低的。可能的原因有以下三個方面。第一，企業未形成真正的績效管理體系。第二，受企業現行管理制度與政策的影響。比較表 7-1

第七章　領導行為綜合評價體系模型及其應用

與表 7-2，可以發現：領導行為對各項績效評價結果應用領域重要性的評價與企業現行管理制度與政策比較一致。說明企業政策與制度對領導行為選擇的導向性作用。這也符合心理學的規律：人們都偏向選擇對自己有利的行為。第三，中國還未建立起完善的職業經理人市場，職業經理人的選拔培訓還沒有完全引入市場競爭機制，對職業經理人的競爭壓力較小。

企業不僅應重視績效評價結果的運用，還應該重視勝任素質評價體系與信用評價體系的運用，將領導行為綜合評價體系與人力資源管理系統的各子系統銜接起來。為此，根據人力資源管理理論，結合問卷調查結果，本書設計了領導行為綜合評價體系的應用模型，見圖 7-3。

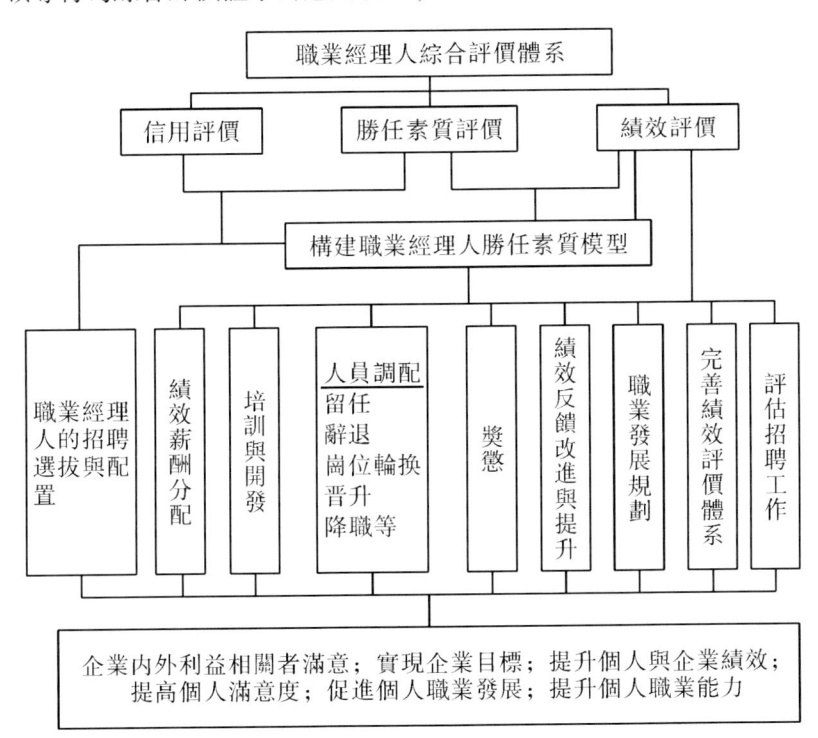

圖 7-3　領導行為綜合評價體系的應用模型示意圖

圖 7-3 表明：首先，領導行為信用評價、勝任素質評價的信息主要運用於職業經理人招聘選拔環節。其次，企業根據績效評價結果區分績效優秀的職業經理人與績效一般的職業經理人，通過行為事件訪談等方法構建領導行為勝任素質模型，一方面勝任素質模型中各項勝任素質的要求可以作為企業招聘選拔職業經理人的標準；另一方面勝任素質模型可以作為職業經理人配置、培訓與開發、績效評價、職業發展規劃、人員調配等人力資源管理領域的重要依據，這樣就構建起基於勝任素質模型的現代企業人力資源開發與管

理系統。再次,績效評價結果主要運用於績效薪酬分配、培訓與開發、人員調配、獎懲、績效改進與提升、職業發展規劃、評估招聘選拔工作等方面,並通過績效評價發現企業績效評價體系存在的問題並予以糾正,從而不斷完善企業的績效評價體系。最後,領導行為綜合評價體系的運用最終達到企業內外利益相關者滿意、實現企業目標、提升個人與企業績效、提高領導行為個人滿意度、提升領導行為個人職業能力、促進領導行為個人職業發展六大目標。實現「利益相關者滿意、領導行為與企業共同發展」的共贏目標。

領導行為綜合評價體系運用的領域較多,本書重點探討績效信息溝通反饋與績效改進、職業經理人的招聘與選拔、激勵與約束、素質的提升與職業發展四大應用領域。

(二) 績效信息溝通反饋與績效改進

績效管理的根本目的是不斷提高領導行為個人和企業的績效,在激烈的競爭中構建持久的競爭優勢。因此,績效反饋與改進是很重要的一個環節,企業更應關注績效反饋而不僅僅是績效評價。領導行為個人績效好壞決定了TMT與整個企業的績效水準,他們有清晰的績效目標並定期收到反饋時才能做得更好。只有持續地改進和提高領導行為的個人績效,才能確保企業整體目標的達成。對領導行為進行績效反饋面談的主體一般為直接上級、董事會或者績效評價委員會。

1. 績效信息溝通反饋貫穿於領導行為績效管理的全過程

從某種意義上講,管理就是溝通,溝通是管理的本質,溝通的過程就是被評價者參與的過程,而相關研究發現,「參與」與「滿意度」高度相關。績效溝通在績效管理中發揮著舉足輕重的作用。績效溝通的方式主要有:書面報告、定期面談、團隊會議、非正式溝通、培訓等。績效溝通貫穿於績效管理的整個過程,在不同階段的重點也有所區別。首先,在績效計劃階段,溝通的主要目的是雙方就工作目標和標準達成一致。董事會為企業確定績效目標 (也就是 TMT 目標),董事會或企業績效考核委員會對目標進行分解並確定管理團隊中每一位領導行為的績效計劃,雙方就績效計劃和標準進行反覆的溝通,達成一致後,簽訂績效合同,達成書面承諾,這些計劃和標準就成為期末績效評價的依據和標準。其次,在績效輔導階段,溝通的目的主要有兩個:一個是職業經理人匯報工作進展或就工作中遇到的障礙向直接上級求助,尋求幫助和解決辦法;另一個是直接上級及時提醒職業經理人注意工作進度,並就工作與目標計劃之間出現的偏差共同探討如何進行調整。最後,在績效評價和反饋階段,績效信息的溝通反饋主要有四個目的:對職業經理人在考核週期內的工作進行合理、公正和全面的評價,雙方就評價結果達成

共識；認可成績，找出差距，討論原因，探討以後工作改進的重點和計劃；探討個人未來的發展計劃；探討下一個考核週期的績效計劃。因此，績效評價結果的溝通反饋對企業和領導行為雙方的績效提升與發展都至關重要。

2. 績效溝通的內容與方式

領導行為績效管理各個階段進行溝通的具體內容應根據雙方的需要來確定，即各自需要什麼信息。一般來說，主要包括以下幾個方面的內容：就績效目標和行動計劃取得一致；績效計劃的進展情況；領導行為個人和企業是否朝著正確的實現目標和績效標準的方向努力，如果有偏離目標的傾向，應採取什麼行動；哪些工作進行得很順利效果很好，哪些工作遇到了困難或障礙，遇到的困難或障礙是否可以解決，應該如何解決。

面對目前的情況，需要對工作目標和行動計劃做出哪些調整；企業和管理團隊可以採取哪些行動來支持領導行為的工作等。此外，反饋者還應該跟職業經理人溝通個人職業發展的問題，探討個人職業發展的現狀、未來發展的方向、需要做出哪些努力、需要哪些支持等。績效溝通分為正式溝通和非正式溝通。正式溝通主要有書面報告、會議溝通和正式面談等方式。正式溝通之外的溝通如節日（週末、開暇）聚會、非正式會晤、喝咖啡時間（CoffeeTime）、公司文化節、週末健身日等都屬於非正式溝通。

3. 績效改進計劃

如圖 7-4 所示，考核期末，各利益相關者對照期初的績效計劃與標準對職業經理人進行績效評價，並將綜合評價結果與標準進行比較，確定績效差距，並分析差距的原因，如果是職業經理人個人的原因，進一步分析確定哪些方面需要改進，並確定改進的方式與方法，制訂績效改進計劃表以及改進跟蹤和評價方法等。如個人參加專業知識與技能培訓、制訂讀書計劃、參加研討會等，企業也可以有針對性地採取一些支持性的措施，如安排相關講座、企業教練進行管理輔導、戶外拓展訓練等。在績效改進計劃實施的過程中職業經理人的直接上級應隨時指導、瞭解進展情況，並及時幫助解決遇到的困難與問題，績效改進計劃實施的效果主要看下一個考核週期的評價結果是否有改善，以確定是否達到了預期的績效改進目標。

領導行為與綜合測評研究

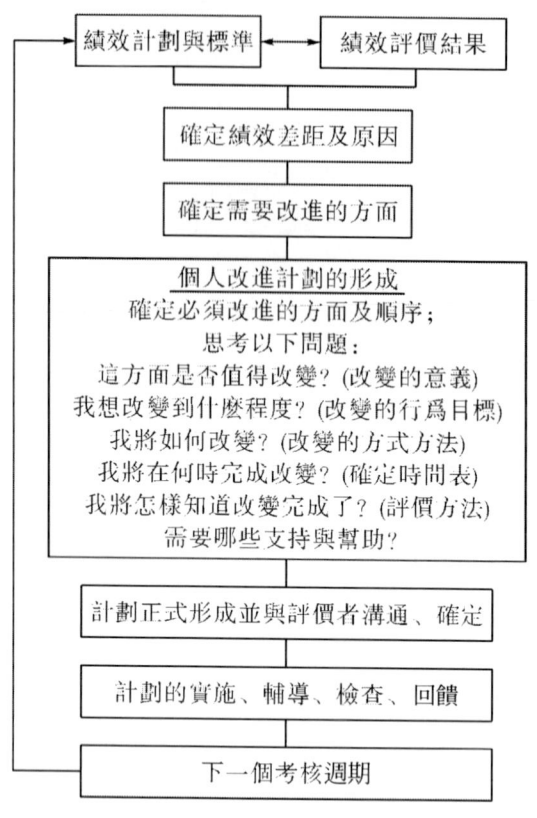

```
┌─────────────────┐     ┌─────────────────┐
│ 績效計劃與標準  │◄───►│  績效評價結果   │
└────────┬────────┘     └─────────────────┘
         │
         ▼
┌─────────────────┐
│ 確定績效差距及原因 │
└────────┬────────┘
         ▼
┌─────────────────┐
│ 確定需要改進的方面 │
└────────┬────────┘
         ▼
┌──────────────────────────────────┐
│       個人改進計劃的形成         │
│   確定必須改進的方面及順序；     │
│         思考以下問題：           │
│   這方面是否值得改變？(改變的意義)│
│ 我想改變到什麼程度？(改變的行為目標)│
│    我將如何改變？(改變的方式方法) │
│ 我將在何時完成改變？(確定時間表) │
│ 我將怎樣知道改變完成了？(評價方法)│
│      需要哪些支持與幫助？        │
└────────┬─────────────────────────┘
         ▼
┌──────────────────────────┐
│ 計劃正式形成並與評價者溝通、確定 │
└────────┬─────────────────┘
         ▼
┌──────────────────────────┐
│ 計劃的實施、輔導、檢查、回饋 │
└────────┬─────────────────┘
         ▼
┌─────────────────┐
│  下一個考核週期 │
└─────────────────┘
```

圖 7-4　績效改進計劃過程示意圖

（三）職業經理人招聘與選拔

企業高層領導產生途徑的問卷調查統計結果（見圖 7-5）顯示：第 1 位是「內部競爭上崗」，占 42%，「上級主管部門任命」「外部公開招聘」的比例分別為 22%、18%。「內部競爭上崗」和「外部公開招聘」的比例達到了 50%。因此，如何招聘到企業所需要的職業經理人、如何對招聘的職業經理人進行選拔就成為企業應該重視的重要問題。

單位：%

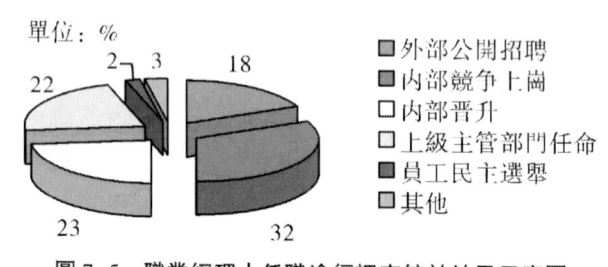

- 外部公開招聘：18
- 內部競爭上崗：32
- 內部晉升：23
- 上級主管部門任命：22
- 員工民主選舉：2
- 其他：3

圖 7-5　職業經理人任職途徑調查統計結果示意圖

第七章　領導行為綜合評價體系模型及其應用

　　企業招聘高層領導不僅僅是滿足職位空缺的人員需求，更重要是為了保證企業戰略目標的實現而從多樣化的背景中（文化、教育、經濟環境等）甄選與吸引那些能夠幫助企業達成當期以及長期戰略意圖的具有高素質的高級管理人才。基於此，傳統的招聘甄選理念與方法顯然不能滿足企業獲得持續競爭力的需要，需要開展基於勝任素質的招聘甄選工作。實際上，勝任素質模型一旦被企業採用，就可以確保所有那些管理人員的面試（以及績效評估）考慮用同一套能力與特徵的測評標準。基於勝任素質的招聘選拔可按照圖7-6所示的程序進行。首先，企業根據主要利益相關者的要求制定發展戰略，人

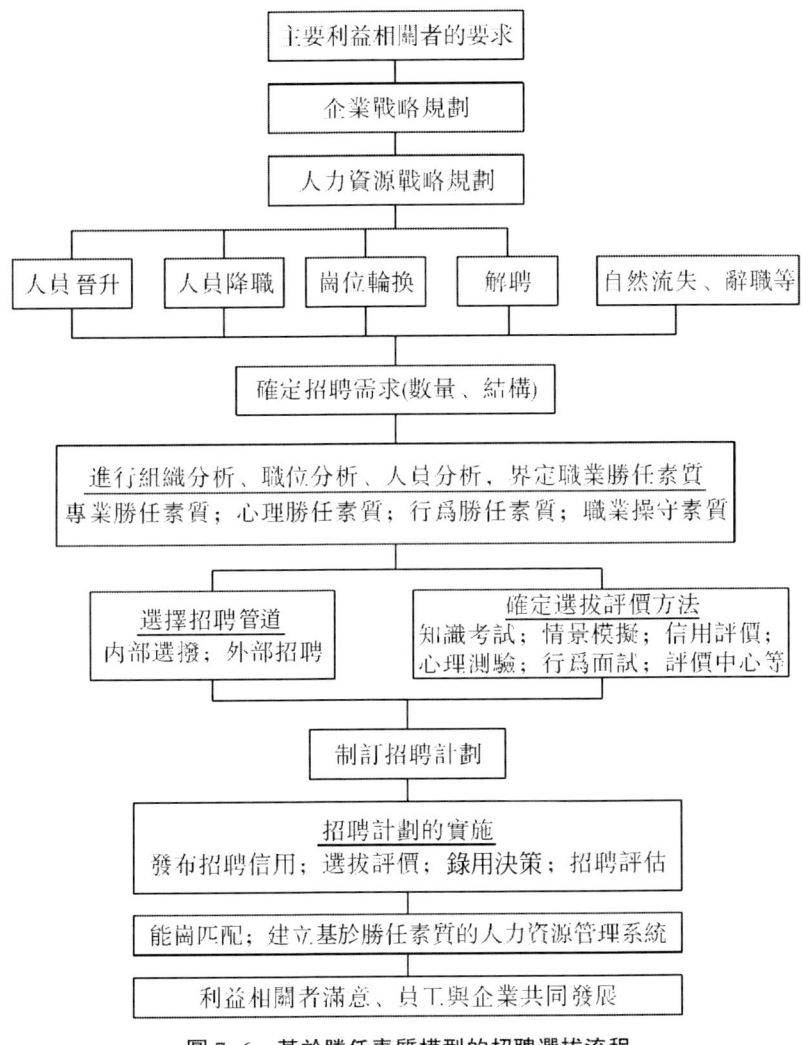

```
          ┌──────────────────┐
          │ 主要利益相關者的要求 │
          └──────────────────┘
                    │
          ┌──────────────────┐
          │   企業戰略規劃    │
          └──────────────────┘
                    │
          ┌──────────────────┐
          │  人力資源戰略規劃  │
          └──────────────────┘
                    │
   ┌──────┬──────┬──────┬──────┐
   │人員晉升│人員降職│崗位輪換│解聘│自然流失、辭職等│
   └──────┴──────┴──────┴──────┘
                    │
          ┌──────────────────────┐
          │ 確定招聘需求(數量、結構) │
          └──────────────────────┘
                    │
   ┌─────────────────────────────────────────┐
   │ 進行組織分析、職位分析、人員分析，界定職業勝任素質 │
   │ 專業勝任素質；心理勝任素質；行為勝任素質；職業操守素質 │
   └─────────────────────────────────────────┘
                    │
   ┌──────────────┐      ┌──────────────────────┐
   │  選擇招聘管道  │      │    確定選拔評價方法     │
   │內部選撥；外部招聘│      │知識考試；情景模擬；信用評價；│
   └──────────────┘      │心理測驗；行為面試；評價中心等│
                        └──────────────────────┘
                    │
          ┌──────────────────┐
          │    制訂招聘計劃    │
          └──────────────────┘
                    │
   ┌─────────────────────────────────────┐
   │            招聘計劃的實施             │
   │ 發布招聘信用；選拔評價；錄用決策；招聘評估 │
   └─────────────────────────────────────┘
                    │
   ┌─────────────────────────────────────┐
   │ 能崗匹配；建立基於勝任素質的人力資源管理系統 │
   └─────────────────────────────────────┘
                    │
   ┌─────────────────────────────────────┐
   │  利益相關者滿意、員工與企業共同發展     │
   └─────────────────────────────────────┘
```

圖7-6　基於勝任素質模型的招聘選拔流程

力資源部門則根據企業發展戰略制訂人力資源戰略規劃，並據此進行人員調整：晉升、降職、解聘或崗位輪換等。根據人員調整方案，考慮人員自然流失和辭職等情況，提出招聘需求（包括需求數量、職位、結構等）。其次，進行企業需求、職位需求分析，並分析人員現狀，提出各職位勝任素質要求。再次，根據勝任素質要求選擇合適的招聘渠道，通常首先在內部招募選拔，然後選擇外部渠道，招聘職業經理人時可以委託獵頭公司進行招募。根據勝任素質要求選擇合適的選拔方法。在此基礎上制訂招聘規劃。最後，實施招聘規劃，招聘錄用合適的人員上崗，達到「能崗匹配」，並在此基礎上構建基於勝任素質的人力資源管理系統，開展培訓、績效管理、薪酬設計等工作，最終實現「利益相關者滿意、員工與企業共同發展」的共贏目標。

對職業經理人候選人基於勝任素質的選拔方法主要包括：

1. 領導行為信用評價

在領導行為信用評價體系未建立之前，企業主要通過職業經理人的工作經歷與職業發展歷程、職業資格等級證書、以往任職企業的情況與工作穩定性等判斷其信用狀況。在做最終錄用決定之前通過背景調查瞭解其以往工作經歷中是否存在職業操守問題。職業經理人信用檔案系統建立起來以後，企業可以直接有償地從職業經理人協會獲取候選人的信用狀況。如果候選人在信用方面有嚴重不良記錄，應採取「一票否決」的方法予以放棄，或者確定企業選拔職業經理人的信用等級，達不到規定等級的不予錄用。

2. 領導行為勝任素質評價

領導行為勝任素質評價與心理勝任素質評價方法前面已進行了詳細的探討。如前所述，行為勝任素質評價方法主要是評價中心技術。這裡簡要探討一下其中的行為面試技術。行為面試技術是指在對領導行為職業進行深入分析的基礎上，對職業所需的關鍵勝任素質特徵進行清晰地界定，然後在候選人過去的經歷中探測與這些要求的關鍵勝任素質特徵有關的行為樣本，在行為勝任素質特徵的層次上對候選人做出評價。行為性面試的基本思路：通過過去的行為預測未來的行為；識別關鍵性的工作要求；探測行為樣本。面試設計的行為性問題應該能夠讓候選人描述四個關鍵要素：STAR：情境（Situation, S），描述被面試者經歷過的特定工作情境或任務；目標（Target, T），描述被面試者在該情境中所要達到的目標；行動（Action, A），描述被面試者為達到該目標所採取的行動；結果（Result, R），描述該行動的結果，包括積極的和消極的結果，生產性和非生產性的結果。面試主要圍繞候選人過去某些情境中的行為表現和可能的將來的某些情境中的行為表現來提問，以過去的行為表現為主。提問的目的是對候選人與工作相關的關鍵勝任素質

特徵進行評價，進而判斷其在未來類似情境中的行為表現。這種面試方法的假設是一個人過去的行為表現可以成為他在將來的行為表現的預測指標。根據候選人對一系列行為性問題的回答來確定其是否具備應聘職位所需的勝任素質特徵。

（四）領導行為的激勵與約束

激勵是管理的一個永恆的話題。對領導行為如何進行激勵與約束也一直是理論界和實踐界探討的熱門話題。本書主要探討領導行為激勵約束機制與績效薪酬。

中國企業聯合會與中國企業家協會北京數字100市場諮詢有限公司對中國企聯認證系統通過的9,000餘名各等級職業經理人進行問卷調查，發布了「2007年度領導行為發展報告」，其中對各類職業經理人行為跳槽的原因進行了匯總（見表7-3），職業經理人跳槽的原因從另外一個角度反應的是對他們激勵的不足，反應了他們很重視的因素，也是他們的激勵因素。表7-3中三類企業比例都較高的「該企業或行業前景不樂觀、薪酬與同行相比較低、個人發揮空間不夠」，外資企業的「與企業老板思路不統一、企業不能及時兌現承諾收入」和私營企業的「工作壓力太大，精神吃不消」是職業經理人跳槽的主要原因。這也反應了企業願景、薪酬、個人職業發展、能發揮自己作用體現自我價值的舞臺、工作時的心態都是他們非常關注的。這也為本書設計領導行為激勵約束機制提供了實證支持。

表7-3　　　　　不同類型企業職業經理人跳槽原因比較　　　　單位:%

	企業不能及時兌現承諾收入	薪酬與同行相比較低	背景與經驗對自己不利	該企業或行業前景不樂觀	對企業文化不能認同	內部關係不和諧	與企業老板思路不統一	個人發揮空間不夠	與個人興趣不吻合	工作負荷太大身體吃不消	工作壓力太大精神吃不消
國有企業	1	21	5	26	5	6	6	17	2	6	4
私營企業	4	10	0	21	6	6	9	18	5	4	14
外資企業	15	15	0	8	0	0	24	24	0	8	0

資料來源：中國企業聯合會/中國企業家協會北京數字100市場諮詢有限公司. 2007年度領導行為發展報告［R］. 2007（7）：29.

1. 領導行為的激勵與約束機制

從激勵約束的主體來看，可分為自我激勵約束和他人激勵約束。在探討領導行為激勵約束機制時，人們更多的是從他人激勵約束的角度來探討，實際上，對已經取得不菲的職業成就、物質和精神需求滿足度都較高的職業經

領導行為與綜合測評研究

理人來講，其工作動力更多來自自我強大的內驅力。因此，借鑑前人的理論研究成果和實證研究的結果，本書提出影響領導行為的激勵約束因素包括兩大類：一是領導行為的自我激勵與約束，激勵約束力源自其成就欲、職業生涯、事業心、責任感等；二是他人對領導行為的激勵，包括薪酬、控制權、聲譽、職業生涯和市場競爭等，這兩大類因素共同形成了領導行為激勵約束機制。這兩類激勵約束機制的區別主要表現在：一是如前所述二者的激勵約束源不同；二是激勵約束效果的影響因素不同，自我激勵屬於內驅力，其效果受公平、獎懲等其他外在因素的影響較小，他人激勵是外驅力（包括推動力、吸引力和壓力等），其效果受公平、獎懲等外在因素的影響較大；三是激勵約束的持續性不同，自我激勵源自內在的動力，因此比較持久，而他人激勵持續時間的長短則主要取決於激勵的公平性與有效性，持續時間相對較短。當然，兩類激勵約束機制之間也有一定的內在關聯性，領導行為對企業他人激勵約束機制的認同度、領導行為對企業及其發展前景的認同度、領導行為個人在企業的職業發展及其取得的職業成就等在一定程度上會影響其個人的自我激勵約束水準。因此，兩類機制發揮作用的機理是不同的。

（1）自我激勵與約束。領導行為自我激勵與約束模式見圖7-7。領導行為自我激勵與約束水準由兩類因素決定：一是領導行為個人的個性心理特徵、專業知識與技能、工作閱歷與經驗、職業經歷等；二是領導行為市場競爭的情況。在這兩類因素共同作用下，形成了領導行為的成就欲、職業發展方面的定位、事業心、職業責任感、對自己所從事職業和服務的企業的心理契約、對服務企業的組織承諾等，這些因素是個體行為的內驅力，推動領導行為積極地、主動地、富有創造性地去工作，從而產生自我激勵的積極效果。同時，在這兩類因素的共同作用下形成了領導行為的職業道德、自律意識、職業價值觀、職業理想，這些會成為領導行為的規範和約束力，領導行為的職業生涯規劃、職業聲譽也會成為其個人的自我約束力。自我激勵力會成為領導行

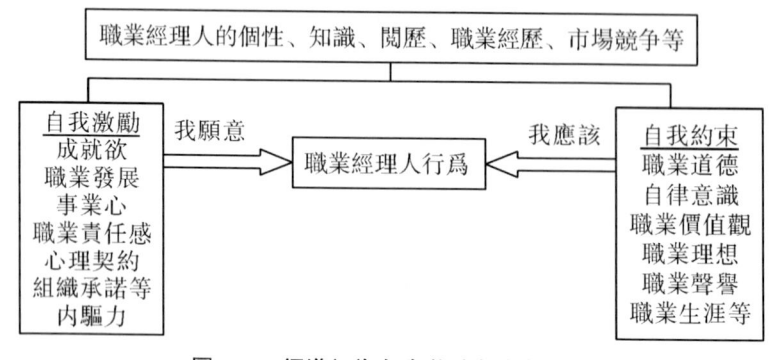

圖7-7　領導行為自我激勵與約束模式

第七章　領導行為綜合評價體系模型及其應用

為持續的工作動力來源，自我約束力則確保其行為方向的正確性和行為本身的規範性。

企業可以在招聘選拔領導行為時測試其成就欲、職業價值觀、職業理想等，瞭解其自我激勵與約束水準。還可以通過針對性的特殊培訓提高其成就欲，訓練形成正確的職業價值觀來提高領導行為的自我激勵與約束水準。

(2) 他人激勵與約束。本書主要探討薪酬、控制權、聲譽、職業生涯和市場五大機制。

A. 薪酬機制。狹義地講，領導行為的激勵機制就是指薪酬激勵機制。薪酬機制解決的主要問題有：薪酬構成、薪酬結構變化對經理人行為的影響及最優薪酬結構的確定；薪酬數量與領導行為積極性的關係及最優薪酬數量確定；經理人的薪酬與哪些企業業績指標掛勾，如何掛勾才能最好地衡量其能力和努力程度等。從人力資本理論的角度來看，薪酬是人力資本投資的收益，是領導行為人力資本價值的體現，是調動其積極性、激勵約束其行為的重要因素；從經營者理論的角度來看，薪酬同時也是領導行為承擔經營風險的不確定性收入；從勞動經濟理論的角度來看，領導行為的薪酬取決於經理人市場的供求關係，也反應了領導行為在市場競爭中的市場價值；從全面薪酬的觀點來看，領導行為的薪酬不僅包括以工資、獎金、紅利、津貼、福利（保險、優惠、帶薪休假等）等形式體現的經濟薪酬，還包括工作本身（工作的挑戰性與趣味性、工作中的責任感與成就感、工作中有能發揮自己作用的舞臺、工作中有成長的機會等）、工作環境（良好的同事關係與團隊氛圍、信息與知識共享等）、企業特徵（企業文化、企業的聲譽與地位、企業的發展前景等）等非經濟薪酬，在經濟薪酬激勵受資源有限性制約以及經濟薪酬滿足度提高的背景下，非經濟薪酬的激勵作用將越來越重要。固定的工資收入對領導行為來講只屬於保健因素，不會激發其積極性，只能滿足其基本的生存需要。如果領導行為的薪酬結構是多元化的，除了包括固定薪酬外，還包括風險收入（剩餘利潤）部分，薪酬激勵因素就會隨著風險收入的增多而逐漸增加激勵力量，直至薪酬全部變為風險收入，激勵作用達到最大，薪酬完全成為激勵因素，領導行為也就成為「企業家」了。如圖 7-8 所示。影響領導行為的因素很複雜，因此在運用薪酬激勵時應該考慮影響領導行為的各種因素，運用領導行為綜合評價體系對其進行評價，並將評價結果與其薪酬掛勾。薪酬的激勵作用在很大程度上受到自我期望水準和薪酬政策公平性的影響，因此，在薪酬激勵模式中還增加了公平、期望因素。

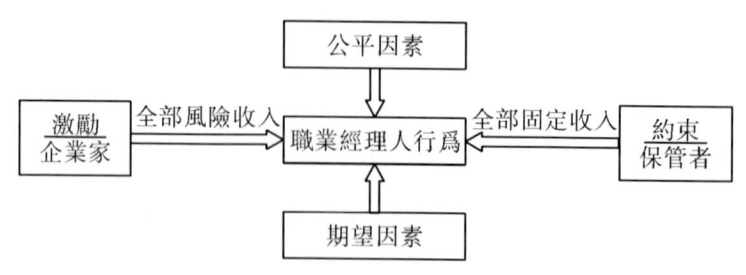

圖 7-8　職業經理人薪酬激勵模式

B. 控制權機制。從領導行為激勵約束的本意來看，薪酬當然是最直接的因素，但實際上控制權更具有根本的決定意義，因為控制權的獲取是領導行為激勵約束問題產生的前提，領導行為的經濟薪酬和非經濟薪酬可以認為是對其運用經營控制權的回報。如圖 7-9 所示，領導行為與企業所有者之間的權力關係是一個連續的授權過程，掌握特定控制權不僅可以滿足領導行為控制他人、感覺自己處於負責地位的需要，還使得領導行為擁有職位特權，享受職位消費，給領導行為帶來經濟薪酬以外的物質利益滿足。

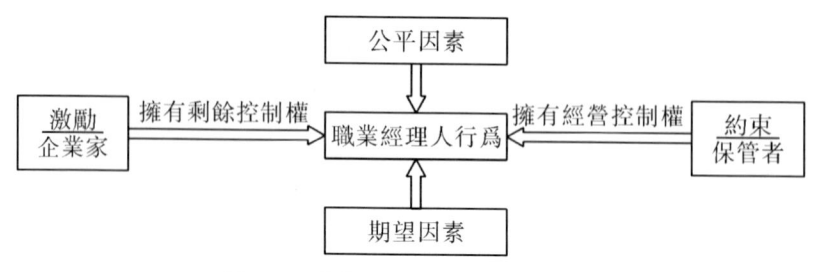

圖 7-9　職業經理人控制權激勵模式

領導行為在行使其經營控制權的同時也會受到約束並且存在著失去經營控制權的威脅。一方面，企業所有者通過法人治理結構對領導行為進行監督約束；另一方面，市場競爭和其他企業對企業的接管、兼併或重組等資本市場行為也對其行為產生制約。這兩方面的約束可以保證那些為了擁有控制權滿足權力需要和職位消費需要的領導行為約束自己的機會主義行為，按所有者要求的行為去做，但其努力程度只限於不斷送其職業生涯，其行為只會是資源管理導向的保管者行為。如果允許領導行為擁有部分剩餘控制權，並且在法人治理結構中擁有股東或董事身分，隨著其擁有的剩餘控制權的逐漸擴大，其受到的約束會逐漸減弱，權力需要和職位消費需要日益得到更大滿足，控制權的激勵作用日益增大。發展到極端，領導行為就成為集剩餘所有權和控制權於一身的業主型企業家了，權力激勵也達到最大化。現代企業中領導行為的控制權介於企業家和保管者之間，是通過法人治理結構對領導行為控

第七章 領導行為綜合評價體系模型及其應用

制權的授權進行動態調整的。這種激勵機制既保證了控制權對領導行為的約束，又能對領導行為產生激勵作用。

C. 聲譽機制。對於領導行為而言，聲譽對其行為的影響尤為重要。聲譽機制的形成對其職業生涯發展所起的重要激勵作用甚至可以在某種程度上替代薪酬等所帶來的顯性激勵。中國企業傳統的精神激勵形式主要表現為榮譽激勵，榮譽是貢獻的象徵，是自身價值的體現，許多經理人往往是得到了許多的精神激勵，而沒有獲得相應的物質激勵，企業經營者的榮譽也不能為其帶來真正的經理人市場上的收益（傳統體制下企業經營者的市場流動受限制）。而在職業經理人市場上，聲譽既是其長期成功經營企業、良好職業信用和個人信用累積的結果，又是經理人職業能力的證明。聲譽機制可以作為經理市場中的信息披露機制，用於解決信息不對稱所產生的逆向選擇問題。職業經理人聲譽機制激勵約束模式如圖7-10所示。

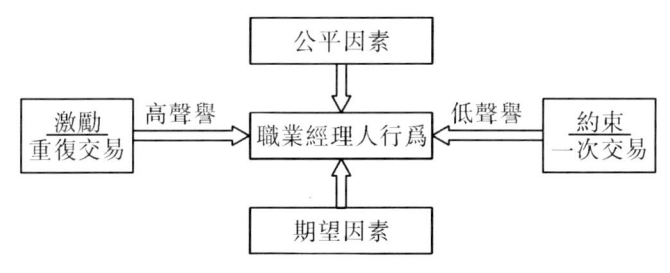

圖7-10 職業經理人聲譽機制激勵約束模式

D. 職業生涯機制。職業生涯是指一個人一生中從事職業的全部歷程。職業經理人職業生涯主要是指從其通過職業資格認證加入職業經理人行列開始，獲得職業化的工作、參加職業培訓、職業能力與人力資本的提升、職業聲譽的獲得與累積直至退出職業經理人行列的整個過程。職業經理人的職業生涯更多地受職業經理人協會等職業機構的規範、監督和管理，在其職業生涯中還需要有第三方監管機構——職業經理人協會，該協會主要履行職業培訓、職業能力與素質測評、職業資格認證、確定職業規範以及對違反職業規則的職業經理人進行職業性懲罰等職能。當職業經理人的行為符合其職業規範的要求並創造出良好的經濟、社會效益時，能夠獲得市場和企業的認可，得到更多的發展機會，從而使其職業生涯「生態發展」；反之，則要受到職業性違規的處罰，甚至強制其退出職業經理人行列。職業經理人的職業生涯激勵約束模式如圖7-11所示。

領導行為與綜合測評研究

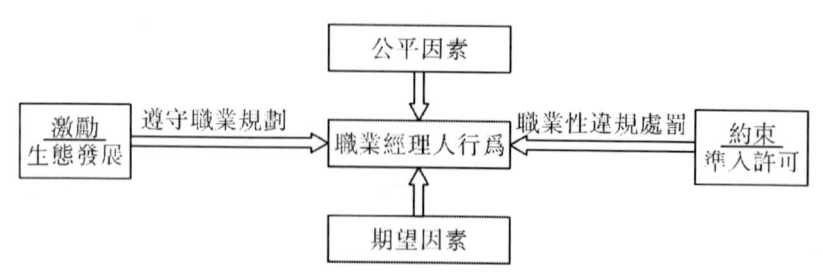

圖 7-11　職業經理人職業生涯激勵約束模式

E. 市場機制。市場機制就是市場競爭機制，它對領導行為的壓力與動力來自兩方面：一是市場競爭能夠在一定程度上揭示有關職業經理人能力和努力程度的信息，而這原本是職業經理人的私人信息。市場競爭這種信息顯示機制為職業經理人薪酬機制、控制權機制和聲譽機制作用的發揮提供了信息基礎；二是市場競爭的優勝劣汰機制對職業經理人的控制權形成一種威脅。首先，資本市場競爭實質上就是對企業控制權的爭奪。因為經營業績欠佳的企業隨時有被收購、重組的可能，這樣就對低努力和低能力的職業經理人構成威脅，迫使其提高努力程度，約束自己的機會主義行為。其次，職業經理人市場實質上是領導行為選拔、培育、評價、淘汰等多種機制的綜合，其目的在於將企業內的重要職位交給能力強和努力的職業經理人，為領導行為提供更好的職業培訓和人力資本提升平臺。最後，產品市場的競爭對企業而言是最根本的，因為這是企業利潤之源。企業在產品市場的盈利能力和盈利水準是反應企業經營狀況的一個基本指標，據此可以對職業經理人的能力、努力程度進行基本的判斷。利潤指標往往作為職業經理人薪酬的主要評價指標，但影響盈利水準的因素很多，有時甚至被人為操縱。因此，通過市場機制可以引入「標杆競爭」機制，激勵並約束職業經理人的行為。但該機制的引入可能會出現「合謀」或「互相拆臺」的問題。職業經理人市場機制激勵約束模式如圖 7-12 所示。

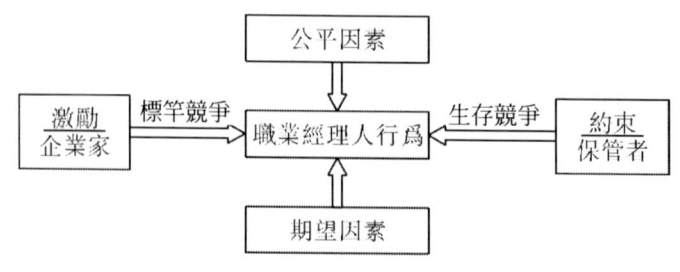

圖 7-12　職業經理人市場機制激勵約束模式

前面分別對領導行為五種他人激勵與約束機制進行了論述，但現實中它

第七章　領導行為綜合評價體系模型及其應用

們是替代和互補的關係，綜合作用於領導行為。這些替代和互補的關係體現為需要理論所揭示的各層次或各種需要的關係。薪酬、控制權、聲譽、市場和職業生涯機制恰好反應了領導行為不同層次的需要，並且具有以下特點：第一，某種機制越是相對缺乏，該機制對領導行為激勵約束的邊際作用就愈大。同等條件下，領導行為的某種需要被滿足的程度越低，與此需要相一致的機制就越受到關注，對它的追求越強烈。第二，各種機制對於需要結構不同的領導行為的激勵約束作用是不同的。當兩種或兩種以上機制的作用滿足於同一需要時，一種機制滿足程度的增加會降低其他機制的激勵約束作用。現實中，這五種機制是相互關聯、共同作用於領導行為的。由於人的需要的多元化、多層次，更由於領導行為所從事管理工作的特殊性，要解決領導行為的激勵約束問題，必須將這五種機制進行有效的整合。

整合上述領導行為激勵約束機制，可形成圖7-13所示的綜合激勵與約束模型。

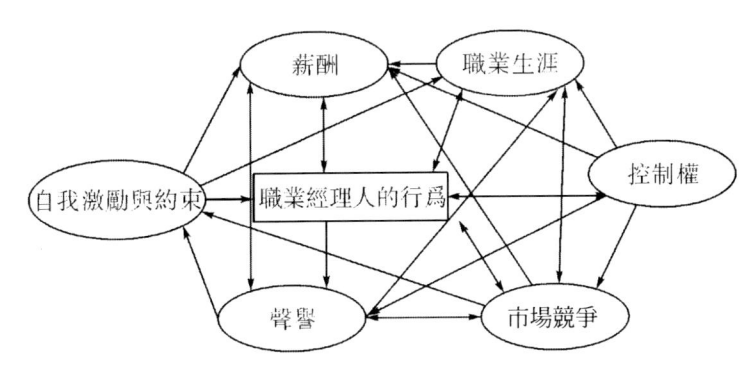

圖7-13　職業經理人激勵與約束機制示意圖

2. 領導行為績效薪酬

領導行為個人績效評價結果在薪酬管理中的應用主要體現在領導行為薪酬收入的確定。其作用機理就是通過高薪、剩餘分成以及權力、地位等方式來激勵與約束領導行為，使其管理行為最大限度地符合企業所有者的利益。從另一個角度看，領導行為的個人績效評價如果在企業內進行，將得到企業給予的薪酬，如果在經理人市場中進行，將得到市場給予的薪酬（市場聲譽等）；企業績效評價中各項指標的增長，可以看作是企業總規模的擴大，這裡的企業規模是一個廣義的概念，是包括無形資產在內的整體擴張。領導行為的薪酬由貨幣收入（S_1）和非貨幣收入（S_2）組成。二者一般情況下會同時存在，具有某種程度的可替代性。領導行為年貨幣收入可以表示為：

$$S_1 = Y + \alpha X$$

其中，Y為按勞分配的年固定薪金，X是企業的利潤，α是領導行為的利

潤分享系數。一般情況下，S_2 由以下因素決定：

S_2 = 權力薪酬+聲譽薪酬+在職消費+人力資本的提升+職業生涯的延續

在現代市場經濟中，領導行為已經不滿足於貨幣收入所帶來的效用，越來越多的職業經理人已經意識到非貨幣收入的效用價值，而且非貨幣收入在職業經理人總收入中的比重也呈現出逐漸遞增的態勢。由於非貨幣消費也能給領導行為帶來效用，所以貨幣收入與非貨幣消費之間必定存在著某種替代關係，正是由於這種替代關係使得領導行為並非只是單純地追求貨幣收入的最大化。所以，即使將其貨幣收入與企業利潤掛勾也不能使經理人行為與所有者行為完全一致。如果假定經理人的貨幣收入與企業利潤成正比，而他除了追求貨幣收入外，還追求一種非貨幣消費。利潤與企業規模大小組合構成的經理人效用無差異曲線如圖7-14所示。

圖7-14中U曲線為職業經理人對企業利潤的偏好與對企業規模的偏好組合的無差異曲線，無差異曲線上任意組合都使得職業經理人獲得最大效用。對職業經理人來說，為了達到其個人效用的最大化，有可能冒著企業利潤下降的風險一味追求企業規模的擴大以滿足其權力、地位的慾望。在兩權分離的現代企業中，所有者無法直接控制經理人的非貨幣消費，但可以通過設計經濟薪酬契約，促使職業經理人追求企業利潤最大化，並抑制職業經理人過度的在職消費。

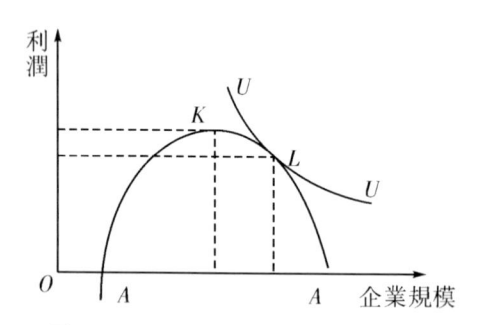

圖7-14 職業經理人效用無差異曲線

資料來源：劉兵.企業經營者激勵制約理論與實務［M］.天津：天津大學出版社，2002.

由於貨幣收入與非貨幣消費之間存在著替代關係，企業所有者可以通過調整貨幣支付來約束職業經理人為追求非貨幣消費而犧牲企業利潤的行為。假設職業經理人的非貨幣收入簡化為只想追求更大的企業規模以滿足權力、地位的慾望，而職業經理人貨幣收入 W 與利潤 X 成正比，即 $W = aX$，那麼所有者可以通過薪酬契約設計使得企業利潤未達到最大化時，職業經理人所得的貨幣收入與企業規模所決定的效用總是在一個較低的水準上，如圖7-15所示。

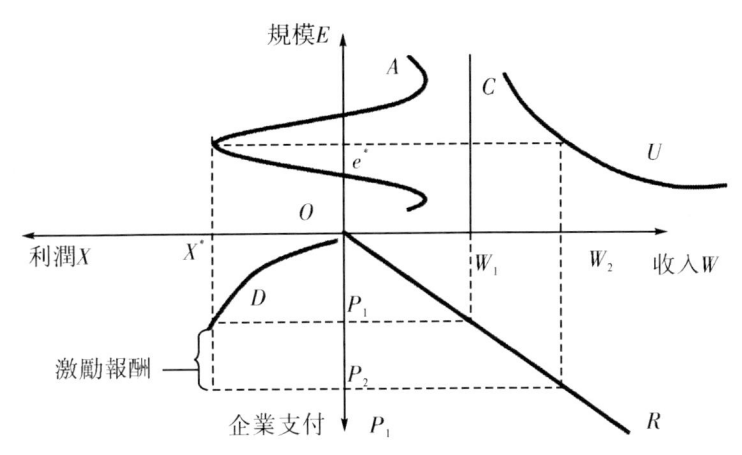

第七章　領導行為綜合評價體系模型及其應用

圖 7-15　職業經理人的企業薪酬收入

OW：職業經理人從所有者那裡獲得的貨幣收入；OP_1：所有者支付給職業經理人的貨幣收入；45°線 OR：W 與 P 是相等的；OE：企業規模；OX：企業利潤；U：圖 7-14 中那條與 A 曲線相切的無差異曲線將縱坐標乘以分享係數 a 之後再轉置所得，指的是職業經理人貨幣收入與企業規模之間偏好結構的無差異性。

資料來源：劉兵. 企業經營者激勵制約理論與實務 [M]. 天津：天津大學出版社，2002：39-40.

利潤達到最大值 X^* 時，所有者支付領導行為貨幣收入 P^2，低於 X^* 時，支付額則低於 P_1。但必須將 P_2 和 P_1 確定在這樣的水準，即當利潤低於 X^*，通過曲線 OD 確定的低於 P_1 的貨幣收入與任意企業規模所組成的偏好組合點全部落在直線 C 的左側，其中 C 線是 U 曲線的垂直漸近線，這時職業經理人所獲得效用就會小於曲線 U 所表示的效用。當利潤達到最大值 X^* 時，通過 P^* 的職業經理人貨幣收入和企業規模之組合的點將落在 U 曲線上，即使得職業經理人效用最大化。從而職業經理人追求個人效用最大化的行為被轉化為追求企業利潤最大化的行為，而此時職業經理人將選擇的企業規模為 e^*。

領導行為在單個企業內的激勵約束機制很難具備市場的公平性，也很難對其所有的人力資本進行合理有效地評估和分配。因此，本書將研究範圍進一步擴大——引入一個職業化的經理人市場機構來對領導行為的經濟行為進行規範。假設職業經理人的薪酬收入來自兩部分——企業薪酬收入和市場薪酬收入，在企業薪酬收入設計不變的情況下，職業經理人最終的效用曲線 U 將受到職業經理人市場的業績評估、職業化培訓、人力資本提升等因素的影響，並最終確定職業經理人的總收入。職業經理人激勵約束的市場化模型如圖 7-16 所示。

領導行為與綜合測評研究

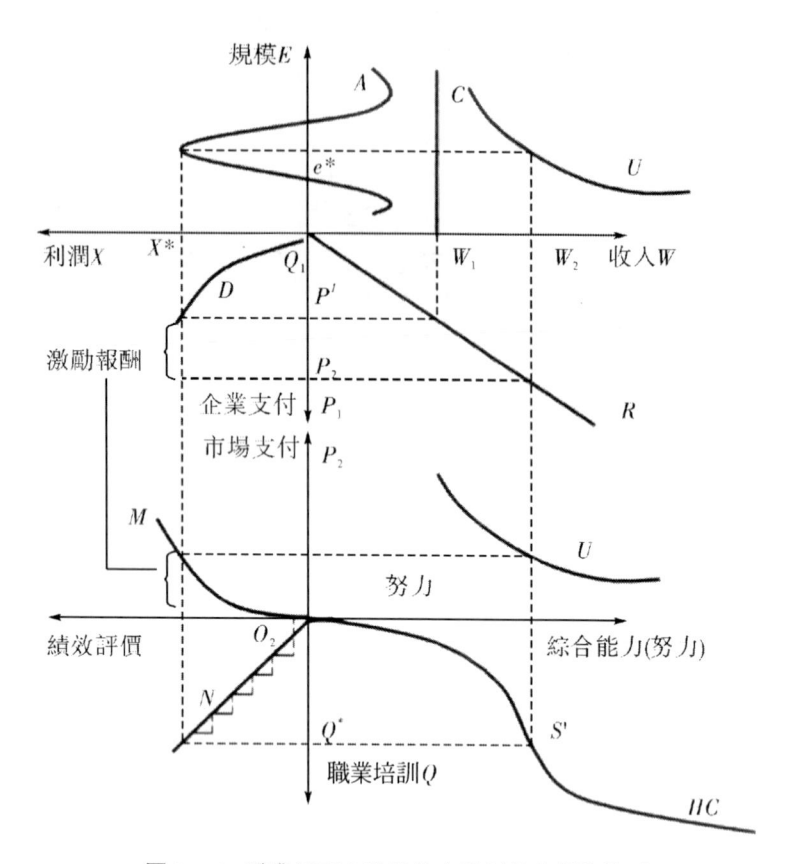

圖 7-16　職業經理人激勵約束機制的市場化模型

　　領導行為人力資本的增長需要獲得相應的薪酬。在引入領導行為市場化模型後能夠清楚地看出，領導行為的效用無差異曲線 U 的決定因素除了企業的規模、企業支付的薪酬外，還包括職業經理人市場提供的薪酬。故而，職業經理人的最終收入 W_2 高於企業支付的 W_1，同時又區別於等同 W_2 的貨幣收入。職業經理人市場提供的薪酬主要根據績效評價、能力評價、職業培訓以及人力資本增長的職業化規劃等來確定。

　　(1) 領導行為人力資本的成長與職業培訓。圖 7-16 中的 O_2HC 曲線表示人力資本的成長曲線，人力資本的成長曲線是一條折拐的曲線。在該模型中，領導行為人力資本的增長曲線是嚴格增長的，呈現階段性的變化：第一階段，企業規模較小或者是職業經理人職業生涯初期階段。依靠單個企業或職業經理人個人能力就能實現企業目標與個人目標，HC 曲線以較快的速度遞增。第二階段，企業規模擴大或職業經理人的職業生涯處在某個成熟的階段。職業經理人逐漸形成獨特的管理風格，並對所處環境產生不斷強化的預期心理，

這種管理風格漸漸定型剛化（直至最後僵化成為企業發展的阻礙），人力資本增長緩慢且進取心出現衰退，曲線 HC 在拐點 S' 的左面急速減緩。第三階段，職業經理人接受系統的職業培訓或職業生涯中的再創業階段。職業經理人能夠主動接受市場的綜合培養計劃，工作業績以及個人能力能夠得到市場專業機構的認證和考核，能將現階段具體工作與職業生涯規劃相結合。第三階段的雙重優勢表現在：企業對領導行為的人力資本投資增加，運行規範、業績增長；職業經理人獲得經濟薪酬和非經濟薪酬，工作熱情更加高漲，由於職業聲譽機制的作用，職業經理人無論在同一個企業還是在多家企業供職都會嚴格恪守職業操守，自覺減少道德風險和機會主義行為。曲線 HC 在經過拐點 S' 後，呈現出繼續增長的趨勢，並且更加傾向於職業經理人市場的職業培訓。職業化培訓包括為初次進入者進行的職業化培訓和為業內人士進行的繼續培訓兩類。初次進入者的培訓是常規性的綜合培訓，培養職業意識和職業技能；繼續培訓是業績評價及分析後有針對性地進行培訓，按照企業利潤最大化時的最佳規模 e^* 所要求的經營管理能力對職業經理人進行專項培訓 Q。曲線 N 有兩種形式：直線與梯形曲線。直線表明市場對職業經理人進行的職業化培訓是個連續的過程，貫穿於職業經理人職業生涯發展的整個階段；梯形曲線表明職業培訓需要分階段、分層次進行。

（2）職業經理人市場的職業評價與激勵薪酬的發放。曲線 M 為職業經理人協會對職業經理人職業信用等方面進行的職業評估及市場支付的激勵薪酬的關係曲線，針對職業經理人不同的人力資本類型級別選擇相應的評估系統。職業經理人的市場化職業評估作為企業對職業經理人績效評價的補充，一方面對職業經理人的經營業績進行評估，為企業所有者確定績效獎勵工資提供參考；另一方面還對職業經理人的代理資格及信譽進行考核、評估，全面地對職業經理人進行綜合打分，並以職業機構的名義發放相應的激勵薪酬，當然，這種激勵薪酬並不是一般意義上的物質薪酬，可以是信用的提升、信譽的累積、人力資本價值提升、在職業經理人市場上身價的提高等。

（五）領導行為素質的提升與職業發展

前文所述，領導行為素質的提升和職業發展是績效評價結果很重要的應用領域，本書借鑑前人的研究成果，將在實證研究的基礎上提出基於領導行為勝任素質模型與發展戰略的系統培訓思路。

在進行問卷調查時，首先讓答卷者對企業提供的培訓項目或內容、培訓途徑和培訓方式三個方面進行判斷，然後讓他們對這些項目的重要性進行評價。領導行為培訓現狀的統計結果匯總如表 7-4 所示。

領導行為與綜合測評研究

表 7-4　　　　　　　　　領導行為培訓現狀統計表

編號	問題	企業現行培訓體系具有下列項目的選擇數量（％）	企業現行培訓體系沒有下列項目的選擇數量（％）	對此選項沒有回答的試卷數量（％）
6.1	目前公司為您提供的培訓項目或內容			
6.1.1	系統的管理知識與技能	258（67.7）	88（24.1）	45（9.2）
6.1.2	分管領域的專業知識與技能	254（66.4）	95（24.9）	44（8.7）
6.1.3	個人潛能開發	152（49.9）	179（47.0）	50（14.1）
6.1.4	新理念的培訓	254（66.7）	96（25.2）	41（8.1）
6.2	公司為您提供的培訓途徑			
6.2.1	專題講座	420（84.0）	44（8.7）	28（7.4）
6.2.2	研修班（研究生班、MBA研修班等）	174（45.7）	154（40.2）	54（14.9）
6.2.3	成人學歷教育（本科、研究生等）	82（21.5）	224（58.8）	75（19.7）
6.2.4	研討會	20（52.8）	124（42.5）	56（14.7）
6.2.5	進修	99（26.0）	209（54.9）	72（18.9）
6.2.6	到國內其他企業參觀學習	214（56.2）	115（40.2）	52（14.6）
6.2.7	出國考察	144（45.2）	180（47.2）	66（17.4）
6.4	公司為您提供的培訓方式			
6.4.1	講座	411（81.6）	44（11.4）	26（6.8）
6.4.2	案例討論	224（58.8）	109（28.6）	46（12.1）
6.4.3	培訓游戲	140（4.41）	187（49.1）	62（16.4）
6.4.4	角色扮演	89（24.4）	224（58.5）	68（17.8）
6.4.5	戶外拓展訓練	124（42.4）	195（51.2）	62（16.4）
6.4.6	職務輪換（輪崗）	141（44.4）	185（48.6）	64（16.8）
6.4.7	授課	252（66.1）	87（22.8）	41（10.8）

表 7-4 說明：首先，從培訓項目或內容來看，系統的管理知識與技能、分管領域的專業知識與技能、新理念的培訓等管理和專業技能比較多，而個人潛能開發方面的培訓卻較少。其次，從培訓途徑來看，專題講座最多，有84％的調查對象選擇了專題講座；到國內其他企業考察、研討會、研修班也較多，有50％左右的調查對象選擇了這些選項；進修、學歷教育、出國考察等花費人力、時間、財力比較大的培訓途徑企業提供得較少。最後，從企業提供的培訓方式來看，授課、講座和案例討論較多，而培訓游戲、拓展訓練、

第七章　領導行為綜合評價體系模型及其應用

角色扮演和職務輪換的方式卻較少。可以看出，大多數企業給領導行為提供的是一些較易操作、比較簡單、占用時間較少、費用較低的傳統培訓方式。這與中國目前的教育狀況和人們的學習習慣是相吻合的。

通過計算調查對象問卷中各培訓選項重要性評價等級的均值可以說明調查對象對企業提供的培訓內容、培訓方式和培訓途徑的偏好情況。

（1）對培訓內容重要程度的排序。如表7-5所示，從參與調查的領導行為對培訓項目或內容重要性的排序來看，領導行為最關心自己的專業知識與技能的提高，然後是管理知識與技能的提升，最後才是自我潛能的開發。但是，這四項的均值的差距並不大，說明領導行為對這些培訓項目或內容都有較高的需求。

表7-5　領導行為對企業提供的培訓項目或內容重要性等級評價的均值表

項目	系統的管理知識與技能	分管領域的專業知識與技能	個人潛能開發	新理念的培訓
均值	4.26	4.27	4.08	4.26

（2）對培訓途徑重要程度的排序。接受調查的領導行為對培訓途徑重要性的排序從大到小依次為：專題講座、到國內其他企業參觀學習、研修班（研究生班、MBA研修班等）、研討會、進修、出國考察、成人學歷教育（本科、研究生等）。具體情況如表7-6所示。從排序可以看出，領導行為更喜歡那些時間比較短、與管理實踐結合比較密切的培訓途徑，這也符合成人培訓「從屬性」的特點，反應了領導行為偏好「邊工作邊學習」這種在職培訓途徑。

表7-6　領導行為對企業提供的培訓途徑其重要程度均值表

項目	專題講座	研修班(研究生班、MBA研修班等)	成人學歷教育(本科、研究生等)	研討會	進修	到國內其他企業參觀學習	出國考察
均值	4.06	3.84	3.47	3.78	3.68	4.00	3.64

（3）對培訓方式重要程度的排序。接受調查的領導行為對培訓途徑重要性的排序從大到小依次為：案例討論、講座、職務輪換（輪崗）、授課、戶外拓展訓練、角色扮演、培訓遊戲。具體情況如表7-7所示。從排序中可以看出，領導行為還是比較喜歡那些簡單、接近管理實踐的培訓方式。而對那些情景模擬式的培訓方式卻不是很喜歡，可能的原因有：與講座、授課、案例討論等方式相比，這些培訓方式需要較長的時間，而職業經理人工作繁忙難以一次性抽出較多的時間參加類似的培訓；戶外拓展訓練、角色扮演、培訓遊戲等在國內屬於最近幾年興起的體驗式培訓方式，企業界對此瞭解不多。

表7-7　領導行為對企業提供的培訓方式重要程度評價均值表

項目	講座	案例討論	培訓游戲	角色扮演	戶外拓展訓練	職務輪換（輪崗）	授課
均值	4.00	4.03	3.47	3.49	3.53	3.92	3.88

上述調查結果說明，企業對領導行為的培訓工作還需要強化。但領導行為素質的提升是一個複雜的系統工程，單靠企業的力量是有限的，需要社會、企業、個人三方面的共同努力。

1. 社會在領導行為素質提升中的作用

社會在領導行為素質提升中的作用主要是通過發揮職業經理人協會、職業經理人市場等仲介機構的作用來實現。完善的職業經理人市場、有效的職業經理人信用評價體系、規範的職業經理人資格認證工作可以鑑別職業經理人的職業化水準，使優秀的職業經理人能夠脫穎而出被企業雇用並獲取較高的薪酬，素質差的職業經理人則會逐步被市場淘汰。因此，最終將形成一個公平的競爭環境，這樣必將推動職業經理人不斷通過提升自身素質、取得優秀績效來提升自己在市場中的職業競爭力。社會通過構建系統的職業培訓體系培養適合企業需要的職業經理人。首先，建立規範的職業經理人培訓開發中心，對現有良莠不齊的職業經理人培訓基地進行整頓後統一規劃、管理，在人事部人才流動中心的統一領導下，由職業經理人協會牽頭在各大行政區域建立國家級職業經理培訓開發中心，培養具有現代企業經營管理能力的職業經理人；同時，逐步在有條件的省份建立省級培訓開發中心，為所在省大中型企業培養合格的職業經理人。其次，根據職業經理人隊伍的現狀以及未來社會經濟發展對職業經理人的要求，制訂系統的培訓規劃。規劃應重點確定培訓內容與項目、培訓師資的來源與培養、培訓組織與管理、培訓評估等，從而確保培訓的質量。再次，將職業培訓與職業經理人資格認證工作有機結合起來。明確規定各級資格認證必須參加的培訓項目與內容、必須完成的培訓時間以及必須達到的培訓考核等級等。最後，針對社會經濟和企業界對職業經理人的數量、質量、結構等的要求進行預測研究，分層次有重點地指導職業經理人有針對性地提高自身素質，適應社會經濟發展的需要。

2. 企業在領導行為培訓與素質提升中的作用

從本書實證調查的結果來看，領導行為對培訓項目或內容、培訓途徑、培訓方式重要性等級的評價與企業現有培訓現狀的關聯性較大（見表7-8），除了培訓方式中的職務輪換項目以外，排列順序差異不大。說明企業為職業經理人提供的培訓現狀對其影響較大，起到了導向作用。因此，在領導行為培訓方面企業應該系統規劃，並引導職業經理人本人選擇合適的培訓內容、途徑與方式。

第七章 領導行為綜合評價體系模型及其應用

表 7-8　　　　　企業培訓現狀與各項目重要性排序的比較

編號	問　　題	企業現行培訓體系具有下列項目選擇比例的排序	各項目重要性排序
6.1	目前公司為您提供的培訓項目或內容		
6.1.1	系統的管理知識與技能	1	2
6.1.2	分管領域的專業知識與技能	3	1
6.1.3	個人潛能開發	4	4
6.1.4	新理念的培訓	2	3
6.2	公司為您提供的培訓途徑		
6.2.1	專題講座	1	1
6.2.2	研修班（研究生班、MBA研修班等）	4	4
6.2.3	成人學歷教育（本科、研究生等）	7	7
6.2.4	研討會	3	4
6.2.5	進修	6	
6.2.6	到國內其他企業參觀學習	2	2
6.2.7	出國考察	5	6
6.3	公司為您提供的培訓方式		
6.3.1	講座	1	2
6.3.2	案例討論	3	1
6.3.3	培訓游戲	5	7
6.3.4	角色扮演	7	6
6.3.5	戶外拓展訓練	6	5
6.3.6	職務輪換（輪崗）	4	3
6.3.7	授課	2	4

「大多數現代企業都面臨著同時對提高質量、降低成本、持續創新三方面需求的挑戰，因此擔任領導角色的管理者們需要經常地提升知識與技能，這也就要求培訓專業人員能夠準確、快速、有效花費（Cost Effectively）地回應這些技能與知識培訓需求，面對這種複雜的需求，培訓者經常追隨最近流行的培訓項目，或者依賴10年甚至20年前的培訓項目，這兩種方法可能會滿足某些人的某些需求，但都不可能應對上述挑戰。有一個大企業發現，最好的解決問題的方法是建立企業內部管理者所需要的一個複雜的描述其獨特的技能與知識層次（或勝任特徵）框架」。當勝任素質模型調整，培訓規劃與內容也要作相應的完善與修正。如圖7-17所示，各企業應該以企業經營哲學與經營戰略與目標為依據，明確管理價值理念和管理者勝任素質特徵，在此基

礎上構建系統的管理人員個人和團隊培訓規劃。由此構建基於領導行為勝任素質模型與企業戰略的系統培訓規劃。

在基於勝任素質的系統（Competency-based System）中進行人力資源開發的工具主要有：詳細描述不同層次的勝任特徵；評估與反饋，包括個人評估、管理評估和360度反饋；指導制訂開發計劃；職業生涯規劃指導；行動學習項目；與素質匹配的培訓；基於勝任素質的薪酬結構；招募與篩選系統等。具體來講，企業應從以下幾方面做好領導行為培訓開發與素質提升工作：

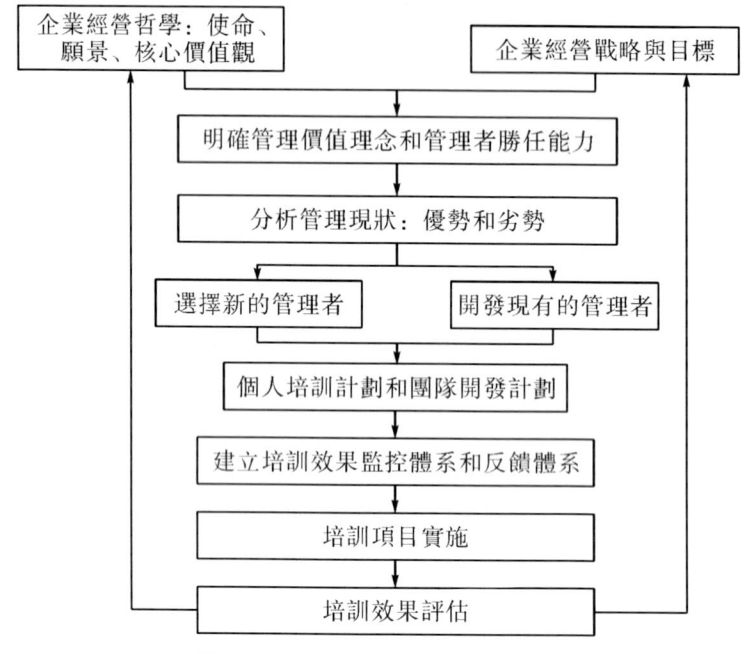

圖 7-17　管理培訓項目流程示意圖

資料來源：Lan Beardwell, Len Holden, Human nesOurce Management—acOntemporary 9PPmach [M]，Prentic（1Hall, lx~fldoa, 2001：384.

（1）規範職業經理人的招聘選拔工作，提高錄用質量。前文現行職業經理人與企業之間合作失敗的案例說明忽視選拔工作是其中重要的原因。由於企業與職業經理人之間的信息不對稱有可能導致逆向選擇，招聘到適合於企業的職業經理人的關鍵要素是盡可能提高雙方信息的披露水準。從企業的角度來講，應通過企業網站、公開的宣傳資料、面談等各種途徑向有意向的職業經理人傳遞企業戰略、企業文化、企業發展現狀及未來發展潛力、企業相關的薪酬福利政策等人力資源開發管理政策與制度等信息，這些信息有助於職業經理人做出理智的選擇。從職業經理人的角度來講，應通過簡歷、自薦信、推薦信、提供相關證書等方法向擬應聘的企業展示自己的專業能力及素

質。企業一方面通過構建勝任素質模型明確各種類型領導行為的選拔評價標準；另一方面通過面試、心理測試、管理評價中心、背景調查等有效的選拔手段對職業經理人的專業能力及職業素質等勝任特徵進行評價。在此基礎上對照標準選擇能勝任並願意到企業工作的職業經理人。並通過試用期、績效評價與反饋等管理措施對錄用的職業經理人進行考察，以此確保錄用職業經理人的素質。企業通過規範、科學的選拔確保錄用職業經理人的素質既是對高素質職業經理人的認可與激勵，也可以增強職業經理人提升自身素質的動力。

（2）推行管理繼任計劃，有計劃地提升職業經理人的能力與素質。管理繼任計劃（Succession Planning）是指確定和持續追蹤高潛能雇員的過程，繼任計劃的職位包括需要更高素質的管理職位，如業務經理、職能經理或首席執行官（CEO）等。即企業通過內部提升的辦法培養所需要的職業經理人。這種方式可以避免從外部招聘引進職業經理人的一系列問題，如「空降兵」與「地面部隊」的權力衝突、文化與價值觀的衝突、忠誠感與歸屬感的缺乏、高招聘費用與招聘風險、挫傷內部人員的積極性等。管理繼任計劃是由人力資源管理和戰略管理各自延伸、交融而形成的新領域，它通過預測企業未來發展的需求，識別、評價、開發、管理、儲備企業的核心人力資本，將一系列人力資源開發與員工職業生涯管理活動同企業戰略與未來發展緊密聯繫。管理繼任計劃關注的是高層管理者和具有特殊潛質的核心人才，目的是為企業儲備未來的領導人，關注其潛力與未來發展，因而其實施效果對企業的現狀和未來發展關係重大，影響深遠。實施該計劃首先需要從企業戰略規劃引出管理繼任計劃相關職位為實現企業使命、願景與目標所需要的行為與能力要求指標，然後對潛在的候選人進行能力評估，在進行能力評估時可借鑑在諮詢管理服務方面有著豐富經驗的全球性管理諮詢公司（Development Dimensions International，DDI）提出的評估模型對候選人潛力與發展需要進行診斷（見表7-9）。很多成功實施管理繼任計劃的企業都為經過評估之後確定的候選人提供加速跑道。候選人在獲得有關其績效及能力評估詳細反饋的基礎上，根據未來職位的勝任素質模型確定培訓需求參加相關培訓，從而具備適合組織發展需要及勝任未來職位要求所需要的各種專業知識和能力。如為繼任候選人量身定做的與職業生涯發展規劃相關的培訓項目，包括正式的脫產培訓，參與重點項目、有計劃的崗位輪換、由上級或專家提供的管理輔導等在職培訓項目。同時，工作中為其分配具有挑戰性的關鍵任務，並對各個候選人的表現進行比較。這樣，雙重的壓力及動力使真正優秀的未來領導人能夠脫穎而出。由此可見，管理繼任計劃的成功實施可以將其與領導行為的績效評價、

培訓與職業生涯規劃等有機結合起來，共同推動領導行為素質的提升。

表 7-9　　　　　　　管理繼任計劃候選人的評估與判斷模型

標準	識別有潛力者	診斷發展需求
組織 贊同組織價值觀 表現出對他人的尊重 管理水準		
領導能力 領導動機與期望 能夠承擔領導責任 充分利用資源和人 領導團隊使之士氣高昂		
人際關係技能 清晰和有效的溝通能力 有效的表達能力 良好的交際能力 值得信賴受到尊重		
業績 優秀的團隊業績 成功的指標 （銷售額、生產率、利率、質量等） 完成分配的任務		
發展潛力 對自己有清晰的認識 可塑性強，願意接受意見 在新環境下快速學習的能力 能夠從過去的工作中吸取經驗教訓		
保留的重要性/離職的風險 有單一技能或技能組合 是否是獵頭公司的目標		
組織知識		
工作的挑戰性		
不規範的行為		

（3）實施職業生涯管理，制訂系統的領導行為培訓規劃。管理繼任計劃涉及的職業經理人數量畢竟有限，而在自己擅長的管理領域不斷提升職業地位是職業經理人發展需要的普遍體現，因此，企業為職業經理人設計職業發展通道是提升領導行為能力與素質、調動領導行為積極性、挖掘領導行為潛能、穩定優秀領導行為隊伍的重要途徑。企業可設計如圖 7-18 所示的職業經理人職業發展通道，該通道的等級相當於企業內部職稱，每個等級對應的薪

第七章　領導行為綜合評價體系模型及其應用

酬有所區別。相應的，企業應確定每個等級的勝任素質要求並據此進行選人、用人、育人決策。

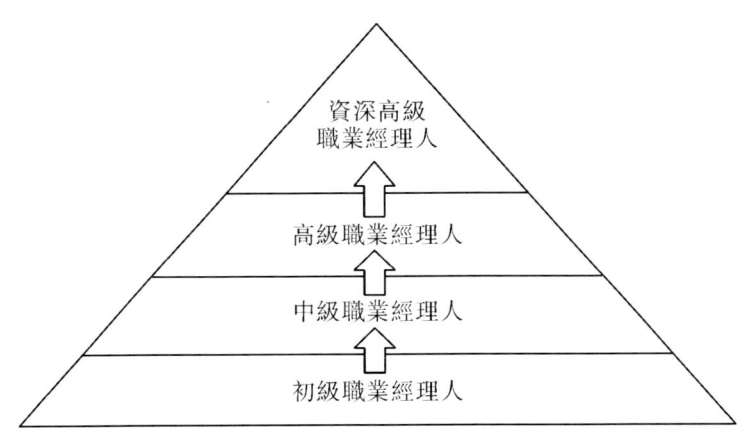

圖 7-18　職業經理人職業發展通道示意圖

設計了職業經理人的職業發展通道，確定各等級領導行為的勝任素質特徵，企業定期對領導行為的勝任素質等級進行評價，以確定等級晉升。配合勝任素質等級評價工作，企業應制訂系統的培訓規劃，除了企業比較重視的專業勝任素質培訓內容以外，還應該包括職業操守素質、心理勝任素質培訓的內容。本書將在後面探討心理勝任素質培訓的問題。

（4）注重知識技能等專業勝任素質的培訓，提高職業經理人的專業素質。「素質是影響一個人大部分工作（角色或者職責）的一些相關的知識、技能和態度，它們與工作的績效緊密相連，並可用一些被廣泛接受的標準對它們進行測量，而素質是可以通過培訓與發展加以改善和提高的。」管理知識與技能是職業經理人勝任工作的基礎素質，企業應通過內訓與外訓相結合的方式使其得以提升。企業在實施培訓時應注意以下問題：培訓是企業人力資本增值的重要途徑，應確保培訓投資的資金來源；根據企業發展戰略制訂領導行為的培訓規劃，使其服務於企業總體戰略目標的實現；與職業經理人的職業生涯發展規劃相結合，制訂系統的培訓規劃；構建學習型的組織，倡導組織學習、團隊學習、個人終身學習；在培訓中抓好「一個中心兩個基本點」，即「以學員為中心」和「培訓需求調查與培訓效果評估」兩個基本點。領導行為培訓屬於成人培訓，根據成人學習的附屬性、目的性、主動性、應用性、自主性等特點，參考我們前面的調查結果，企業設計培訓項目或內容除了與專業勝任素質有關的系統的管理知識與技能、分管領域的專業知識與技能、新理念的培訓以外，應重點強化個人潛能開發方面的培訓。在培訓途徑方面，除了普遍採用專題講座、到國內其他企業參觀學習、研討會等途徑外，還應

該選擇研修班（研究生班、MBA 研修班等）、出國考察等途徑。在培訓方式方面，在運用傳統的講座、授課、案例討論方式的同時，還要注重選擇職務輪換、培訓游戲、角色扮演、戶外拓展訓練等體驗式培訓方式。對領導行為的培訓組織可以採取四種形式：一是職業任職資格培訓，凡未參加任職資格培訓的，應接受培訓並取得國家統一頒發的任職資格等級證書；二是適應性短期培訓，在進行崗位培訓的基礎上，以適應性短期培訓為主要形式，每年脫產一段時間進行學習研修，還可以根據需要有計劃地組織到國外進行專項培訓；三是 MBA、EMBA 等系統的培訓；四是有組織的體驗式培訓，通過體驗式學習達到接受現代管理理念、凝聚團隊、挖掘個人潛能等效果。

（5）運用評價中心技術，提高領導行為的管理技能。前面介紹的領導行為素質評價方法——評價中心技術，既是一種管理人員選拔測評技術，同時也可用於管理人員績效評價和管理技能培訓。因為評價中心所包括的情景模擬測評項目既是對管理人員管理能力與素質的判斷，也是對他們進行模擬的實戰培訓，在訓練中可以提高他們的管理技能。

（6）引進體驗式培訓方式，提高管理理念與態度轉變的培訓效果。傳統的培訓方式在知識技能的灌輸方面比較有效，而領導行為的管理理念、態度、信念、價值觀、心態等是在長期的社會實踐中逐步形成的，一旦形成則難以改變，單純的授課方式對其影響效果甚微並且見效慢，精心設計的體驗式培訓項目則可以讓職業經理人通過參與游戲親身體驗相關管理理念的作用與價值及其在實踐中應如何應用；也可以通過體驗式游戲瞭解自我態度、價值觀、信念等個性特徵及其對職業發展與事業成功的影響，從而修正對職業發展不利的消極態度和信念，完善自己的人格，發掘自己的潛力，最終達到挖掘自身潛能，更有效地實現職業發展目標和事業目標的目的。體驗式培訓是指個人首先通過參與某項活動獲得初步體驗，然後在培訓師的指導下，與團隊成員共同交流、分享個人體驗，從體驗中歸納一般的規律，提升到理論，再將理論應用於實踐以提高個人能力的培訓方式。培訓師在培訓過程中起著指導作用。從哲學意義上來講，體驗式培訓經歷了一個「從實踐（個人的體驗）到理論（包括個人的認識）再到實踐（企業的具體活動）」的過程，這一過程也是產生真知的過程，即所謂「實踐出真知」。體驗式培訓有效地把「聽—看—做」思維與學習者的行動結合在一起，並在這一過程中促使學習者的角色發生轉換，成為積極主動的學習主體。體驗式培訓與傳統培訓方式的比較如表 7-10 所示。

第七章　領導行為綜合評價體系模型及其應用

表 7-10　　　　　　　體驗式培訓與傳統培訓方式的比較

	體驗式培訓	傳統培訓
理論化程度	現實化	理論化
學習方式	領悟與認同	記憶
注重的方面	注重觀念與態度	注重知識與技能
知識點方面	知識點高峰體驗	知識點單一刺激
差異方面	個性化學習	標準化學習
引導方式	雙主體式引導	單主體式引導
中心維度	以學員為中心	以教師為中心
情感交互	雙邊情感交互	單邊情感交互
學習途徑	做中學，強調行動中的即時感受	單純學習，強調過去知識的學習
學習資源	每個參加者和解決問題的過程	教師和教材
學習的主體	團隊互動學習，分享總結經驗，以解決問題為導向	個人自主學習，以接受程序化的知識為導向

體驗式培訓的直接理論基礎是體驗式學習理論。體驗式學習理論是美國凱斯西儲大學維德罕管理學院的組織行為學教授大衛・庫伯（David Kolb）於 20 世紀 80 年代初提出的。他構建了一個體驗式學習模型——體驗學習圈，如圖 7-19 所示。

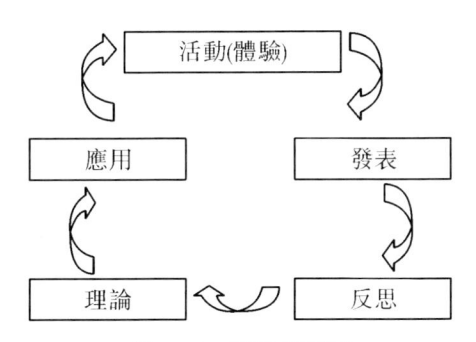

圖 7-19　體驗學習圈

體驗式培訓的主要內容有沙盤模擬、行為學習法和戶外拓展訓練。瑞典教育專家克萊斯・梅爾德（Klas Mellander）開發的經營模擬訓練項目《決戰商場（Decision Base）》屬於沙盤模擬形式，訓練時學員被分配到相互競爭的模擬公司進行經營活動，並通過培訓師的指導，他們自己學會如何分析外部環境、如何分析市場和產品、如何提高內部效率、如何核算成本等。行為學習法比較適合解決錯綜複雜的企業實際問題，一般為企業內訓所採用。戶外拓展訓練通常利用自然環境，通過精心設計的活動達到磨煉意志、熔煉團隊

等培訓目的。目前戶外拓展訓練項目主要有個人項目、團隊項目和管理項目等。個人拓展訓練如攀岩、空中斷橋、空中單杠、單人鋼索等項目其主要目的是幫助參訓者瞭解自我、發現自我潛能、磨煉意志、增強自信、超越自我。團隊拓展訓練如背摔、盲人方陣、相依為命、信任牆（團隊牆）、天梯等項目的主要目的是增進團隊成員的相互瞭解、建立團隊信任、提高凝聚力、培養團隊合作精神。管理拓展訓練如電網、雷陣、孤島求生、七巧板、紅黑博弈等項目的目的是通過游戲讓參訓者理解資源合理分配的重要性、團隊統一領導的重要作用、團隊成員合理分工與協作的意義、「競合」的重要性、目標導向對管理執行力的決定性意義等。通過親自參與游戲過程中的體驗與分享達到改變參加訓練者不利於工作與自身發展的自我態度（勝任素質模型中的自我認知，如自信或自卑等）、團隊態度，形成自信、負責、主動協作等新的自我認知、團隊態度。通過親自參與游戲讓參訓者去領悟《管理學》《人力資源管理》《戰略管理》《行銷管理》等課程中所講的很多重要的管理理念，這種學習不同於被動的課堂學習，更容易將其與工作結合起來並達到提高管理績效的目的。並且這種主動學習方式的效果最好，記憶率可達 90%。

（7）引入企業教練，提升職業經理人的領導力。現代企業面臨的經營環境越來越複雜多變，如何面對環境的不確定性，快速反應，迅速制定新的戰略與策略，構建新的核心競爭力，是當代企業領導人面臨的嚴峻課題，對領導行為的領導力也提出了新的要求。哈佛大學科特教授與索茲尼克教授提出，環境穩定時需要多些管理，而在企業面對變動的環境時，特別需要領導。被稱為世界第一 CEO 的美國通用電氣公司前任總裁杰克·韋爾奇也倡導「要學會領導，而不只是管理」。領導更強調激勵、創新。因為越來越多的企業實踐已證明：一個企業真正的能量蘊藏在廣大員工身上。因此如何通過有效的領導激發員工的潛能就成為一個非常重要的課題。從我們前面的調查結果來看（參見表7-4和表7-5），個人潛能開發是企業目前還比較欠缺的培訓內容。因此，企業有必要加大這方面的培訓力度。領導者具備的激發員工潛能方面的領導力，海菲茲教授將其稱為「調適性領導力」。哈佛大學的海菲茲（R. A. Heifetz）教授將傳統的領導稱為技術性領導，面對新環境提出了「調適性領導」的新概念。傳統的技術性領導面臨的是明確的問題，對問題的解答也相當明確，領導者的主要任務是把解決問題的技術告訴組員並督導下屬執行解決方案。但在快速變動的時代，社會面臨的問題不明確，解決問題的方案也不具體，所以，領導者的任務就是要幫助人們面對各種價值歧義所引起的衝突，瞭解採取各種方案所必須付出的代價，學習調整並修正自己的信仰、行為和價值觀，然後針對外在環境的變化，擬訂行動計劃，逐步付諸實施。

第七章 領導行為綜合評價體系模型及其應用

兩種領導的區別如表 7-11 所示。調適性領導力的核心在於企業領導者不是被動地適應變化或危機，而是主動地創造或利用危機的環境讓員工處於一定限度的壓力或不穩定狀態，這種壓力或不穩定狀態會激發員工的活力和創意，正是這種創造力讓產生壓力的危機迎刃而解並可實現突破性發展。從實效來看，調適性領導力在組織系統中發揮的作用類似於鯰魚效應，由此可見，調適性領導力是應對環境變化的一種新策略，不同於傳統的技術性領導力。調適性領導力調適的主要是被領導者的信念和心態。

表 7-11　　　　　　　　　　技術性領導與調適性領導的比較

功能區分	技術性領導	調適性領導
方向指引	領導者提出問題定義與解答	領導者確認調適性問題的性質，診斷情況，質疑問題的定義與解答，讓眾人深入探討
保護	領導者保護大家免於外在威脅	領導者揭露外在威脅的存在，並讓大家去親身體驗，誘發大家的調適行為
角色定位	領導者定位各人的角色	領導者打亂既有的角色定位，或者拒絕急於為眾人做新的角色定位
控制衝突	領導者重建秩序	領導者揭露衝突，或者任其逐漸形成
維護規範	領導者維護秩序	領導者向規範挑戰

資料來源：梁立邦，段傳敏．企業教練：領導力革命 [M]．北京：經濟科學出版社，2005：178．

領導力的提升是企業應變並引領環境變化的重要因素。但無論採取什麼樣的領導方式，關鍵因素有五個：適應不確定的環境，領導持續的變革；領導持續變革的最佳方式是創建學習型組織；創建學習型組織最重要的是達成「心靈的轉變」——改變個人的價值觀、願景（而這正是發展調適性領導力）；在心靈轉變的基礎上，釋放團隊的巨大潛能；唯有不斷學習的組織，才能應對不確定性的環境和持續變革的挑戰。這個過程如圖 7-20 所示。在這個循環過程中，「心靈的轉變」是關鍵。但是如何實現心靈的轉變在實際操作中難度卻很大。

環境的不確定性 → 領導持續變革 → 創建學習型組織 → 達成"心靈的轉變" → 釋放團隊潛能 → 組織學習 →（應對）

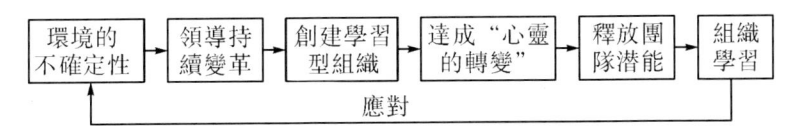

圖 7-20　組織學習與應對環境不確定性的循環

彼得·聖吉提出了構建學習型組織的五項修煉，但建立學習型組織的進程卻很緩慢，對於其中的原因，他認為：學習之道並不是從別人身上得到答案，學習的出現是因人們願意在反覆的操作過程中，不斷尋找方法去自我反省——或者雇傭一個具備「學習工具」和「技術」的教練。這些工具或技術

是有異於坐享他人的答案,而是幫助培養個人獨立思考能力去找出自己的解決方法。實踐證明,企業教練技術是一門如何發展調適性領導力,如何建立學習型組織的行之有效的技術。由此可見,海菲茲的《調適性領導力》和彼得・聖吉的《第五項修煉》都提到了企業教練的修煉對於提升調適性領導力與創建學習型組織的作用。

教練的概念最早來自體育界,後來被引入企業,並誕生了企業教練。最早將教練技術引入中國的匯才人力技術有限公司對教練的定義是:教練(Coaches)就是以技術反應學員的心態,激發學員的潛能,幫助學員及時調整到最佳狀態去創造成果的人。即教練通過一系列有方向性、有策略性的過程,洞察被教練者的心智模式,向內挖掘潛能、向外發現可能性,令被教練者有效達到目標。美國職業與個人教練協會(ACA)把 Coaching 定義為一種動態關係,它意在從客戶自身的角度和目的出發,由專人教授他們採取行動的步驟和實現目標的方法,做這種指導的人就是教練。教練不同於顧問與培訓師,教練也不同於輔導,它們之間的比較如表 7-12、表 7-13 所示。

表 7-12　　　　　　　　教練與顧問、培訓師的區別

	顧問	教練	培訓師	教練
區別	給予	取出	沒有跟進	持續跟進
焦點	事	(看不清全貌的)人	傳授	理清
作用	提供答案	引發對方發現答案	知識技能	取出個人的智慧
方式	尋找	探索	給予	取出
角色	專家	協助者、陪伴者	教師	協助者

表 7-13　　　　　　　　　教練與輔導的比較

	輔導	教練
區別	現存問題	未來可能
焦點	偏差不足	優點和成就
作用	修正偏差	發揮優勢
方式	針對已發生的問題	在問題出現之前發現
角色	輔導員	協助者

企業教練實際上就是一個調適性領導的角色。教練的過程就是調適性領導的過程,企業教練不知道答案(知道答案也不告訴被教練者),通過對話來調適對方的信念和心態,引發被教練者理清自己未來的目標,明確自己的現狀,並且擬訂行動計劃,達成未來的目標。在整個過程中,教練是一個協助者的角色。引入企業教練後,通過企業教練對職業經理人的跟蹤服務與指導,

第七章　領導行為綜合評價體系模型及其應用

不斷幫助職業經理人認識自我、調整自我，挖掘潛能，激發工作熱情，最終實現心智模式的改變，以達到提升領導力的目的。美國一些企業引進「高級管理教練」對高級管理人員進行培訓與輔導。美國 GE 前任總裁杰克・韋爾奇在退休後成為一名企業教練，實際上也正是他的教練型領導風格成就了他 20 年領導生涯的輝煌。他的領導秘訣「仔細把脈，面對現實」、讓員工自由發揮的「合力促進計劃」、充分授權「建立無邊界組織」「去除藩籬的核心價值觀」「便條」文化等都體現了企業教練的風格。中國很多企業也都嘗試聘請企業教練，有些企業家也傾向於做企業教練。早在 1999 年，樂百氏公司就花費 200 多萬元對公司高層進行培訓，當時的總裁何伯權和管理層其他人員均聘請了私人教練，何伯權本人也提出要做「教練型企業家」。對於具備調適性領導力的領導行為來講也需要一個教練，最好是「一對一教練」。教練作為一面「鏡子」中立、客觀地反應其信念與心態、領導行為及其效果，並激發其及時調整。職業經理人自身在這樣的不斷行動、反省、糾正中學習領導，就可以不斷提高領導力。

此外，有效的激勵機制的建立可以為領導行為素質提升提供積極的推動力。而完善的競爭淘汰機制、約束機制的構建則會對領導行為的素質提升產生壓力。

4. 職業經理人個人在素質提升中的作用

職業經理人作為人力資本的主體，在提升能力與素質方面發揮著不可替代的主觀能動性作用。

（1）進行職業生涯規劃，提升職業資格等級。職業經理人的職業定位非常重要。在通過規範的素質測評瞭解自身的人格特點、職業興趣與偏好、管理能力、職業風格、領導風格等特點的基礎上，進行自我定位，確定是否適合從事管理工作以及適合的管理領域；瞭解適合自己特點與風格的企業文化、行業與企業環境、企業氛圍等，據此進行擬服務企業的選擇，以提高選擇的準確率；制訂自己的職業生涯規劃，參加職業資格認證培訓，參加考試獲取職業資格證書，並有計劃地參加相關培訓與學習，參加職業資格升級考試，獲得職業資格等級的提升。

（2）注重相關知識技能學習，提高專業勝任能力。首先，善於學習，不斷提高專業知識與管理知識水準。職業經理人進入企業以後，需要全面瞭解企業情況，研究企業的外部環境、內部資源、業務性質與內容、以往經營管理情況等；把握行業技術知識，瞭解企業核心技術的現狀、發展前景及生命週期等；熟悉企業選拔與提升管理人員的標準，如果企業構建了素質模型，瞭解素質模型各項目等級標準及要求並瞭解自己目前各項能力等級；在此基

礎上制訂個人的業務知識、管理知識等方面的學習計劃，除了參加企業組織的相關培訓外，還可以選擇 MBA、EMBA、MBA 研修班、研究生進修班等業餘在職培訓班的學習。這樣不僅可以不斷提升自身的業務能力與管理知識水準，還有利於提高學習能力。而學習能力將成為企業保持持久競爭優勢的源泉。這是因為，隨著經濟全球化和信息化的發展，企業面臨著複雜的外部環境，競爭形勢日益激烈，為了適應不斷變化的環境，職業經理人必須要善於學習並不斷學習。其次，提高管理技能。理論知識水準不代表真實的技能水準。職業經理人應有意識地將所學的管理知識與專業知識運用於管理實踐中，並及時瞭解相關人員的評價反饋（如績效評價反饋面談），從而及時調整與改進自己的管理工作，在實踐中不斷提升自己的管理技能。再次，學習並實踐領導藝術，提高領導技巧。領導藝術是指領導者在非程序化的管理過程中嫻熟巧妙地運用領導科學與經驗，以實現高效領導的技巧。領導藝術主要包括用人、決策、激勵、人際交往與溝通藝術等內容。最後，領導行為應根據權變領導理論的要求，根據不同的管理情境和下屬的特點，選擇適當的領導風格，採取相應有效的領導方法。領導者應根據下屬不同的成熟度選擇相應的命令式、說服（推銷）式、參與式和授權式的領導風格。根據下屬的能力與素質、自己掌握信息的多少等決定下屬參與決策的程度等。

（3）充分挖掘自身潛能，提升領導力，成為教練型領導。如前所述，領導力的核心是激發員工的潛能。員工潛能的開發除了依賴於企業的激勵制度與政策等環境因素以外，領導行為個人的激勵作用不容忽視。而要激發員工的潛能，領導行為自身的人格魅力、自信、激情等則起著積極的榜樣激勵作用。現代領導理論研究提出了「領袖魅力的領導理論」，領袖魅力領導的特點如表 7-14 所示。

表 7-14　　　　　　　　　　領袖魅力的關鍵特點

（1）願景規劃及清晰表述。他們擁有一個願景規劃（表述為一個理想化的目標），其中勾勒的未來比現狀更美好。他們能使用其他人易於理解的語言清晰地闡述這種願景的重要性。 （2）個人冒險。他們敢冒風險，不惜高成本，並會為了實現願景目標而做出自我犧牲。 （3）環境敏感性。他們能夠對環境的限制及資源作出現實的評估。 （4）對下屬需要的敏感性。他們對他人的能力有深刻瞭解，並對他人的需要與情感做出回應。 （5）反傳統的行為。他們做出的行為常被認為是新奇的和不合規範的。

資料來源：斯蒂芬·P. 羅賓斯. 組織行為學［M］. 10 版. 孫健敏, 李原, 譯. 北京：中國人民大學出版社，2005：437.

第七章　領導行為綜合評價體系模型及其應用

　　領袖魅力的領導者首先清晰地描述了一個將組織的現狀與未來聯繫在一起的引人入勝的願景規劃，隨後向下屬表達高績效期望，並對下屬達到這些期望表現出充分的信心，這樣就提高了下屬的自尊與自信水準。領導者再通過言語與活動向下屬傳遞一種新的價值系統，並通過自己的行動為下屬樹立效仿榜樣。領袖魅力的領導人還會做出自我犧牲和反傳統的行為，來表明他們的勇氣和對未來前景的堅定信念。相關研究證明，領袖魅力的領導與下屬的高績效與高滿意度之間有顯著的相關性。圖7-21描述了「九點領導力模型」，該模型的起點是激情，有了激情，做出承諾，採取負責任的態度，欣賞身邊的一切，心甘情願地付出，信任他人，開創共贏的局面，這個過程可以感召到更多的人，會產生更多的可能性。

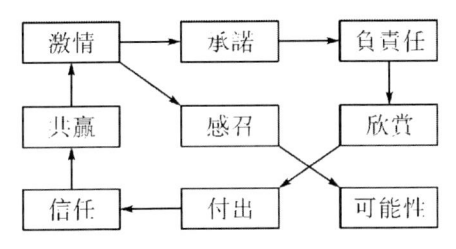

圖7-21　九點領導力模型

資料來源：黃榮華、梁立邦. 人本教練模式：領導力革命 [M]. 北京：經濟科學出版社，2004：31.

　　前已述及，教練的過程就是調適性領導的過程，領導行為通過參加領導力教練技術的訓練成為教練型的領導，自身就具備激發員工潛能的能量。教練技術（Coaching）是一項通過改善被教練者心智模式來發揮其潛能和提升效率的管理技術。教練技術與其他管理技術、訓練的主要區別以及教練技術訓練的機理見圖7-22、圖7-23。

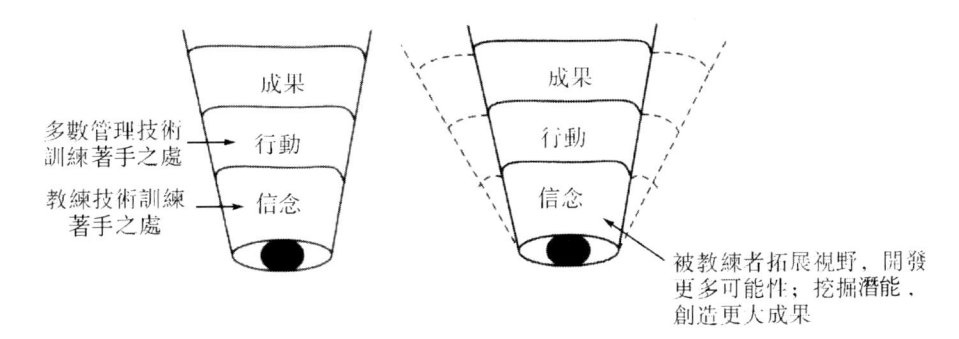

圖7-22　教練技術與其他管理技術、訓練的區別

圖7-23　教練技術的訓練機理——拓展信念（心智模式），創造更大成果

目前中國的教練技術訓練主要有領導力教練技術（LP）和 NLP 教練技術兩大系列：一是領導力教練技術。領導力教練技術是將教練技術引入領導力素質訓練系統，採用體驗式情景結合其他訓練模式來提升個體領導力的實用技術。該訓練包括認知突破（Ceach Leadership Breakth rough Seminar）、行為超越（Coach Leadership Action Transformation Seminar）、領導力實踐（Coach leadersbip Praclice Seminar，LP）三個階段。LP 畢業後受訓者就可以成為初級教練。二是 NLP（N—neuro 神經；L—linguistic 語言；P—programming 程序），被翻譯成「身心語言程序學」。NLP 就是從破解成功人士的語言及思維模式入手，獨創性地將他們的思維模式進行解碼後，發現了人類思想、情緒和行為背後的規律，並將其歸結為一套可複製可模仿的程序。美國科羅拉多政府曾給出了一個貼切的定義：NLP 是關於人類行為和溝通程序的一套詳細可行的模式。企業教練與傳統管理者的區別見表 7-15。

表 7-15　　　　　　　　企業教練與傳統管理者的比較

傳統管理者	企業教練
講話時間多	聽的時間多
指示多	提問多
補救多	預防多
控制多	承諾多
假設多	發掘多
距離管理	關係密切
要求解釋	要求有成果
員工基於命令去做	基於承諾去做
講求規範性	發掘可能性
關注事	關注人
「一人救火」	培養「多人防火」

資料來源：梁立邦，段傳敏. 企業教練：領導力革命［M］. 北京：經濟科學出版社，2005：20；章義伍. 共贏領志力——提升領導能力的五種技術［M］. 北京：北京大學出版社，2004：169.

21 世紀的領導是教練型的領導。丹尼爾·戈爾曼（Oanie Golemarl）在對全球兩萬個領導行為數據庫的調查，總結出當今全球企業普遍存在的六種領導方式：強制型（Coercive）、權威型（Authoritative）、聯盟型（Affiliative）、民工型（Democratic）、帶頭型（Pacesetting）和教練型（Coaching）。並通過研究認為，一個追求成果的領導人，如果具備四種以上的能力並視不同的情況予以應用，將是一個有效的領導人。同時他也發現，不管是一個何種風格的領導，如果對教練型的領導風格不熟悉的話，都會影響下屬潛力的發揮和

團隊的績效。最近 10 年來，教練技術作為一種新的管理理念已經在西方管理界特別是美國得到了廣泛的應用，並且成為管理顧問業中的一支主要流派，並且已經開始走進大學課堂。

前面我們從社會、企業、個人三個方面闡述了如何提高職業經理人的能力與素質，提出了培訓與訓練的方法，但培訓所學的知識技能與理念只有與工作實踐結合起來，即實現培訓的轉移才最終有效，心態的轉變也只有與工作有機結合起來才能真正發揮作用。因此，企業應創造良好的有利於培訓成果轉化（培訓轉移）的環境，如表 7-16 所示。

表 7-16　　　　　　　　　影響培訓成果轉化的因素

有利於培訓成果轉化的工作環境特徵	（1）直接主管與同事鼓勵：受訓者使用培訓中獲得的新技能與行為方式 （2）工作任務安排：工作特點會提醒受訓者應用在培訓中獲得的新技能，可以依據使用新技能的方式重新設計工作 （3）反饋結果：主管應關注那些應用培訓內容的受過培訓的管理者 （4）不輕易懲罰：對使用從培訓獲得的新技能和行為方式的受訓者不公開責難 （5）外部強化：受訓者會因應用從培訓中獲得的技能與行為方式而受到物質等方面的獎勵 （6）內部強化：受訓者會因應用從培訓中獲得的技能與行為方式而受到精神等方面的獎勵
阻礙培訓成果轉化的主要因素	（1）與工作有關的因素（缺乏時間、資金，設備不合適，很少有機會使用新技能） （2）缺乏同事支持 （3）缺乏管理者支持

第八章　領導行為及領導力模型

過去的半個世紀裡，對領導力（leadership）的研究遠遠超過任何一個與組織相關的論題。對組織來說有效的領導力至關重要，而無論組織是大或小、複雜或簡單、全球化或虛擬化。為此，我們有必要先瞭解領導力及其模型的定義和作用。

一、領導行為理論概述

領導行為是領導者引導和影響人們實現特定目標的行為。領導行為對群體活動具有重要作用。作為一種行為過程，它具有目的性、方向性和有序性。從作用上看，領導行為又標志著一種力量，影響和改變著群體活動。國外有學者認為，領導是一種影響力，是一種向他人施加影響的過程。其目的在於激勵、引導人們去努力實現某種特定目標。對於領導行為的研究形成了領導行為理論，它對領導科學的發展具有積極意義。

研究領導者在領導過程中所採取的行為以及不同的領導行為對職工的影響，以期尋求最佳的領導行為。20世紀40年代，許多心理學家在研究工作中發現了領導者在領導過程中所採取的領導行為與他們的工作效率之間存在著密切聯繫。為了尋求最佳的領導行為，他們對許多企業及研究機構進行了研究，並提出了領導行為理論。在管理心理學中，有關領導行為研究的方法和結論很多，但歸納起來主要體現為一點，即在一個組織中的領導行為可以將其分為以關心人為中心的「員工導向」和以關心組織為中心的「生產導向」。其中比較著名的是由美國俄亥俄州立大學提出來的俄亥俄模式，又稱「領導行為四分圖」（見圖8-1）。

第八章　領導行為及領導力模型

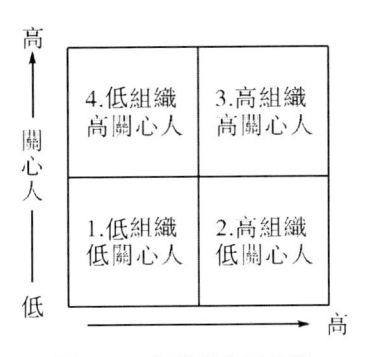

```
高
↑
關    4.低組織    3.高組織
心    高關心人    高關心人
人
      1.低組織    2.高組織
      低關心人    低關心人
低
       低 ─────────→ 高
```

圖 8-1　領導行為四分圖

　　如圖 8-1 所示，它把領導行為分解為兩個方面：一是對組織、對工作的態度，另一是對職工的態度。並以前者為橫坐標，後者為縱坐標，構成了一個管理模式圖。在這四種領導行為中，俄亥俄模式認為第三種最好。在俄亥俄模式基礎上，布萊克（Blake, R.）和穆頓（Mouton, J. F.）在此基礎上作了發展，於 1964 年提出了「管理方格圖」，如圖 8-2 所示。

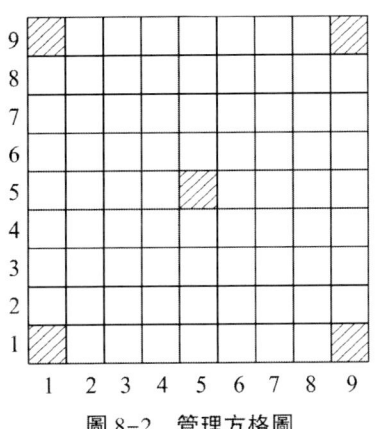

圖 8-2　管理方格圖

　　所以，所謂領導行為實質上是這兩種行為的組合。在判斷領導行為時，就按這兩方面的行為表現在圖上尋找交叉點。這交叉點就是他的領導行為類型。圖中所示（1.1）、（9.1）、（9.9）、（1.9）、（5.5）是五種典型的領導行為或領導風格。其中（1.1）型屬於「貧乏管理」，表示出對職工、對生產漠不關心。（9.1）型，是屬於「任務管理」，只抓生產，不關心人。（9.9）型，是「戰鬥集體型」，反應出生產任務成果好，職工關係協調，士氣旺盛，職工利益與企業目標達到完好的結合。（1.9）型，是所謂的「俱樂部管理」，在企業內充滿了輕鬆友好的氣氛，但是生產任務得不到關心。（5.5）型屬於「中間式管理」，多數是「仁慈式的集權領導者」，任務完成一般，企業內部

人際關係相對穩定。在上述五種典型的管理形態中，最有效的是（9.9）型，以下順序排列是（9.1）型、（5.5）型、（1.9）型、（1.1）型。但要實行（9.9）型領導，是要經過一定努力的。

二、領導力與領導力模型的定義

管理領域中有很多有關領導力的探討和描述。如波恩斯把領導力定義為「領袖勸導追隨者為某些目標而奮鬥，而這些目標體現了領袖及其追隨者的共同價值觀和動機、願望和需求、抱負和理想」；美國著名的領導學專家約翰·馬克斯韋爾在他的《領導人21品質》中則將領導力描述為：「職位不能叫一個人發揮領導力，反而是一個領導人能使職位發揮作用」「領袖先找到目標，然後才找到一群追隨者；而一般人都是先找到了領袖，然後才認同領袖的目標」「唯有那些能引發他人動力的領袖才能創造出動能」。美國領導力發展中心的創始人赫塞博士則強調：「領導力是對他人產生影響的過程，影響他人做他可能不會做的事情」。美國哈佛商學院 Stephen R. Covey 博士在其《領導的四個角色》中指出領導力包括：探索航向（Path Finding），創造一個把使命與客戶需求相聯結的遠景；整合體系（Aligning），創造一個技術完善的工作體系；授能自主（Empowering），發掘人的才能，釋放能量，鼓勵貢獻；樹立榜樣（Modeling），建立相互信任等四方面的能力。

管理學家伯克認為，領導是使組織朝向目標前進的影響行為。領導力主要表現在三個方面：做決策、帶隊伍、樹影響。「做決策」是領導者的主要工作內容，在日益激烈的競爭中，領導者要充分發揮「舵手」的作用，通過各項決策，明確發展方向，有效整合資源，引領組織發展。「帶隊伍」是領導者的重要職責，在成為領導前，成功只同自己的成長有關，在成為領導後，成功也和別人的成長有關，領導不僅要使組織富有前途，更要使員工富有成就，在做好組織發展的同時，打造出一支具有戰鬥力的高效團隊。「樹影響」是指領導要通過自身作用的發揮，在政府、媒體、客戶等利益相關者中擴大組織影響力，為組織發展創造良好氛圍。

綜上可知，領導力的實質是影響力，包括先知先覺、調整一致和付諸行動三方面的能力。領導他人往往基於個人的專業才能或者個人魅力，而不是單純地依靠職位稱呼。因此，任何人都可以使用領導力，只要能成功地影響他人的行為，就可被視為實施了領導力。

三、領導力模型的理論基礎

領導力模型的理論基礎是冰山模型（Iceberg Compelency Model）和洋蔥模型（Onion Compelency Model）。如圖 8-3 所示，各種領導力特徵可以被描述為在水中飄浮的一座冰山。水上部分代表表層的特徵，如知識、技能等；水下部分代表深層的領導力，如社會角色、自我概念、特質和動機，是決定人們的行為及表現的關鍵因素。又如圖 8-3 所示，洋蔥模型圖最外面的是知識，代表最為表層的東西，也是最容易發展的部分；而最裡面是核心人格，如動機、特質，這些特質相對穩定，是不容易變化和發展的。

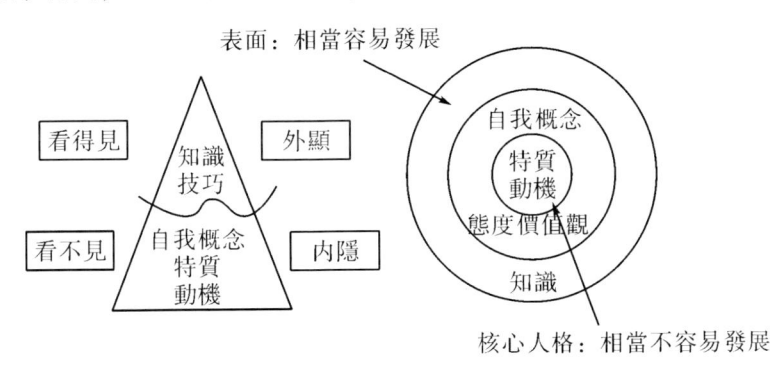

圖 8-3 勝任力模型

資料來源：Spencer L. M., SpenceTS. M. Competenceat work: Models for Superior Performance. New York: Wiley, 1993.

（一）個性

個性是指個人典型的穩定的心理特徵的總和，表現出來的是一個人對外部環境和各種信息的反應方式、傾向和特性。它是包括個性傾向性（需要，動機、興趣、信念、理想和世界觀等）和個性心理特徵（氣質、性格和能力等）的統一體。

（二）動機

動機是引起、維持和指引人們從事某種活動的內在動力，推動並指導個人行為方式的選擇朝著有利於目標實現的方向前進，並且防止偏離。動機的強烈與否往往決定行為過程的效率和結果。比如，具有強烈成功動機的人常常會為自己設定一些具有挑戰性的目標，並盡最大努力去實現它，同時積極聽取反饋意見爭取做得更好。

（三）自我形象

自我形象是指個人對於自身能力和自我價值的認識，是個人期望建立的

某種社會形象。自我形象的形成是一個具有社會性和漸進性的過程，並且需要借著感知領域的不斷同化和異化持續塑造。自我形象一經形成，有拒絕改變的傾向，如有改變，情緒也會隨著發生改變。自我形象作為動機的反應，可以預測短期內有監督條件下的個人行為方式。

（四）社會角色

社會角色是指個體在社會中的地位、身分以及和這種地位身分相一致的行為規範。個人所承擔的角色既代表了他對自身具備特徵的認識，也包含了他對社會期望的認識。社會角色建立在個人動機、個性和自我形象的基礎上，表現為個人一貫的行為方式和風格，即使個人所在的社會群體和組織發生變化也不會有根本改變。

（五）價值觀

價值觀是指一個人對周圍的客觀事物（包括人、事、物）的意義、重要性的總評價和總看法，是決定人的行為的心理基礎。價值觀具有相對的穩定性和持久性，在特定的時間、地點、條件下，人們的價值觀總是相對穩定和持久的。在同一客觀條件下，對於同一個事物，由於人們的價值觀不同，就會產生不同的行為，並且將對組織目標的實現起著完全不同的作用。

（六）態度

態度是個體對客觀事物所持有的一種持久而一致的心理和行為傾向，是自我形象、價值觀和社會角色綜合作用外化的結果，主要包括：①認知成分，即個人對人、工作和物的瞭解；②情感成分，即個人對人、工作、物的好惡、帶有感情的傾向；③行為成分，即個人對人、工作和物的實際反應或行動的態度。

（七）知識

知識是指個人在某一領域所擁有的陳述性知識和程序性知識。其中，陳述性知識是由人們所知道的事實組成，這些知識一般可以用語言進行交流；程序性知識則是指人們所知道的如何去做的技能，此類知識很難用語言表達。

（八）技能

技能是指一個人結構化地運用知識完成具體工作的能力。技能是否能夠產生績效受動機、個性和價值觀等領導力要素的影響。

一般情況下，在人力資源管理實踐中，人們比較重視對知識技能的考察，但是卻往往忽視了自我概念、特質、動機等方面的考察；然而實際上知識、技能固然重要，但這僅僅是招聘選拔、培訓和績效考核的基本要求。如果需要清晰地區分績效表現一般者和優秀者，還需要針對自我概念、核心的動機和特質幾個方面進行辨別，因為這些內核的內容將長期、深刻、有效地影響

著表層的內容，這也是用領導力模型方法比傳統的智力測驗更加有效的原因之一。

四、領導力模型的作用

伴隨著全球經濟的發展，領導力模型以行為科學和心理學為基礎並不斷脫胎換骨。時至今日，領導力模型已經在越來越多的組織中扮演著重要角色，成為組織競爭不可或缺的重要工具。

（一）領導力模型有助於更好地貫徹落實組織戰略，推動組織變革的實施

以領導力模型為核心的能力發展體系是有針對性的體系，它明確對組織發展起到重要作用的領導素質有哪些，並將它們分解為具體的可以培養的行為特徵。通過核心能力的構建，領導力模型體系能夠幫助組織形成核心競爭力，進而推進組織的戰略落實，成為組織變革的有效推進器。

（二）領導力模型有助於增強領導層的管理能力，形成結構互補的管理團隊

領導力模型庫的重要作用是它所包含的能力涵蓋了組織各管理職位的出色績效的所有特點及行為，是一組能夠實現有效領導與管理的素質集合，包括遠見卓識、戰略思維能力、管理變革能力、建立組織忠誠的能力以及確立工作重點的能力等。因此，通過領導力模型，組織可以選拔出適合組織的管理者，並進而對其開展有針對性的培育，從而能夠提高其管理能力。許多跨國公司的經驗表明，通過構建領導力模型並進行領導力開發，企業高級管理層可以成為戰略思想家和富有遠見的領導者，他們洞悉行業發展及趨勢，基於組織的優勢、弱勢和在競爭中所處的位置制訂長遠的戰略計劃，並將遠景目標傳達到組織中的每一位成員。在企業高級管理者的指導下，企業中層管理者能夠以身作則，領導下屬，並善於激勵和培養員工，以富有建設性的反饋意見指導下屬獲得更高的績效。

同時，通過領導力模型，可以發現各領導者在性格、能力、個性、價值觀等方面的差異，從而在管理團隊（或稱領導班子）配備上有意識地進行合理搭配，進而打造一支成員間能力互補、具有異質性的管理團隊（領導班子）。

（三）領導力模型有助於培育一支極富潛力的後備幹部（接班人）隊伍

通過領導力模型，可以幫助組織打造一支具備潛力的後備幹部（接班人）隊伍。業界的實踐表明，後備幹部隊伍建設對於組織的可持性發展意義重大。通過領導力模型，將幫助組織挑選出具備組織所需要的素質和潛力的後備幹部，進而為組織的發展提供儲備人才。

（四）領導力模型有助於實現人員與崗位的匹配，進而強化組織競爭力

現代管理心理學研究表明，員工在適合其個性特點、專長、性格、興趣等的崗位上能夠產生更高的生產效率。因此，利用領導力模型，通過恰當的測評手段，可以發現員工與崗位的匹配度，從而為合理配置員工提供有價值的參考建議，進而幫助組織在更大程度上實現人崗匹配。

（五）領導力模型有助於培育和提升個體領導力，實現組織與員工的「雙贏」

隨著世界經濟一體化趨勢的加強、市場競爭的加劇和高素質人才的供不應求，提高組織能力和績效已成為重要議題。當前，組織的競爭能力在很大程度上體現在其管理者人力資源素質的高低。因此，通過構建適合本組織的領導力模型，明確本組織的素質要求，員工將能夠明晰自身的努力方向，學習領導力的核心思想和技能，進而自發培育組織所需要的核心競爭力，從而實現組織與員工的「雙贏」。

綜上所述，領導力模型及領導力開發已成為組織核心競爭力的關鍵，成為組織不可模仿的核心競爭力的重要來源。從組織的角度來看，首先，通過構建領導力模型並進行領導力開發將有助於組織更好地實現目標，推動實施組織變革。其次，通過領導力模型體系將有助於打造一支富有競爭力的管理隊伍。再次，通過建立領導力模型體系能為員工提供個性化的培訓方案，進而搭建有效的職業發展路徑。從員工角度來看，員工通過領導力模型能夠更加明確個人努力的方向，從而取得更好的個人績效，快速發展個體技能。在21世紀的今天，構建領導力模型並進行領導力開發將強化組織的競爭力，促進組織發展目標的實現，這對組織在新競爭環境的生存和發展具有重要意義。

第九章　領導力建模的原則、流程和方法

一、領導力建模的原則和流程

領導力模型主要是針對企業各級管理者構建的一套勝任力模型。作為一個特殊的崗位，管理者與企業其他員工相比有著自己獨特的一面：

非管理類員工，他們的工作績效與冰山模型中的「冰面」部分相關性大，而一個管理者能否成功，除了具備的專業知識技能外，很大程度取決於他們先天稟賦，也即是「冰面」下方要素的作用。因此在實際運用中，前者一般採用的是任職資格界定或者全員勝任力的方法，而對於管理者，則一般採用構建領導力模型的方法，這個過程稱為領導力建模（Competency Modeling）。

除此之外，管理不像其他崗位，它是一種「軟性」作用的過程。管理者能否成功，除專業技能和深層動機外，還與企業戰略以及整個文化價值觀的相互作用密切相關。因此，管理者素質模型的構建，還必須考慮到企業戰略、文化的因素，而不能就事論事，僅僅關注於優秀員工的行為要素和動機。這是我們在構建領導力模型過程中應當注意的。

領導力模型廣泛應用於企業管理人員的挑選甄別、職業管理、工作晉升、培訓等方面。領導力模型是新經濟時代管理企業管理崗位員工的有效方法。那麼，企業領導力模型應當怎樣構建呢？

在構建領導力模型時，應當遵循兩個原則——現實性與牽引性相結合，定性與定量相結合（見圖9-1）。

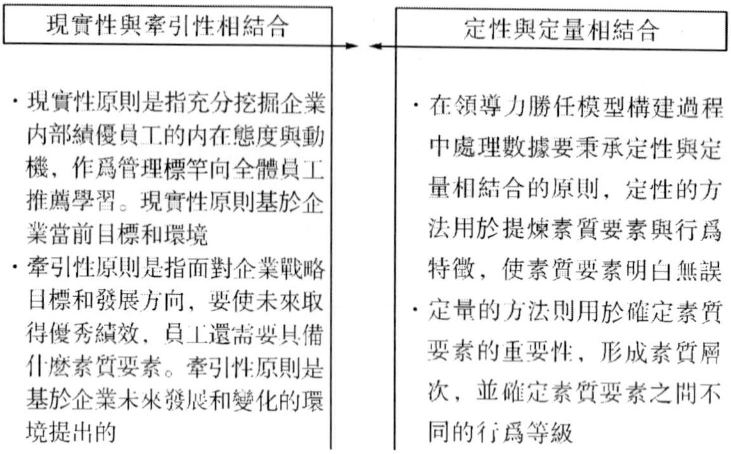

現實性與牽引性相結合	定性與定量相結合
・現實性原則是指充分挖掘企業內部績優員工的內在態度與動機，作爲管理標竿向全體員工推薦學習。現實性原則基於企業當前目標和環境 ・牽引性原則是指面對企業戰略目標和發展方向，要使未來取得優秀績效，員工還需要具備什麼素質要素。牽引性原則是基於企業未來發展和變化的環境提出的	・在領導力勝任模型構建過程中處理數據要秉承定性與定量相結合的原則，定性的方法用於提煉素質要素與行爲特徵，使素質要素明白無誤 ・定量的方法則用於確定素質要素的重要性，形成素質層次，並確定素質要素之間不同的行爲等級

圖 9-1　領導力模型構建原則

圍繞這兩個原則，我們在實踐中一般採用四步構建：優秀管理者的半結構化訪談、公司戰略文化演繹、公司內外部資料分析、標杆企業管理者素質模型研究。領導力模型的構建流程是（見圖 9-2）。

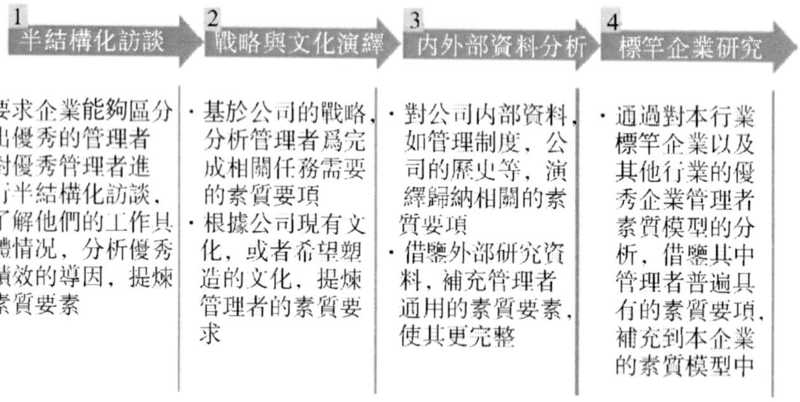

1 半結構化訪談	2 戰略與文化演繹	3 內外部資料分析	4 標竿企業研究
・要求企業能夠區分出優秀的管理者 ・對優秀管理者進行半結構化訪談，了解他們的工作具體情況，分析優秀績效的導因，提煉素質要素	・基於公司的戰略，分析管理者爲完成相關任務需要的素質要項 ・根據公司現有文化，或者希望塑造的文化，提煉管理者的素質要求	・對公司內部資料，如管理制度、公司的歷史等，演繹歸納相關的素質要項 ・借鑒外部研究資料，補充管理者通用的素質要素，使其更完整	・通過對本行業標竿企業以及其他行業的優秀企業管理者素質模型的分析，借鑒其中管理者普遍具有的素質要項，補充到本企業的素質模型中

圖 9-2　領導力模型的構建流程

領導力模型是從企業優秀管理者身上發掘出導致高績效的素質要項的組合。這就要求企業首先能夠區分出優秀管理者和一般管理者。假如企業的績效評價體系不能很好地區分這兩類員工，那麼我們最後構建的模型也就不能反應優秀員工的行爲和動機，這樣的素質模型對企業也沒有太大的參考使用價值。

二、領導力建模的主要方法

領導力模型的構建方法一直是領導力研究領域的重中之重。

領導力建模方法源於 30 多年前 McClelland 的研究工作。在此基礎上，建模方法在各組織中得到進一步發展，從而衍生了許多方法。綜合前人對領導力模型建模的研究，目前研究領導力建模的主要思路有三種：

(一) 確定與組織核心觀念和價值觀一致的領導力（戰略導向法）

這種研究思路揭示了「冰山」模型中的深層領導力，它是基於某一職業或專業所做的該職業所必需的職責和任務分析，主要是建立績效標準，然後採用職業分析方法，產生一個廣泛的領導力清單。

(二) 根據行業關鍵成功因素（KSF）開發領導力模型（標杆研究法）

收集並分析研究其他同行業或同發展階段的類似組織的領導力模型，通過小組討論或者研討會的方式，從中挑選適用於本組織的素質，形成領導力模型。

(三) 根據以往的成功經驗和事例預測將來能否勝任工作（行為事件訪談法）

這種思路最典型的方法是行為事件訪談（BEI, Behavioral Event Interview）。這種方法源於 McClelland、McBer 公司、哈佛商學院等的研究（Klemp, 1977; Spemcer, 1983），目前被中國許多研究者和企業管理人員所採用。其具體步驟為確定效標與效標群組、實施 BEI 訪談、對訪談文本進行內容分析、進行訪談文本的編碼、確定領導力模型。該方法在發現特定的領導力要素、內容等方面都具有重要作用。

關於這三種方法各自的優缺點如表 9-1 所示。

表 9-1　　　　　　　組織構建領導力模型的三種方法

方　　法	優　　點	缺　　點
1. 戰略導向法		
根據組織的戰略進行逐步分解，通過小組討論或者研討會的方式得出針對某類員工的關鍵素質，並形成每個素質的定義和層級	所建立的領導力模型能體現出未來戰略的導向性和牽引性 比較符合組織的現狀，可以集中反應戰略對人員的要求	缺乏實際的行為數據來支撐領導力模型的有效性 容易受到建模人員個人想法的影響，有一定的主觀性
2. 標杆研究法		
收集並分析研究其他同行或同發展階段的類似組織的領導力模型，通過小組討論或者研討會的方式，從中挑選適用於本組織的素質，形成領導力模型	所建立的領導力模型具有廣泛的適用性，可參考性強 所有的素質經過分析、比較和研究後，相對來說較成熟，可操作性強	所建立的領導力模型與其他組織共性過多，缺乏自己的特性 沒有本組織的實際行為數據來支撐領導力模型的有效性和適用性

表9-1(續)

方　法	優　點	缺　點
3. 行為事件訪談法		
通過對大批人員進行行為事件訪談，收集不同類人員的行為數據，進行統計分析後得出關鍵素質，並形成領導力模型	有充實的行為數據來支撐領導力模型的有效性，非常客觀 可以針對收集到的行為數據進行多方面的分析	參與訪談人員有限，會造成樣本量不足，影響分析的結果

三、行為事件訪談法

根據領導力的建模實踐，業界普遍認為，以行為事件訪談法（BEI）為基礎開發領導力模型是相對有效的模式。以行為事件訪談法為基礎開發領導力模型使數據搜集的過程更加全面和準確，能夠針對工作環境和職位特點，從而保證領導力結構的有效、合理。這種領導力模型的構建方法在國內外都得到了認同，大量的研究都以此為基礎來開發領導力模型。

McClelland 和 Boyatzis 開發了一個以行為事件訪談法為基礎的領導力模型的開發程序。這一方法的要點是：研究對象集中在出色的業績者，主要應用行為事件訪談法、訪談資料的主題分析法，將分析結果提煉為用行為性的專門術語描述的一系列領導力。此後，Spencer 在 McCleland 的基礎上完善了領導力模型構建的方法，如圖9-3所示。

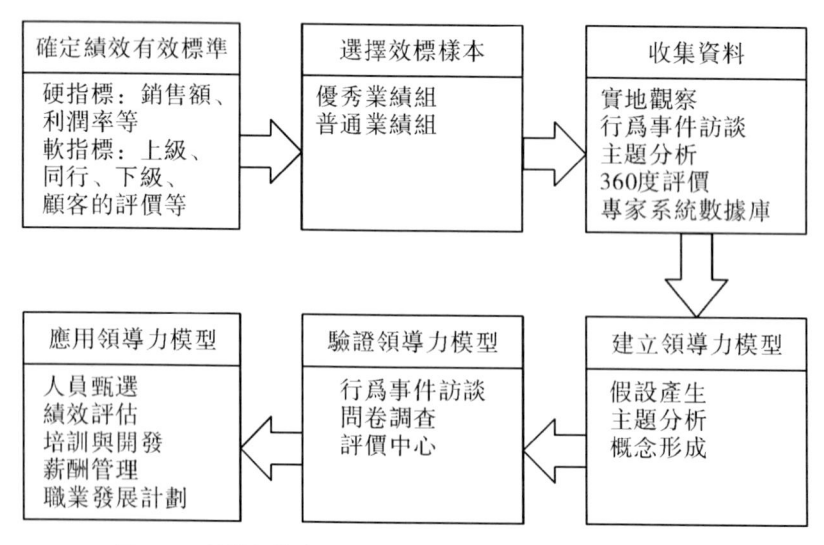

圖 9-3　基於行為事件訪談法（BEI）的領導力建模流程圖

第九章 領導力建模的原則、流程和方法

通過行為事件訪談法來建立領導力模型的程序主要包括以下步驟：

第一步，定義績效標準。可以採用指標分析和專家小組討論的辦法，提煉出鑑別工作優秀的員工與工作一般的員工的績效標準。這些指標應有硬指標，如利潤率、銷售額等；還必須有軟指標，如行為特徵、態度、服務對象的評價等。

第二步，選取分析樣本。根據第一步確定的績效標準選擇適量的表現優秀的樣本和表現一般的樣本，並以此作為對比樣本。

第三步，獲取樣本有關領導力的數據資料。可以採用多種方式，但一般以行為事件訪談法為主。行為事件訪談法是一種開放式的行為回顧式調查技術，一般採用問卷和面談相結合的方式。通過這樣的訪談，獲得關於過去事件的全面報告，然後通過獨立的主題分析，對導致績效優秀和績效一般的思想和行為進行整理歸類，整合各自的結果，形成區分績優者和一般者的關鍵行為。

第四步，建立領導力模型。對上述數據資料進行統計分析，找出兩組樣本的共性和差異特徵，並根據存在區別的領導力樣本構建領導力模型。

第五步，驗證領導力模型。可以選擇另外兩組樣本重複上面的第三步和第四步，進行效度檢驗。也可以選擇合適的樣本對所得模型進行比較、評價。

第六步，應用領導力模型。將領導力模型應用於人員甄選、績效評估、培訓與開發、薪酬管理、職業發展計劃等各項人力資源管理活動，並進一步在實踐中驗證。

第十章　常用的領導行為風格模型

一、「高效能人士的七個習慣」模型

史蒂芬・柯維博士最早通過研究美國近兩百年歷史中被認為最成功的人士為什麼會成功，並以這些成功人士是否有共同的行為習慣為課題開始研究。他以行為科學的研究方法，累積了大量歷史人物和現代跨國公司中優秀管理人員的案例和行為模式數據，並最終總結出了成功（高效能）人士的七個習慣（史蒂芬・柯維，2002）。

習慣一：主動積極（Be Proactive）

主動積極即遇事採取主動，為自己過去、現在及未來的行為負責，並依據原則及價值觀，而非情緒或外在環境來做出決定。主動積極的人是改變的催生者，他們揚棄被動的受害者角色，不埋怨別人，發揮了人類四項獨特的稟賦——自覺、良知、想像力和自主意志，同時以由內而外的發生來創造改變，積極面對一切。

主動積極位於領導力模型的最底層，是整體領導力資質中最基礎的資質。主動積極不僅止於採取主動，還代表人必須對自己負責。對自己負責是形成獨立的領導風格，甚至是形成獨立人格的基礎。對自己負責的管理者是為了自身的原則、價值觀而工作，不是為了環境而工作。因此，主動積極的管理者總是表現出很高的自我激勵度，工作充滿熱情而且能持之以恒，不輕易被環境和壓力所影響。而且，主動積極的管理者從不墨守成規，消極等待上級命令，不敢超出自己的責任範圍。只有具備了主動積極這項資質的管理者才願意改變自己，並進而以身作則地影響他人甚至整個團隊，因此主動積極是管理人員發展其他領導力資質的前提和基礎。

習慣二：以終為始（Begin with the End in Mind）

所有事物都經過兩次的創造——先是在腦海裡醞釀，其次才是實質的創造。個人、家庭、團隊和組織在做任何計劃時，均先擬出願景和目標，並據此塑造未來，全身心關注自己最重視的原則、價值觀、主次關係和目標。對

個人、家庭或組織而言，領導工作的核心，就是在共同的使命、願景和價值觀之後，創造出一個文化。

確立方向要求管理者必須要有紮實的專業功底，同時也要有足夠的觀察能力、分析能力和判斷能力。只有對方向形成足夠自信的判斷之後，接下來管理人員才可能去建立團隊的願景和價值觀。「做正確的事」是領導力與一般管理能力的重要區別。

習慣三：要事第一（Put First Things First）

要事第一即實質的創造，是夢想（你的目標、願景、價值觀及要事處理順序）的組織與實踐。不要緊的事不必擺在第一，要事也不能放在第二。無論迫切性如何，個人與組織均針對要事而來，重點是把要事放在第一位。

管理者要落實好工作任務就需要有良好的計劃能力。計劃能力的關鍵是要安排去做重要的事情而不是緊要的事情。重要的事情對實現組織的願景和使命至關重要，而緊要的事情不一定重要，通常只是時間對管理者的壓力。時間和其他組織內擁有的資源一樣，對於管理者而言都是有限和稀缺的。管理者只有把握住關鍵，才能更合理地利用和分配資源，確保組織目標的實現。

習慣四：雙贏思維（Think Win-Win）

雙贏思維是一種基於互敬、尋求互惠的思考框架，目的是發現更多的機會、財富及資源，而非敵對式競爭。雙贏即非損人利己（贏輸），亦非損己利人（輸贏）。我們的工作夥伴及家庭成員要從互惠式的角度思考「我們」，而非「我」。雙贏思維鼓勵我們解決問題，並協助個人找到互惠的解決方法，是一種資訊、力量、認可和報酬的分享。

推動和影響團隊，擴大領導者的影響範圍，首先要做的就是建立與別人的關係，因此建立關係是管理者邁向領導團隊的基礎資質。良好的關係的建立也通常取決於兩個基礎：一是對方對自己的信任，這就要求管理者要通過以身作則來取得對方的不斷信任，培育雙方的感情；二是雙贏的原則，在現代企業中員工對組織是沒有終身服從的義務的，要想保持良好的合作關係，管理者就需要明白對方為什麼而工作，從滿足對方需要的角度來建立雙贏的合作關係。僅僅靠權力和指令的壓制是不能使工作關係長期維持的。

習慣五：知彼知己（Seek Firs to Understand and then to Be Understood）

當我們捨棄回答心，以瞭解心去聆聽別人，便能開啓真正的溝通，增進彼此關係。對方獲得瞭解後，會覺得受到尊重與認可，進而卸下心理防衛，坦然而談，雙方對彼此的瞭解也就更流暢自然。知彼需要仁慈心，解己需要勇氣，能平衡兩者，則可大幅度提升溝通的效率。

領導他人或者說影響他人的過程實質就是一個溝通的過程，因此溝通能

力是管理者實現領導團隊的重要保證。溝通的目的通常有兩個：一是要從對方獲取信息，為自己的判斷和下一步行動做準備；二是要將信息告訴對方，期望對方能採取相應的行動。人人都希望被瞭解，也急於表達自己，卻疏於傾聽。

作為管理者，在時間緊、任務重的情況下更容易犯這樣的毛病。然而，單向的命令式的溝通即使能使下屬接受，其結果也通常是不盡如人意，甚至是南轅北轍的，這就容易使組織績效與組織目標發生偏離。因此，管理者掌握「同理心」的溝通技巧，使團隊成員能準確把握組織的方向是非常重要的。

習慣六：統合綜效（Synergize）

統合綜效指的是創造第三種選擇，即非按照我的方式，亦非你的方式，而是第三種遠勝過個人之見的辦法。它是相互尊重的成果——不但瞭解彼此，甚至是稱許彼此的差異，欣賞對方解決問題及掌握機會的手法。個人的力量是團隊和家庭統合綜效的基礎，能使整體獲得1+1>2的成效。實踐統合綜效的人際關係的團隊會揚棄敵對的態度（1+1=1/2），不以妥協為目標（1+1=1），也不僅止於合作（1+1=2），他們要的是創造性的合作（1+1=3或更多）。

優秀的領導者並不會滿足於建立好團隊並使之正常運作，而是致力於使團隊的效能最大化，能不斷接受更大的挑戰。如何能充分發揮每一位團隊成員的潛能，使整個團隊會因為每個人理念的差異而變得更加創新更有能量，使1+1>2，實現團隊統合綜效的效果是創造性挑戰這項資質的本質所在。在具備這種素質的領導帶領的團隊當中，成員們不再局限於求同存異，而是不斷地為差異而歡呼。

習慣七：不斷更新（Sharpening the Saw）

不斷更新指的是，如何在四個基本社會面向（生理、社會/情感、心智及心靈）中，不斷更新自己。這個習慣提升了其他六個習慣的實施效率。對組織而言，習慣七提供了願景、更新及不斷地改善，使組織不至於呈現老化及疲態，並邁向新的成長之徑。

史蒂芬·柯維提出的這七個習慣是相輔相成的。通過前面三個習慣的訓練可以使人從依賴的狀態提升為獨立的狀態，從而獲得個人的成功。然而要獲得更大的成功，就需要繼續訓練後面三個習慣，增進影響力，提升為與人互相依賴的狀態，從而獲得團隊的成功。第七個習慣則涵蓋了其他六個習慣，賦予其新生命，督促我們日新月異，永無止境。這在柯維博士的理論中稱為「成熟模式」。

二、5 種領導力 10 個使命模型

領導力的提升既需要理論和實踐的結合，也需要理性和悟性的互補。詹姆斯·庫澤斯和巴里·波斯納所著的領導力權威著作《領導力》一書中提煉出的領導力模型——5 種領導行為配合 10 個使命，就像路線圖一樣具有很強的操作性。這 5 種領導行為在卓越的領導者那裡是普遍存在的，也就是說，自覺地運用這 5 種行為提升領導力就更容易成功。

行為一：挑戰現狀

每一個卓越領導的個人事跡中都有某種挑戰存在。領導者是開路先鋒——他們願意步入未知的世界。他們尋找改革、進步和提高的機會。領導者的主要貢獻在於能夠識別好主意，支持好主意，願意挑戰現有的體制得到新產品、新服務和新程序，並改變現有的體制。更準確地說，領導者是較早採用革新的人。領導者清楚地知道，革新和變化有風險，可能失敗，但他們還是要往前走。採取小步前進的方法可以對付潛在的風險和可能的失敗。與行為相對應的使命有：

・使命 1——尋找變化、成長和提高的革命性道路，搜尋機會；

・使命 2——不斷取得小小的成功，從錯誤中吸取教訓，進行實驗和冒險。

行為二：描繪共同願景

領導者要抓住時間的經絡，描繪出他們及其追隨者在不久的未來能夠擁有的充滿吸引力的機會。領導者有一種慾望：改變事情的本來面目，創造前人沒有創造的奇跡。在某種意義上，領導者生活在未來。在他們還沒有開始某個項目以前，他們已經能夠「看到」事情的結果是什麼樣子，就像設計師繪製藍圖或工程師構建模型一樣。對未來清晰的想像推動著領導者向前衝。然而，只有領導者能看到未來願景還不足以在組織內形成一場運動，或在組織裡做出重大的改變。沒有追隨者的人不是領導，要讓人追隨就要讓追隨者接受這個願景。領導者不能命令，而只能激發人們獻身於事業。只有激活其他人的希望和夢想，讓他們認識到這個夢想符合大家的利益，這樣才能使大家努力向目標邁進。通過領導者描繪團體的願景，點燃眾人的激情。與行為二相對應的使命有：

・使命 3——想像激動人心的各種可能，描繪未來遠景；

・使命 4——在共同的遠景下號召大家為共同的理想奮鬥。

行為三：讓其他人行動起來

單靠一個人的努力，再偉大的夢想也無法變成現實。領導力就是團隊的

努力。卓越的領導者能讓其他人行動起來。他們培養合作精神，建立信任的氛圍。一個具有高度競爭力的組織，其領導力應是由下而上的，而非傳統認為的只是由上而下的，唯有能持續地在各階層培養出領導者的組織，才能夠適應改變，生存競爭。

・使命5——促進合作性目標，建立信任，促進團結；
・使命6——分享權力和自主權，增強別人的實力。

行為四：以身作則

要有效地表達出他希望別人採取的行為模式，領導者必須首先明確他們的領導原則。領導者要能聽到自己的聲音，維護自己的信念。然而，滔滔不絕地談論組織共同的理念還不夠，領導者的行為比語言更重要，它可以反應出領導者是否真正認真對待自己所說的話。實際上，領導者總是走在前面，以身作則，通過日常的行動來證明自己的信念。與行為四相對應的使命有：

・使命7——明確自己的理念，能聽到自己的聲音；
・使命8——保持行動與理念的一致，起表率作用。

行為五：激勵人心

領導者工作的一部分就是要表揚員工的貢獻，從行動上把獎勵與業績聯繫起來，並保證讓大家看到。如果員工努力提高了質量、開創了一項新服務，或者做出了其他的巨大貢獻，領導者要做一些事使人們確實看到這些，讓人們知道這符合組織的價值。這樣就可以建立一種集體的認同感，強化員工的獻身精神，從而使一個集體做出傑出的貢獻。與行為五相對應的使命有：

・使命9——感謝別人的付出，肯定別人的貢獻；
・使命10——創造一種共同體的精神，慶祝理念和勝利。

三、成功領導者模型

成功領導者模型由美國籃球教練約翰・伍頓建立。約翰・伍頓是美國有史以來最值得人們崇敬和美譽度最高的體育教練之一，他帶領加利福尼亞大學洛杉磯分校籃球隊在12年間獲得10次全美大學生籃球聯賽冠軍，創造了包括7次蟬聯冠軍、88場比賽連勝、38場季後賽連勝和4個賽季所有比賽保持全勝的神奇紀錄。他被美國ESPN體育頻道贊譽為「世紀教練」，並分別以球員和教練的身分兩次入選美國「籃球名人堂」。成功領導者模型是一個金字塔形的結構，包括17個成功要素（伍頓、詹姆斯，2006）。

（一）成功金字塔第一層

金字塔的第一層有五個要素：勤奮、友誼、忠誠、合作、熱情。

在其 15 個成功要素中，勤奮和熱情是兩塊重要基石。這兩種品質本身都蘊含著強大的力量，是構成傑出領導力的不可替代的組成部分。

「勤奮」是指全身心投入工作，達到真正忘我的狀態。而沒有熱情的工作是痛苦的，只有熱情才能讓一個工作的人變成一個勤奮的人。在此基礎之上，友誼、忠誠與合作則使領導力的基礎進一步完善。在一個團隊中，只有當你的下屬深深體會到你對他們真誠的關心遠遠超過了他們對你的付出時，他們才會心甘情願地奉獻自己的忠誠。

（二）成功金字塔第二層

金字塔的第二層有四個要素：自制力、機敏、主動性、專注。

首先，高效領導者最重要的是要培養自己的自制力，這是領導力水準和團隊績效的重要保證。「自我控制力」意味著在成敗得失前保持常態；在出現突發情況時保持鎮定；盡量少在下屬面前流露負面情緒。作為組織的靈魂，領導者必須保持一個情緒穩定、氣定神閒的形象。

其次，要隨時保持機敏的狀態。每一位領導者都要隨時保持一顆警覺機敏的頭腦和對環境客觀清醒的評價；要善於觀察外界環境的動態複雜變化，善於觀察和發現自己和競爭對手的弱點，迅速發現趨勢、變化、機遇和潛在威脅。

再次，是主動性。無論在任何領域，出現失誤是競爭過程中再自然不過的一部分；犯錯誤最多並能及時總結的隊伍，不再犯同樣錯誤的組織往往是最終的勝利者。

最後，是專注。專注有決心和堅韌的含義，是成功領導者不可或缺的品質。一個缺乏專注力的領導者，其團隊也是人心惶惶，時刻準備放棄努力。

成功金字塔第二層的四個因素中，「自制力」使領導者正其身；「機敏」讓領導者利其行；「主動性」使領導掌握先機；「專注」使領導者將有限的人、財、物、時間資源集中使用於最重要的目標。

（三）成功金字塔第三層

位於成功金字塔中心位置的三大要素是：狀態、技能和團結。它們所適用的範圍遠遠超越了籃球本身，只要能夠熟練地運用，在對任何團隊的領導中，都能體現出神奇效果。「狀態」是一種平衡，如果一個領導者每天 24 小時都用來工作，每週 7 天從來不休息，這就是一種「失衡」的表現，最終會對領導者造成傷害，同時也會影響整個團隊的表現。「技能」指能廣泛應用到各種組織領導中的領導技巧。「團結」指充分聯合一切力量向成功進軍。因此，為了勝利，首先，你必須知道自己該做什麼，樹立一個明確的目標；其次，你所需要的就是獲得這一目標的「全部」技能；最後，再將這些技能應

用到工作中去，同時保證你的執行是快速有效的。

（四）成功金字塔第四層

除了以上這 12 個因素，金字塔的三個中心要素能夠使領導者接近成功的巔峰，它們是：鎮定、自信以及最大競爭力。在緊張和壓力的條件下保持鎮定，表現出色，也是領導者必須具備的一種能力。而有了鎮定，也就擁有了它的夥伴——自信，自信來自細緻充分的準備，來自對一切相關因素和不確定結果的估算，來自對自我能力和潛能的充分調動和發揮。鎮定和自信兩個要素能幫助領導者獲得最大的競爭力。

（五）成功金字塔第五層

在成功金字塔頂端的兩側，是信念和耐心。無論是金字塔的哪一層面或者哪一個要素，都需要這兩個要素貫穿始終。除了堅持信念，一個領導者還要能夠有充分的耐心找到實現信念的方法和途徑。而在此過程中，無論處境是好是壞，都要保持鎮定，以一顆平常心去面對得失成敗，始終堅定不移地堅持你的觀點和信念。

對一個具備了最大競爭力的領導者來說，在進程中遇到阻力的那一刻，就是體驗到競爭樂趣的開始。當一個領導者具備了以上所有的素質和能力，他還要做的就是對努力的過程獲得滿足，而勝利只是努力的副產品。因為真正最難以達到的成功，是人能夠實現他的最大努力，發揮最大潛能，獲得心靈的寧靜。

四、領導力五力模型

中國科學院課題組經過課題攻關，基於領導過程構建了領導力五力模型（苗建明、霍國慶等，2006）。根據領導力概念，領導力是支撐領導行為的各種領導能力的總稱，其著力點是領導過程；換言之，領導力是為確保領導過程的順利進行或者說領導目標的順利實現服務的。基於領導過程進行分析，領導者必須具備如下領導能力：①對應於群體或組織目標的目標和戰略制定能力（前瞻力）；②對應於或來源於被領導者的能力，包括吸引被領導者的能力（感召力）及影響被領導者和情境的能力（影響力）；③對應於群體或組織目標實現過程的能力，主要包括正確而果斷決策的能力（決斷力）和控制目標實現過程的能力（控制力）。這五種關鍵的領導能力就構成了領導力五力模型，如圖 10-1 所示。

第十章 常用的領導行為風格模型

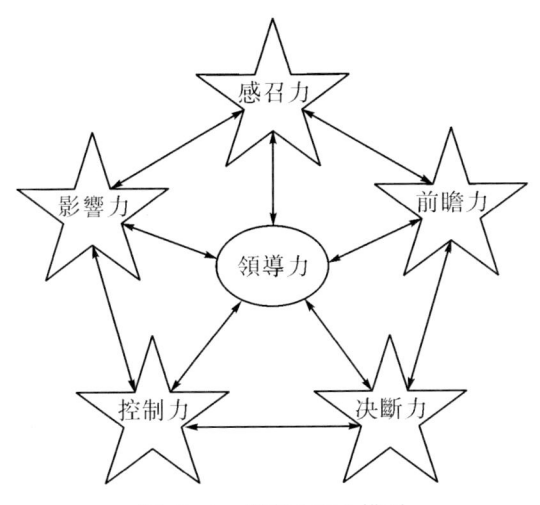

圖 10-1 領導力五力模型

領導力五力模型中的五種領導能力對領導者而言都非常重要，但這些領導能力並不處於同一層面，在五種領導力中，感召力是最本色的領導能力，一個人如果沒有堅定的信念、崇高的使命感、令人肅然起敬的道德修養、充沛的激情、寬厚的知識面、超人的能力和獨特的個人形象，他就只能成為一個管理者而不能修煉為一個領導者，因此，感召力是處於頂層的領導能力；但是，一個領導者不能僅僅追求自己成為「完人」，領導者的天職是帶領群體或組織實現其使命，這樣就要求領導者能夠看清組織的發展方向和路徑，並能夠通過影響被領導者實現團隊的目標，就此而言，前瞻力和影響力是感召力的延伸或發展，是處於中間層面的領導能力；同時，領導者不能僅僅指明方向就萬事大吉，在實現目標的過程中隨時會出現新的意想不到的危機和挑戰，這就要求領導者具備超強的決斷力和控制力，在重大危急關頭能夠果斷決策、控制局面、力挽狂瀾，也就是說，作為前瞻力和影響力的延伸和發展，決斷力和控制力是處於實施層面的領導能力。

(一) 前瞻力

領導前瞻力是領導者在自我的戰略理念引導下，通過洞察組織外部環境的發展趨勢、掌握組織所屬行業的發展規律、整合和提升組織利益相關者期望、培育和提升組織的核心能力，持續預測、把握和調整組織的發展方向和戰略目標的能力。2002 年，美國著名領導學學者 Kouze 和 Posner 對全球 7,500 個高層領導者進行了問卷調查，結果有近 70% 被調查的高層領導選擇「前瞻能力」作為他們最想追隨的領導者的品質。

1. 領導前瞻力的範圍

①領導前瞻力與領導預見能力密切相關；②領導前瞻力與戰略規劃能力有關；③領導前瞻力與描繪願景和理想的能力有關；④領導前瞻力與想像力有關。

總之，領導前瞻力是一組能力的總稱，這些能力包括但不限於洞察力、預見力、想像力、創造力、歷史思維能力和戰略規劃能力等能力。

2. 領導前瞻力的內涵與構成

Kouzes 和 Posner 把領導前瞻力概括為「描繪夢想和願景的能力」，具體包括以下內容：①確定組織的目標；②共啓願景或者說整合追隨者和利益相關者的願景；③瞭解組織的發展歷史；④瞭解組織外部宏觀環境的發展趨勢和規律；⑤掌握願景和未來規劃等方面的知識。

中國行政管理學者姚風雲、初志國和徐家雲在《論行政領導者的預見力》一文中認為：「所謂行政領導者的預見能力，即指立足於一定的行政領導崗位的行政領導者運用科學的方法，按照事物的發展規律，對本機關、本地區乃至整個國家綜合發展趨勢的一般預見力，或對本行業、本領域的專項發展趨勢的特別預見力。」

美國戰略管理學家 HITT 在探討戰略領導時認為，「經理人必須花大量時間來構思公司的長期願景。這要求經理人考慮的領域包括對公司內外部環境及其現在的經營情況的分析」。在 HITT 看來，領導者的前瞻力主要表現為決定公司戰略方向或長期願景的能力，這要求領導者對組織的內外部環境進行系統分析，換言之，領導者的前瞻力大致等同於戰略規劃能力。

綜合上述觀點，領導者的前瞻力就是規劃組織未來的能力，具體內容包括組織長期願景和目標的確立、組織利益相關者的目標整合、組織內外部環境分析、領導者個人的想像力和創造力的發揮等。

3. 領導前瞻力的模型

從理論層面分析，領導前瞻力是由領導者的戰略理念、利益相關者的期望、外部宏觀環境發展趨勢、行業發展規律、組織的歷史文化等因素決定的，這五種要素就構成了領導前瞻力模型。

（1）領導者的戰略理念。戰略理念主要是指領導者對戰略、戰略管理、戰略管理理論和實踐的認識。領導者的戰略理念是他們掌握的戰略管理理論與他們的戰略管理實踐長期互動和融合的產物，戰略理念常常以「戰略直覺」的形式存在，並能夠對特定組織的戰略選擇和戰略績效產生強大的、直接或間接的影響。

（2）利益相關者的期望。利益相關者是指可以影響企業戰略產出或受其

影響的個人或群體，他們可以對公司的戰略發展方向施加影響。為此，領導者必須深入瞭解各類利益相關者的期望，並把這些期望整合到組織的使命和戰略目標中。

利益兼容法是一種基於利益相關者的管理戰略，其目的是通過預測和滿足組織利益相關者的期望來獲得他們的支持，這也是實現組織可持續發展與和諧發展的重要保證。

（3）宏觀環境發展趨勢。任何社會組織都是一個開放系統，都是更大的社會系統的組成部分，都不可避免地要受更大的社會系統的影響，這些更大的社會系統就構成了組織的外部環境。通常，一個組織的外部環境包括兩個層面，一是宏觀外部環境，二是行業環境。宏觀外部環境和行業環境因素構成了特定組織生存與發展的約束條件，規定了特定組織的總體發展方向和發展戰略的基調。

（4）行業發展規律。任何組織都從屬於一個或多個行業，任何一個行業都有自己的發展規律，譬如製造業從手工業到大規模生產再到大規模定制的過程就體現了一種規律性。

行業發展規律直接決定著該行業內組織的發展趨勢和發展方向。要把握和利用行業發展規律，領導者必須建立強有力的競爭情報系統，對行業的競爭力及其背後的決定因素進行持續監控，力爭即時獲取各種信息並進行系統分析，盡早採取對策。

（5）組織核心能力。核心能力是指能夠為企業帶來相對於競爭對手的競爭優勢的資源和能力。判斷核心能力的常用標準包括創造價值、稀缺性、難於模仿性、不可替代性。核心能力不是憑空產生的，核心能力是資源、能力的進化和創新組合。

對於一個領導者而言，影響其前瞻力的因素很多，但主要包括上述 5 種要素。如果一個領導者能夠持續提升自己的戰略理念、整合利益相關者的期望、塑造和更新組織的核心能力、把握行業發展規律和識別外部宏觀環境發展趨勢，就能夠形成較強的領導前瞻力。5 種要素可用公式表示如下：

$$領導前瞻力 = \sum \begin{Bmatrix} 宏觀環境發展趨勢 \\ 行業發展規律 \\ 組織核心能力 \\ 利益相關者的期望 \end{Bmatrix} \times 領導者的戰略理念$$

（二）感召力

感召力是由個人的信念、修養、知識、智慧、才能等所構成的一種內在的吸引力，領導者的感召力越強，吸引的被領導者就越多。在領導力五力模

型中，感召力居於各種領導能力的頂層，是其他各種領導能力包括前瞻力、影響力、決斷力和控制力等綜合作用的產物。

1. 領導感召力的範圍

領導感召力主要與領導理論中的領導特質理論和領導魅力論有關。

領導特質理論從領導者的性格、生理、智力及社會因素等方面尋找領導者特有的品質。哈佛大學人類學家查爾斯·林德霍姆認為，魅力無論在哪種情況下，都涉及了「一種難以名狀的強有力的感情紐帶」「魅力首先是一種關係，在這種關係中，領導者和追隨者的內在自我，是那樣緊緊地相互交織在一起」。中國學者張稼人認為魅力的主要含義有三點：①指人與人關係中的磁性心理表現；②指令人由衷順服的愉悅性意義；③指帶有多種因素的綜合的模糊表現，為一定程度的難以言喻的神祕性。

特質論和魅力論分別從不同角度分析了領導者內在素質形成的重要性。這些內在素質的形成對增強領導者的感召力起著關鍵性的作用。可以看出，無論是領導特質還是領導魅力，都不是單一的能力或素質，領導特質或魅力是由多種因素綜合作用而形成的，是領導者的自我認知及其與被領導者互動關係的昇華，是領導者自我修煉的結果。

2. 感召力的內涵與構成

研究發現，進取心、領導意願、正直與誠實、自信、智慧和具備與工作相關的知識對領導者尤為重要。美國學者吉賽利在 20 世紀 60 年代指出，領導者的特質與領導效率有關，凡自信心強而魄力大的領導者，成功概率較大；20 世紀 70 年代，他又進一步提出了影響效率的五種激勵特徵和八種品格特徵。

德國學者 E. 斯普蘭格在《人生的類型》一書中將人格區分為六種類型，即理論型、經濟型、藝術型、社會型、政治型和宗教型。拉斯韋爾在《權力與個性》一書中指出，政治人多是理想型、信念型的人。政治型、強有力的領導者都特別自信，為理想所驅使，而且能夠推動別人前進。

3. 領導感召力的要素和定義

綜合上述學者的觀點，一個領導者的感召力通常來自於以下方面：一是要有遠大的理想或願景、堅定的信念、對未來的夢想等；二是要有遠見，能夠看清組織未來的發展方向和路徑，「領導者生活在未來」；三是要有人格魅力，具備外向、可靠、隨和、情緒穩定、自信等特質；四是智商高，能力卓著，經歷非凡；五是充滿激情，願意和希望迎接挑戰，能夠帶領被領導者實現高遠的目標。

4. 領導感召力模型

感召力是領導者實現成功領導的一個核心因素。一般來說，有五類人感召力比較強。一是聖人，聖人之所以偉大，主要在於他們確立了遠大的理想和堅定的信念；二是強者，強者之所以服眾，主要在於他們具備獨特的人格魅力和超強的自信；三是道德修養極高的人，這類人之所以受人敬仰，主要在於他們的倫理修煉與道德修養超越了自我和小群體；四是英雄，英雄之所以令人崇拜，主要在於他們對自己的事業充滿了無限激情且敢於向任何阻擋事業發展的因素發起挑戰；五是智者，智者之所以令人尊敬，主要在於他們過人的智慧和豐富的閱歷。領導感召力各要素的關係可以用公式表示如下：

$$領導感召力 = \sum \begin{cases} 人格／自信 \\ 智慧／閱歷 \\ 激情／挑戰 \\ 倫理／修養 \end{cases} \times 理想／信念$$

（1）領導者的理想和信念。理想是人們所向往、信仰和追求的奮鬥目標。信念是一個人認為自己一定要遵循的、在人的意識中根深蒂固的道德觀念，是個體對理想深刻而有根據的堅信和對履行義務的強烈責任感，是認識、情感和意志的有機統一。理想與信念在領導活動中至關重要，猶如燈塔指引著航船的方向。

領導者往往代表一個組織的理想和信念，在組織活動中具有自己獨特的信仰價值觀。領導者的理想代表了組織的目標，是領導者個人理想與組織理想互動整合的產物。卓越的領導者還能夠把被領導者的理想整合到自己的理想中，通過塑造共同願景來吸引和激勵被領導者。領導者的理想也內在地包括了領導者的價值觀，理想指明了領導者及其領導的組織的發展方向，價值觀則強調了在實現理想的過程中必須遵循的價值準則。

（2）領導者的人格和自信。人格是指人的性格、氣質和能力等特徵的總和，也指個人的道德品質。人格要素包括正直誠信、奉公守法、嚴於律己、堅定頑強等方面。自信是個人表現出來的一種相信自己的獨特魅力。

領導感召力實施的對象是個人或群體，實施感召的目的是要使所針對的個人或群體產生領導者所期望的行為，而這種行為應是個人或群體心悅誠服、自覺自願的行為。領導者的人格和自信來源於內在的激勵與外在的培養。成功的人能夠積極地認識自我，這是取得成就的驅動力之一，也是開發自身才智潛力的重要途徑。人人都可以成為領導者，將良好的人格和充分的自信結合起來，為成為創造性領導奠定基礎。對領導者來說，培養下屬的能力與自信心會使下屬覺得自己更富有競爭性、工作效率更高。領導者通過神態、語

氣、姿勢、儀態等，無聲無息地、由裡向外地散發著魅力，這種魅力的力量是發自內心地對自己的信任以及對事業的堅信。樹立自信心是成為一名成功的領導者的良好基礎，領導者擁有自信，就能樹立令人信服的領導權威。

（3）領導者的倫理和修養。倫理是指有關人們之間的實際道德關係的道理，包括個人倫理、組織倫理、群體倫理、宗教倫理等。修養是個人為實現一定的理想人格而在意識和行為方面進行的自我修煉，以及由此達到的境界。領導者的言行舉止無不體現整個團隊的精神，因此領導者往往是一個組織倫理和道德修養的化身。道德對領導者至關重要。領導者在對待下屬時，如果能夠滿足其心理的基本需求，如愛、自尊及自我實現等，與他們建立關愛、尊重、信任、接納及承諾的關係，就能獲得威信及影響力，還能以此激勵他們發揮個人最大的潛能，投入全部的心力、才能及創造力，為達成共同目標而不懈奮鬥。這樣，領導者往往能夠成為一個好的榜樣，讓被領導者自覺地進行效仿。也就是說，卓越的領導者不是把組織的價值觀和制度強加於人，而是通過自身的倫理修煉和道德修養為被領導者樹立榜樣，讓被領導者自覺地克制個人的慾望和情緒，為組織目標的實現自發地開展合作，實現整個組織的共同發展。

（4）領導者的激情和挑戰。激情是緣於人們對事物的強烈興趣與熱衷的表現。挑戰是個人敢於面對壓力與困難的一種能力。激情與挑戰在領導實踐中具有重要作用。領導者的激情包括對工作的激情、對人的激情和對組織目標的激情。富有激情是成為一個真正的領導者的先決條件。它為領導者提供了堅持目標的動力，建立了一種表達對人們的熱愛與關懷的環境，點燃了領導者為更偉大的目標而努力的熱情。領導者富有激情，成為一種榜樣，使被領導者以領導者為目標，不斷地學習，起到了感召與吸引的作用。挑戰是激情的產物。領導者往往走在時代前面，勇於和敢於迎接挑戰。大多數領導者總是樂於尋求富有意義的挑戰，希望做的事情能夠挑戰自己的能力極限。領導者正是不斷地迎接挑戰，才使整個團隊擁有不竭的前進動力。領導者都是在面臨巨大阻力的時候能鼓動被領導的人。領導者應當不斷地增強自己的挑戰意識，在競爭中提升自己的凝聚力，在應對危機中形成自己的獨特風格。

（5）領導者的智慧和閱歷。智慧是指人們對事物認識、辨析、處理的能力，即人認識客觀事物並運用知識解決實際問題的能力。閱歷是指一個人的生活經歷與見識。領導者往往具有超常的智力。智力是知識內化的產物。領導者通常都擁有廣博且結構合理的知識，這些知識累積是領導者各種能力發展的基礎，也是領導者智慧的源泉。領導者的智慧也來自於領導實踐。領導者大都具有豐富的閱歷，在各種情境（順境和逆境）中經受過鍛煉，不僅知

其然，也知其所以然。

感召力更多的是一種內在的東西。領導者通過自身的內在素質與外在素質的培養與修煉，形成一種很強的吸引力。一個成功的領導者，只有擁有強大的感召力，才能一呼百應，吸引更多地被領導者。感召力不是孤立的，它與前瞻力、影響力、決斷力和控制力等主要的領導能力緊密聯繫在一起。因此，領導者只有在領導實踐中不斷地提高和整合這五類能力並創建相關的知識體系，不斷提高自己的領導力，才能勝任領導角色的要求，從而率領組織實現共同目標。

(三) 影響力

領導者的中心工作是通過影響被領導者來實現組織的目標，其影響力的大小和範圍直接決定著領導能力和成效。實證研究也證實了領導影響力的重要性，據美國哈佛大學教授、著名領導學家約翰·科特對有關組織的高級領導人進行的深入研究表明，在組織領導者面臨的諸多挑戰中，如何強化對他人的影響力至關重要。影響力是領導者通過各種手段、途徑、方法、技能和藝術來積極主動地對追隨者施加影響並改變其信念和行為的能力或能力體系，是一種軟約束力。

1. 領導影響力的範圍

影響（Influence）是指最廣泛意義上的權力，往往與領導力有關。廣義的影響包括以通常的方式（如改變滿意度或績效等）改變他人的能力和促使他人採取行動的能力。影響力（Influence Power）是指一個人用以影響另一個人的能力，這種影響使後者能夠根據前者的意願來做事。

雖然不同學派和不同的研究者對影響力的範圍與界定在認識上存在著一定的差異，但他們都認為領導者的行為對單個或成組的追隨者的心理反應有著最直接的影響。追隨者的態度、情感、感受、動機和期望都會隨領導者的表現而改變。追隨者對組織和工作的滿意度、組織忠誠度、工作動機、工作壓力以及團隊凝聚力，都與領導者影響力水準的高低密切相關。

2. 影響力的內涵與構成

從影響力與權力的區別出發，中國一些學者認為，領導影響力分為權力影響力和非權力影響力。其中，權力影響力是由社會賦予個人的職務、地位和權力而形成的，帶有法定性、強制性和不可抗拒性，為領導者所僅有。非權力影響力是以領導者個人的品德、才能和學識為基礎而形成的，主要包括品格、才能、知識、感情四個因素。學者解華認為，情感溝通、關係協調和激勵作用構成了柔性化領導影響力的基礎。

從領導者影響力決定因素的角度，學者馬洪波認為，主觀上領導者首先

要有進行領導的願望，願意在廣大的範圍內影響別人，希望贏得更多的追隨者；要在行動上熱情宣傳自己的主張，盡力說服他人；在個人自信心的基礎上追求權力和成就，而且樂於主動提高領導能力和領導藝術。

綜上所述，決定領導影響力的主要因素包括：①動機；②利益；③關係；④權力；⑤溝通。

3. 領導影響力模型

要有效地實現對追隨者和利益相關者的影響，需要在若干方面做出努力。美國學者 Howell & Costley 在其《有效領導力》一書中認為，領導是領導者通過外顯行為作用於追隨者的心理反應，從而影響追隨者行為的過程（見圖10-2）。

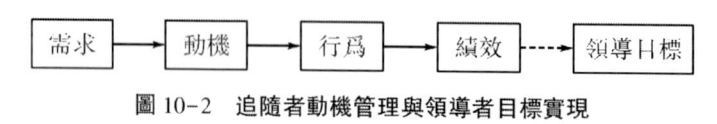

需求 → 動機 → 行為 → 績效 ---> 領導目標

圖 10-2　追隨者動機管理與領導者目標實現

從圖 10-2 可以看出，追隨者的需求決定其動機，動機決定行為，行為產生績效，而領導者所確定的目標就是通過追隨者的績效來體現的。就此而言，影響追隨者的根本是影響或改變其需求和動機。但僅僅影響追隨者的動機還不夠，追隨者的行為對於領導者目標的實現更為直接，而利益交換、情感交流、權力機制、溝通方法等都是影響追隨者行為的有效途徑，因而所有這五個要素就構成了領導影響力模型，如圖 10-3 所示。

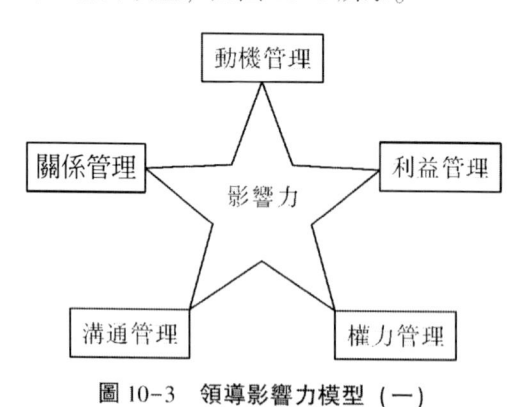

圖 10-3　領導影響力模型（一）

借鑑 Chapman 和 O'neil 的領導力公式，領導影響力各要素的關係可以用以下公式表示：

（1）動機管理。動機是行為的原因，是決定行為的內在動力。從心理學的角度講，動機被認為是一種反應了個體對不同刺激作出反應的仲介變量。動機作為個體面對外界刺激採取行動的仲介，其種類和強度的變化將直接引

第十章　常用的領導行為風格模型

起行為與行為結果的變化。

　　已有大量研究證實，在同樣的訓練、經驗、能力、技術以及環境條件下，動機水準的差異決定了人的任務操作成績的優劣。人作為有思想、有感情的高等動物，其動機非常複雜。動機的種類繁多且彼此交疊，在同一時刻，個體可能有一個壓倒性的動機，也有可能是若干矛盾的動機同時起作用，從而在行為上表現為兩難或茫然。領導者對追隨者的動機施加影響，實質是期望通過外在推動與追隨者的內在動機的共同作用，影響或改變追隨者的動機。正因如此，只有瞭解和掌握了追隨者的動機模式與結構，才能預測影響的結果。動機的複雜性使得這一任務變得困難，但是也使其影響方向和角度變得更加具有靈活性。

　　影響是一系列改變被影響者心理過程的行為，其邏輯起點是瞭解被影響者原有的心理狀態。在組織領導過程中，明確利益相關者內在動機的狀態，是施加影響的先決條件，也是影響的起點。只有在洞悉了利益相關者的內部動機結構以後，才能因勢利導，將其個人動機與組織目標相結合，實現領導目標。

　　（2）利益管理。利益管理的核心在於激勵，是從結果的角度對被領導者和利益相關者的影響。激勵的本質是激發並維持被影響者的行為，是運用物質和非物質手段實現影響的策略。

　　對於領導者來說，可以使用組織內的獎懲體系以及非金錢方式管理被領導者和利益相關者的利益，從而實現對其的影響。薪酬和獎勵是人們在工作中獲得認可的主要體現方式，越來越多的人將所獲得的金錢報酬當作衡量自身價值的一種手段。除了正式獎勵以外，表達獎勵的方式還有口頭認可及頒發證書或獎章及其他有形的禮物等，許多研究已經證實這些獎勵方式確實有影響力，而且有無限的利用潛力。近年來，內在的獎勵方式，即工作本身帶來的獎勵，如工作意識、創新機會和工作本身的挑戰性等因素也越來越受到重視，在提高工作滿意度、奉獻程度、耐力程度以及績效水準等方面，這種獎勵方式遠比增加薪水和附加福利重要得多。

　　（3）關係管理。美國領導學家約翰・科特對數位卓有成效的領導者的研究表明，擅長處理與上級、同事、下級以及組織外各類有關人員的關係，是成功領導者成功的必要條件之一。關係管理是實施影響力的重要手段，關係管理通過建立和發展組織內外部追隨者和利益相關者的關係，為工作奠定基礎，贏得認同和支持。

　　建立關係的關鍵是信任，人們往往願意追隨自己所喜歡和信任的人。而信任的建立是雙方的，在得到別人的信任之前，領導者首先需要信任別人。

缺乏信任的關係會停留在謹慎和猜疑的低水準上。領導者往往通過勇於表達自我，也善於鼓勵別人，從而與追隨者建立相互信任的關係。

支持型領導理論詳細闡述了關係管理在形成領導影響力中的重要作用。支持型領導關心下屬的身分地位、健康幸福和需要，用理解和體貼的態度對待下屬，鼓勵下屬在職業生涯中獲得進一步的發展。這樣的領導者往往樂於向下屬表達信任和尊重，從而提升他們的自我價值感和重要性。研究證實，這樣的領導行為是有效的，因為它滿足了人們對於讚賞、尊重和發展的需要。這樣的領導行為也提高了員工的凝聚力、合作關係和情緒健康水準。在著名的密歇根大學的領導行為研究中，這樣的領導行為被稱為「關係導向型行為」。相當多的領導學研究顯示，組織成員之間的關係（包括上級和下屬之間的關係以及下屬之間的關係）與組織的競爭力、學習能力和組織績效有密切的關係。實證研究顯示，高關係團隊的平均生產率是一般群體的3倍。這也說明了關係管理的重要性。

（4）權力管理。權力是影響他人的潛在能力。定義中「潛在」的含義，是指在某些情況下只需展示權力就能產生影響效果。權力管理涉及理解權力的來源、建立牢固的權力基礎、權力的使用以及授權等幾個方面的內容。成熟的領導者善於根據影響對象以及當時的環境條件而選擇性地使用某一種或某幾種權力。

在領導職業生涯早期，建立穩固的權力基礎是保證領導者今後工作有效性的基礎，也是權力管理的重要組成部分。約翰·科特認為，要成為稱職的領導者，應該在職業生涯早期就開始將建立權力基礎放在中心任務的位置上。為完成這一任務需要在5個方面進行努力：累積相關信息、建立合作關係、提升個人技能、控制重要資源、建立突出業績。在這一過程中，機會的把握非常重要。權力的有效使用是一個通過學習而掌握的行為模式。具體權力策略的選用，受到領導者的相對權力、領導者試圖影響他人的目的、領導者對於被影響者服從他的程度的期望以及組織的文化特點的影響。領導者可選擇的權力策略的種類及其使用策略的技巧直接影響到其權力的有效性，因此提高領導者的權力策略技巧是提高其領導效力的途徑之一。

領導者進行權力管理的實質，是在瞭解自身權力來源的基礎上，建立穩固的權力基礎，熟練掌握權力策略使用技巧，並根據實際情況，通過培訓和教育，幫助下屬在一定範圍內建立和使用權力以達成組織目標的過程。

（5）溝通管理。領導過程從某種意義上講是一個溝通過程，是一個建立關係的互動過程，是瞭解動機、瞭解利益和實施領導的過程。在溝通中，領導者通過與被領導者心靈的碰撞和觀點的融合，使得有效領導成為可能。有

效溝通是影響力得以達成的基本方式，溝通是建立關係的手段和方式。約翰・科特對領導者時間使用模式的研究發現，卓有成效的領導者把 70% 的工作時間用於與他人面對面的溝通。

溝通不是單向的，領導者的傾聽和反饋也是溝通的重要組成部分。良好的傾聽是卓越領導者的一個重要特點。在傾聽中，領導者獲得的不僅僅是信息，還有被領導者的感覺和思想，這是瞭解被領導者的動機和需求的關鍵。反饋會極大地提高人們的工作效率，清晰的目標和詳盡的反饋能使人們進行自我校正，並煥發出進一步付出努力的熱情。而且個性化的反饋能夠在領導者和被領導者之間建立起信任。

在領導影響力模型中，對被領導者和利益相關者現有心理狀態的洞察和瞭解是影響的基礎。在此基礎上，各利益相關者的興趣點、各方利益交換相互需要，以及各利益相關者的依賴對象、共同利益者、合作與競爭夥伴、公共關係等社會網絡是影響的制約條件。而鞏固與使用權力以及有效的溝通與激勵是實現影響的直接手段。

（四）決斷力

領導決斷力是指領導者快速判斷、選擇、執行及修正決策方案的一種綜合能力。從某種意義上講，領導過程是由一系列決策或決斷活動所組成的，決斷的正確與否關係到領導活動的成敗。當機會或危機來臨時，如果不敢決斷、不善決斷，或決斷不當，就會給組織帶來不可估量的損失。敢於決斷、善於決斷是作為領導者的必要條件。被譽為全球第一 CEO 的美國 GE 公司前總裁杰克・韋爾奇就把決斷力推到無比重要的位置。在他的《贏》一書中，他這樣闡述：「決斷力即對麻煩的是非問題做出決定的勇氣。」

1. 領導決斷力的內涵

決斷力是各種領導力論著的重點研究內容之一。這裡探討的領導決斷力是在戰略方向和戰略目標確定的前提下，對戰略實施中的戰術性、階段性問題的決策能力。領導決斷力最接近的替代詞是領導決策力，即制定各種可行解決方案並從中選擇和執行最佳方案的全部活動過程。

中國學者蔣躍勇等在《領導決斷力》一書中認為，領導決斷力就是領導者（個人或集體）堅決地做出最後定論的能力。王革非等認為，決策力是決策時的思維能力，思維能力的構建過程就是決策能力的形成過程。唐福坤認為，領導決斷力就是領導從多種方案中選擇和優化解決方案的綜合能力。劉峰認為，領導決斷力是一種具有攻擊性、快速性、複合性、實戰性與靈活性的綜合能力。

關於領導決斷力的內涵，蔣躍勇等同志認為，領導決斷力涉及 5 個基本

要素：一是「的」，領導決斷的方向；二是「境」，對客觀形勢的評估；三是「時」，時間把握；四是「機」，決斷切入點的把握；五是「具」，決斷過程中可利用的手段和條件。

尤元文的《現代領導決策方法與藝術》對領導決策的基本方法及藝術進行了探討。他認為，領導決策是針對問題或願景，制定各種可行解決方案，選擇並執行最佳方案的全部活動過程。孫錢章等在其《新領導力全書》中比較詳細地介紹了領導決斷中的謀勢、謀時以及領導決斷需要注意的問題。

對上述學者的研究結論進行歸納，可以得到領導決斷力的 5 個要素：一是決斷收益或決斷目的，如蔣躍勇、劉峰等談到了「目的（或收益）」；二是決斷風險，如劉峰等都提到了「風險」因素；三是決斷資源，如孫錢章、賈樹海等就明確提出要分析「決策資源」；四是決斷時機，幾乎所有研究者都強調「決策時機」的重要性；五是決斷方法，如蔣躍勇、尤元文等講到了「決策工具」，賈樹海等則討論了信息能力和思維能力。雖然上述學者也談到了其他因素，但基本上可以納入這 5 類要素中。

因此，領導決斷力可以定義為：在一定的資源條件下，領導者綜合權衡決策風險、決策收益和決策時機，利用合理的方法和手段，在若干可能的備選解決方案中選擇最優方案的綜合能力。在此，「決」是指運籌，是對目標及其行動方案的尋找、提出和分析論證過程；「斷」則是對目標及其行動方案的選擇判斷過程。

2. 領導決斷力的要素與模型

領導決斷力是領導者在戰略目標確定的前提下對戰術性問題的決策能力。從理論層面分析，領導決斷力是由決策收益、決策風險、決策方法、決策資源、決策時機等因素決定的，這些關鍵要素就構成了領導決斷力模型。

借鑑 Chapman 和 O'neil 的領導力公式，領導決斷力各要素的關係可以用以下公式表示：

$$領導決斷力 = \sum \begin{Bmatrix} 決策收益 \\ 決策風險 \\ 決策資源 \\ 決策時機 \end{Bmatrix} \times 決策方法$$

在領導決斷力公式中，收益（或效益）是決策的目標，資源、風險是決策的空間約束條件，時機是決策的時間約束條件，方法是決策的智力約束條件。在這 5 個要素中，特定組織的收益、風險、資源和時機對於該組織的所有決策者而言都是客觀存在的，但由於不同決策者在決策的每一環節可以採用的決策理論、決策方法和決策工具可能不同，對資源的分析、對風險的認

第十章　常用的領導行為風格模型

識就可能不同，對時機的把握、對目標的認定和修正也可能不同，從而決斷的效率和效果也不同。也就是說，決策方法可以放大決斷的效果，是領導決斷力五要素中最關鍵的要素。

領導決斷力是在領導者的決斷實踐中形成與發展起來的，領導決斷過程通常蘊含著領導決斷力的構成要素。根據美國領導學學者 Chapman 和 O'neil 的研究，一般的領導決斷流程主要包括以下幾個方面：①明確目標和結果；②資源約束分析；③可行方案的落實；④決策方法的選取；⑤選擇並確定最優方案；⑥果斷地宣布決斷方案；⑦監控決斷是否被完全貫徹。可以看出，目標和結果對應決策收益，資源約束對應決策資源，可行方案對應決策風險，最優方案選擇與宣布對應決策時機，決策方法和決斷執行過程的監控等對應決策方法。這 5 個要素及其相互關係就構成了領導決斷力模型（見圖 10-4）。

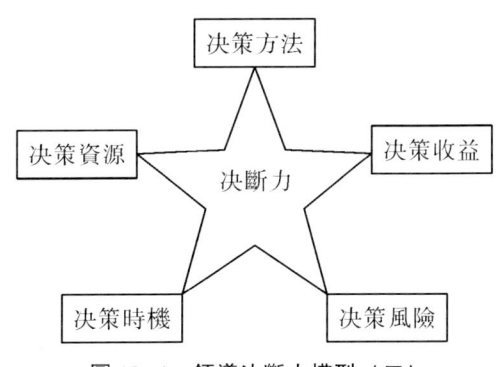

圖 10-4　領導決斷力模型（二）

敢於決斷、善於決斷是成大事的首要前提。正所謂「當斷不斷，反受其亂」。一個優柔寡斷、瞻前顧後、行動遲緩的人，無法領導一支隊伍，更無法打勝仗；而一個武斷盲從、喜歡逞匹夫之勇的人，同樣無法贏得勝利。唯有準確判斷、快速決斷、果敢行動的人，才能把握制勝權。

（1）決策方法。面對複雜的問題，在決斷風險、決斷資源和決斷時機等約束條件下，利用好的決策方法、工具和理論來分析、判斷、決斷問題，使組織收益最大化，是領導決斷的關鍵。無數的事實和經驗證明，採用正確的決策方法和工具，能指引各項領導活動順利開展；採用錯誤的決策方法和工具，會招致重大的損失和挫折以至整個事業的失敗。領導者在決斷時離不開先進的決策理論、方法以及決策工具的支持。

決策理論的發展大致經歷了統計決策理論、多目標決策理論、群決策理論、模糊決策理論、集成決策理論等幾個階段，並相應地提出了許多決策方法。決策方法一般可分為定量決策方法、定性決策方法以及定性與定量相結合的決策方法等三類，如成本效益分析法、資源分配法、關鍵路徑法

（CPM）、經驗判斷法、試驗法、決策樹法、程序法、智力激勵法、隨機決策法、危機決策法、預測法、模擬法、調查研究法、頭腦風暴法等。隨著信息處理、數據存儲與檢索手段的進步以及決策模型的日臻完善，領導決策的方式發生了巨大的變化。管理信息系統、決策支持系統、人工智能系統、知識管理系統等智能化信息系統決策工具的出現，使得決策過程變得更加方便、智能、準確、快速。

（2）決策收益。決策收益是領導者進行戰術決策時期望達到的目標，可以簡單地定義為決策過程所獲得的效用。不同類型組織的收益有不同的分類和度量方式，如企業的重要收益目標包括利潤、市場份額、品牌價值、聲譽、顧客忠誠度等；科研組織的重要收益目標包括科技成果、科技成果轉化、人才培養、公共服務等。任何決策都有收益目標，當收益出現偏差時，領導者應當立即著手去分析問題所在，為盡早決策提供參考依據和線索。

收益目標要盡可能具體化，主要方法有解釋、分解和量化三種。解釋方法主要是通過對收益目標的含義、意義進行闡述、說明、定義，使其具體化；分解方法主要是通過把一個過於抽象、難於直接實現數量化的總目標，層層分解為若干個便於數量化的子目標；量化方法主要是通過對決策目標規定明確的數量界限，使其具體化。

領導決斷要對收益進行預測，預測的方法可分為定性方法和定量方法。定性的方法有頭腦風暴法、問卷調查法、經驗判斷法等；定量的方法有很多種類，如時間序列模型法、迴歸模型法、指數平滑法等。

（3）決策風險。領導者在決策實施前後可能會面臨各種不確定因素，這些不確定因素就稱為風險。決策風險大致有政策風險、市場風險、技術風險、競爭風險、業務風險、管理風險等幾類。為了實現決策目標，領導者必須權衡風險和收益，在一定的風險下實現目標收益最大化，或者在一定的收益水準下實現風險最小化。決策風險會給決斷過程帶來許多困難和意想不到的後果，要制定相應的風險管理預案。

一般來講，風險管理的基本步驟包括風險識別、風險評估、風險控制、風險防範等。風險管理策略主要有四類：規避風險策略、防範和控制風險策略、承受風險策略、轉移風險策略。不管採取哪一種策略，在運用過程中，應根據具體情況進行定期或不定期的檢查和調整。風險識別與風險評估可採用一些定性方法或定量方法。定性方法主要包括個人判斷法、頭腦風暴法以及德爾菲法等；定量方法主要包括歷史模擬法、蒙特卡洛模擬法以及時間序列法等。其他一些經驗方法還包括流程圖法、資產財務狀況分析法、投入產出分析法、背景分析法、分解分析法、失誤樹法、保險調查法、事故分析法等。

第十章　常用的領導行為風格模型

（4）決策資源。決策資源是領導決斷的重要約束條件，分析資源、在現有資源條件下進行決斷，是領導者必備的素質。通常所說的資源主要包括人力資源、財力資源、物力資源、時間資源、空間資源、技術資源、管理資源、信息資源以及關係資源等。決策資源是決策最優化的約束條件，不能有效地分析資源環境，就不可能實現資源最優配置，也就不可能制定最優決策。

資源約束分析是決策的先決條件。資源約束分析時一般要考慮三個方面的問題：市場或實際的需要，組織的自身能力，競爭對手的狀況。此外，領導者在決斷時要會造勢和謀勢，對各種資源格局及其能量有清醒的認識，以便形成明智的決斷。

（5）決策時機。時機是指領導決斷的時間和切入點。對決策時機的把握反應了一個領導者的決斷力，尤其是在組織面臨危機時的緊急決策，更需要決策者具有高人一籌的決斷能力。時機稍縱即逝，而決策者的優柔寡斷往往是造成錯過時機的主要原因。領導者對時機的把握關鍵在於分析內外部的資源條件，內外部條件成熟時應該當機立斷，及時進行決斷。過早決斷可能會出現混亂，過晚決斷可能會失去意義和作用。只有恰逢其時，當機立斷，才能體現出領導決斷力的水準。

（五）控制力

領導控制力是一種綜合能力，具體體現為領導通過確定和塑造價值觀、倡導或制定規範、選拔和監督幹部、預防和解決衝突以及處理和利用信息來保障組織依照既定目標運行和發展，進而實現領導目標的能力。其重要性不言而喻。

1. 領導控制力的範圍

早期的一些領導學文獻把領導過程視同為控制過程，美國的幾位領導學學者就先後表述過這樣的觀點。例如，Bundel 認為「領導是一種使他人按自己的意圖行事的藝術」；Benis 認為「領導是行為人使下屬按照期望方式行動的過程」。Stogdill 則認為「領導是在設立和實現目標的過程中影響群體活動的過程」。顯然，這些學者都把領導看作是控制組織成員（追隨者）或組織活動的過程。

與領導控制力相關的概念包括領導職權和權威。許多文獻中定義的職權和權威暗含下級服從的意思，領導擁有職權或權威就構成對下屬的控制。例如，中國學者蒙林堅認為「領導權威來源於服從，服從才能產生權威，權威是解決問題、實現有效領導的保證」。美國學者 Grimes 區分了職權（Authority）和權力（Power）的概念：職權表現為組織成員在共識基礎上自願遵從，與組織目標一致；權力則不一定得到組織成員的自願遵從，且往往

朝向領導者的個人目標。

領導控制力與駕馭能力有關。比如中國學者張福輝等認為，領導駕馭力「就是指領導個人或群體管人、帶隊伍，並使他們服從自己的意志而行動的能力」。其內涵的基本要點由領導者、被領導者、行動目標和行動控制構成。

綜上所述，國內外學者對領導控制力的認識還是比較一致的，即領導控制力是指領導者通過控制組織成員、組織活動或組織戰略實施過程來實現組織目標的能力。領導控制力包括權力、權威、駕馭能力、戰略控制能力和一定的社會控制能力等，但又不限於這些能力。

2. 領導控制力的內涵和構成

領導控制力的內涵和構成是深入研究領導控制力不可迴避的問題。中國學者張維新等在其短論中簡略地論述了控制的三種方法：建設領導班子、抓重點、通過集思廣益進行決策。王安平在其專著《領導控制論》中提出領導控制要運用四種手段，即組織手段、法律手段、經濟手段和精神手段。其中，組織手段是指「對被控對象具有約束功能的各種組織形式、組織規範、組織措施、組織指令的集合」。程雄等則認為，領導控制要運用三種手段即「組織控制、制度控制和文化控制」，要關注四個環節即「決策、實施、監控、反饋」。其中，組織控制主要運用組織規範，制度控制則是指法律法規等，文化控制則是指信仰、風俗、習慣等。

戰略學者則從戰略領導角色出發探討了領導的戰略控制。比如美國學者Hitt認為，「通過戰略控制的有效運用，戰略領導人就更可能使公司從精心制定的戰略中獲益……有效的組織控制為戰略領導提供了一個基礎邏輯，注意力集中在至關重要的戰略事項上，它支持競爭性的文化並提供一個實現公司戰略意圖的舞臺」。

綜合上述觀點可以發現，領導控制主要關注以下幾個方面：價值觀，如「精神手段」「信仰系統」屬於價值觀等信仰範疇；規範，如「法律手段」「制度控制」「邊界系統」屬於規範的範疇；幹部，如「建設領導班子」屬於幹部隊伍建設的範疇；衝突，如「解決矛盾」屬於衝突的範疇；信息，如「戰略控制」和「診斷系統」屬於信息的範疇。

3. 領導控制力的要素與模型

日本社會學家橫山寧夫認為，所有社會控制均可以分為強加於人的外部控制和自發進行的內部控制。借鑑橫山寧夫的分類，領導控制力的5個要素也可以分為內部控制和外部控制兩種類型。其中，價值觀是純粹的內部控制，任何領導者都無法把價值觀強加給他的追隨者，領導者只能吸引那些認同自己或本組織價值觀的追隨者，領導者需要隨時瞭解追隨者和組織情境方面的

第十章　常用的領導行為風格模型

信息來實現控制；幹部是一種特殊的控制要素，作為領導者延伸的幹部隊伍對於追隨者而言是一種外部控制，但幹部隊伍首先要實現自我的內部控制才能勝任領導者賦予的重任；規範和衝突最初都是內部控制，但領導者可以通過引導、說服、教育、激勵乃至強迫等方式把規範和衝突轉化為追隨者自身的內部控制。這5個要素的相互聯繫就構成了領導控制力模型（見圖10-5）。

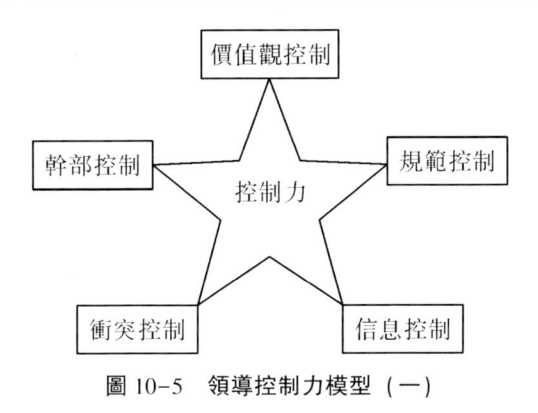

圖 10-5　領導控制力模型（一）

借鑑 Chapman 和 O'neil 的領導力公式，領導控制力五要素之間的關係也可以用公式表示如下：

$$領導控制力 = \sum \begin{Bmatrix} 規範控制 \\ 幹部控制 \\ 衝突控制 \\ 信息控制 \end{Bmatrix} \times 價值觀控制$$

在上述模型中，價值觀控制作用的對象是人的想法、意識和思想，它告訴組織成員什麼是最重要的，是一種價值取向控制；規範控制作用的對象是人的行為，它告訴成員應當做什麼、不應當做什麼，是一種邊界控制；幹部控制是價值觀控制和規範控制的延伸，是領導者通過那些接受組織價值觀和規範的幹部對為數眾多的追隨者進行控制的一種方式，屬於一種人際控制；衝突控制作用的對象是組織成員或幹部隊伍之間的衝突，屬於一種組織控制；信息控制作用的對象是有關組織成員、幹部隊伍和組織情境等方面的信息，是其他控制方式的基礎，屬於一種反饋控制。其中，價值觀控制和規範控制屬於事前控制，衝突控制屬於事後控制，幹部控制和信息控制屬於過程控制。

（1）價值觀控制。價值觀是社會成員用來評價行為、事物以及各種可能的目標中選擇自己合意目標的準則。有效的領導者能根據組織戰略，通過人們的行為取向及對事物的評價來影響組織成員的價值觀，進而為組織服務。

（2）規範控制。規範在《辭海》中被釋為「標準、法式」，可借以效法的標準。規範通常包括法律、制度、紀律以及社會或組織認可的行為模式、

習俗等。規範控制就是領導通過法律、習俗、制度等的宣傳來規範組織成員行為的能力。其中，法律由國家制定，是由國家政權強制實施的行為規範的總和；制度通常是由組織制定並要求組織成員遵守的限制和指令；紀律是國家機關或社會團體為它自己的成員規定的行為準則。紀律、制度和法律都是以服從和強制為前提的。習俗則是人們在集體生活中通過互助和模仿逐漸形成並共同遵守的風俗、習慣。組織成員違背規範往往意味著要接受精神的或物質的懲罰。

領導規範控制能力主要表現為領導制定規範和促使成員服從規範並把規範內化的能力。在眾多規範中，最需要領導關注的是組織制度，主要包括業務運轉制度和行政管理制度兩大類。制度的理論基礎是需求理論和行為控制理論，如馬斯洛的「需求層次理論」、阿爾德弗的「生存、關係、發展理論」、赫茨伯格的「雙因素理論」、麥克利蘭的「成就需要理論」以及弗魯姆的「期望理論」和「公平理論」等，這些都有助於組織制度的制定和調整。

規範的內化是一種更高的境界，內化的過程就是個體將外部的要求轉化為個體內部的需要，並經常在行為活動中表現出來的一個複雜的動態發展過程。規範本來是一種外在的要求，經過內化後，便成為組織成員的行為準則，組織成員會自覺地甚至是無意識地接受和遵守組織規範。規範內化過程需要領導富有耐心、講求方法、以身作則、經常性地溝通和教育，促使組織成員轉變思想認識，從內心真正接受和維護這些規範。

(3) 幹部控制。幹部控制是指領導任命和合理使用德才兼備的、能夠貫徹組織意圖的幹部的能力。幹部控制的關鍵在於選人、育人、用人和管人。只有選對了合適的人，才能順利完成組織目標。

(4) 衝突控制。加拿大學者 Josvold 認為，衝突是指個體或組織由於互不相容的目標、認知或情感等因素相互作用的一種緊張狀態。衝突控制則是指領導採取措施防範和消除衝突的負面影響，同時利用衝突的積極作用來加強控制的過程。衝突是普遍存在的，根據美國管理協會進行的一項調查，接受調查的一些首席執行官、副總裁和中層經理感覺，至少花費了 24% 的時間來解決衝突，而且感到衝突解決的重要性比 10 年前更大了。

(5) 信息控制。信息控制是領導通過獲取並分析追隨者和領導情境的信息以維持或調整領導行為與結果的能力。領導者通過控制信息的公布時間、範圍等因素來影響組織成員行為，進而調動組織成員的積極性，推動組織目標的實現。領導力五力模型是作為領導學研究對象的一般領導者的領導能力的概括。在現實的領導實踐中，只有傑出的領導者才能夠在全部五種領導能力方面都達到極高的水準，真正實現領導者的全面發展。對大多數領導者而

第十章　常用的領導行為風格模型

言，他們也都擁有全部五種領導能力，但他們的領導能力發展不夠均衡，在某種或某幾種領導能力方面存在薄弱環節，用管理學中的「短板原理」來說明，也就是存在領導能力的「短板」。如果不能夠突破這些「短板」從而實現領導能力的全面均衡發展，他們就較難駕馭和成功領導更大規模或更複雜的組織。領導力五力模型是理論歸納和推導的產物，究其根源而言，領導力五力模型還是來源於各類領導者的領導實踐。

第十一章　知名企業領導力模型分享

一、通用電器（GE）的「4E」領導力模型：讓每個員工發展自我

通用電器（GE）是一家多元化的科技、媒體和金融服務公司，產品和服務從飛機發動機、發電設備、水處理和安防技術，到醫療成像、商務和消費者融資、媒體以及高新材料，客戶遍及全球100多個國家，擁有30多萬名員工。在GE，領導力發展的系統和文化久遠，可以說，該公司已經把領導力發展當作戰略發展的一個側面，而並非一般意義上單純的人力發展。經過長期的累積，通用電器形成了「4E」領導力模型（鞠偉，2007）。

（1）「Energy」活力，即巨大的個人能量。對於行動有強烈的偏愛，干勁十足。意味著不屈服於逆境，不懼怕變化，不斷學習，積極挑戰新事物的充滿活力的人才。

（2）「Energizer」鼓動力，即激勵和激發他人的能力。能夠活躍周圍的人，有堅定的意志與注意力，還要有清除障礙的勇氣。

（3）「Edge」銳力，即競爭精神、自發的驅動力、堅定的信念和勇敢的主張。

（4）「Execution」實施力，即提交結果，能夠將構想與結果聯繫起來。將構想變成切實可行的行動計劃並能夠直接參與和領導計劃的實施。

隨著通用電氣規模的不斷擴大，該公司針對不同的職能部門制訂了不同的領導力培養計劃，以適應不同的工作能力和專業背景要求。每一個加入領導力培養計劃的GE人，都能根據今後不同的工作分工，獲得相應的培訓機會，並且可以在GE內部進行輪崗，以幫助他們最大限度地發掘潛能和找準定位。GE從1990年開始推廣全球的領導力培養計劃，幫助GE全球的30萬名員工開發領導力思維，形成了GE管理產生競爭力的局面。GE高層管理者認為，「每個GE的員工都能從『過去』中學習到知識，但是他們也顯示出了對於過去適當的不尊重」「他們能夠不被過去所拖累因而更好地適應現在」。在人力資源管理上，GE可以讓不稱職的人下崗，而以新鮮的血液來充實整個團

第十一章　知名企業領導力模型分享

隊（趙瑩，2006）。

GE 的領導力開發選擇了有效的方法，如領導者兼教師、行動學習、輔導、個性化學習等。

杰克·韋爾奇是「領導者兼教師」的傑出代表。杰克·韋爾奇從不在克羅頓威爾管理開發中心發表長篇演講和牧師般的說教，他喜歡與學員進行公開而廣泛的交流，他要幫助所有的人取長補短。在這種交流過程中，杰克·韋爾奇也從學員那裡獲得了自己需要的東西，豐富了自己的想法。可以說，他以後提出的「工作外露計劃」和「無邊界組織」概念直接源於他的教師身分。其實，杰克·韋爾奇已經擴展了「領導者就是教師」的內涵：領導者不但是教師，負有培養其他領導者的責任；同時，領導者也是學生，本身也需要學習。只有這樣，才能保證在教學互動過程中實現教學相長，在雙向交流過程中不斷進步（任長江，2004）。

通過構建領導力模型並實施領導力開發，GE 公司取得了成功。其最重要的經驗是：①為了充分發揮領導力開發的作用，領導力建模與開發要與公司的發展戰略聯繫在一起；②把領導力開發當作撬動公司發展戰略、調整領導行為、促進公司變革的有力槓桿；③通過一些有效的方法，如行動學習、領導者兼教師、輔導等把領導力開發與公司業績緊密聯繫在一起；④領導力開發的成功離不開公司高層領導的支持和參與。

二、培養最佳管理者——美國 3M 公司的領導力建模與領導力開發

美國明尼蘇達礦業及製造公司（3M 公司）是世界著名的多元化跨國企業，在全球生產並銷售超過 6 萬個產品。涉及領域包括：工業、化工、電子、電氣、通信、交通、汽車、航空、醫療、安全、建築、文教辦公、商業及家庭消費品。3M 公司多次獲選成為最受推崇的企業，並且成為美國道瓊斯工業股票指數成分之一。2000 年 11 月，吉姆·麥克納尼成為 3M 公司首位外來董事長兼首席執行官。在公司為他舉辦的歡迎會上，吉姆·麥克納尼向與會者展現了他對領導力開發的熱情，他認為「6 西格瑪不僅能夠有效改善企業的業務流程而且也是領導力開發的有效方法」，由此吉姆·麥克納尼開始了 3M 公司的領導力建模及開發工作（任長江，2005）。

(一) 構築領導力開發的基礎平臺

1. 組建領導力開發小組

吉姆·麥克納尼要求把開發的焦點集中到高潛能領導者身上。3M 公司聘請了賓夕法尼亞州立大學的阿爾伯特·衛斯里博士和衛斯里合夥公司的諮詢

師作為外部專家，再加上3M公司的高級管理人員和人事部副總裁瑪格麗特‧奧得瑞吉及其領導的人力資源管理專家，組建了新的領導力開發專家小組。吉姆‧麥克納尼本人也是小組成員，發揮領導、協調和決策作用，外部專家為領導力開發提供重要的理論基礎，並為3M公司設計領導力開發方案；3M公司高管人員的合作、支持以及所提建議也起著重要作用；公司的人力資源專家負責日常協調工作。

2. 成立領導力開發機構

在吉姆‧麥克納尼到任的第三個月，他就開始把原來的研發培訓中心改造為3M公司的領導力開發中心，其目標是：成為具有現代化設施的交流教學中心，成為實施領導學習和開發項目的基地。這個中心距離總裁辦公室只有5分鐘路程，吉姆‧麥克納尼可以很方便地隨時光顧這裡，可以與公司的領導人在這裡停留更長時間。

3. 確定3M公司的領導特徵

吉姆‧麥克納尼對領導者提出了新的要求：①嚴格執行公司的戰略；②一貫以結果為導向；③建立快速反應的靈活性組織；④對緊急事件有著敏銳的判斷力；⑤能夠測度結果並對結果負責；⑥充分發展企業的規模和全球業績；⑦能夠改善公司資源配置的優先次序；⑧及時發現、開發和獎勵有潛力的領導人才；⑨掌握使公司獲取利潤的營運項目，如6西格瑪、全球採購、成本控制等；⑩能夠進行清晰和開誠布公的交流溝通。

在此基礎上，吉姆‧麥克納尼確定了一組簡單、明了、實用的領導特徵：①有清晰的目標和發展方向；②不斷提高工作標準；③有效激勵他人；④富於創新；⑤接受並執行3M的價值觀；⑥實現期望的工作。

(二) 建立領導力開發模型

在領導力開發小組召開的第一次會議上，阿爾伯特‧衛斯里博士就設計領導力開發計劃提出了兩點具體要求。①要避免陷入「項目設計陷阱」，即所設計的計劃只與具體工作有關，或者就是一些具體工作，與公司的戰略要求卻沒有直接聯繫。②要避免「領導邊緣化」傾向。一旦出現「領導邊緣化」，知名教員就成了明星，流行的開發方法和技術成了主角。儘管這樣的計劃會產生積極的、讓人滿意的表面結果，但是對企業文化變革和公司業績不會產生深遠影響。

在充分討論的基礎上，3M公司首先建立了完整的領導力開發模型，如圖11-1所示。

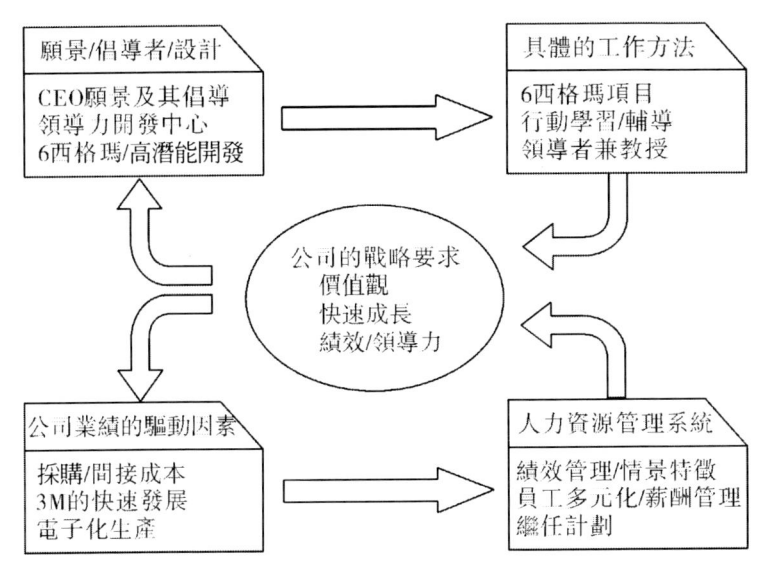

第十一章　知名企業領導力模型分享

```
┌─────────────────┐              ┌─────────────────┐
│ 願景/倡導者/設計 │              │ 具體的工作方法  │
│ CEO願景及其倡導 │   ═══════▶   │ 6西格瑪項目     │
│ 領導力開發中心  │              │ 行動學習/輔導   │
│ 6西格瑪/高潛能開發│            │ 領導者兼教授    │
└────────┬────────┘              └────────┬────────┘
         ▲                                │
         │      ╭───────────────╮         ▼
         │      │ 公司的戰略要求 │
         │      │    價值觀      │
         │      │   快速成長     │
         │      │  績效/領導力   │
         │      ╰───────────────╯
         │                                ▲
┌────────┴────────┐              ┌────────┴────────┐
│公司業績的驅動因素│              │人力資源管理系統 │
│ 採購/間接成本   │   ═══════▶   │ 績效管理/情景特徵│
│ 3M的快速發展    │              │ 員工多元化/薪酬管理│
│ 電子化生產      │              │ 繼任計劃        │
└─────────────────┘              └─────────────────┘
```

圖 11-1　3M 公司的領導力開發模型

　　從圖 11-1 可以看出，公司的戰略要求處於領導力開發模型的中心，這些要求也是設計領導力開發計劃的核心。這就保證了領導力開發計劃直接與公司願景和發展戰略相聯結，能夠加深領導者對公司戰略的理解，提高其執行公司戰略的能力，有效避免了「項目設計陷阱」和「領導邊緣化」傾向。領導力開發模型由兩個循環構成，上面的循環從公司戰略要求出發，把願景、倡導等與領導力開發計劃有關的要素與實施計劃的具體工作聯繫起來，下面的循環也是從公司戰略要求出發，把驅動公司業績提升的要素和人力資源管理系統聯繫起來。

（三）實施領導力開發促進計劃

　　3M 公司的領導力開發小組把模型具體化，並設計完成了領導力開發促進計劃（ALDP）。該計劃是一個促進高潛能領導者快速成長的計劃，它通過一系列方法，如課堂講授、團隊工作、行動學習、6 西格瑪、輔導等，增加領導者的領導經驗。由於基於行動學習的 ALDP 與公司業績提升活動，如全球採購、電子化生產、間接成本控制等有機結合在一起，領導力開發過程成為提升公司業績的過程，領導者獲得發展的同時，也促進了公司的快速成長。借助 3M 公司的領導力開發模型，ALDP 可以隨時得到相關的人力資源管理信息，如領導特徵、員工狀況等，ALDP 的結果對強化公司的人力資源管理，如績效管理、薪酬管理、繼任計劃等有著直接效果。針對 ALDP，吉姆·麥克納尼提出了明確的要求：①要使領導者在靈活性、快速變革和增加競爭力方面具有決定性優勢；②以支持企業成長為根本目標；③團隊所使用的工具和技

術要能夠解決 3M 公司的經營問題；④要使用 3M 公司經理人員自己開發的課程；⑤把公司的新理念，如倫理規則、創新、技術平臺、全球化經營融入開發過程；⑥加強領導技能培養，為勝任更高的領導角色做準備；⑦建立積極的、有助於開展業務的關係網絡。

參與 ALDP 的候選人由 3M 公司的經營委員會負責挑選，要經過吉姆·麥克納尼和人力資源部副總裁凱·格林斯審查，最終確定 40 名左右的領導者，以學員的身分參與 ALDP。從實施的角度來說，ALDP 是一個連續 17 天的領導力開發計劃。首先是一個為期 5 天的課堂教學，接下來是為期 10 天的行動學習，最後 2 天是聽取匯報、公開討論和深刻反思。對 ALDP 來說，領導者兼任教師、行動學習、個性化學習和輔導是決定其實施效果的關鍵因素。

1. 領導者兼任教師

ALDP 有 5 天的課堂教學。教師由外部專家和公司的高級領導人出任。3M 公司只從外部聘請少量教師，他們的任務也只占課堂內容的一小部分，主要是與學員一起討論所使用的材料、模型、分析工具，並就如何有效教學和陳述觀點提供輔導。3M 公司主要是讓自己的領導者兼任教師。這種方式保證了公司的高級領導人始終參與領導力開發過程，同時完善了領導觀念和磨煉了領導技能。吉姆·麥克納尼以身作則，親自參加每一堂課，向學員提問，也積極回答學員的提問。這種機會成為吉姆·麥克納尼瞭解公司情況、傳達公司信息、闡釋公司戰略和推動公司變革的良好平臺。

2. 行動學習

行動學習就是把公司面臨的真實問題提供給學員，讓他們以團隊的方式進行探討和研究，並提出他們的研究結果和行動建議。在 3M 公司，供學員研究的真實問題都是從高級管理者、戰略規劃部和其他部門收集來的，最終由吉姆·麥克納尼親自挑選和確定。每次都會選擇 3 個意義重大、讓 3M 公司大傷腦筋的問題分派給 3 個大型團隊，這 3 個團隊由 12~15 名學員組成。當他們接到問題時，他們要在教練的指導下把大型團隊分解成較小的任務小組，每一個小組解決一個子問題。當然，他們也必須把每個小組的工作結果進行有機整合，使之成為一個條理清楚、連貫一致、邏輯完美的行動建議。

在行動學習過程中，ALDP 實際上把學員轉變為了公司的內部顧問。學習結束後，每個團隊都要向吉姆·麥克納尼、3M 公司季度管理會、經營委員會和提出問題的職能部門匯報他們的發現。一般都會有建議被採納，並被落實到下一步的行動中。可見，行動學習給學員提供了實踐其原則、創意、想法的機會，也是他們實踐領導技巧、累積領導經驗、強化團隊技巧的機會。

3. 個性化學習

強調個人需要和個體特徵的個性化學習的理念基於以下認識：每個學習者所具有的個人需要、學習風格、個人經驗、知識的整合能力等因素各不相同。這就決定了學習者的學習方式各不相同。那麼，只有適合學習者的學習方式，才是最有效的。以個性化學習理念為基礎，ALDP 為領導者提供個性化的開發方法，讓他們最大限度地獲得與公司戰略要求相一致的個性化領導經驗，並逐漸增強個性化的領導能力。

ALDP 在以下階段具體體現的個性化學習理念：

第一階段，初步瞭解學員的開發需要。首先，當學員接到參加 ALDP 的通知時，他必須真實填寫一個 360 度績效調查表。然後參加 ALDP 預備會，會議的主要目的是幫助學員理解 ALDP 的重要性，熟悉公司的戰略與領導特徵。

第二階段，為每個學員指派教練，進行一對一的會談。一對一會談的目的有以下幾個：①審查 360 度績效調查表，根據績效評價的結果確定學員的個體特徵、個體領導風格；②根據以上信息，結合公司的戰略要求和領導特徵，確定學員需要開發的領域、範圍和方向。會談結束後，學員對自己的很多方面，如優勢與不足、個體特徵等有了更加清楚的認識，並找到了自己的發展方向以及有效的學習方法。

第三階段，個性化學習包含在為期 5 天的課堂教學中。在 ALDP 開始時，每個學員都要參加由 3~4 人組成的小組。小組成員要從改善領導力出發，積極為他人提供反饋和支持。學員也要在小組中進行自我剖析和積極傾聽，與其他隊員一起討論自己的績效評價結果、優勢與不足、發展方向等問題，共享各自的領導經驗。通過這些互動，團隊成員之間建立了相互信任、相互支持的友好關係，這種關係甚至會延伸到學習過程之外，一直伴隨他們的職業生涯。

第四階段，個性化學習發生在行動學習結束時。這時候，教練要推動團隊成員之間的反饋與交流。每個學員都應該與其他成員分享自己的成果，並把自己的發展機會與他人進行交流。教練也要對學員參加 ALDP 的情況進行 360 度績效評價，還要幫助學員完成一份反思性質的任務報告。報告要求學員認真思考通過參與 ALDP 學到了什麼，自己的下一步發展目標是什麼，發展方向在哪裡，以及如何把學到的領導經驗運用到工作崗位上。在學員回到工作崗位後，他的上級會收到一封信：要求他與學員進行面談，討論學員從 ALDP 中學到的經驗和教訓，審閱學員的 360 度績效評價結果，幫助學員建立新的工作目標，並形成新的個人發展計劃。

4. 輔導

輔導活動表現在以下方面：

（1）在行動學習過程中，教練要幫助學員建立行動學習小組並提供指導，還要和他們在一起討論各自的優勢以及個人的發展問題。

（2）召開個人輔導會。在會上，教練會向學員詢問問題的進展情況，學員要向教練提供反饋意見，以便在教練的幫助下進行改進。當然，教練也會在現場直接把意見反饋給個人。

（3）過程管理。教練會直接參與組建和重建任務小組的過程，並監督任務小組的工作進程，目的是讓團隊成員獲得更好的領導力開發，得到更好的發展機會。但是教練不會直接參與分析問題、解決問題的過程，這是學員自己的事情。可見，教練既意味著必要的袖手旁觀和冷靜觀察，也意味著積極對個人和小組提供反饋意見。

教練主要來自 3M 公司的職能部門，他們必須具有團隊培訓經驗並願意擔任教練，確保能夠積極參與 ALDP 全部過程，並有效開展工作。

吉姆・麥克納尼這樣評價該計劃：「3M 公司實施 ALDP 以來，這一計劃激勵了學員和公司的高級管理人員。它所採用的動態問題和互動模式使來自世界各地的領導者充滿活力。」

三、解讀 IBM 領導力模型，揭示大象跳舞的秘訣

在翰威特公司於 2003 年評選的美國企業「領導人才最佳雇主」名單上，IBM 名列榜首（IBM，即國際商業機器公司，1914 年創立於美國，是世界上最大的信息工業跨國公司，目前擁有全球雇員 30 多萬人，業務遍及 160 多個國家和地區）。而紐約《世界經理人》雜誌在 2002 年推出的「發展領導才能的最佳公司」排名中，IBM 同樣名列榜首。不可否認，IBM 在過去 90 年的跌宕起伏中確實累積了大量豐富的經驗、教訓與智慧，並凝聚在 IBM 自己的領導力培訓裡，啟發和培養了一批 IBM 領導團隊，進而幫助這個巨人不斷「浴火重生」（王峻松，2004）。

（一）IBM 的領導力模型

研究表明，世界最受推崇的公司都能夠緊扣戰略目標，使用系統的領導力模型來選拔和培養領導人，並採用科學的薪酬體系加以支持，IBM 公司也不例外。

領導力模型通常是通過一個嚴格的程序建立起來的。行為科學家們先經過觀察、行為事件訪談法、座談會等方式收集表現卓越領導人的知識、技能、

具體行為和個性特點等資料，然後對這些資料進行有效的歸納和整理，最後建立起一套領導力模型。許多公司以此作為領導人招聘、選拔、績效評估和晉升等的依據，測評現有的企業管理者和領導者，從中發現差距和培養的機會，並制定相應的領導力發展規劃。領導力模型也並非一成不變，它會隨時間、環境、任務的要求和公司策略等因素而改變（王峻松，2004）。

對於領導力素質的評價，IBM 有著自己的三環模式：對事業的熱情處在環心，其他三大要素，圍繞這個環心運轉。

1. 環心：對事業的熱情

IBM 認為他們的傑出領導者對事業、市場的贏得在於對 IBM 的技術和業務能為世界提供服務充滿熱情。

對事業熱情的指標：充滿熱情地關注市場的贏得；表現出富有感染力的熱情；能描繪出一幅令人振奮的 IBM 未來圖景；接受企業的現實，並以樂觀自信的方式做出反應；表現出對改造世界的技術潛力的理解；表現出對 IBM 解決方案的興奮感。

2. 第 1 環：致力於成功

IBM 以三大要素來考察領導者是否致力於成功，它包括：對客戶的洞察力；突破性思維；渴望成功的動力。

對客戶洞察力的指標：設計出超越客戶的預期，並能顯著增值的解決方案；站在客戶的角度和 IBM 的角度來看待客戶企業；使人們關注對客戶環境的深刻理解；努力理解並滿足客戶的基本及未來的需求；一切以滿足客戶的需要為優先；以解決客戶遇到的問題為己任。

突破性思維的指標：必要時能突破條條框框；不受傳統束縛，積極創造新觀念；在紛亂複雜的業務環境中積極開拓並尋求突破性的解決方案；能看出不易發覺的聯繫和模式；從戰略角度出發而不是根據先例做決策；高效地與別人探討創造性的解決方案；以為企業創造突破性的改進為第一要務；開發新戰略使 IBM 立於不敗之地。

渴望成功的動力的指標：設立富有挑戰性的目標，以顯著地改進績效；能夠經常地尋求更簡單、更快、更好地解決問題的方法；通過投入大量的資源或時間，適當冒險以把握新的商機；在工作過程中進行不斷地改變，以取得更好的成績；為減少繁文縟節而奮鬥；將精力集中於對業務影響最大的事情；堅持不懈地努力以實現目標。

3. 第 2 環：動員執行

一位傑出的領導是否能動員團隊執行，達到目標，從四個要素可以考察：團隊領導力；直言不諱；協作；決斷力和決策能力。

團隊領導力的指標：創造出一種接受新觀念的氛圍；使領導風格與環境相適應；傳達出一種清晰的方向感，使組織充滿緊迫感。

直言不諱的指標：建立一種開放、及時和廣泛共享的交流環境；言行要一致，說到做到；建立與 IBM 政策和實踐相一致的商業和道德標準；行為正直；使用清晰的語言和平實的對話進行溝通；尋求其他人的誠實反饋以改善自己的行為；與他人對話應坦率。

協作的指標：具有在全球、多文化和多樣性的環境中工作的能力；採取措施建立一個具有凝聚力的團隊；在 IBM 全球內尋求合作機會；從多種來源提取信息以做出更好的決策；信守諾言。

判斷力和決策力的指標：即使在信息不完全的情況下也能果斷地行動，也就是說能處理複雜和不確定的情況；能夠根據清晰而合理的原因邀請其他人參與決策過程；盡快貫徹決策；快速制定決策；有效地處理危機。

4. 第 3 環：持續動力

判定一個傑出的領導者是否能為組織帶來持續的動力，IBM 也有三條標準：發展組織能力；指導、開發優秀人才；個人貢獻。

發展組織能力的指標：調整團隊的流程和結構，以滿足不斷變化的要求；建立高效的組織網絡與聯繫；鼓勵比較和參照公司以外的信息來源，以開發創新的解決方案；與他人合理分享所學到的知識和經驗。

指導、開發優秀人才的指標：提供具有建設性的工作表現的反饋；幫助提拔人才，即使這樣會使人才從自己的團隊轉到另一個 IBM 團隊也要如此；積極、現實地向他人表達對其潛能的期望；激發他人以發掘他們的最大潛力；與自己的直接下屬合作，及早分配以培養為目的的任務；幫助他人學會如何成為一個有效的領導者；輔助他人發揮自身的領導作用；以自身正確的行為鼓勵重視學習的氛圍。

個人奉獻的指標：所做的選擇和確定的輕重緩急與 IBM 的使命和目標保持一致；保持有關本職工作的職業和技術知識；幫助他人確定複雜情況中的主要問題；熱誠地支持 IBM 戰略和目標；為滿足 IBM 其他部門的需要，可以送走自己的關鍵人才。

(二) IBM 如何打造領導力

1.「長板凳」接班計劃

接班人計劃是 IBM 完善的員工培訓體系中的一部分，它還有一個更形象的名字：「Bench（長板凳）計劃」。「Bench 計劃」一詞，最早起源於美國：在舉行棒球比賽時，棒球場旁邊往往放著一條長板凳，上面坐著很多替補球員。每當比賽要換人時，長板凳上的第一個人就上場，而長板凳上原來的第

二個人則坐到第一個位置上去，剛剛換下來的人則坐到最後一個位置上去。這種現象與 IBM 的接班人計劃及其表格裡的形狀非常相似。IBM 的「Bench 計劃」由此得名（韓卓辰，2007）。

IBM 要求主管級以上員工將培養手下員工作為自己業績的一部分。每個主管級以上員工在上任伊始，都有一個硬性目標：確定自己的位置在一兩年內由誰接任；三四年內誰來接任；甚至你突然離開了，誰可以接替你，以此發掘出一批有才能的人。IBM 有意讓他們知道公司發現了他們並重視他們的價值，然後為他們提供指導和各種各樣的豐富經歷，使他們有能力承擔更多的職責。相反，如果你培養不出你的接班人，你就一直待在這個位置上好了。因為這是一個水漲船高的過程，你手下的人好，你才會更好。

「長板凳計劃」實際上是一個完整的管理系統。由於接班人的成長關係到自己的位置和未來，所以經理層員工會盡力培養他們的接班人，幫助同事成長。當然，這些接班人並不一定就會接某個位置，但由此形成了一個接班群，員工看到了職業前途，自然會堅定不移地向上發展（韓卓辰，2007）。

2. 發掘新星「DNA」

IBM 有一個成長管道，可以通過一個「新人—專業人員—領導人—新時代的開創者」的人才梯隊培養模式，讓新人逐次成長。在這個過程中，IBM 會不斷發掘「明日之星」。

開始時，IBM 會發掘公司每個人的「DNA」，用「二八原理」挑選未來之星，20%的人被公司挑選出來。被選中的「明日之星」需要參加特殊的培育計劃，強化他們的「DNA」。IBM 的做法是：為他們尋找良師益友或者進行工作的輪調。此外，IBM 還設有專業學院，培養員工在專業方面的素質和技能。只要啟動了 20%，其他的 80%也會慢慢動起來。

IBM 人力資源部為這些「明日之星」提供的良師益友就是公司裡的資深員工。可以是在國內，也可以是在國外——有些類似國內工廠裡的老師傅傳、幫、帶新人，把老人數十年的功力傳承下來。而工作輪調計劃，則可以使接班人的視野更高、更寬一些。

如果明日之星的「DNA」需要用另一種工作去擦亮，這時候 IBM 就會給他提供「換跑道」的機會。

IBM 對於人才梯隊的培養可謂不遺餘力。在 IBM 中國公司，每個員工人均每年的培訓費用在 3,000 美元左右，這還不包括公司內部「良師益友」的付出。

3.「藍色品位」——培養外圍領導力

領導力的培養不僅僅在於公司內部領導人才的發展，而且也在於對公司

價值鏈條中的外圍戰略夥伴的培養。

「藍色品位」是 IBM 系統部 CEO 商學院的領導力發展項目。它是 IBM 系統部對 IBM 合作夥伴從長期戰略支持角度出發的重要嘗試，面對的是 IBM 業務合作夥伴的資深經理層的跨度為一個月的短期培訓項目。在 6 天的封閉式教室裡，IBM 幫助自己的業務夥伴中的資深經理們理解領導力的核心精神，體驗和發揮團隊動能，提升項目管理的系統性，建立客戶導向的企業文化。從而使自己的鏈條的每一環節都具有強大的戰鬥力。在對外圍領導力的培訓中，IBM 把很多精力放在經理人對團隊力量的建設上。

4.「風眼力量」——高質量的團隊決策力

IBM 認為許多重要的商業技能因為團隊合作而具有全新的價值，而決策技能在這一點上表現得尤其突出。「風眼力量」正是 IBM 對團隊決策的真實寫照。颶風的威力來自於風眼的動力，這正如團隊的效力來自於傑出的領導者以及團隊其他成員的決策。

一個團隊經常要開一些決策性的會議，但是結果你會發現，會上有許多截然不同的結論和判斷。漸漸地，會議會演變為各小組為自己的喜好而遊說，最後甚至出現了人身攻擊，他們在其中感受到破壞力。IBM 將幫助它的業務夥伴們學習制定團隊決策的五種方式，根據面臨的挑戰選擇合適的決策方式，也就是團隊開會前，就要確定決策的方式是個人決策、少數決策、多數決策、共識決策還是一致決策。IBM 會告知這些經理人：在什麼情況下，應該採取什麼決策方式。否則，團隊決策的效力就會減弱，甚至帶來的是破壞力。

5.「IBM 的 243 根琴弦」——解決團隊中的衝突

在一架音樂會用的大鋼琴中，243 根琴弦在鐵製琴架上施加了 40,000 磅的拉力，這證明了巨大的拉力可以產生美妙的「和聲」。

IBM 認為：衝突會創造和諧，僵局可以提高決策的質量，爭執和誤解使團隊更加團結。

在團隊發展的過程中，不可避免地會遇到衝突。遺憾的是，有些團隊選擇不去解決它，相反，他們只關心「任務」，而輕描淡寫地繞過了「關係」方面的問題，這樣的隊員被稱為「任務狂」。最終，任務可能完成了，但是團隊的發展受到了阻礙，創造力和奉獻精神受到傷害。簡單地說，環境會變得很沉悶，這只會使大家都感到厭倦和灰心喪氣。

而另一些團隊，可能會對沖突做出完全不同的反應，他們只關心「關係」，這些人被稱為「和事佬」，他會把任務丟在一邊，集中精力防止衝突危害到隊員之間的關係。這樣的團隊可能會達到相互依存的境界，對團隊的忠誠度也會很高，但壞處是，他們也不會取得什麼成績。

而好的領導者是把衝突用做培養關係和促進任務的工具。充滿支持、信任和成功是我們都向往的團隊環境，但是在你知道怎樣做一個好的領導者之前，有時會滑向競爭和猜疑的惡性循環中。要想恢復到原狀，停止正在做的事情，領導者必須和隊員們一起來思考：如果我們解決了這種衝突，團隊或公司會從中獲得什麼益處？

6.「鳴叫、振翅和換位」——分享領導力

我們一定看到過排成「V」形的雁群從頭上飛過，留下漸漸遠去的鳴叫聲，那正是我們所看到的卓越的領導模式。

大雁的這種行為蘊含著科學道理：V 形構成擋風牆，減少雁群總體花費的力氣。領頭雁正面迎風，而飛在它後面的雁受到的氣流衝擊將減弱，因此飛行起來更省力。

但是，領頭雁也不能長時間處在風口的位置上，這就是為什麼飛在後面的大雁頻繁而有秩序地換位的原因。最終，每只雁都有機會成為領頭者。而雁群用鳴叫聲來鼓勵頭雁：「我們仍然在你後面，繼續飛翔吧！」事實上，研究人員已得出結論：雁群的聲音越持久洪亮，頭雁就能夠頂著迎面吹來的風越耐久地飛行，直到別的大雁來接替它的位置。IBM 以雁群飛行模式來培訓經理人分享領導力，說明領導者應該是可以自由流動的。

第十二章　領導力提升策略

隨著經濟的發展和市場的不斷強化，領導力的作用也越來越被凸現出來。無論你是跨國集團的 CEO（首席執行官），還是企業的中層管理者，甚至是公司普通的雇員；無論你從事的是什麼行業，領導力都伴隨著你的左右，為你的前進鋪路架橋。因此，必須培養、訓練、挖掘和提升自己的領導力。以領導力模型為基礎，通過有意識地鍛造，將能有效提升決斷力、影響力和執行力等領導力要素，進而提升領導水準（張權，2006）。

一、決斷力的自我培養

（一）決斷力至關重要

網絡上曾經討論過《西遊記》裡面的唐僧組合，如果要開除唐僧師徒四人中的一個，你會選擇誰？經過討論，我們會發現開除團隊中的哪個都不行，因為他們是最好的組合：軟弱而意志堅定的領導者唐僧，技術人員孫悟空，關係協調專家豬八戒和基層工作人員沙僧。為什麼唐僧能領導這樣的團隊取得真經呢？唐僧成功的原因有以下方面：一是，唐僧是出於公心的善良的代表，為了取得西天真經，將佛經的先進文化傳播到東土，他成就了一個時代，也成就了他自己，這是作為領導者應該具有的魄力。二是，他堅強的成功意志和準確的奮鬥目標，即使歷經了九九八十一難，即使悟空、八戒多次打退堂鼓，他仍執著地堅持要獲取真經。正因為領導者唐僧的厚德和韌性、堅強的意志和遠大的抱負，他經常在危急的時候得到如來佛、觀音菩薩等眾多「貴人」相助。唐僧通過溝通，傳達自己的志向，不僅救了神通廣大但無法無天的孫猴子，還懾服了他的「敵人」——貪得無厭的天蓬元帥豬八戒和興風作浪但溫厚忠誠的水怪沙僧。領導者唐僧不僅不計前嫌，而且還收下他們做徒弟，讓他們有改過自新的機會，把他們也培養出來成就了正果。「讓員工成長，才能讓組織成長；成就你的員工才能成就自己」這句話在這裡體現得淋灕盡致，唐僧以他獨到的眼光在關鍵時刻做出了正確的判斷和決策，保證了

整個取經隊伍最終目標的順利實現。可以說，獨到的決斷力是唐僧作為一個成功領導者的一個重要方面（追月，2006）。

因此，決斷力是直接制約整個團隊生死成敗的關鍵因素，有決斷力的領導者才能夠得到下屬的衷心擁護，團隊的整體凝聚力才能夠得到提升。而作為一個團隊的領導者，必須要掌好舵，明確整個團隊的目標，並且要擔負起把這些願景傳達給所有團隊成員的責任。

（二）決斷力的基礎：提高預測能力

研究表明，為提升個人的決斷能力，必須先提高預測能力，只有具備較強的預測能力，才能進行科學決策。因此，要遵循科學的預測程序，訓練個人收集資料和處理資料的能力，進而做出準確的預測。

（1）收集信息階段。第一階段是現有信息的大量收集階段，信息的收集量越大，越能夠為後面的準確預測和決策提供保障。

（2）信息分析處理階段。進行預測的第二個階段是信息的分析處理。

（3）進行正確的預測和決斷。預測的第三階段則是在前面所做工作的基礎上做出正確的預測、判斷和決策。

實踐表明，個人經過反覆訓練，多次預測，可以有效地豐富預測經驗，提高預測能力，從而提高決斷力。決斷力的提高，必然會大大提高個人在團體中的威信，從而達到提升領導力的目的。

（三）遵循科學的決策流程，全面提升決斷力

在預測能力得到提升的基礎上，以領導者決策過程的三步流程為依託，系統地訓練個人的決策能力。領導者的決策過程包括：診斷問題，確定決策目標，設計和確定決策方案。

（1）診斷問題。是指領導者要找到實際狀態與期望狀態之間存在的某種需要縮小或排除的差距。

（2）確立決策目標。明確要解決的問題是什麼之後，接下來就要確定解決問題的目標，這是決策中最為重要的一步。

（3）設計和確定決策方案。在確定決策目標的基礎上，我們接下來要確定多個候選方案，然後優中選優，選取最合適的方案。例如，20世紀60年代初，蘇聯將中程導彈運進古巴，引發了加勒比海危機。對此，美國制定了六套備選方案，最後，肯尼迪總統在綜合分析評價的基礎上進行優選，最終選擇了一套行動方案，該方案的實施迫使赫魯曉夫撤出了運進古巴的導彈，從而化解了一場引發大規模戰爭的危機。

按照上面提到的三步流程，經過一段時間的嚴格訓練，可以有效地提高個人的決斷力，進而提升整體的領導力。

二、創新力的自我培養

　　領導者要有創新意識，因為創新意識是從事一切創新活動的出發點。一個有志於創新的領導者，首先應有積極學習和積極創新的態度，要有轟轟烈烈干一番大事業的決心和信心。

　　創新力來自新鮮的活力，領導者要保證整個團隊跟上時代的潮流，就必須不斷摒棄已過時的東西，不斷地更新觀念，以適應新時代的要求。具體說包括以下幾點：為迎合消費者不斷增長的需求進行經常性的產品創新；以提高生產經營的效率為導向改進管理方法；挖掘團隊取之不竭的潛力進行機構體制的改革。

三、敏銳力的自我培養

　　大海航行靠舵手，因為舵手把握著前進的方向，而組織發展則靠領導者，因為領導者決定了整個組織的發展目標。領導者是整個團隊的發展前景是否看好的關鍵因素，對團隊發展的正確方向的敏銳把握是領導者的本質職能。

　　抓住機遇，擇機發展本是組織的立命之本。但如果在確認機會的時候，組織的領導者沒有對客觀信息敏銳地做出準確的預測，沒有對自身團隊的實力有清醒的衡量和認知，就無法保證整個團隊的理智和穩定。

　　我們常常可以看到這樣的情形：面對和處理同樣的問題，有的領導者可以料事在先、果斷決策、防患於未然；但有的領導者卻處處被動、行動緩慢、貽誤團隊的發展。兩種情況有所不同的關鍵就是領導者在面臨問題時是否敏銳。敏銳是指人感覺靈敏、眼光銳利、反應迅速。只有敏銳，才能把工作做在前頭，將好的事情做得更好，不好的事情其損失降到最低。那麼敏銳從何而來呢？它不會與生俱來，而是在實踐中經過自覺鍛煉和經驗的累積長期磨煉而成的。

　　首先，敏銳源於高度的責任感。試想，一個沒有責任心的管理者怎麼可能對外部的變化先知先覺？

　　其次，敏銳源於豐富的學識。知識給人智慧，使人敏銳。正所謂見多識廣，有了豐富的知識，就能夠對一些矛盾和問題知之利害、曉之後果。

　　再次，敏銳源於科學的思維方法。敏銳是一種很強的認知能力，能夠在眾多複雜的矛盾和紛紜混沌的現象中透過問題的表面發現問題的本質，能夠理清大事小事，分出孰輕孰重，並找出主要的矛盾，抓住關鍵的問題。

最後，市場是千變萬化的，當管理團隊敏銳地察覺到市場機遇以後，領導者經過由表及裡、去偽存真的分析後，就要果斷決策，判斷眼前的機遇是否可行，進而領導整個團隊共進退。否則，動作遲緩，貽誤戰機，機遇就會擦肩而過，整個團隊就失去了千載難逢的發展契機。

總之，敏銳是領導者綜合能力的體現，只有堅持學習，勤於思考，及時汲取正反兩方面的經驗和教訓，才能夠換來領導者的領導力水準進一步提升的可能。

四、自控力的自我培養

自控力是領導者對自身情感和自身行為的控制。那麼，我們應該如何提升領導者自控力呢？

(一) 提升對自我行為的自控力

領導者進行自我行為控制的培養可以從以下方面開始：①養成良好的行為習慣；②勇挑重擔；③約束自己，不濫用權力；④做需要做的事——成功的人願意做不成功的人不願意做的事情，領導者和追隨者的差異就體現在這裡；⑤以領導者的行為方式要求自己。領導者的習慣行為方式是：以自己的承諾行事；以決定為基礎擬定原則；以行動控制態度；相信它，然後看見它；不斷追求突破（佚名，2003）。

(二) 提升對自我情感的自控力

領導者應具備把自身情感轉化成鼓舞精神力量的能力，通過控制自身的情感，對追隨者的思想和行為產生影響。

(三) 提升對自我憤怒情緒的控制力

心理學研究發現，在所有不愉快的情緒中，憤怒是最難擺脫、最不容易控制的負面情緒。憤怒時人會變得毫無理性判斷的能力，行為根本不計任何後果。因此，學會控制憤怒的情緒是領導者的必修課。當然，控制憤怒不等於永遠不要發怒。作為領導者，在原則問題和事關重大的緊迫時刻，以及在部屬失職瀆職等問題上，適時適度發怒對當事人具有刺激性的震撼力，對旁觀者也有警誡作用，有利於問題的解決和推動工作的進展。但是，作為一個優秀的領導者，一定要控制好這個度。

五、控制力的自我培養

領導的控制力是指領導者通過控制組織成員、組織活動或組織戰略實施

過程來實現組織目標的能力，包括權力、權威、駕馭能力、戰略控制能力和一定的社會控制能力等方面，但又不限於這些能力。對於下屬行為的控制，在管理人的時候，必須時時注意人們對某些管理行為的可能反應。在那些比較敏感的方面，被控制的人極有可能會產生抗拒行為。遇到這種情況時，先要搞清楚下屬不願意接受控制的原因，並且採取相應的措施。一般說來，領導者的控制力培養應主要關注以下方面：

（一）價值觀控制

價值觀是對經濟、政治、道德、金錢等所持有的總的看法。價值觀通常告訴人們什麼是最重要的、值得去做的，一旦被人接受，就會強烈地影響個人的行為並保持一定的連續性。價值觀控制就是領導塑造組織共享的價值觀，促使組織成員嚴格按照價值觀標準行動的能力。宣傳價值觀的方式有宣傳欄、卡片、組織內部刊物和培訓機構等。示範則是通過榜樣來達到宣傳和教育的目的，正如俗話所說「身教重於言教」。獎勵則包括獎賞、競賽和公開表揚等方式。篩選組織成員的關鍵在於從源頭解決價值觀控制問題，吸引和選聘那些認同組織價值觀的人到本組織工作。

（二）幹部控制

幹部控制是指領導任命和合理使用德才兼備的、能夠貫徹組織意圖的幹部的能力。隨著組織規模的擴大，領導不可能對所有組織成員悉數瞭解，只能採取控制幹部的方式來達到控制組織成員和實施戰略的效果。關鍵在於選人、育人、用人和管人。選人就是要首先選用德才兼備、能領會領導意圖、聽從領導指揮、忠於職守的幹部；育人就是要提高幹部管理部門的管理能力和綜合素質；用人就是要把合適的幹部用在合適的崗位，並促使其在實踐中提升各方面的能力；管人則強調的是領導對幹部的監督，與幹部考核、權力監督密切相關。

（三）衝突控制

衝突產生於衝突雙方利益、認識、信仰和感情等多重因素的互相對立，而如果從系統的角度來看，也可能同時緣於組織結構的、文化方面的或者戰略上的問題等。領導如果不能採取適當有效的措施來控制衝突，就有可能給組織帶來嚴重後果。衝突控制主要包括衝突防範和衝突化解兩個方面。

（四）信息控制

信息控制是領導通過獲取並分析追隨者和領導情境的信息以維持或調整領導行為與結果的能力。這些信息既包括組織內部成員的態度和行為趨向等方面的信息，也包括組織環境方面的信息，還包括組織外部的利益相關者的信息。一般說來，領導獲取和掌握的信息越充分及時，就越能及時作出合適

的決定。對於領導來說，如何發揮信息控制能力的作用，關鍵在於系統地設計和有效地利用信息機制。

六、授權與培育下屬意識的自我培養

所謂授權，就是領導者將一定的職權委派給下級去行使，使之擔負一定的領導職責，並在此過程中培育下屬。授權並不是權力的喪失，而是權力的延伸。它使權力滲透到團隊的每一個角落並充分發揮作用。

但是那些缺乏管理能力的領導者往往存在授權的誤區。有些缺乏領導能力的領導者過於關注事務的成敗，不到迫不得已的時刻都不願把權力交給屬下。要想使授權顯得有意義，領導者的這層心理障礙必須首先克服。有些領導者則是不知該如何授權。以上這些問題構成了授權的最大誤區。這樣必然會降低自己的領導力，這是應該避免的。

那麼應該如何授權才有利於領導力的提高呢？授權必須遵循以下幾個準則：將權力授給靠得住的人、權責不分家、不要越級授權、不授權力外之權、對受權者及時給予指導、不輕易授予重大權力等。

（一）提高授權能力

要提高自己的授權能力，領導者首先要樹立自己的威信，確定自己的權威形象。要樹立權威就要注意身為領導者應做到的事情和應避免的事情。

（二）掌握授權的藝術

授權時候要注意方式方法，力求完善；要做到言必信，行必果；要合理獎勵和處罰；要張弛有度，滿足下屬的安全感和尊重感，有技巧地調節情感距離。權力就像一把「雙刃劍」，用得好則能披荊斬棘，用得不好則傷人害己誤事。因此，在遵循授權準則的基礎上，還需講究授權的技巧：把握授權的時間信號，緊抓核心職權不撒手。這就提出了一個授多大程度的權，授什麼權以及何時授權的問題。例如當你的部下過於頻繁向你請示的時候，當你的部下覺得百無聊賴的時候，當你的部下英雄無用武之地要求調動工作的時候，當你感到坐不下來討論和研究大事的時候等，這些都是很好的授權時機。在這些情況下，就應該考慮授權的問題。

（三）要注意將權力授給誰的問題

對下屬如何在才、德方面進行衡量，是領導者的一大難事。在現實生活中，具有以下特點的人往往是理想的授權人選：大公無私的人、不徇私情的人、勇於創新的人、善於團結協作的人、善於獨立處理問題的人，等等。

（四）通過授權來培養和發展下屬

領導者要知道和運用好控制權力的常用技巧。如抓大放小，把小的事情

盡可能放心地交給下屬去完成,並通過此過程來培育和發展下屬。一個組織要實現其既定戰略目標,僅靠領導者一個人的力量是不夠的。要想在競爭中取得優勢,更重要的是要懂得培養下屬、發展員工;只有動員集體的力量,集思廣益,才能取得更大的績效。

七、溝通能力的自我培養

溝通能力有兩個方面的重要意義:一方面獲得他人的幫助;另一方面消除他人的阻力。領導者在溝通能力的自我培養方面,應該從三個方面把握:學習溝通藝術;提升親和力;注意與不同級別的人溝通。

(一)掌握溝通的藝術

把握一些常用的人際關係技巧,嘗試真誠地關心下屬,保持微笑面容等;掌握一些讓別人更易接受意見的方法,如態度友善,多聽取同事和下屬的意見,多從下屬的角度瞭解問題,理解下屬的想法與願望,注意溝通的方式方法等。

(二)提升親和力

親和力指的是迅速融入他人生活的能力。要培養親和力,首先必須找出與對方的共同點,人與人之間的相似之處愈多,彼此就愈能接納和欣賞對方。提升親和力的方法如下:

1. 情緒同步

情緒同步就是在情緒上和溝通對象處於相同的波段。例如,跟循規蹈矩、不苟言笑的人相處,應該盡量表現得嚴肅、認真;而對於比較隨和、愛開玩笑的人,就不妨表現得開朗大方一點。這樣,就做到了和對方的情緒同步,就會給對方帶來一種被理解和被尊重的感覺;反之,則會讓對方反感。

2. 共識同步

求同存異,在一些問題上達成共識將為進一步引起對方的共鳴打好基礎。

3. 生理狀態同步

人與人之間的溝通,有三個渠道:一是語言和文字,二是溝通時的語氣或音調,三是肢體語言。調查顯示,在整個的溝通過程中,文字方式對整個溝通效果的影響只占7%,語氣和音調占38%,而肢體語言多達55%。因此,我們日常行為中的肢體語言,包括表情、手勢、姿勢、呼吸等都是最為重要的溝通方式。如果能夠在肢體語言方面與對方同步,將產生意想不到的效果。

4. 語調和語速同步

心理學研究表面,注意語調和語速的同步也同樣可以給對方帶來共鳴的

情緒體驗，激發起自己與對方交流的熱情，提升溝通的效果。

（三）嘗試與不同層面、不同級別的人溝通

1. 與上司溝通的技巧

與上司的溝通要注意把握好幾個原則：讓上司瞭解到你的忠實誠懇、精明能幹、善提意見、接受批評、領會意圖和服從意識等。注意一些贏得上級信任的小技巧，如遵守規矩、可靠穩重、為他人著想、跟上司同步、忠於職守等。

2. 與同級溝通的技巧

與同級的溝通包括消除對方的競爭心理，建立穩固的合作關係。在通常情況下，消除對方的過分「心理屏障」可以這樣處理：以尊重為前提，以合作為導向，盡量與同事分清各自的職責範圍，同時掌握好與對方的處事分寸，謹慎與誠懇並重，還要兼顧大局，保證與對方任何時候的無障礙聯絡與溝通。

3. 與下級溝通的技巧

領導者與下級的溝通應以信任為前提，幫助下屬成長，建立下屬的服務意識、公平正直等優良品質。領導者在與下屬溝通的時候要注意方式方法，避免衝突和誤解，給下屬營造平等尊重的感覺。

八、執行力的自我培養

領導者要想得到領導別人的權利，就要有解決問題並採取持續的行動以達成目標的能力，也就是執行力。解決問題的能力是執行力的最恰當體現。團隊的下屬需要領導者的原因，並不是希望在風平浪靜、一帆風順的情況下有人指手畫腳地顯示權威，而是希望在遇到難以解決的麻煩時有人能處變不驚，並率領整個團隊順利渡過難關。執行力是把組織戰略轉化為行動計劃，實現既定目標的具體過程。它是一個組織的戰略和目標的重要組成部分並且是目標和結果之間不可缺失的一環。對於一個優秀的領導者而言，執行力是一種以身作則、身體力行的工作作風；是一種腳踏實地，實事求是的工作原則；是一種設定目標、積極進取的工作態度；是一種雷厲風行、快速行動的管理風格。那麼，領導者的執行力應該怎樣培養呢？

（一）不要懼怕問題

作為領導者，有層出不窮的問題需要去解決，對這些問題的解決不僅可以保持自己的頭腦免於僵化，更可以不斷贏得越來越多的追隨者，使領導力得到更大的體現。

（二）要確定待解決問題的性質

領導者應該時刻做好解決問題的準備而不是迴避問題。要能夠確定如下

問題：①關係到全局的宏觀政策及其他問題；②能夠解決某些不常見問題，擁有解決這類問題的知識、經驗；③出現刻不容緩的緊急情況時能夠處變不驚地順利解決問題；④當下屬束手無策時，一個成功的領導者應該知道哪些問題要視若無睹，而哪些問題要親自出馬。不僅要保證恰如其分地將團隊引向成功，也要保證團隊中的每個人都享受到成功的喜悅和滿足。

（三）確定優先順序

排定優先順序的一般原則是：將問題分別分成最重要的問題和最緊急的問題。最重要並且最為緊急的問題先解決；然後解決緊急但不重要的事情（可以由下屬去辦）；再著力解決重要而不緊急的問題。

通過以上的程序不斷在實踐中反覆訓練，一方面可以形成自己獨特的行事風格，把執行力極強的印象傳給下屬，獲得更多的追隨者；另一方面也有利於構建快速、高效的組織文化，最終實現提升領導力的目標。

第十三章　提升組織領導力水準策略

在任何競爭的市場環境中，單純地依靠技術因素、資金實力或政治優勢都無法決定組織的成功，真正的成功必然有賴於領導者如何最大限度地開發和利用人力資源。因此，提升組織的領導力水準至關重要。標杆組織的實踐表明，必須構建起適合本組織的領導力模型，並且遵循一定的領導力開發流程才能有效提升整個組織的領導力水準（張權，2006）。

一、確定組織領導力培養和提升的目標

組織領導力培養和提升的目標是領導力培養之前預期達到的培養效果。領導力提升效果能夠對組織的具體績效產生間接的影響，但與組織的財務指標和研發指標的關係不大。這樣一來，領導力提升目標就很難用具體的數字指標加以量化，而只能用定性的方法加以描述。不同組織的領導力培養和提升目標是不盡相同的，但一般說來，主要包括以下方面：

（一）遠景規劃與戰略制定能力

培養組織領導者較強的遠景規劃能力和戰略制定能力，經過培養領導者能夠對客觀環境的變化具有敏銳的洞察力，有效預測經營形勢或者環境的變化趨勢，形成分析問題或分析市場的獨到方法，能夠將組織目標與個人目標合理地結合起來。

（二）團隊建設方面

能夠較準確地預測和選拔組織發展需要的高素質人才，為提高員工能力積極尋找機會，滿足組織發展的需要；能夠將組織利益與顧客利益相聯繫，在組織與顧客之間建立長期穩固的合作關係；能夠採取高效的措施激勵員工，提高員工的工作積極性和滿意度；能夠較好地宣傳貫徹組織文化，提高員工歸屬感。

（三）業務目標方面

熟悉組織的業務組成，以及它們各自對組織的影響程度，在關鍵時刻決

定組織應開展和放棄的業務；熟悉組織的商務談判規則；熟悉組織的行銷管理。

（四）決策能力目標

為了改善組織的整體效益，提前做好本部門的準備工作；面對機遇，能及時決策和調整資源的使用計劃，當經營目標不可能實現時，迅速做出決策終止計劃；面對危機，能做出決策並且採取一系列行動，特別是在高層和專家都拿不出明確的解決辦法的時候，能夠做出決策和採取行動。

二、構建組織領導力模型，確定組織領導力培養的內容

基於本組織的戰略和目標，構建本組織的領導力模型是領導力開發的基礎和前提。只有確定了本組織的領導力模型，才能進一步確定本組織領導力培養的內容。我們以 Y 公司的領導力模型為例，分析組織如何確定領導力的培養內容。

（一）確定本組織的領導力模型

Y 公司是一家跨國企業。在諮詢公司的幫助下，Y 公司形成了自身的領導力模型。

（1）設定遠景目標和戰略。設定並傳達公司的遠景目標，使公司績效最大化；制定並實施戰略；採取行動來實現公司的遠景目標；對公司的未來有清醒的認識。

（2）建設高效工作氛圍並且鼓舞員工的士氣。引導員工不斷追求進步，以最大限度地提高企業的整體績效；鼓勵員工實現企業的戰略意圖、遠景和目標；建設有利於公司的員工和公司戰略的高效組織結構。

（3）熟悉業務。瞭解企業的顧客、市場、業務運作和面臨的問題；在事實、經驗和符合邏輯的假設基礎上進行決策，同時考慮利潤、機會、資源、限制條件、風險與收益、企業的價值觀等因素。

（4）以結果為導向。為企業的成功和個人的成功設立遠大的目標，並努力實現或者超越這些目標；建立敏捷型企業，以高效快速的方式取得高質量的工作結果。

（5）做出有難度的決策。在遇到障礙、困難和挑戰時，能夠做出及時的決策；果斷行動，表現出強烈的自信心；在實現公司目標的時候，敢於承擔必要的風險。

（6）鼓勵公開交流和知識共享。建立一種開誠布公的交流氛圍；在這種氛圍中，每個員工都可以充分表達自己的觀點。

(二) 提取領導力培養內容

領導力模型是指領導力的構成要素及各要素的綜合作用系統。Y公司在其領導力模型的基礎上，有針對性地制訂培訓計劃並對每項勝任能力制訂專項計劃。

根據該公司的領導力模型，Y公司的領導力培養內容主要包括以下方面：勾畫組織遠景和戰略能力、計劃與執行能力、業務學習能力、建立並領導團隊、鼓動士氣的能力、在動態環境和複雜因素條件下的決策能力等。

三、選擇領導力培養對象

確定領導力培養對象的程序，就是確定組織必須要培養的候選人才的過程，也就是從大批普通員工中以一定的方式篩選出高素質人才的程序。一般說來，組織的培養對象是組織內部的各級管理人員，少數大型的組織也會將戰略夥伴的優秀管理人員作為培養的對象，以利於自身的長遠發展。如IBM的外圍領導力培養計劃就包括對公司外圍戰略夥伴的管理者進行領導力提升的培養。

(一) 確定組織領導力培養對象應注意的問題

在確定組織的領導力培養對象時應注意以下問題：

1. 組織領導力培養對象的選擇，首先要摒棄論資排輩和求全責備的老觀念

(1) 論資排輩的思想觀念對於培養對象的選擇是非常有害的。

(2) 求全責備的思想觀念在選拔培養對象時也不可取。

2. 組織領導力培養對象的選擇應該遵循的原則

(1) 戰略導向原則。組織必須根據自身的戰略方針，有針對性地選擇領導力培養對象，這是選擇領導力培養對象最為重要的原則。

(2) 全局性原則。組織選擇領導力培養對象時應從整個組織的利益和發展狀況全方位考慮，再根據員工的差異對員工進行分類，以期盡可能多地把有潛力的員工選出來加以培養，避免漏選的情況發生。

(3) 客觀性原則。在選擇領導力培養對象的時候，必須本著公平、公正、公開的原則選擇培養對象。

(4) 要素領先原則。在選擇培養對象的時候，不可能把員工的特質、業績、潛質所有方面都考慮進去，這是因為不管是客觀條件還是成本預算都是不可行的。所以，我們在選擇培養對象的時候應該以那些對領導力有較大影響的員工潛在特質為選擇根據，這樣才能夠事半功倍地在最短的時間內找到

最有潛力的員工，以最短的培訓路線得到最優秀的領導人才
（二）領導力培養對象的具體選拔辦法
1. 案例測試法選拔培養對象

案例測試是一種新興起的測評手段，通過設計不同的案例，能夠有效地測出員工的潛在素質和能力，把具有潛力的員工挖掘出來進行領導力培養。要設計出科學的案例需注意以下問題：

（1）案例的採編。案例採編是實施案例測評的基礎和前提，要形成數量相當、結構合理、質量上乘的案例庫，就必須進行大規模的案例開發。案例開發的方式有兩種：一是委託諮詢機構按照組織的要求採編案例；二是組織內部中高層管理人員成立案例編寫委員會，由他們根據本組織的戰略要求編寫案例。

（2）案例的選擇。先確定員工工作崗位的勝任素質，再決定需要測評的領導力要素，如決斷能力、組織能力、溝通能力和應變能力等，然後再選擇與要測評的能力相對應的案例，案例的層次要與擬任崗位的層次相一致。

2. 無領導小組討論法（1SD）選拔培養對象

無領導的突出特點是具有生動的人際互動性，被試者需要在測驗中和他人溝通、互動、表現自己。無領導小組測試法多用來考察人際交往維度，如言語表達能力、人際影響力。因此，無領導小組討論法適用於與人打交道的崗位人員的選拔，像中層管理者、人力資源部員工和銷售人員等。使用無領導小組討論測評，可以比較準確地選出培養對象，並對選出的對象進行分類。

被試者被劃分到不同的小組，每組人數在5~12人之間。每個小組內沒有指定的負責人，也就是說所有的被試者的地位是平等的。主試者被要求對某些爭議性大的問題，例如任務分擔、幹部提拔等進行現場討論。討論結束後，每個被試者寫一份討論摘要，歸納大家的意見，給出一個最終的解決方法，並闡明這樣處理的原因。

無領導小組討論對於管理者集體領導技能的評價非常有效，尤其是適用於考察領導者在分析問題、解決問題以及決策等具體領導過程中的能力。

3. 評價中心技術選拔培養對象

評價中心技術又稱為管理評價中心法或情景模擬測評技術，是一種以測評被試者的管理素質為中心的標準化評價活動，是把被試者置於一系列事先選定的模擬情境中，由負責測試內容的考核人員和心理學專家組成評價小組考察被試者的各項潛能，瞭解其是否勝任某項工作。評價中心有如下形式：

（1）公文筐測驗。公文筐測驗是管理評價中心法中用得最多的一種測試形式，也是對人才潛在能力最主要的測定方法，具有相當高的預測效度和實

證效度。公文處理的形式按具體內容可分為背景模擬、公文類別處理模擬、處理過程模擬三種，其基本程序如下：

讓被試者接替或頂替某個領導的工作，在其辦公室的桌上堆積著一些等待處理的文件，包括信函、電話記錄、電報、報告和備忘錄，這些文件分別來自上級和下級，包括組織內部和外部可能出現的各種典型問題和重要大事，所有這些信函、記錄與急件要求被試者在很短的時間內完成。

處理完後，還要求被試者填寫行為理由問卷，說明自己為什麼這樣處理。為深入瞭解被試者，評價者還將與被試者交談，以澄清模糊之處。主試者再根據上面的所有考察把被試者的有關行為進行分類，再進行最終的評分。

（2）角色扮演。角色扮演主要用來對測評人際關係處理能力的情景模擬面試。在該組活動中，主試者會事先設置一些非常尖銳的人際關係矛盾和衝突，被試者被要求進入情景並扮演某個角色，處理各種問題和矛盾。主試者會對被試者的行為進行觀察和記錄，直觀地對被試者的思維能力、應變能力、口頭表達、外語水準、主動精神、政策水準、業務熟悉程度、言談舉止、儀表風度等素質進行評價。

4. 構建業績與價值觀認同矩陣確定培養對象

很多組織在選拔培養對象的時候存在一些誤區，或憑藉關係，或憑藉業績，這兩種方式都是不合理的。避免這種情況的做法是：以員工對組織價值觀的認同程度和績效兩個方面為科學基準，構建業績與價值觀認同矩陣，再以此為根據，確定培養對象。如圖 13-1 所示。

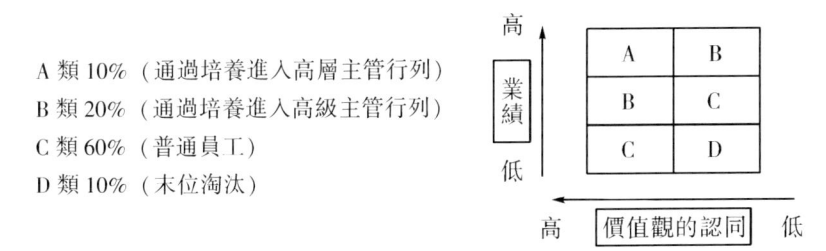

A 類 10%（通過培養進入高層主管行列）
B 類 20%（通過培養進入高級主管行列）
C 類 60%（普通員工）
D 類 10%（末位淘汰）

圖 13-1　業績與價值觀認同矩陣圖

如圖 13-1，橫坐標是員工的價值觀，縱坐標是員工的可考核業績，隨著箭頭指的方向由低到高分佈。A 類和 B 類員工最可能進入高層主管行列，C 類員工是組織裡的大多數，處於左下角的 C 類員工雖然業績不高但向心力高，右下角的 D 類員工可能對公司的活動並不熱心，但卻可能是技術高手，有經過培養晉級 B 類員工的可能。

四、選擇領導力培養的途徑與方法

組織管理人員領導力的培養是一個長期的過程，選擇出培養對象後就是如何培養的問題了。培養組織管理人員領導力的方法很多。國內組織常用的方法有：師帶徒、老帶新、助理制、在職培養、脫產進修等；國外組織常用的方法有：導師制、輔導制、休假制、進修制、輪換制、經理小組培養制等。這些方法實際上是通過三個途徑來進行的，即在職培養、脫產培養和自我培養途徑。

（一）在職培養

這是一種不脫產的培養。就是讓組織管理人員一邊工作，一邊接受教育；在實踐中學習，以實踐促學習。這種途徑有以下優點：一是能夠正確地處理工作與培養在時間上的衝突，使二者融為一體，被培養者可以工作學習兩不誤；二是能夠較好地解決培養中存在的理論與實踐相脫節的矛盾，迅速有效地促進被培養者的成長；三是能及時檢驗被培養者的工作能力以及是否有培養的前途；四是培養的經濟成本比較低。

在職培養的方法比較多，主要有以下幾種：

1. 行動學習

行動學習（Action Learning）是通過行動來學習，通過讓受訓者參與一些實際工作項目來提高他們的領導能力，如領導效益虧損的組織扭虧為盈、參加業務拓展團隊、參與項目攻關小組，或者是跟一些表現出色的領導者工作學習。

行動學習受益的對象不僅包括受訓者，還包括整個組織。例如，通用電器（GE）公司就通過將學生的培訓變成行動學習，使這些學生成為公司最高管理層的內部諮詢師。

2. 教練

教練（Coaching）是一種實操性的、一對一的領導力培養方式，基本做法是教練員按照事先制定的行動方案，定期與經理人探討領導者成功的奧秘，幫助解決領導者實際工作中遇到的問題。教練不僅能夠使領導者提高個人績效，使其重獲職業生機、順利完成變革之類的重要議題，而且能夠幫助新提拔的高級經理人快速融入領導者團隊。

3. 接班人計劃

接班人計劃既是一種領導力培養方式，也是一種領導力培養的結果。由於組織成長和競爭需求的變化，制訂接班人培養計劃是組織戰略規劃的重要

部分。對於缺少領導者接班人的民營企業更需要接班人計劃的實施。

4. 對潛在領導進行潛力評估

從領導力的各要素入手，定期評估領導者的領導能力。以 IBM 為例，每年都要對所有的管理人員和潛在領導者進行評估，在評估的基礎上再對員工領導能力進行針對性的培養。員工通過評估，也可以不斷修正自己的行為，以符合公司要求的風格，成長為具有領導才能的員工。具體的評估程序是：每年年初，員工寫出自己的工作目標計劃，並把它交給直接主管，由主管進行一些修改和完善，然後制定出全年行為準則，員工按照這個準則進行工作；年中時，員工自己需要小結一下，看什麼地方沒有做好，需要改進的地方是什麼；年終時，員工再進行總結，直接主管也要參與總結，指出優點和不足，最後得出一個評估結果。

5. 組織商學院

世界許多知名公司通過組織商學院培養領導者，如 GE 的韋爾奇領導學院、HP 商學院、摩托羅拉大學等。近年來，國內一些公司也紛紛設立了自己的大學，負責培養各級經理人的管理和領導能力。

（二）脫產培養

就是讓組織管理人員脫離工作崗位，進行專門的理論學習，以提高管理水準的一種途徑。脫產培養主要有三種形式：脫產的組織管理人員到各類相關的大專院校、培養中心、講習班接受培養；脫產的組織管理人員到管理水準高、具有豐富經驗的相關單位去研究學習；脫產的組織管理人員直接到國外有關管理水準高的組織或單位進修。脫產培養的最大優點是有利於被培養者掌握系統的理論知識，及時更新知識，不斷擴大知識面。在科學技術發展日新月異的時代，為了不斷提高管理者的管理水準，使其趕上時代發展的潮流，有必要對其進行一定的脫產培養。

五、領導力培養計劃的實施與評價

（一）領導力培養計劃的實施

（1）組織的領導者必須高度重視領導力培養問題，先通過專家小組對本組織的領導力進行現狀分析，找出各級管理者的領導力現狀與組織戰略是否同步，是否需要對培養領導力的內容進行決策。

（2）在實施的各個環節中，應建立較完善的資料庫，以便在需要的時候方便獲取，如公司戰略規劃、公司內外環境的變動、各個部門的業績變化趨勢、業務流程的變化等。

(3) 在培養計劃實施之前，必須詳細制訂好領導力培養計劃，包括領導力診斷、領導力勝任特徵模型的建立、領導力的評價、領導力培養方法的確定等方面。此外，如何設計培養方式、培養的課程內容等都需要提前在計劃中有所體現。

(二) 組織領導力培養效果評價

(1) 及時進行領導力培養計劃效果調查。組織可以在領導力培養計劃實施完畢之後，就作出相應的調查。也可以在領導力培養過程中進行階段性評價。把培養前後的指標進行比較，尋找差距。例如對參與者的滿意度進行比較。每個參與者都對每週的計劃進行評價，主要包括：對每一週的模塊進行數字評價、對每一週進行的計劃是否達到預定目標進行評價、對培訓師進行定性反饋、評價所學的內容是否有用、評價改進的機會。領導力培養計劃的管理者的目標和績效評級也與這些評價結果掛勾。在領導力培養計劃結束一段時間之後，參與者應該接受一次調查，以瞭解參與者對參與領導力培養計劃是否滿意，目的是判斷領導力培養計劃的可用性。

(2) 尋找出差距出現的原因。把培養前後的指標進行比較，尋找出差距產生的原因。原因可能有：培養目標的具體指標的明確性；指標定得是否適當；培養計劃的實施是否完全到位；參與者的選擇是否適當，參與者對領導力培養的重要性認識程度如何；培訓導師的水準和責任性狀況等。這些都是影響領導力培養效果好壞的原因。但到底是哪個原因，必須採取科學的方法進行分析，找出根源所在。

(3) 嘗試使用一些指標來進行評估。對於大多數公司來說，用公司的目標來評價領導力培養的效果是很難的。儘管這方面的數據很多（如銷售收入、財務狀況和營運數據等），但這些數據與領導力的關係並非是最直接的。所以組織應該多考慮定性指標的評價，如員工的忠誠度、滿意度、工作積極性，非正式組織對於組織營運的正面影響、員工的自律性、戰略夥伴的忠誠度、顧客的忠誠度等指標。此外還可以考慮一些利益相關者，如政府部門、消費者協會、環保部門等的滿意度等指標。組織可以把培養前後的各個指標狀況進行比較，找出差距和進步，從而對組織領導力培養效果有一個清楚地把握。

(4) 總結經驗教訓，採取積極的補救措施。尋找到培養差距和原因，積極總結經驗教訓，力求採取措施進行補救。如果影響不是很大，可以把總結的經驗作為資料保存，為以後的領導力培養計劃提供有價值的參考素材。

第十四章　構築跨文化領導力及軟實力

　　根據專業公司對中國企業海外營運的調查，有些中國企業外派經理兩年內的離職率高達70%。造成這種現狀的主要原因是：中國企業外派經理缺乏跨文化領導力，公司總部又缺乏系統支持，外籍員工缺乏對中國文化、中國企業的認同感。因此，對外派經理的管理，直接決定著中國企業在國外的生存狀態。

　　怎樣選拔外派經理？怎樣培訓與開發外派經理的跨文化領導力？怎樣制定他們的薪酬政策？怎樣有效地監控他們的行動？怎樣解決他們的歸國後路問題？這些問題正困擾著走向國際化的中國企業。

一、跨文化領導力的挑戰

　　最近，由權威機構埃森哲（Accenture）公布的一個最新調查表明，22%的全球大公司因為自身的能力不夠，在全球不能取得成功。參加這次調查的一共有900個總裁級人士，他們來自美國、義大利、法國、英國、德國、西班牙、加拿大、日本和中國。對於中國公司來說，這個問題更為嚴重。在參與這個調查的中國公司中，有48%的中國公司的總裁們說，他們不具備在全球取得成功的跨文化領導力。

　　全球化公司在全球取得成功的關鍵是：在全球範圍內實現全球領導力的突破。全球領導力，是在全球範圍內組建全球團隊而取得企業成功的領導能力。在國內成功的領導力幾乎不可能使我們的企業在全球取得成功，中國企業領導者必須突破自我的領導能力，達到一種能夠領導全球隊伍的領導能力。隨著企業逐步走向海外，中國企業跨文化領導力正面臨越來越多的挑戰（唐榮明，2007）。

　　（一）文化智商的挑戰

　　國際勞工組織的一項調查顯示，70%的國際商業活動因「文化差異」而失敗。埃森哲公司的調研報告指出，2007年1月，在全球化的公司中，44%

的參與者認為了解當地文化習慣和商業模式是全球化的重要瓶頸之一。中國企業在國外失敗的根本原因之一也在於跨文化的能力不強。20 世紀 90 年代，中國進軍美國的商業活動的失敗率高達 90%，其根本原因就在於水土不服。目前走向全球的中國企業都面臨著這種跨文化的煎熬和考驗。

目前在全球共有 5,000 多種不同的文化群體，而這些文化群體構成了巨大的文化差異，使許多企業領導者迷茫。這些差異影響著我們的生活和工作，如民族信仰、民族價值觀及行為習慣都會給公司管理帶來很多的複雜性。

中國企業走向全球的先要條件之一，就是企業領導者要有一種「文化智商」（Cultural Intelligence），就是在不同文化氛圍內，領導者能夠適當地將文化因素與商業措施有機結合起來，從而得到良好的企業收穫的智力。這個概念首先由 Christopher Earley 和 Elaine Mosakowski 在《哈佛商業評論》2004 年 10 月登出，並被廣泛接受。最近，《財富》與頂尖國際諮詢機構（New Leaders International）合作進行的「中國經理人國際化調查報告」指出，在所有的調查項目中，國際化視野最受重視。但調查顯示，受訪者很少有機會去國外旅行、學習或獲得對開闊視野有用的國際經歷，外語能力也不盡如人意。因此，他們無法與他人分享最佳實踐，也不能建立和維持國際化的人脈網絡，而這兩方面是能否擁有全球化視野的決定性因素。50% 以上的人在中國範圍內建立個人的商業網絡，28% 的受訪者能夠在全球範圍內發展人際網絡，僅有 20% 的人願意與外國同行共同分享最佳實踐。

跨文化領導力的建設是對企業領導的巨大挑戰，企業團隊需要具備在全球範圍內處理事務的能力。解決這個問題的出路在於：重視文化智商的培養，在英語方面多下些功夫。企業領導者大多不必精通英語，但要有一定的標準的口語，能得到其他文化夥伴的尊重。企業領導者應多到其他國家進行一下「文化洗禮」，增加對其他文化的認識和理解，提高自己的文化智商。

（二）跨文化領導風格的挑戰

在 HAY（合益）集團對企業家的領導力調研報告中指出，中國企業中高效績的領導者只有 19.1%，鼓舞人的領導者更是僅有 9.8%，而挫傷積極性的領導者高達 57.7%，不增加價值的領導者也有 13.4%。HAY 的另一項研究顯示，中國企業的領導風格，比例最高的是強制式，高達 67%，後面依次是輔導式（62%）、親和式（56%）、領跑式（47%）、民主式（46%）、願景式（33%）；而在歐洲，強制式在下降，民主式在上升；在美國，則是領跑式在上升。當不能認識到領導模式的盲點時，就會出現問題。2001 年，當華立集團進軍美國，收購了飛利浦在美國的 CDMA 研發中心的時候，華立集團第一次直接面臨了美國文化的衝擊。在華立集團收購的研發中心裡，由一名美國

第十四章　構築跨文化領導力及軟實力

員工 Dannis 負責 CDMA 核心技術的研發，中方領導為了表示對其工作的重視，按中國人的習慣，每隔兩天就給他發一封電子郵件，詢問工作進展。然而沒過 10 天，該員工就向中方領導提交了辭職報告。這位領導大感不解：「我如此關心你，你為什麼還提出辭職?」該員工說：「你每隔兩天就發郵件給我，這說明你對我不信任；如果信任我，我會按時完成任務；如有問題，我自然會向你報告。」經過再三解釋，才消除了誤解。此後，雙方調整了溝通方式，中方領導不再發郵件，這位員工定期向這位領導做匯報。

要改進領導模式，首先，應認真反思自我、認識自我。在國際環境下，本土很多價值觀和信念都將受到直接的挑戰。一位有智慧的領導者一定要抓住這樣的機會，認真認識一下自我。只有真正瞭解自我，才能瞭解他們的文化、理念和價值觀。其二，要認真突破一下自我，尤其是檢討自我的獨裁傾向，向融合的領導層次過渡。其三，要學會一種融合的領導模式，能創造寬鬆、共同參與的一種氛圍，並能在適當的情況下充分放權，使外國人和中國人能真正融合在一起，共同投入，創造企業效益。

(三) 跨文化企業文化的挑戰

埃森哲的調研報告指出，在全球企業中，維持一個共同的企業文化是企業領導最關注的問題，其重要程度勝過一直困擾企業的區域政治問題。埃森哲總裁 Mark Foster 認為，要在全球環境下取得成功，公司必須打造一個強有力的、具備世界各個市場的知識的領導團隊。全球成功的企業有一種全球管理模式，哈佛大學商學院教授 John Quelch 將這種模式命名為「融合」。全球成功的企業，其企業文化勝過國家文化，這些公司應用全球戰略來取得競爭優勢，他們的企業戰略超越任何國家文化的影響，是地地道道的全球型企業文化。

創建一個全球型的企業文化需要認識到來自不同國家和文化背景的員工的差異性，發展全球型企業文化的關鍵是要找到一種方法，這種方法能夠將一套共同的價值觀和原則體系完整地進行跨國家、跨文化和跨語言的溝通傳達。最重要的是如何在全球市場中創造一個既可以反應全球企業文化、又能與本土文化和思維不衝突的融合型企業文化。

融合方法有下列四個步驟。

1. 知己 (Self-Knowing)

對自身的企業文化有深刻的認識，對企業的本質、特點和文化價值觀有明確的瞭解。

2. 知彼 (Other-Knowing)

具有良好的文化智商，能充分認識文化差異，並能瞭解到在不同文化裡

什麼是可以做，什麼是禁忌，什麼是良好的商業模式等。

3. 均衡文化差異（Differences-Holding）

最關鍵的是企業能將兩個或多個文化進行均衡，沒有使任何一方受到壓抑，都能受到尊重。

4. 超越不同（Differences-Transcending）

在均衡各種文化的基礎上，大家共同參與進行創新，利用文化的不同為資源來進行革新，使企業找到一種創新的解決問題的方式方法，真正得到「1+1>2」的效果，這就是「融合」的效果。

（四）跨文化系統思維的挑戰

在中國企業走向全球的過程中，跨文化的系統思維不可忽略。只有具備系統思維的能力，才可能有系統的競爭力的打造。一個經久不衰的強大企業靠的是系統的力量。就像 Collins（柯林斯）所指出的一樣，強大的企業在「造鐘」，他們靠一個系統的「鐘」來支持著公司的運作和發展，而不是靠「報時」來創造暫時的輝煌。企業必須靠系統思維才能適應高度複雜的市場環境，只有系統思維，才會有不同的態度、不同的行為以及不同的能力；世界名企絕不是單單靠一個優秀的領導、一個絕招，也不僅靠資金或者技術或機遇，而是靠整體系統競爭力，系統競爭力才是最大的力量；只有系統的力量，才能使企業持續經營，基業長青。系統的力量才是最持久的力量。

一個優秀的跨文化企業系統是由五個子系統組成。第一，戰略系統，即企業的導航系統，它為公司提高核心競爭力提供途徑及系統方法；第二，文化系統，即企業的基因體系，決定或影響著企業的思想及行為；第三，營運系統，即企業的架構，負責打造公司核心競爭力系統的流程；第四，績效系統，是實現公司戰略目標、提高公司核心競爭力的保障；第五，人員系統，是實現公司戰略目標、提高公司核心競爭力的關鍵。這五個子系統正像中國道家「五元論」：戰略系統如「金」，其功能在於「從革」，使公司從現在的狀況發生革命性的變化，實現新的發展、新的狀態；文化系統如「水」，其功能在於「潤下」，指文化信仰深入人心，無孔不入，影響著企業的一切行為和狀態；營運系統如「木」，其功能為「曲直」，使企業的流程順暢無阻；人員系統如「火」，其功能在於「炎上」，使人員激情高漲，奮鬥向前；績效系統如「土」，其功能在於「稼穡」，使整個企業系統生生不息，碩果累累。

「沒有一個強大的跨文化企業系統，中國企業想打敗那些經歷了近 200 年的歷史而打造成的世界名企，是不容易的。」中國企業如果能將這種競爭力系統構建方法拿過來，使我們能站在巨人的肩膀上，那我們距離真正的成功就為期不遠了。

第十四章　構築跨文化領導力及軟實力

二、解讀跨文化領導力

東西方思維方式的彼此滲透和文化融合是大趨勢，其差異是相對的。然而，對東西方文化的差異性必須給予足夠的重視。因為只有意識到這些差異，才能正視這些差異，才能為解決因差異而導致的跨文化衝突尋到一把開啓的鑰匙，進而找到提升跨文化領導力的途徑（徐飛，2006）。

如表 14-1 所示，中西方在文化思想和思維方式上有很大不同。除了上面談到的東西方思維方式和文化特質方面的差異外，東西方在溝通習慣方面也不一樣，在對待協議態度方面、激勵員工的方式方面也有很大的差別。東西方員工心目中的好領導是不一樣的；反過來，領導心目中的好下屬、好員工的標準，在東西方文化的評價標準和評價指標體系裡，也有相當大的差異。

表 14-1　　　　　　　　東西方思維方式和文化特質比較

序 No.	西方 Western	東方 Eastern	序 No.	西方 Western	東方 Eastern
1	功能 Functional	總體 General	17	規則 Rule	潛規則 Unwritten Rule
2	分別(分析) Analysis	和合(綜合) Integration	18	方 Straightforward	圓 Tactful
3	一分為二(黑白文化) One Divides Into Two; Back-White Cadture	一分為三(灰文化) One Dividesinto Three; Gray Culture	19	術 Technique	道 The Way(Tao)
4	演繹 Deduction	歸納 Induction	20	求真(學以致知) Seek Truth from Facts	務實(學以致用) Study in Order to Put into Practice
5	邏輯 Logic Thinking	直覺 Intuition	21	本源 Origin	終極 Inumate Destination
6	知性、理性 Reason	悟性、靈性 Comprehension	22	神性 nvine Forces	自然性 Nature Of Being
7	線性 Linear	非線性 Non-Linear	23	搖頭(Shake One's Head) Why not	點頭(Nod) Why
8	結構化 Structural	非結構化 Non—Structural	24	張揚 Extroversion	內斂 Introversion
			25	開放性 Openness	封閉性 Closeness
9	實證 Demonstration	意象 Image	26	陽性 Masculine	陰性 Feminine
10	左腦 Leh Brain	右腦 Right Brain	27	事實判斷 Fact-Based Judgment	價值判斷 Value-Based Judgment
11	定量 Quantitative	定性 Qualitative			
12	節奏 Rhythm	旋律 Tune	28	科學認知 SdenfificAcknowtedge	政治倫理 Political Ethic
13	績效 Performance	操行 Behaviour			
14	側重事/物 Fact-Oriented	側重人 People-Oriented	29	象棋文化、橋牌文化 Chess/Bridge	圍棋文化、麻將文化 Game of Go and Mah—long
15	注重業績 Focuson Achier	注重等級 FOCUS On Hierarchy			
16	個人主義 Individualism	集體主義 ColledVign	30	法/理、情 Law/Reason、Feeling	情、理/法 Feeling、Reason/Law

實證研究表明，在全球 60 種文化中，最受歡迎的領導風格是：可靠、靈活、動機的激發、聰明、決斷、可信賴、團隊精神等，不管是東方世界還是西方世界，大家都推崇認可，有共識。最不受歡迎的領導風格為：不合作、喜怒無常、自私自利、粗魯、獨裁、以自我為中心等，這些都是東西方領導者要注意克服和避免的領導方式。對於像服從、向上司挑戰、圓滑、敏感、固執等領導風格，則頗具爭議性。服從究竟好不好，向你的上司挑戰對還是不對，不能一概而論。東西方的思維方式、領導風格、文化特質、溝通習慣、價值判斷標準等，客觀上都存在很大差異。在相對封閉隔離的環境中，這些差異容易被忽視，引發的問題也是個別的、局部的、非典型的和非尖銳的。然而，今天的經濟已是一個全球化的經濟、開放的經濟、一體化的經濟，是一個既高度分工又高度綜合集成的經濟。交通和通信的極大便利以及 IT 技術和互聯網的強力滲透，把人類緊緊相連。開放的世界需要國際化的團隊，而國際化的團隊必然面對勞動力多元化和價值取向多元化問題，必須面對跨文化領導力的挑戰。

三、培育跨文化適應力，為「贏在他鄉」奠定基礎

如何應對這種挑戰？提升跨文化領導力的途徑又是什麼？實踐表明，必須培育跨文化適應力。適應（Adaptation）原本是一個生物學概念，指的是生物體改變其身體特質或生活習慣以迎合自然環境的需要。文化適應就是指為了適應某種新文化而積極改變的過程。這一過程可以包括改變某人的信仰和態度、知識以及技能。與「適應」相近的一個概念是「順應」（Acculturation），順應則是一個社會學概念，特指人們對於社會環境的順合（徐飛，2006）。

首先，要正確認知、理解、尊重跨文化的差異性。對待差異應該讓「和而不同」的思想在心裡扎根。「和而不同」是東方的智慧，是晏子的說法。西方有類似的表達，叫作「Enrichment Through Diversity」（因多樣而豐富）。以前我們害怕差異、厭惡差異，習慣於整齊劃一、步調一致、千人一面，追求萬眾一心、異口同聲。實際上，這既不可能也沒必要，甚至有害。正確的態度是，正視差異，容忍差異，應該深刻地認識到，正是因為差異性才導致多樣性，多樣性才導致豐富性，而單一性將導致脆弱性、瀕危性。熱帶雨林之所以生機勃發，就是因為其既有高大的樹木，又有低矮的灌木和草本植物，還有附生植物、苔蘚地衣及腐殖真菌，它們共生共榮，相得益彰，各為其為，

各得其所。對待差異性還不能被動消極地應對，除了正確認知和充分尊重外，還要用好用足差異產生的效用。因為差異產生張力，張力產生動力，由此整個社會才會生生不息，充滿活力。

其次，要增強跨文化領導的責任，招聘和選拔勝任跨文化的領導者。

再次，要強化溝通和互動。當今國際政治的主流已經從對抗轉向對話，國際經濟交往和社會生活亦必須加強溝通，通過溝通來消除誤解、增進瞭解、減少隔閡、尋求共識，要寬容對待分歧、求同存異。

最後，通過教育培訓方式提高跨文化方面的素質、能力和技巧。

可見，要培育跨文化適應力、提升領導力是一個系統工程，必須從招聘、培訓、考核、薪酬以及職業生涯規劃等多個模塊出發，方能真正提升外派經理跨文化領導力，為「贏在他鄉」奠定良好基礎。

四、選拔具有跨文化適應力的外派經理

根據 Henry 對美國跨國公司的統計，大約有 30% 的外派任命是錯誤的。Zeira 和 Banal 總結了 8 項外派失敗的研究認為，外派經理的失敗率在 30%～70%，其中派往發展中國家和相對文化距離較遠的國家的失敗率更高。《經濟學家》1984 年的報告指出，每 3 個美國外派經理就有 1 位比原計劃提前歸國，歐洲外派經理的這個比例為 1：7。

從統計數據不難看出，外派經理的「陣亡率」居高不下，究其原因，其中很重要一點是許多企業在外派中沒有選好人。實踐表明，使用恰當的流程和方法挑選出合適的外派經理是保證外派成功的最關鍵因素。對於越來越多「走出去」的中國企業來說，挑選合適的外派人選是「贏在他鄉」的第一步（黃勛敬，2008）。

（一）外派經理選拔是保證外派成功的基礎

跨國公司通過選用外派經理進行國外子公司的管理，可以加強對海外子公司的控制、加強對先進技術和管理經驗的壟斷、保證產品和服務的標準化、減少雇員流動、降低培訓成本。但由於外派目的不明確、外派經理自身綜合素質欠缺、外派經理家屬不能適應異國文化與環境等原因會造成外派失敗。J. Stewart. Black 和 HaLB. Gregersen 在 1999 年的研究中發現，10%～20% 的外派經理由於無法勝任工作、工作不滿或無法適應跨文化的新環境而提前歸國。在完成任期的人員中，近 1/3 無法達到預期目標。外派失敗，給企業帶來直接的經濟損失，還有可能因失去東道國的業務和市場以及優秀人員而遭受慘

重的間接損失。造成外派經理失敗的最主要原因可以歸結為：外派目的不明確；外派選拔程序不當，未挑選出合適的人選，以至於外派經理或其家屬不能適應異國文化與環境。

目前，仍有相當部分的人力資源經理認為企業的經營管理模式及成功因素在國內市場和海外環境中應該是一致的，他們相信在國內優秀的員工在海外也會是出色的。於是，人力資源經理在人員選派時主要考慮其專業能力和東道國的工作需要。然而，跨文化的衝擊對員工生活和工作的影響是多方面的：一個優秀的工程師可能因為無法適應東道國的氣候和飲食而不得不提前回國；一個在國內業績出色的部門經理也可能因為不瞭解東道國的風俗習慣和文化特徵而丟失客戶，甚至觸怒重要的供應商。因此，只看重專業技能和知識而忽視員工在語言、社交、適應性、敏感性以及學習新知識等方面的能力的外派經理選拔方式必然不能挑選出合適的外派人選。

（二）企業選拔外派經理的影響因素分析

影響企業使用外派經理的因素可從企業與員工個人兩個方面來分析，對於企業而言，影響利用外派經理的因素多種多樣，錯綜複雜，而且還受員工對外派態度的影響。

1. 從企業的層次上看

（1）各國社會文化因素。不同國家的社會文化背景影響著企業選擇國際人力資源管理模式。

（2）國外下屬企業的發展階段。下屬企業所處的發展階段，影響企業的人力資源政策。

（3）外派經理的成本。一般來說，一個外派經理，不論其國籍是什麼，給企業造成的成本約為同樣職位的本地人員的 3 倍。據調查，成本因素是企業進行外派決策時需考慮的重要因素。

（4）東道國的相關政策。東道國對管理人員當地化的要求及相關立法會影響企業的用人政策。

（5）合格的東道國公民來源是否充足。企業聘用外派經理的數量受東道國公民素質的影響。

2. 從員工的層次上看

（1）文化衝擊。文化衝擊是由於陷入陌生環境而產生的，它會削弱個人對自身和職業的調節能力。

（2）較大範圍的調整以適應外派工作的需要。母國與東道國在文化、經濟發展水準、法律、商業習慣和勞資關係等方面存在著差異。這些差異影響

著外派經理的工作、生活及健康狀況，外派經理需要做出工作調整、與當地人員的相互作用調整和整體調整。

（3）收入的波動。在外派經理的國際任職期間，隨行配偶的工作機會受到限制，因此整個家庭的實際收入就降低了。但是家庭的生活方式是基於共同收入的基礎之上的，因此這種收入的波動將對家庭帶來影響。

（4）家庭因素。根據1995年對美國國際公司的一項調查，公司雇員拒絕外派任命的原因為：對配偶職業的顧慮（48%），對外派任命區位的考慮（32%），家庭問題（29%），子女問題（27%），職業發展機會有限（22%）。由此看出，家庭因素是影響外派成功與否的重要因素。

（5）歸國問題。當外派經理歸國時，由於國內的一切（從公司的結構到戰略決策，從管理人員到一般員工，從家庭成員、朋友到鄰居）都發生了巨大的變化，而且國外的工作和生活經歷也改變了外派經理的言談舉止，因此外派經理至少面臨3個基本問題，其中許多問題與「逆文化衝擊」現象有關。逆文化衝擊是指人們必須重新學習其文化觀念、價值和信仰。首先，外派經理必須適應國內新的工作環境和組織文化，這可能導致任職後的工作業績下降；其次，外派經理及其家屬必須重新適應國內的學習與生活；最後，許多外派經理需要時間來適應基本的生活環境，如飲食、食品和氣候等。不少歸國員工發現，在許多方面，企業忽視了他們的個人需求和職業。一個很普遍的問題是，外派經理擔心在一個很長的海外停留期間，他們被「看不見，想不到」，並因此與母公司的高層管理者、負責公司管理者選拔的人及公司的文化失去了聯繫，將很難再進入公司管理隊伍的主流，進而無法升遷。

（三）構建企業外派經理勝任力模型，把握外派經理的素質要求

從企業選派人員赴海外的影響因素可以看出，外派選拔是一個系統工程，它既要考慮企業以及外派職位的要求，也要考慮員工個人的外派意願及能力素質。因此，企業在選拔外派經理時，應借鑑先進企業的探索，在企業總體戰略目標的指導下，利用勝任力模型等現代化選拔工具，發揮企業高級經理人才評鑑中心的作用，為境外企業選拔德才兼備的複合型經理人才或專業人才。

1. 勝任力模型及其內涵

勝任力（Competency）是一種從組織戰略發展的需要出發，以強化競爭力，提高實際業績為目標的獨特的人力資源管理的思維方式、工作方法和操作流程。

勝任力模型（Competency Model）是指要完成某一特定的任務角色需要具

備的勝任力要素的總和。它主要包括三個要素，即勝任力的名稱、勝任力的定義（指界定勝任力的關鍵性特徵）和行為指標的等級（反應勝任力行為表現的差異）。

勝任力模型的理論基礎主要是冰山模型（Iceberg Competency Model）和洋葱模型（Union Competency Model）（見圖8-3）。

在外派經理選拔的人力資源管理實踐中，人們往往比較重視知識技能的考察，但是卻忽視了對自我概念、特質、動機等方面的考察；然而，知識、技能固然重要，但這僅僅是招聘選拔的基本要求。如果需要清晰地區分績效一般者和績效優秀者，還需要針對自我概念、動機和特質等方面進行辨別，因為這些內核的部分長期、深刻、有效地影響著表層的內容，這也是用勝任特質方法比傳統的智力測驗更加有效的原因之一。

目前，許多著名跨國企業已將勝任力理論應用於國際人力資源管理，他們針對不同外派職業、不同外派崗位建立起相應的勝任力模型，並以此為基礎進行人才選拔、績效考核、薪酬管理、員工培訓與發展等人力資源管理實踐，取得了良好的效果。

2. 構建企業外派經理勝任力模型

企業選拔外派人才的標準是做到人—職—組織的匹配，因此選拔工作要可靠而有效。借鑑國際跨國企業的先進經驗，企業應構建自身的外派經理勝任力模型，通過科學的手段選拔出合適的外派經理，保證外派的成功，進而促進業務的發展。企業外派經理勝任力模型通常包括硬素質和軟素質。其中，硬素質通常包括基本的准入條件，如相應的業務技能及管理經歷，相關的執業資格等。然而，只有硬素質是遠遠不夠的，為保證外派的成功，企業更應當重視外派經理的軟素質，這包括對外派經理的跨文化適應能力、解決衝突的能力以及家庭支持度等。

（1）外派經理勝任力模型的硬素質。外派經理應具備本企業經營領域的知識背景，具備相應的資格證書或從業證書。如果有在東道國學習和工作的經歷，將有助於外派經理迅速地適應當地的文化，盡快開展工作，而不是將時間浪費在「交學費」上。因此，那些有與東道國相關經歷的，在選拔時應當優先考慮。

（2）外派經理勝任力模型的軟素質。很多企業在選拔外派經理時，總是過分強調技術能力和管理技能，而忽視了文化和社交的影響，殊不知文化衝突才是外派經理的「大敵」。因此，文化適應能力等因素形成了外派經理勝任力模型的軟素質。

①文化背景要求。外派經理應當有較好的文化素養，熟知國際規範與慣例，還需要並且知曉東道國的歷史文化。如果可能，最好是在東道國出生，或者有在東道國受教育的背景，這樣更容易與東道國的文化融合在一起。

②跨文化適應能力。外派經理往往是企業的管理人員，因此他們需要具備專業技術能力以及良好的管理技能。又由於跨國工作因素的影響，同時必須強調跨文化技能以及社交能力。因此對於外派經理，在跨文化技能上，要求具備以下方面的能力：

・文化移情的能力和較低的本土優越感。文化移情，就是要能從對方的文化角度考慮，體會對方的情感。

・文化差異敏感性和文化適應能力。當外派經理對文化差異較為敏感時，就能更好地理解當地的一些做法，發現問題所在，利於解決衝突。

③溝通能力。外派經理在外派工作中，其實還擔負著外交大使的使命。只有和當地的政府、員工關係融洽，才便於企業在東道國的長久發展。

④語言能力。外派經理的語言能力是駐外任命的基礎。語言不通，無法交流，就更談不上工作了。

⑤解決文化衝突的能力。作為管理者，承擔著上下協調溝通的基本職能。在駐外任命中，難免會產生跨文化衝突，外派經理應當能夠從容應對。

⑥家庭的支持度。隨著國際化的發展和駐外人員的增加，家庭成為影響外派經理的至關重要的因素。兩地分居，使外派經理不能安心工作；家屬隨往，家屬適應文化衝突的能力便成了關鍵。因此在選拔外派經理時，應充分考慮家庭因素的影響，尤其是家屬的跨文化交流的能力以及家屬工作安置問題。

⑦海外工作願望。企業在選擇外派經理時，外派經理自身的海外工作願望應充分考慮。當外派經理對海外工作有很強的慾望和新鮮感時，外派會調動其工作的積極主動性；反之卻會適得其反。

(四) 構築基於勝任力模型的外派經理的選拔與測評系統

1. 構建適合企業的外派經理選拔與測評流程

如果跨國公司缺少連續的規範的外派經理選拔程序，當它面臨外派經理職位更替或空缺時，會形成一種混亂的局面，並且由於選拔過程不夠嚴謹和周密、選拔方法不夠完善導致選出的結果不理想，從而影響跨國公司全球化戰略的實施。要規範外派經理的選拔和測評過程，需要建立一套循序漸進的選拔流程，如圖14-1所示。

```
                    ┌─────────────────────────────┐
                    │ 成立選拔委員會或人才測評中心、│
              ┌────→│     確定外派人才選拔目標      │
              │     └──────────────┬──────────────┘
              │                    ↓
              │     ┌─────────────────────────────┐
              │     │      外派經理的計劃與預測      │
              │     └──────────────┬──────────────┘
              │                    ↓
              │     ┌─────────────────────────────┐
              │     │ 構建本企業外派經理的勝任力模型,│
              │     │       明晰崗位職責和要求       │
              │     └──────────────┬──────────────┘
          ┌───┴───┐       ┌────────┴────────┐
          │ 回饋  │       ↓                 ↓
          └───┬───┘  考察候選人的能力、  考察候選人的國際任職動力
              │     學習方式和思維模式
              │     ┌───────────┐      ┌───────────────┐
              │     │測評候選人的能力│      │企業層面的影響因素│
              │     └─────┬─────┘      └───────┬───────┘
              │           ↓                    ↓
              │     ┌───────────────┐    ┌───────────────┐
              │     │測評學習方式和思維風格│    │個人和家庭的影響因素│
              │     └───────┬───────┘    └───────┬───────┘
              │             └──→ 候選人的 ←──────┘
              │                  選拔與測評
              │                     ↓
              │     ┌─────────────────────────────┐
              └─────│ 敲定外派人選,並根據測評結果為 │
                    │    外派經理制訂相應的培訓計劃   │
                    └─────────────────────────────┘
```

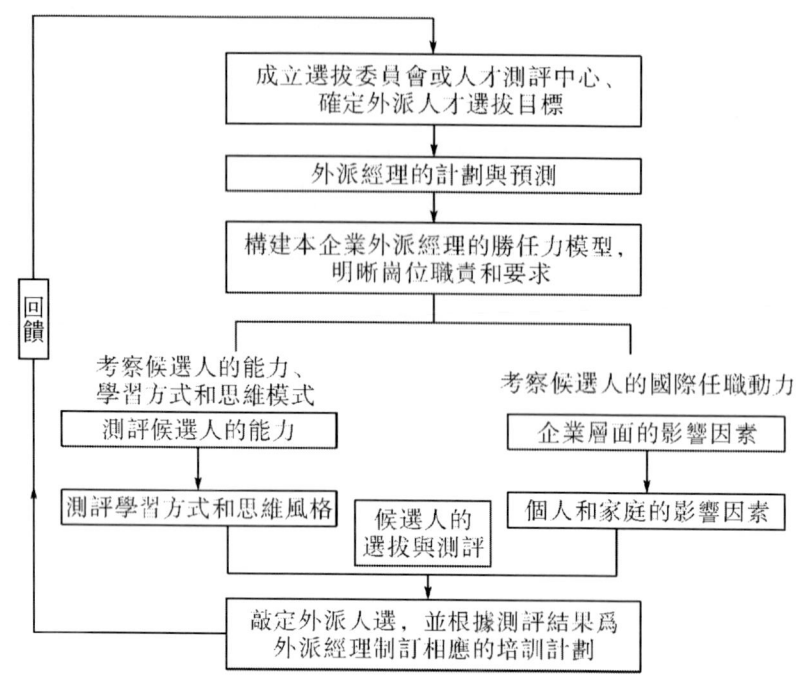

圖 14-1　外派經理選拔與測評流程

外派經理的選拔步驟如下。

（1）成立選拔委員會或人才測評中心，進而確定選拔的階段性目標

成立選拔委員會，確定誰將參與選拔，是這一步驟的關鍵。選拔委員會的成員構成十分重要，因為這關係到整個選拔質量的高低。理想的選拔委員會成員需要自身具有豐富的國際工作經歷，以幫助候選人把握取得國外指派成功所需的關鍵素質，並確保對這些素質引起足夠的重視。許多先進的跨國企業為了選拔的需要，成立了國際人才測評中心，組建一支由國際人力資源專家、心理學專家、跨國公司中具有豐富國際工作經驗的高層管理者和人力資源經理等專業人士組成的專門的人才測評團隊。在此基礎上，選拔的每個階段性目標需要清楚地表達，以確保能滿足全球指派的需要和選拔能按時按質按量地完成。

（2）外派經理的計劃與預測。為了保證選拔過程的嚴謹性和周密性，對外派經理職位更替和空缺時出現的時間敏感性應該要有所準備。最好的準備方法是進行外派經理的計劃與預測。有價值的外派經理計劃應當既具有外部一致性，又具有內部一致性。外部一致性是指外派經理計劃應當同企業的整體戰略計劃相配合。

外派經理需求計劃一般包括3套預測：外派經理需求預測，外部候選人供給預測，內部候選人供給預測。由於全球高強度競爭環境和外派經理工作的特殊性的原因，外派經理職位的需求預測較為獨特。準確的需求預測來源於對公司海外拓展計劃的準確把握和對已經任職於海外的外派經理的工作業績以及情緒心態的及時跟蹤瞭解。

（3）構建本企業外派經理的勝任力模型，明晰崗位職責和要求。這是外派經理選拔流程中最關鍵的一步。為了避免「國內干得好國外必然也會干得好」的習慣思維及只重視硬素質、忽視軟素質的現象，企業在選拔外派經理時，必須構建適合自身企業的外派經理勝任力模型，尤其是要明確外派經理所必須具備的軟素質。

（4）候選人的選拔與測評。候選人素質和國際任職動力測評是外派經理選拔的主體部分，包括測評方法的選擇和綜合評價方法的建立和使用。

（5）敲定外派人選，並根據測評結果為外派經理制訂相應培訓計劃。經過測評流程後，可以敲定外派人選。接著，要根據測評結果為外派經理量身定制相應的培訓計劃。對外派經理的全面培訓，尤其是文化培訓，是外派成功的根本保證。許多成功的跨國公司非常重視外派經理的培訓，在外派經理的行前指導與培訓上投入很大，更有不少企業在外派經理上任前一年就作出外派決定，從而有充足的時間對其進行全面培訓。

2. 使用各種測評方法，挑選合適人才

企業外派經理勝任力模型可以歸結為五個標準：工作因素、交際能力、國際動機、家庭狀況以及語言技巧。在選拔和測評過程中，廣泛使用面談、標準化測試、評估中心、簡歷、工作試用、推薦等方法。其中，面談是最被廣泛使用且最有效的方法。外派經理勝任素質要求與選拔方法如表14-2所示。

表14-2　　　　　　　　　　外派經理勝任素質要求與選拔方法

外派經理勝任素質要求	選拔方法					
	面談	標準化測試	評估中心	簡歷	工作試用	推薦
專業/技術技能						
技術技能	★	★		★	★	★
行政技能	★		★	★	★	★
領導技能	★					

表14-2(續)

外派經理勝任素質要求	選拔方法					
	面談	標準化測試	評估中心	簡歷	工作試用	推薦
交際能力						
交流能力	★		★			★
文化容忍度和移情	★	★	★			
對模棱兩可的容忍			★			
適應新行為和態度的靈活性	★		★			
緊張適應性能力	★		★			
國際動機						
接受外派職位的意願	★			★		
對任命區位文化的興趣	★					
對國際任務的承諾						
與職業發展階段相適應	★			★		★
家庭狀況						
配偶是否願意居住在國外	★					
配偶的交際能力	★	★	★			
配偶的職業目標	★					
子女的教育需要						
語言技能	★					
用當地語言進行交流的能力	★	★	★	★		★

資料採源：JohnB. cullen. Multinational Management，a strategic approach. International Thomson Publishin9. p. 426. 1999.

在實際選拔過程中，選拔委員會或人才測評中心應以本企業的外派經理勝任力模型為基礎，根據每一測評指標的特性和具體的選拔需要，對測試內容作必要的修改並選擇合適的甄選技術。

3. 外派經理選拔應注意的事項

（1）結合工作本身，構築勝任力模型，選擇最適合的人員。因為派往的國家不同，以及派遣工作的複雜性不同、工作內容的不確定性、工作的表現

形式也不同，因此對外派經理的要求也各不相同。這就要求認真分析東道國政治、經濟等外部環境，同時，瞭解公司合資方式、公司結構、經營狀態、崗位要求等內部環境，構築本企業外派經理的勝任力模型，並以此為基礎對不同的外派崗位提出具體要求，從而挑選適合的人才。

（2）家庭因素不應被忽視。當企業選擇外派經理時，外派經理家庭的因素絕不應該被低估。研究表明，當配偶不滿意或子女的問題解決不好時，將極大地影響外派經理的工作業績。

（3）對外派經理進行跨文化培訓。文化差異的存在使得外派經理素質有不同於國內人員的特殊要求。外派經理不僅要具有特定的專業技能、良好的語言技巧，跨文化交際與適應能力也是他們工作順利進行的必備條件。因此，對於外派經理，企業要進行大量的培訓，內容包括東道國文化、法律、語言、跨文化交流技巧等。

五、培育跨文化領導力

（一）外派經理培訓的重要性

隨著經濟全球化的發展，國際型企業經營規模日益擴大，跨國經營面臨著與國內經營極為不同的環境，因而給管理帶來了許多獨特的問題，也給外派經理這種特殊的身分提出了許多新的要求，其中最根本的就是要求管理人員扮演一個多元文化的角色，他們需要在不同的文化背景和環境下，指導和協調企業的經營管理活動。跨國企業外派管理人員的素質是企業在國際競爭中獲勝的重要因素，需要對外派經理進行嚴格的培訓和開發，使他們適應複雜和多變的國際環境，勝任國際化的工作。

為提高外派經理的成功率，跨國企業加強了外派經理的培訓與開發，特別是跨文化培訓。跨文化培訓是促進跨文化交流的有效方法，它能夠提高外派經理的成功率。實踐證明，要使外派經理培訓獲得成功，必須重視外派培訓計劃的制訂，實現外派培訓的流程化管理（孫海法、方琳，2008）。

（二）外派經理培訓的流程設計

外派經理的培訓流程應從外派經理的選拔開始。先要明確本企業外派經理需要具備的勝任力模型，然後去尋找符合企業全球戰略和外派職位特殊要求的優秀的外派人才，進而去培訓這批人才，使他們適應國際化工作需要。如圖14-2所示。

```
         ┌─────────────────────────┐
         │ 基於企業外派經理勝任力模型，│
    ┌──→ │   挑選合適的外派人選      │
    │    └───────────┬─────────────┘
    │                ↓
    │    ┌─────────────────────────┐
   回    │ 成立國際人才評估中心(人才工作坊)，│
    │    │     量身定制培訓方案      │
    │    └───────────┬─────────────┘
    │                ↓
   饋    ┌─────────────────────────┐
    │    │ 執行培訓方案(注重集體培訓 │
    │    │     與個人培訓並重)       │
    │    └───────────┬─────────────┘
    │                ↓
    │    ┌─────────────────────────┐
    └──  │      培訓效果評估         │
         └─────────────────────────┘
```

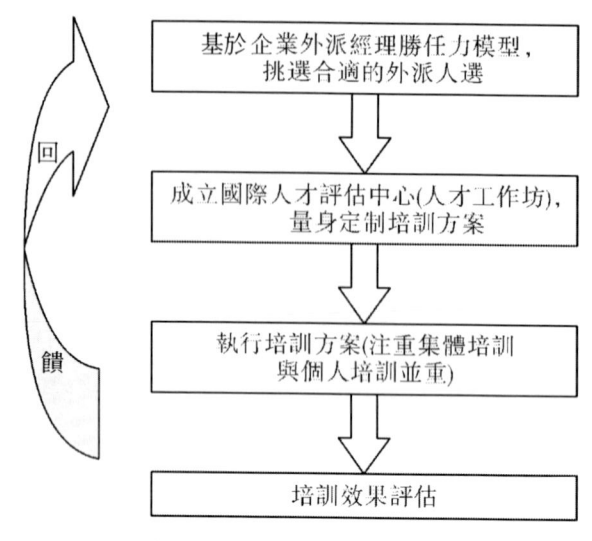

圖 14-2　外派經理培訓流程

1. 基於企業外派經理勝任力模型，挑選合適的外派人選

企業應根據自身的發展戰略和國際化業務的要求，決定需要什麼樣的外派人才，然後挑選符合素質要求的員工，根據員工的品質、才能和具體的任務為他們提供培訓，補充他們缺乏的才能。

2. 成立國際人才評估中心（人才工作坊），量身定制培訓方案

評價中心技術具有很多優勢，除了傳統的人員選拔、員工培訓和職業生涯規劃外，評價中心還能夠給管理者提供海外派遣人員的態度信息，形成企業員工的全球性心智模式。

近年來，一些先進的跨國企業設計了特殊的評價中心技術並將其應用在國際商業派遣中。國際人才評估中心（Intercultural Assessment Center）運用跨文化角色扮演、案例研究、小組討論和國際談判模擬等技術，測量候選人對不確定性的容忍度、目標導向、交際能力和多文化溝通技能，評估外派候選人的多文化勝任能力。目前，一些歐洲跨國公司已經開始採用此類評價中心作為跨國管理項目的組成部分。

Daimler Chrysler Aerospace 每兩年一次用國際人才評價中心技術選拔和培訓海外派遣的候選人，在國內有良好業績且具有潛力的年輕管理者由他們的上級提名參加這個項目。參加評價中心評估後，候選人收到關於他們自身國際派遣上的優勢和缺點的詳細反饋，根據反饋，人力資源部門制訂具體培訓項目計劃以符合這些管理者的具體需要。此後，候選人將參加為期 18 個月的管理培訓項目，包括跨文化溝通、自我意識培訓和國外項目分配等。培訓後，

候選人在國際人才評價中心參加第二輪的評估，以瞭解他們的培訓效果，那些在該過程中勝出的管理者將指派為公司海外公司主要位置的候選人。這種國際人才評價中心技術能給參加評價中心的人員提供全球視角，同時也使培訓方案的設計更加個性化，提高培訓的針對性。

3. 執行培訓方案

在個性化的培訓方案制定後，接下來一個重要的環節是執行培訓方案。其中，要求特別注意的是平衡集體培訓與個體培訓。

（1）傳統的集體培訓。傳統的集體培訓方式是把到達東道國的外派經理聚集在一起，給他們提供比外派前培訓更具體的、更複雜的關於東道國文化的深層次知識。這種培訓的一個不足是所有的外派經理都接受同樣的培訓內容。如果一些外派經理是面臨非常具體的需要幫助的跨文化問題，就需要個體培訓。

（2）現實的個體培訓。外派管理人員在東道國工作和生活中遇到突發事件是很正常的現象，這時候他們非常需要具體的解決方案，以保證不會在員工、顧客、當地政府官員和供應商間造成負面影響。諸如此類通過外派前的培訓和傳統的集體培訓不能解決的突發的跨文化問題，現實培訓或個人輔導或諮詢正好能滿足一些外派經理的需求。

現實個體培訓的主要目的是改善外派管理者的領導方式、溝通技能、衝突解決方法和生產技術等。和傳統集體培訓相比較，現實的個人輔導具有下列特點：①高度個性化，輔導過程開始於對外派經理技能和態度的評估。②任務導向性，個人輔導的目的並不是集中在未來是否有用的能力發展上，而是主要給外派經理提供解決目前具體問題的策略。③保密性，個人輔導尤其適用於高層管理者的個人發展上。

4. 培訓效果的評估

培訓效果的評估是培訓不可缺少的一個環節。通過培訓評估，才能知道培訓項目是否達到了培訓目標。因此，培訓結束後，應當對受訓人員進行評估。對於東道國和本國的歷史文化、企業相關內容、語言等部分，可以採用考試的方法來考察培訓效果。有關管理技能、社交能力和解決衝突的能力等可以採用評價中心的方法，也可以採用模擬、角色扮演等方式。培訓評估特別強調行為評估，瞭解培訓行為遷移的效果，更好地辨別將來適應境外工作的能力。

（三）外派經理培訓項目的選擇

外派經理培訓內容主要包括文化培訓、語言培訓和實際培訓。其中，文化培訓應包括整個家庭，主要是關於任命地區的文化、歷史、政治、經濟、

社會和商業行為等方面的知識。語言培訓有助於外派經理的交流和學習，從而有助於適應東道國環境。而實際培訓主要是幫助外派經理及家庭適應東道國的生活以及建立與其他外派家庭的聯繫。為了保證外派經理順利完成外派任務，不同的外派類型應採用不同的培訓方式，如表14-3所示。

表14-3　　　　不同類型培訓對不同培訓者的使用頻率　　　　單位：%

培訓類型	首席執行官	功能性領導	問題解決者	技工
環境	52	54	44	31
文化導向	42	41	31	24
文化吸收訓練	10	10	7	9
語言培訓	60	59	36	24
敏感性培訓	3	1	1	0
實地經驗	6	6	4	2

資料來源：ROsalieL. Tung,「SelectiOn and Training of Personnel for Overseas Assignments」。

根據先進跨國企業的經驗，外派經理培訓應根據外派進程分為外派前培訓、外派期間培訓及回國前培訓三個階段。每個階段的培訓重點應根據需要有所側重。

1. 外派前培訓

在候選人確定下來之後，企業應對他們進行定向和系統的培訓。出國前的培訓通常稱為導向性培訓，是為外派經理出國所進行的準備。

第一層次的培訓重點放在解釋國家間的文化差異（「文化震撼」或「文化敏感性培訓」）給員工帶來什麼樣的影響，其目的是使受訓者提高對這種差異的認知能力，使他們瞭解這種差異對海外業務所能產生的影響。

第二個層次的培訓與人的態度有關，主要目的是使受訓者理解人（積極或消極）的態度是如何形成的，它對人的行為又會產生什麼影響。

第三個層次的培訓主要是向受訓者提供與他將要赴任國家有關的詳細資料。主要目的是使受訓者及其家庭瞭解目的地國的實際和實用的信息，以方便其外派期間的工作和生活。培訓的主要內容有：社交禮儀，歷史和風俗、本國的歷史淵源，當前時事，價值觀、行為、態度、地理、氣候、自然環境，經濟結構等。

第四個層次的培訓是以提高受訓者的語言能力、適應能力和調整能力為目標的技能培訓。技能培訓著重於確定個人的適應機制以及那些最有效的能力，通過改造被培訓者的技能，使其成為「有效技能」，從而適應另外一套不同的，與下屬、商業夥伴、顧客以及政策、政治和市場環境之間的關係，在語言（包括書面語言、口頭交流和非文字語言）、行為規範和風俗習慣等方面

達到「無障礙溝通」。技能培訓的具體方式有情景模擬、案例討論、資料學習等。

2. 外派期間的培訓

在境外企業任職期間，培訓的重點應當轉向技能的強化和繼續培訓，以保證外派經理個人的持續發展。母公司應當提供個人職業生涯發展計劃，根據該計劃來安排培訓內容。外派經理在任命期間，最好有現場職業輔導以幫助其盡快適應工作。現場職業輔導，實際上相當於外派經理的在職培訓。這對境外企業來說是非常有效的一種方式。

另外，外派期間的培訓還應包括母國培訓。會有少數對東道國的語言和文化習俗具有很強興趣的外派經理，他們的能力和業績都很突出，這些外派經理在東道國的工作中游刃有餘。但由於長期居住在東道國，他們從情感上對母國文化漸漸遠離甚至生疏，表現出對東道國文化的強烈依附性，他們的文化價值定位和身分慢慢地發生了改變，逐漸地淡忘了作為跨國企業知識轉移橋樑和文化代表的作用。

然而，從保護東道國企業長遠利益的角度出發，為了避免外派經理對自身文化價值定位和身分的淡忘，跨國公司應該針對長期任職並居住於東道國的外派經理有一些合理的母國培訓計劃。例如，規定外派經理在一個國家不間斷居住的最長年限。

3. 回國前的培訓

外派經理離開家國多年，回國後又會面臨新的文化衝擊──反文化衝擊，即本國文化的衝擊。他們對本國的文化變革開始陌生，回國後會感到無所適從。他們也許會失去在母公司中的原有地位，不再認識新的員工，人際關係發生變化。所以母公司應當為他們消除顧慮，在他們回國前也應當有導向性培訓，並且提供職業生涯發展的幫助。在安排他們回國時提前通知，讓他們有充分的心理準備。

(四) 外派經理培訓方式的選擇

外派經理培訓可以選擇傳統授課、錄影、情境模擬等傳統手段，也可以採取外派經理研討會、短期東道國實戰體驗等方式。伴隨著信息化、網絡化和國際化的潮流，越來越多的跨國企業開始採取基於網絡的培訓方法。

1. 傳統的培訓方法

培訓方法和培訓目的隨強度的變化而不同。低強度培訓的目的是向受訓者提供有關東道國商務和國家文化的背景信息以及公司營運的基本信息，主要採用授課、錄像、電影、閱讀背景材料等方法。中等強度培訓的目的是向受訓者傳授東道國文化的一般和具體知識，以減少民族中心主義，常採用跨

文化經驗學習、角色扮演模擬、案例研究、語言培訓等方法。高強度培訓的目的是使受訓者能夠與東道國的國家文化、商業文化和社會制度和睦共處，常用的方法有：到東道國實地旅行，與具有東道國經驗的經理座談，與東道國公民座談，密集地進行語言培訓。

2. 外派經理研討會

歸國外派經理對於拓展跨國公司的全球視野、補充更新總部的全球知識基礎以及培訓新的外派經理候選人都具有積極的作用。

可以定期組織歸國外派經理與新一任外派經理的研討會，或幫助他們建立各種溝通渠道使歸國者和新的指派者以及他們的家屬之間進行充分有效的溝通。這樣做的目的是讓歸國外派經理將東道國的文化習俗傳遞給新任外派候選人，並與候選人進行專業、個人協調性和應對戰略方面的交流。

3. 短期東道國實戰體驗

可以為外派經理及其家庭安排短期的職前實戰體驗，並幫助外派經理與海外的定居者或外派團體建立聯繫，以達到幫助外派經理初步組建一個東道國人際支持網（外派經理可以與之交流和尋求幫助的社會關係網）的目的。當然在實際體驗的過程中，最好能為外派經理配備一名資深顧問，幫助外派經理盡快熟悉東道國文化習俗，掌握社交技巧並及時準確處理「棘手」問題。

4. 網絡培訓

（1）多媒體軟件。針對外派經理培訓的市場需求，已經出現了專門針對外派經理的培訓軟件。在外派培訓的多媒體軟件中，有兩種軟件較為著名：一種是由 Park Li 公司出品的「銜接文化」（Bridging Cultures）軟件，另一種是由 Trompenars Hampden-Turner 公司出品的「文化指南（Culture Compass）」軟件。

「文化指南」軟件是一種多媒體軟件。該軟件是根據各國風俗習慣而設計的互動式學習工具，對經常處理不同文化的商業旅行者、外派經理在具體國家的互動培訓中具有引導作用。因此，在外派培訓中，文化指南軟件可以用來解釋獨特的跨文化問題。

由 Park Li 公司出品的「銜接文化」軟件，主要是為旅行或居住海外的人設計的自我培訓項目，而未來要被外派的人員也可以用它來自我培訓，或者和傳統的啓程前的培訓一起使用。對個體而言，該軟件基於個體的目的不同而使用，如外派、外派家庭、商業旅行、外派導師等。其優點在於外派的配偶和孩子能通過學習為他們設計的活動而得到培訓，而此類家庭培訓通常在公司外派培訓中被忽視。軟件中每一個外派項目都有個體獨立的學習路徑，在說明書中同時也附有相應的學習模型。當然，「銜接文化」軟件不是萬能

的，它不能代替傳統的培訓和現實的培訓，但它對外派經理和他們的家庭在跨文化調適上是一個非常好的工具。

（2）內部開發系統和網絡學校。許多跨國公司在內部局域網上都設有技能開發系統，加 IBM、LG、索尼和尼康等，這相當於一個自我評估和提高的解決方案。外派經理在工作中發現自己的技能需要提升時，就可以申請進行學習。

此外，一些跨國公司設有內部網絡學校（如 IBM 和 Intel），全球範圍內的外派經理都可以利用這所網絡學校來進行有計劃的學習。學習的方式有三種：下載之後再學習；互動地進行學習（學員學到哪裡都可以隨時停下來，系統會提出一些問題讓學員進行練習）；協作學習（不同的人在一個虛擬的課堂上一起學習、討論）。

（3）借助 MSN、博客等新興網絡手段進行培訓。隨著互聯網的興起，MSN、博客等新興網絡手段被應用到外派經理培訓中。互聯網的一個特別的好處是能讓外派經理獲得各種免費信息。目前比較有價值的自我培訓的互聯網領域是富有經驗的外派經理們自己建立的博客。這些博客通過記載外派經理的外派經歷和體驗，為即將外派的員工搭建了一個溝通平台，並為外派經理提供除專業諮詢和學術團體之外的另一種可選的信息渠道，成為外派經理培訓與學習的重要渠道。

六、構建基於 KPI 和行為評價的考核體系

（一）外派經理績效管理制度設計的意義

對於走出國門的跨國企業來說，對外派經理的績效評估是衡量外派經理工作效果的必由路徑。「績效」一詞，英文為「Performance」，其含義是「表現」，是個體或群體的工作表現、最終成績和最終效益的統一體。在國際人力資源管理中，「外派經理績效」可以理解為在一定時間、空間等條件下完成某一外派任務所表現出來的工作行為和取得的工作結果，主要表現為：①工作效率；②工作數量和質量；③工作效益。良好的外派經理績效管理系統不僅能夠提供外派經理工作業績的數據，還能為外派經理的培訓、晉升和職業生涯規劃奠定良好的基礎。從某種程度來說，外派經理績效管理體系的好壞將直接影響外派的成敗（黃勛敬，2008）。

（二）影響外派經理績效評估的因素

為了設計良性的外派經理績效管理體系，必須對影響外派經理的績效評估的因素進行分析。

1. 外派經理的績效管理體系受企業的跨國發展戰略影響

企業進入國際市場常常是出於戰略方面的考慮而不是由於特定跨國經營所帶來的直接利潤。瞭解新市場或挑戰國際競爭對手的戰略目標可能會使一些子公司陷入虧損狀態，但這些子公司仍然積極地服務於企業的總體目標。在這種情況下如果採用如投資收益率（ROI）這樣的經營業績考核指標，無論外派經理如何努力，其業績都會不太理想。

2. 外派經理的績效管理體系受當地環境狀況影響

國內外的環境存在著巨大的差異，如在文化方面，各國在可接受的工作方式上差別很大，諸如假期的數量、期望工作的時間、對當地工人的培訓和類型以及當地現有人員的類型等因素直接會影響外派經理的業績，儘管成功的外派經理能夠迅速地適應當地文化期望，但是母國經理及其人員幾乎很少對當地情況有同樣的理解。良好的外派經理績效管理體系必須適應與工作有關的當地文化期望而做出調整。另外，當地的經濟狀況是外派經理不能控制的影響其業績的一個重要因素。

3. 外派經理的績效管理體系受員工來源多樣化的影響

擔任國際職務的外派經理可能是母國公民，也可能是第三國公民，他們初始的就業契約、報酬和福利待遇、職業發展道路與機會、業績期望等可能有很大的不同。管理這樣一個多樣化的員工隊伍需要對績效評估政策和程序作出相應調整，以適應被評估者的組成多樣化。績效評估的方法、評估雙方的價值觀、標準、態度和信仰也將受到很大的影響。評估過程必須考慮到這些差別，評估體系的設計不應當只是收集每年的業績數據，而應當注意能夠激勵員工進行職業技能開發，使他們成為成功的國際管理者。

4. 外派經理的績效管理體系受制於不可靠的績效考核數據

績效評估必須是基於可比較的數據和標準之上的。在國外的子公司和國內總部的數據可能有極大的差異，通常用以衡量當地下屬單位業績的數據可能並不具備與母國單位數據或其他國際經營數據的可比性。例如當地會計準則會改變財務數據的含義。在其他情況下，由於當地法律要求充分就業而不是偶爾的加班，從而會使生產率看起來十分低下。所以國內使用的績效評估體系並不能準確地評價外派經理。

5. 外派經理的績效管理體系受時間差別和地理分割的影響

儘管更為迅捷的通信和旅行方式的重要性在降低，但當地組織與母國總部之間地理上的分割和時間差別對於評價當地經理仍是一個問題。外派經理和當地經理與總部人員之間缺乏必要的溝通頻率和強度無法使總部隨時瞭解各方面的管理問題。

（三）導入基於勝任力模型的行為考核

鑒於外派經理績效管理體系受諸多因素的制約，外派經理績效管理體系不應只考慮績效因素，還應考核過程因素。引進平衡記分卡和關鍵業績指標能清楚地界定績效在結果方面的指標，而引進勝任力指標則能非常容易地界定績效在過程方面的績效，從而極大地簡化績效評價過程，並能鼓勵員工不斷提高自己的勝任力水準。

外派經理勝任力模型（Competency Model）是指要做好某一特定的外派任務角色需要具備的勝任力要素的總和。它主要包括3個要素，即勝任力的名稱、勝任力的定義（指界定勝任力的關鍵性特徵）和行為指標的等級（反應勝任力行為表現的差異）。外派經理勝任力模型為某一特定的組織水準、工作或者角色提供了一個成功模型，反應了某一既定工作崗位中影響個體成功的所有重要的行為、技能和知識，因而被當作工作場所使用的工具（Mansfield，1996）。

（四）構建基於KPI和勝任行為考核的外派經理績效管理體系

1. KPI考核與勝任行為考核的績效管理體系設計

對外派經理的績效評價應以業績作為激勵基礎，可採取錄像、提供績效評定等級的書面說明、集體討論、定期會議反饋等措施，用客觀可信的材料取代部分績效評審表，以減少失誤。同時，外派經理績效評價的具體內容還應注重其完成外派任務的執行過程，從而構築起基於KPI和勝任行為並重的績效管理體系。

傳統的外派經理績效管理和基於勝任力的績效管理是相輔相成的，它們共同構築起基於KPI和勝任行為考核的外派經理績效管理體系。基於勝任力的外派經理績效管理與傳統的績效管理之間既有區別又有聯繫，它們的關係如圖14-3所示。兩者的區別在於：①傳統的績效管理主要關注與外派戰略目標直接相關的指標，比如財務指標和市場指標；基於勝任力的績效管理不僅僅關注與戰略直接相關的指標，更關注間接相關的指標，特別是勝任力發展指標。在一定意義上可以認為，新的績效管理方法是將平衡記分卡應用於績效管理的成功範例，把員工成長和財務目標、顧客指標和內部流程優化緊密結合，使得各項指標發揮協調作用，共同促進個人和組織戰略目標的實現。②評定指標的剛柔性不同。傳統的績效管理指標往往容易量化衡量，管理和考核能夠做到相當的客觀和準確；而基於外派經理勝任力模型的績效考核指標是柔性的，只能是一個大致的標準，因為外派經理勝任力模型的構建和員工勝任力現狀評估方面也在很大程度上依賴於評估人員的主觀判斷，因而對績效管理人員的素質要求更高。

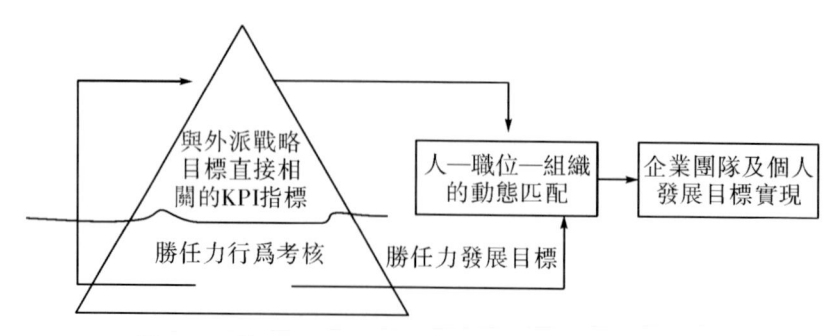

圖 14-3　基於 KPI 和勝任行為考核的外派經理績效管理

兩者的聯繫在於：這兩者是相輔相成的，基於勝任力的績效管理為傳統的績效目標的實現提供了依據，而傳統績效目標的實現為勝任力的測評提供了實證和補充。如果將傳統的績效指標和勝任力指標整體比喻成一座冰山的話，勝任力指標就是冰山在水面以下的部分，雖然不容易被直接觀察到，並且與戰略目標的聯繫不像財務和市場目標那樣直接，但它是冰山浮出水面部分和戰略目標得以實現的基礎和依據；冰山上面的財務和市場指標考核結果是冰山下面勝任力發展指標完成情況最直接和準確地反應。

2. 構建完整的外派經理績效管理流程

完整的外派經理績效管理並非僅僅是針對以往績效進行考核，而是覆蓋績效產生的全過程，其工作重點還包括目標的設定和分解、績效跟蹤、溝通反饋、指導輔助、績效改善計劃的制訂等一系列環節。在這一流程中，勝任力不僅僅是績效管理的內容之一，也是實現各個環節工作的主要依據。

（1）績效計劃（績效目標）

「萬事則立，立則成，不立則廢」，績效管理也不例外，應該首先立一個目標。外派經理績效管理是一個面向未來並有價值導向作用的管理過程，所以確定目標的時候必須基於戰略和組織核心能力，充分運用平衡記分卡和關鍵業務指標等績效指標設計技術。遵循 SMART 原則，構建合理可行的績效指標。SMART 即 Special（工作目標是準確界定的）、Measurable（工作目標是可測量和評價的）、Agreed（工作目標是雙方認可的）、Realistic（工作目標是可達到且富有挑戰性的）、Timed（工作目標是明確規定了最後期限和回顧日期的）。績效目標應該包括組織、團隊和個人 3 個層次，所以組織應該層層分解戰略目標，並且在組織內部進行橫向、縱向和斜向溝通並達成共識，使得個人和團隊願意為組織戰略目標的實現盡心盡力。只有在制定績效目標時能夠按照組織—團隊—個人的順序層層分解，才有可能期待個人—團隊—組織績效的依次實現。

（2）績效輔導

績效輔導是指記錄績效表現並分析產生偏差的原因，提供有針對性的輔導和幫助。對外派經理的績效輔導對於提高其績效非常有幫助，因為外派經理必須在不斷適應外派環境中提高績效。記錄績效表現是一件較為繁瑣的事情，需要耗費較大的精力，這也是外派經理績效管理在很多企業難以推行的原因之一。績效記錄一方面為績效輔導和績效評估提供依據，另一方面也是對員工工作的有力推動，能夠促進員工對其工作進行總結和分析，並改進工作方式和提高工作效率。

（3）績效考核

績效考核就是按照工作目標和績效標準，採用一定的考評方法，評價員工的工作任務完成情況、工作職責履行情況和員工勝任力發展情況，並將上述評定結果反饋給員工的過程。在績效考核過程中，不僅僅要考核財務和市場指標，更要考核勝任力發展指標。

工作績效考核可以根據考核期開始時簽訂的績效合同或協議（Performance Contract or Agreement）中的績效目標和績效測量標準考核。績效合同中一般包括：工作目的描述、員工認可的工作目標、發展目標及其衡量標準等。績效合同是進行績效考核的依據。績效考核包括工作結果考核和工作行為評價兩個方面，其中，工作結果考核是對考核期內員工工作目標實現程度的測量和評價，一般由員工的直接上級按照績效合同中的績效標準，對員工的每一個工作目標實際完成情況進行等級評定；工作行為的評價工具是工作行為評價問卷，該問卷是以工作崗位要求的勝任力模型中所包含的勝任特徵為結構維度編製而成，一般採用自評和360度評定相結合的方式，由員工本人及其上級、同事、下級、客戶對被考核的員工在考核期內的可觀察到的具體行為進行等級評定。

績效考核結果不僅作為外派經理人力資源配置和薪酬管理的依據，更要作為勝任力開發、員工職業生涯規劃的依據。績效考核結果是構建勝任力模型的原始數據來源之一。

（4）績效反饋

績效反饋包括反饋面談和績效改進計劃的制訂。反饋面談不僅僅是主管和下屬對績效考評結果進行溝通和達成共識的過程，而且要發現績效目標未達成的原因，從而找到改進的方向和措施。

績效管理的四個主要步驟不完全是按時間的先後順序，它們是相互交叉、相互聯繫的。例如，溝通反饋不僅僅在績效管理最後階段出現，實際上在績效管理的全過程都應該加強溝通反饋。

（五）外派經理績效管理設計應注意的問題

1. 關於外派經理績效考評的初始時間

由於外派經理到一個新地方工作，必然要花時間先適應當地的環境。例如，日本一些知名跨國企業並不期望外派經理在海外工作的第一年內就發揮他們的所有能力，歐洲的公司允許外派經理用一年的時間來適應新的環境。

2. 關於外派經理績效考核的頻率

外派經理績效考核的頻率應該按照工作的性質而定，不宜作一般性的規定。原則上可以在一個項目告一段落的時候進行。一般來講，基層的績效評價可以半年左右一次，隨著層次上升，評價期限可以適當放長，高層的評價期限可以長至一個工作任期內，如2~4年。

3. 關於外派經理績效考核的人選

對評價的人選問題，從績效的信息來看，至少有5個來源：直接上級、同級的同事、下級、外界人員和被評者本人。因此，跨國公司對於外派經理的評價，可從多個人而非單個人那裡獲取反饋信息，也可從外派經理周圍的人那裡獲取反饋信息，這樣可以減少偏見對評價結果的影響，集中多個角度的反饋信息，提高考核信息的可靠性，進而提升績效考核效果。

七、設計基於類別的績效導向薪酬體系

（一）外派經理薪酬制度設計直接關乎外派成敗

外派經理是跨國公司總部從母國或第三國選聘的、並派往海外子公司任職的員工，通常是中高級管理者或技術員工。他們在跨國公司競爭優勢的形成與子公司的發展過程中扮演著重要角色，其工作狀況的好壞對跨國公司全球戰略的實施和子公司的發展具有重要影響。如何使外派經理安心工作，激勵他們在多變的環境下積極為企業創造更大的利潤，是對跨國公司外派經理管理的一個挑戰。外派經理的選聘和管理是否成功，在很大程度上取決於外派經理的薪酬體系設計，從某種意義上來說，外派經理薪酬制度設計優劣直接影響外派的成敗（吳培冠，2008）。

（二）外派經理薪酬的主要組成部分

1. 基本工資

公司外派經理的「基本工資」與其他人員的有所不同。在國內背景下，基本工資代表一定數量的現金薪酬部分，通常不包括獎金和福利補貼等，但卻是確定獎金和福利等其他薪酬因素的基準。而對於外派經理來講，基本工資是整個薪酬計劃、各種報酬和津貼的基本組成部分，許多津貼直接與基本

工資掛勾，如出國服務津貼、生活補貼、住房補貼、子女教育補貼等，以及在職期間的福利和退休養老金。基本工資可以用母國貨幣或所在國貨幣支付。無論是母國人員還是其他人員，基本工資都是其國際薪酬的基礎。外派經理的薪酬計劃是否有差異，要看母國人員或其他國人員的基本工資是以母國標準還是國際標準來支付。

2. 出國服務補貼

公司通常會給外派經理發放一筆特別獎金，作為對派出過程中所遇到的艱苦條件的補償。當然，公司必須對艱苦的定義、支付的金額和時間等都作出明確的說明。公司也可以採取出國服務獎勵的辦法，即以工資的百分比形式支付，通常為基本工資的5%~40%，並且隨著任職、實際艱苦情況、稅收情況以及外派時間的長短而變動。

3. 津貼

外派經理的津貼通常有「生活費津貼」「住房津貼」「探親津貼」「子女教育津貼」「搬家費」等。相關津貼涉及對母國和所在國之間支付差額的補償費用，用於解決如通貨膨脹等造成的差別，公司常常借助諮詢公司來確定有關費用。

一般來說，跨國公司會支付外派經理所贍養的子女在當地學校或寄宿學校的學習費用，但會參照當地好學校的情況，在費用上有一些限制。此外，還有一些跨國公司提供「配偶補助」，以保護或抵消外派經理的配偶因駐外而損失的收入，也有一些公司為外派經理的配偶提供工作機會，替代「配偶補助」。

(三) 影響外派經理薪酬制度設計的因素

由於外派經理是在與國內差異較大的他國市場環境中工作，其面臨的挑戰和壓力較大，因此，外派經理的薪酬制度設計應綜合考慮以下因素：企業海外機構全球化的發展階段、國內的員工收入、所在國的生活成本、當地房租和稅收等。

1. 確定跨國企業全球化進程及外派薪酬策略

隨著國際化程度的加深，向海外派駐總部員工是全球化進程中的必然現象。為了合理設計外派經理的薪酬體系，首先要確認公司目前處於國際化的具體發展階段，然後才能以此為基礎設計有效的薪酬體系。

如表14-4所示，應在對企業全球化進程分析的基礎上，確定企業全球化的發展階段，然後確定相應的薪酬策略。

表 14-4　　　　　跨國企業全球化進程與外派經理薪酬策略

相關策略	國際化初始發展階段	跨國公司構建及發展階段	全球性企業階段
全球化進程	一個或一些海外機構	越來越多的跨國機構	全球範圍內統一資源配置
人力資源政策	從總公司選派數量有限的員工外派，招聘高技能的當地員工	從總公司選派部分員工赴海外，為在總部以外的員工建立一個獨立的部門	來自總部的外派經理減少，公司的大多數職位由本土化人才擔任
外派經理的薪酬主要考慮因素	接受不符合市場價值的高的薪酬成本的能力，受談判雙方談判技巧的影響	開始考慮建立一個公司全球統一標準基礎上的薪酬體系；同時，協調薪酬和職業發展之間的平衡	越來越多地採用屬地化的管理策略
外派經理的薪酬策略	總部的薪酬加上雙方補充談判確定的補充薪酬	總部制定所有國家的總體薪酬平衡記分卡，制定總薪酬支出預算，同時，建立全職的外派經理薪酬管理團隊以處理複雜的薪酬問題	針對高層次的外派經理單獨制定薪酬方案，控制薪酬成本，將外派經理薪酬計劃、職業發展計劃以及接班人計劃完美地結合起來

2. 國內員工的收入

要讓員工心甘情願地接受外派任務，就應確保員工外派前後的生活保持同等品質。如何做到「同等」？首先，企業應按照員工原屬地的薪酬水準為員工支付福利和工資；其次，為員工因外派產生的額外付出作出補償。這樣，員工不會因外派而增加額外的負擔，從而提高其外派的積極性。

3. 外派所在國的生活成本

外派必然給員工帶來額外的生活開支。生活開支包括食物、個人護理、衣服、娛樂、交通、電話費、醫療等方面的支出。企業必須對員工提供高額的補貼，才能補償員工額外的無形支出和風險。這也是為什麼國內外大部分企業為派往中東、非洲地區國家的員工支付高額津貼的原因。

4. 當地的住房情況和房租

毋庸置疑，外派必然給員工帶來額外的住房開支，包括一次性費用和每月費用。一次性費用如搬遷成本、個人用品運輸成本、租房仲介費用等；每月費用如房租、物業管理、水、電、煤氣等費用。因此，企業必須為上述費用付出額外的補償，這也是許多公司為外派經理支付安置費和每月住房補貼的原因。

5. 個人所得稅

由於國內有統一的個人所得稅政策，只要外派地限於國內，企業就不需

要關注個人所得稅的問題；但是，一旦員工被派往國外，由於不同國家政策不同，有些國家會採取「基於居住地」的稅收政策，有些國家採取「基於國籍」（如美國、波蘭）的個稅政策，更是加劇了這個問題的複雜性，不可避免會對員工帶來或大或小的影響。為了保證派往國外的員工支出不變，企業就需要有專門的人員研究不同國家的個人所得稅政策。例如，某跨國公司就與外派經理簽訂了「所得稅全球均等協議」（International Tax Equalization Agreement），來確保員工不會因為外派付出額外的稅收支出。

6. 子女的教育

對於外派經理來說，隨行子女的教育問題也是不得不正視的問題。為了保證外派經理的隨行子女能夠享受與國內相當的教育水準，有的企業還專門提供子女教育津貼。

7. 匯兌損失補償及匯率報銷

由於外派經理以派駐地貨幣獲取工資，這樣就可能出現匯率風險和匯費的問題。因此，企業必須制定政策，幫助員工消除匯率風險。例如，某跨國公司制定了「匯率變動保護」（Exchange Rate Protection）政策，為員工的匯兌損失作出補償，並報銷匯款的費用。

（四）外派經理薪酬制度設計模式

毫無疑問，不管企業的組織、策略、決策風格如何，外派經理永遠都會把自己的薪資和國內以及所在國同類工作職位的員工作比較。要解決公平性的問題，最好的策略並不是無止境地花錢，而是採用適當的薪資政策和模式。縱觀國際上先進企業的實踐，跨國企業一般採用以下薪酬模式。

1. 國內薪酬+津補貼模式

該模式將員工在國內的薪資基準加上生活、房屋津貼，定為海外的薪資。這是企業最常用的計算方法，注重的是維持該員工的生活水準，讓他能夠擁有與本國相同的購買力。這種設計尤其適合一些短期的重要項目，目前也被很多企業利用。

國內薪酬+津補貼模式為外派經理在東道國購買力與其在母國購買力相等或平衡提供了一種報酬體系。為了平衡國際任職報酬與母國的報酬，跨國經營企業通常提供額外的薪水。額外增加的薪水包括稅收差別調整、住房成本以及基本商品和勞務成本。這些額外的津貼和獎金包括以下內容：①國外服務津貼：跨國經營企業通常提供底薪的10%～20%的津貼，用於補償與海外任職有關的個人與家庭方面的困難。②艱苦條件津貼：這是由於高風險或生活條件艱苦等原因而支付給特別困難的工作職位的一筆額外報酬。③安置遷移津貼：根據家庭遷移至國際任職地的基本成本，許多企業在任職開始和結束

時提供一筆相當於一個月薪水的費用以彌補遷移成本。④母國度假津貼：為外派經理及其家屬提供的一年一次或兩次的度假津貼。

2. 屬地化薪資模式

伴隨著企業國際化進程的發展，越來越多的企業採用屬地化的薪酬模式。派駐人員的薪資基礎與當地的員工一樣，只是在房屋補助方面作一些調整。如果當地與本國的國民生產總值相差不多，這種方法特別方便。然而一旦兩地水準相差懸殊，特別是從高薪的國家（如日本）調到低薪的國家（如印度尼西亞），員工就很難接受。

3. 以區域為基礎的統一模式

這種方法可以將員工薪資的差異降到最低，例如，整個東南亞國家或歐盟國家適用同一個政策。然而，雖然區域上彼此接近，但每個國家的法律、稅制、風俗習慣等不同，要如何調整也是難題。以區域為基礎的統一模式有助於公平性，也能夠留住專業人才，適合沒有成家的員工以及在國際化初期階段的企業。

4. 全球統一支付模式

全球統一支付模式指企業在世界範圍內統一工作評估和業績考核方法，制定全球統一的基本薪資，但仍然保留由於生活費用、稅收、定居和住宅方面的費用差別而支付的津貼和補貼。這種模式並未對報酬加以平衡，以保證外派經理維持母國的生活水準。

（五）構建基於類別的外派經理薪酬福利制度

以外派經理薪酬設計模式為參照，企業應根據自身情況制定合理的外派經理薪酬福利制度。實踐表明，為了激勵企業的外派經理積極性，從而促進海外事業的進一步發展，必須加強基於類別的激勵導向，並以此為基礎制定外派經理的薪酬福利制度。即通過建立多種職位的體系及級別，實現多層次差異化薪酬體系。對於海外企業急需的人才，如高科技、高層管理、高技能人才，應優先與市場薪酬水準接軌，用協商定價法去確定員工的薪酬。或者，利用年薪制、期權股權制，強化對中高層管理人員和技術骨幹的中長期激勵。

1. 一線生產工人採取基礎工資加計件工資制

如果是屬於生產性的企業且個人的工作量容易計算，那麼外派的一線工人可採取基礎工資加計件工資的薪酬結構。基礎工資是指一線生產工人在無生產任務狀態下的基本工資，同時也反應一線生產工人的技術水準高低和工作責任大小。一般而言，基礎工資應占全部報酬的 40%～50%，如果基礎工資太低，員工的基本生活水準沒有保障，會給員工帶來很大的心理威脅和壓力。計件工資則指一線生產工人在實際生產過程中，根據完成勞動定額工作日乘

以既定的計件工資單價，在發放基礎工資後所增加的工資。

2. 海外項目管理人員採用項目工資制

項目工資是以單位工程為計薪對象，完成項目薪酬的多寡依合同而定。這是一種以建設單位和承包施工單位法人之間簽訂合同所約定的內容為基礎，以加強項目全面管理為手段，以提高經濟效益為核心，依據承包工程的最終管理成果確定工資的一種分配製度。

3. 特殊外派人才的特殊貢獻津貼制

對於海外公司緊缺、急需、具有特殊業務水準和技能的人員，或做出一定特殊貢獻的外派經理，公司給予特殊的津貼補償。

4. 富有市場價值的專業人才採取談判工資制

對於某些具有市場價值的外派專業類員工，則可以採取談判工資制。談判工資是一種反應公司經營狀況和勞務市場供求狀況，並對員工工資實行保密的一種工資制度。員工的工資額由企業根據操作複雜程度與員工當面談判協商確定，其工資數額的高低主要取決於勞務市場的供求狀況和企業經營狀況。

(六) 外派經理薪酬制度設計應注意的問題

為了設計富有成效的外派經理薪酬制度，進而提高外派的成功率，企業還應注意以下問題：

1. 派往經濟發達地區與經濟欠發達地區的薪酬平衡問題

跨國企業的薪酬設計必須考慮公司的戰略、經濟和經營狀況，以及薪酬設計的激勵方向。合理的外派經理薪酬設計，應該對物質與非物質兩方面都給予充分考慮。首先，就物質方面來說，由於不同國家經濟發展水準不同，物質環境、生活水準等自然也就有所不同，有時甚至存在巨大差別，這必然會對外派經理產生影響。一般來說，人們更加傾向於被派往經濟發達國家，而對自然環境惡劣的國家則可能退避三舍。因此，為了充分發揮外派經理的工作積極性，以滿足企業業務發展的需要，企業在制訂外派經理薪酬計劃時，既應該考慮外派經理不同職位性質，也應該考慮企業外派經理相對於母國企業可能需要額外增加的生活等方面的支出。其次，就非物質方面來說，企業應該妥善設計外派任務的人員的激勵機制和職位再安排問題，這樣才能使外派經理安心並努力為公司工作，同時，也對潛在的外派經理有示範意義。

2. 構建績效導向的薪酬體系

在外派經理的薪酬構成中，應盡量減少與學歷和工齡相掛勾的工資，取而代之的是與員工的崗位、職務、工作表現和工作業績有直接關係的因素掛勾。具體說來，薪酬和福利中，第一項是基本工資，每個人的工資水準是根

據個人工作的重要性和難易水準分別制定的。第二項是基本福利，主要包括失業補助、住房補貼、養老、保險、醫療以及繼續教育等。第三項是獎金和補貼，只有完成了目標或具有更高潛力的員工才有機會獲得。獎金或補貼一般包括短期的獎勵（通常是現金或旅行）和長期的榮譽項目（如候選員工將有機會參加領導能力或專有技術培訓）。第四是股票期權，對企業做出突出貢獻或有著傑出表現的員工將被給予股票期權的獎勵。

3. 對外派經理薪酬的成本控制問題

在設計企業外派經理的薪酬模式時，還必須考慮企業的工資成本控制問題。要做好成本控制，就必須作細緻的市場調研。在制定外派經理的薪酬標準時，企業通常會考慮「同等生活品質」問題。即不能讓外派經理的生活水準下降。考慮到企業的成本問題，「同等生活品質」意味著員工外派後的生活不能變得「更好」，如果員工外派後都不願意回來，企業就需要反思是否支付了過多的補償。因此，企業必須在市場調研方面做足功夫，對派駐地的相關情況有完整、準確地掌握。同時，「同等生活品質」也意味著員工外派後的生活不能變得「更差」，否則，沒人願意外派，或者即使被外派，也不會努力為公司工作。儘管外派成本高昂，但這是企業為「外派」決策所必須支付的，對於那些剛剛開始進行異國擴張的企業來說更是如此。長期來看，控制外派成本的關鍵是「人才本地化」，為此，企業應選拔既有業務素質，又能培養團隊的綜合性人才進行外派，並為外派經理賦予育才的任務，有計劃、有步驟地降低外派經理比例，這才是控制外派成本的根本之道。

八、構建「雙贏」的外派經理職業生涯規劃體系

（一）外派經理職業生涯規劃的重要性

據調查表明，只有20%～30%的遣返人員表示外派工作對他們的職業有著正面的影響。10%～25%的外派經理在回國後的一年內離開了自己的公司。優秀歸國人員的流失是人力資源管理的巨大浪費。長時期的海外生活和工作，國內社會環境和企業文化以及業務活動的變化，無疑會給歸國的外派經理帶來逆文化衝突的壓力和挑戰。同時，外派經理在赴任之初往往懷有增強自身能力和任滿升遷的願望。然而，回國後他們失去了外派時的經濟利益，原有的職位也已經另有安排，短期內則很難找到適合的崗位，這使他們感到他們的工作對管理層並沒有多大的幫助（張偉峰，2008）。管理者應該充分利用他們在海外工作的經驗培訓其他外派者，使他們成功地融入母國的組織中，否則公司就會失去投入了大量時間和金錢的寶貴資源。

（二）當前外派經理職業生涯規劃存在的問題

外派經理歸國失敗的原因是多方面的，但缺乏對外派經理量身定制的職業生涯規劃無疑是其中的重要原因之一。

從跨國企業自身的角度來說，跨國公司選拔外派經理時往往只強調了外派工作職位的要求，而常常忽略外派候選人內心的願望，並缺乏對他們的職業興趣和未來的職業計劃作進一步瞭解。有關調查顯示，當員工並不願意到國外工作而被迫接受外派任命後，他們往往對新的工作有更多的抵觸情緒，在適應新工作時會遇到更多的困難。Miller 和 Tung（2002）的研究表明，當今世界，大多數跨國公司對員工的職業生涯管理措施與其所採取的全球化推進戰略之間存在著較大的差距，且常常忽視對外派經理的職業發展作長期規劃。此外，許多跨國公司並不重視外派經理在國外工作期間獲得的國際工作能力和工作經驗，也沒有對此加以充分利用。外派經理期望任滿回國後能得到公司的提拔，獲得能充分發揮自己國際工作能力和經驗的職位，但他們常常發現現實情況與心中的期望相距甚遠。研究顯示外派經理回國後的工作安排常常不到位，並且新工作的權限要比外派工作的權限小，歸國人員感到自己受到了約束。這些問題常常導致歸國外派經理的辭職。

（三）個體層面的外派經理職業生涯規劃

雖然跨國公司應對外派經理的職業生涯管理負責，但更為積極的職業生涯管理方法是外派經理主動進行自我職業生涯管理，而不是成為跨國公司職業生涯管理措施的被動接受者。因此，外派經理的自我職業生涯管理是外派成功的關鍵所在，也是跨國公司進行外派經理職業生涯管理的基礎。一般而言，外派經理主要遵循以下職業生涯規劃路線進行自我規劃，如圖14-4所示。

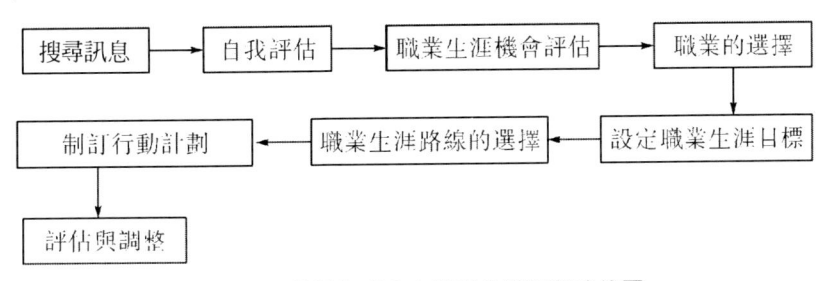

搜尋訊息 → 自我評估 → 職業生涯機會評估 → 職業的選擇

制訂行動計劃 ← 職業生涯路線的選擇 ← 設定職業生涯目標

評估與調整

圖14-4　外派經理自身職業生涯規劃路線圖

行動要點如下：

（1）搜尋職業生涯信息和資源，確定與企業需要一致的職業發展目標與需求。

（2）利用職業發展機會積極進行職業生涯評估，並制訂切實可行的職業

計劃。通過自我評價分析，外派經理可以清楚地認識自我，及時發現並努力彌補不足，校正自己出國前接受外派任命的動機，調整理想與現實之間的矛盾，從而樹立符合實際的職業期望。

外派經理應將外派任命視為自己長期職業生涯的一部分，使自己的職業發展目標與公司的人員外派目的統一起來，清楚自己需要從企業得到什麼職業生涯管理方面的幫助，並向企業尋求這些幫助，根據正確的自我評價制訂適合的職業計劃，從而順利完成外派工作。

（3）選擇歸國後的發展道路。外派經理可以根據自我評價分析的結果，選擇未來回國以後的職業方向，如選擇專業發展方向，成為企業某方面技術的帶頭人；或選擇管理方向，成為一名職業經理人。

（4）適時調整心態，平衡國內外差距。隨著時間的延續，外派經理的個人情況和外部環境條件都會變化，自我評價分析的結果也會發生變化，外派經理應相應調整自己的職業計劃，發揮自己的優勢，利用外部的機會，揚長避短，實現自我職業目標。

（四）組織層面的外派經理職業生涯規劃

跨國企業在組織層面對外派經理進行職業生涯規劃是保證外派成功的關鍵要素之一。對外派經理的職業生涯規劃可以根據人員外派流程的三個階段分為外派工作之前、外派工作期間和回國後的職業生涯規劃。員工出國前的職業生涯規劃內容主要是幫助其制訂未來的職業計劃，對其進行上崗前的培訓，使他們對異國的不同文化背景、工作環境、職業生涯發展機會以及生活上可能遇到的問題有一個深刻的瞭解。工作期間的職業生涯規劃內容主要包括向外派經理提供後續的文化適應培訓、工作培訓和輔導，向其提供職業生涯發展的有關信息和職業生涯開發方面的幫助等。而回國後的職業生涯規劃則主要包括幫助外派經理及其家庭克服逆文化衝擊帶來的困難，向他們提供歸國後工作、生活方面的幫助和建議，為其安排回國後的工作，對歸國外派經理進行以職業發展為導向的考核等。

第二篇　領導行為有效性專論

第十五章　領導風格

領導風格是領導在實際工作中的外在表現形式，是領導工作思路和魄力的主要表現，是領導素養和才華的綜合體現。領導風格不僅極大地影響一個單位的建設和發展，也直接影響單位中每個人的成長和進步。因為好的領導風格可以營造出融洽和諧、催人奮進的良好氛圍，促進以人為本理念的實現，使人才發揮其最大值。

一、中國企業家的領導風格特徵分析

為了調查中國企業家的領導風格，全球知名領導力專家、美國斯坦福大學商學院副院長楊壯教授曾經對中國企業家的領導風格進行了調查。這個調查把國際領導風格分為三類：一類為建設型的領導風格，一類為被動/防禦型領導風格，一類為主動/防禦型的領導風格。調查結果發現，與美國企業家和經營者測試的均值相比，中國企業家和經理人在這三類領導風格上有著很多的差異（楊壯，2007）。下面就這項調查的主要結果作一探討性的分析。

（一）建設型的領導風格

建設型的領導類別是當今國際級企業特別提倡的、具有積極意義的、能夠產生影響力的領導風格。這種領導風格相信人的主觀能動性，鼓勵團隊精神和協作能力，強調在工作中激發、燃燒他人的內在動力，並充分調動集體的智慧以達到組織目標。這類領導包括四種領導風格：①以人為本，鼓勵他人的領導風格；②注重合作、同事關係和睦的領導風格；③注重成就、積極奮鬥的領導風格；④自我實現、思想開放的領導風格。與美國測試結果相比，中國參與者的均值比較接近美國均值。

有效的領導者具有巨大的影響力。領導者與管理者兩種角色之間最大的區別是，前者能夠憑個人的魅力、知識和品格，影響他人自覺、自願地為組織的目標而拼命工作。以人為本、重視團隊精神、鼓勵、激勵、燃燒他人內在動力的領導風格是近年來國際理論界和國際級企業經營實踐特別推崇的一

種高效的領導行為。科特和哈斯凱特（Kotter & Heskett）調查美國 207 家企業領導風格、企業文化的結果發現，建設性的領導風格一旦在公司內部成為主流文化，對公司的業績會有積極的影響。相反，防禦型的領導風格在業績上比建設性的領導風格的企業的業績相差很遠。具體來講，科特的研究發現，以建設型領導特徵為主體文化的美國公司 11 年裡利潤增長了 756%，股票價格增長了 901%；而以防禦型領導風格為主體文化的公司在 11 年中利潤只增長了 1%，股票價格增長了 74%。

中國企業家和經理人在以上 4 個緯度上與國際經理人相差不多的綜合測試結果，與中國注重人際關係的人文傳統、中國企業領導經常強調「群眾關係」和「團隊意識」以及改革開放給中國的年輕人所帶來的機遇和機會都有密切的相關關係。這種領導風格的弘揚，對中國企業成功走向海外有積極作用。

（二）被動/防禦型的領導風格

被動/防禦型的領導類別是這個測試中被視為消極、被動，效益很低的一種領導風格。這種領導風格往往依賴人與人之間的密切關係和相互作用來滿足自身對安全感的需要。這類領導自信心差，通常追隨主流輿論，從眾心理很強，不敢堅持原則，擔心自己的威望受到損害。這類領導包括了以下四種領導風格：①沒有主見、附和型的領導風格，中國經理人的得分均值是 20.64 分，比美國同行的均值（13 分）高 58.77%。②因循守舊、傳統型的領導風格，中國參與者的得分均值是 19.8 分，遠遠高於美國參與者均值（14 分）。③缺乏自信、依賴型的領導風格，中國參與者的得分均值是 17.27 分，高於美國參與者均值（15 分）。④自私自利、逃避責任型的領導風格，中國參與者的均值是 9.99 分，比美國參與者均值（5 分）高出整整一倍。

（三）主動/防禦型風格

主動/防禦型的領導類別，指的是通過有目的性的活動，任務第一，目標導向，在職場上採用積極主動進攻方式來維護自己的地位，並滿足自身對安全感需要的自我促進的思想和行為。它包括了 4 種領導風格：①挑剔、找茬、反對型的領導風格，中國參與者的均值是 11.53 分，高於美國均值 64.7%；②追求權力、地位、名聲型的領導風格，中國參與者的均值是 9.89 分，高於美國均值 64.83%；③冒險競爭型領導風格，中國參與者的均值是 18.83 分，高於美國均值 56.92%；④過分關注細節、超完美主義型領導風格，中國參與者的得分均值是 23.07 分，而美國均值為 20 分。

主動防禦型的領導風格與中國人比較熟悉的武斷專橫的領導風格極為相像。這種領導風格在一些高層主管中表現特別明顯。

儘管中國的企業家、經理人在自己身上發現了與國際接軌的建設型領導者的特徵，但他們還存在著較嚴重的主動和被動防禦型的領導者風格。這種領導風格在國際化深入的今天只會給企業帶來負面的影響。防禦型的領導風格與中國的歷史、文化、教育、市場、人口因素都有直接的關聯。在外國企業蜂擁至中國、國有企業奔向海外的今天，要對防禦型領導風格進行反思，在管理思維、文化、哲學領域裡展開一場真正意義上的思維文化革命，加快培育國際化企業所推崇的建設型的領導風格。

二、鍛造領導力，造就獨特領導風格

由於環境的瞬息萬變，使得任何領導類型或風格都不一定是永遠正確的，因此領導風格帶來的效能必須決定於情勢的變化，視具體環境和條件的不同選擇不同的領導風格。成功的領導風格是相對的，其只是相對於它所對應的相反的管理風格而言。但是，領導者可以通過不斷學習來提高自身的管理能力，形成自己獨特的管理風格，從而實現組織的目標（方慶來，2007）。

（一）領導者應有高屋建瓴、運籌帷幄的統帥風範

一個領導想問題、辦事情、作決策必須以統攬大局、高屋建瓴為前提。唯有站在本單位建設的全局高度，才能在工作中真正做到運籌帷幄。否則，不僅難以調動和發揮本單位的一切積極因素，也必將難以搞好本單位的全面建設。

必須有審時度勢的全局眼光。審時度勢是領導運籌帷幄、謀劃大事的基礎。一個單位不是生活在真空裡，而是與方方面面各種環境條件相聯繫的，它的建設和發展必然要受到各種內外因素的影響。如果一個領導不能很好地把握本單位建設中的客觀發展規律系統地謀劃全局的工作，「眉毛胡子一把抓」，勢必影響全面建設。因此，領導在抓工作中必須以促成一個單位的和諧發展為目標，做到眼界特別開闊，思維特別敏銳，始終保持全局的戰略眼光，科學客觀地分析本單位的建設實際，努力透過現象看本質，增強認識問題和辨別是非的能力，正確地處理個人與集體、局部與整體、眼前與長遠的關係，以求真正把握全局。要防止一葉障目、以偏概全等不良思想傾向，給本單位建設帶來重大失誤。

（二）領導者應有敢於打破常規，迎難而上的創新精神

在知識經濟時代，唯有創新才能立於不敗之地。領導的創新精神是由領導的本質屬性決定的。領導創新必須在新的理論下探索新的發展道路，用新思想、新方法指導新行為，用新舉措解決新情況、新問題，做到具體問題具

體分析,「一把鑰匙開一把鎖」,切忌一個版本、一種模式、搞「一刀切」,防止和避免本本主義和教條主義。

要有解放思想、勇於探索的創新勇氣。解放思想是創新的前提。只有在思想觀念上不斷創新,才能在實際工作中實現真正創新。創新不是空想,而是用於實踐、解決客觀問題的。任何背離事物發展規律的創新,只能因脫離實際而失敗。創新的動力源於實踐,只有對本單位發展中所面臨的新問題、新情況、新矛盾,以無私無畏的創新品格大膽探索、勇於實踐,才能在實踐的學習和累積中得到提高。但是,創新往往是要經歷一番陣痛的,使一些既得利益者受損,甚至還要遭受一些思想頑固者的阻撓。所以,作為領導就應寧願背負失敗的「罵名」,也要有追求真理的理論勇氣和實踐勇氣,有一股排除萬難、一往無前的豪邁氣概。

(三) 領導者應有唯才是舉、任人唯賢的人才觀念

「國破思良將,家貧思賢妻。」治國之道,唯先得人,一個單位也一樣,人才是根本。知人善任是領導的基本職責,也是成就事業的根本保證。古人講:「得人才者得天下,失人才者失天下。」作為領導,必須及時轉變人才觀,努力造就人才脫穎而出的良好氛圍。

要有敢於「破格提拔」的用人魄力。領導在識人上應堅持事業為重、德才兼備和「五湖四海」原則,大膽地提拔使用一些年輕優秀的人才。要破除「論資排輩」現象,勇於解放思想,形成能上能下的機制。必須把用人觀念轉變到以能力選人、以實績取人、推崇進取的軌道上來。要破除「求全責備」的思想,力求用人所長,容人所短。

第十六章 中國國情背景下的
有效領導行為研究

有效的領導行為一直是領導力研究的焦點問題。本書在介紹了「中國企業CEO的領導行為及其對業績的影響」的調查結果的基礎上，著重對基於中國國情背景下的有效領導行為進行了探討。

有效領導行為是提升領導力的關鍵，因此，很多研究者都從領導行為入手，關注領導需要產生哪些領導行為才能顯著地影響組織的有效性。早期研究（Bales&Slater，1945；Blake&Moutun，1964）把領導行為劃分為兩個主要的部分，即人際關係導向的領導行為和任務導向的領導行為，並關注這兩個方面的領導行為與「組織績效」「員工滿意度」「員工流失率」和「員工缺勤率」之間的關係，以瞭解哪一種領導行為更加有效。那麼，基於中國的文化背景，企業CEO的領導行為對業績的影響程度如何？哪些領導行為是有效的領導行為呢？

一、中國企業CEO的領導行為及其對業績的影響

北京大學光華管理學院王輝教授、中歐國際商學院忻蓉教授和美國亞利桑那州立大學凱瑞商學院管理學徐淑英教授在其研究論文《中國企業CEO的領導行為及其對企業經營業績的影響》中，三位學者系統地調查了中國企業CEO的領導行為表現，並研究了這些行為對企業業績和員工態度的影響（王輝、忻蓉、徐淑英，2006）。

（一）CEO的領導力類型

這項研究共由3個調查組成。首先，為了歸納出中國企業CEO們最經常表現出的領導行為，3位學者的第一個調查是通過問卷調查的形式採訪了來自不同企業的65位中高層經理，這些企業涉及高科技、服務和製造等多個行業。問卷是一個開放式問題——你們公司的CEO表現出何種領導特徵？每個回答者必須列出至少5個答案。

65名回答者一共產生了312條陳述，3位學者把這些陳述歸成9個類別，歸納為中國CEO們最常表現出的9類領導行為，它們是：合理設定企業願景、合理監控企業營運、善於激勵下屬、善於處理各種人際關係（包括與政府部門的關係）、創新和冒險、表現愛心、有權威、魅力領導和道德領導。

為使調查結果更加精確可信，研究者選出第一次被調查者最經常提到的45條陳述組成了第二套調查問卷，並邀請了542名在職MBA學生參加了第二個調查。這些在職學生被要求判斷每個條目是否符合其所在企業CEO的領導行為。根據第二次調查的結果，3位學者對9個類別進行了重新整理和合併，最後歸納出了中國企業CEO最常見的6種領導行為：設定願景、監控營運、開拓創新、協調溝通、關愛下屬和展示權威。由於前3種領導行為都與CEO制定戰略決策、發展組織結構、監控和協調生產等經營管理的角色密切相關，且都是以經營管理的任務業績為導向，因此被3位教授歸結為「任務導向型」的領導行為。而後3種則關注的是CEO如何激勵員工為實現企業的目標而努力工作，因此被3位學者歸納為「關係導向型」的領導行為。

在前兩個調查的基礎上，研究者的第三個調查致力於分析CEO的領導行為對企業業績和員工態度會產生何種影響。這個調查包括兩部分。研究者們先採訪了來自125個企業的高層經理（這些企業與第一個調查中的企業完全不同），這些經理被要求填寫高層經理問卷，內容包括：所在企業的CEO表現出何種領導行為，以及企業的業績如何。調查採用了5個指標來衡量企業的業績：純利潤增加額、銷售增加額、資產增加值、員工士氣和市場份額。

同時，研究者還邀請了上述每家企業的7位員工填寫員工問卷，在員工問卷中，這些員工被問及他們是否感知到企業對他們的支持和承諾，以及在企業中是否感受到分配的公平。這些問題被用來衡量員工對所在企業的態度。共有739位員工完成並寄回了有效問卷，回覆率達84.46%。

(二) CEO領導行為與企業業績的關係

將125個企業的高層經理所敘述的CEO領導行為歸入6個類別之後，3位學者採用結構方程建模（Structure Equation Modeling）的方法來衡量CEO領導行為、企業業績和員工態度三者之間的相關性。他們的研究結果顯示：如果一個企業的CEO能表現出為企業設定一個引人入勝的前景、合理監控企業營運、在管理理念上不斷開拓創新這3種「任務導向型」的領導行為，就會直接對企業的業績產生很大的正面影響。但是，「協調溝通、關愛下屬和展示權威」這3種「關係導向型」的領導行為，對企業的業績並沒有顯著的直接影響。研究同時表明，員工表現更為積極的企業，其業績也更好。他們指出，雖然「關係導向型」的領導行為對企業業績沒有直接的影響，卻強烈影

第十六章　中國國情背景下的有效領導行為研究

響到員工對企業的態度，其中，「善於協調溝通」和「關愛下屬」的 CEO 會使員工更明顯地感知到企業對他們的承諾、支持，也會產生更強烈的公平感，這會提高他們的工作積極性和滿意度。但是，經常對下屬展示其領導權威的 CEO，卻只會挫傷員工工作的積極性，使他們不再忠實於自己的企業。因此，「關係導向型」的領導行為會通過影響員工對企業的態度，間接影響一個企業的業績。

對於他們的研究結果，3 位學者解釋說：「其實設定願景和監控營運這兩點在西方學者對西方 CEO 領導力的研究中已有涉及，這一次對中國 CEO 的研究只是進一步證明了這兩點與企業業績的顯著相關性，但在技術和管理理念上不斷開拓創新這一點在以往的文獻中涉及較少，這更反應出新時代對 CEO 提出的更高要求。」同時，對於中國 CEO「關係導向型」的領導行為，3 位學者認為，「溝通協調」和「關愛下屬」行為印證了中國特定的文化環境下人際關係和諧的重要性，表明了以人為本、注重人力資源的管理理念在中國深入人心。但是，根據他們的研究結果，「展示權威」的行為卻對企業的經營毫無益處，既然如此，為何還會有諸多中國企業的 CEO 表現出這種行為？

3 位學者對此解釋說這可能反應了中國社會特定的文化現象，即家族制企業遺留下來的「家長式管理」的作風，這種作風主要表現為對下屬「恩威並施」，也即在給予恩惠的同時也要適當地表現權威。「中國的許多 CEO 可能都認為這樣做有益於他們的經營管理，但我們的研究顯示，這樣做只會適得其反」。3 位學者如是說，「至於這種行為是否在西方企業中扮演類似的角色，將會是一個跨文化研究的主題」。

二、基於中國國情的有效領導行為

從以上的調查可以發現，在討論領導行為的有效性時，沒有哪一種行為適用於所有情境，如關係導向行為並不一定能夠獲得員工的滿意，任務導向行為也並不一定與團隊生產率直接相關（Korman & Tanofsky, 1975）。Fiedler（1964，1967）提出了領導的 LPC 模型，指出領導的有效性受到情境因素的影響，情境因素包括領導者—成員關係、領導的職位權力和任務結構。對情境因素的關注體現出領導力研究者的思路日益縝密。在研究有效領導行為時，不可忽視文化背景，經濟政治環境等宏觀情境因素對其產生的影響。Bass（1997）的研究表明，由於文化背景、經濟政治環境存在差異，西方有效領導行為的研究結果不一定適用於東方社會。

鑒於此，有必要根據中國的文化背景，結合前人的研究，對有效領導行

為進一步地研究。北京郵電大學學者陳慧基於中國文化與國情背景，通過實證研究的範式，總結得出中國背景下有效領導行為的 8 個因素（陳慧，2006）。

（一）中國文化背景下領導行為的 8 個因素

根據探索性因素分析的結果，該研究認為中國文化背景下領導行為可以劃分為以下 8 個方面：

1. 對員工的激勵

在工作中能公平地對待員工；為員工提供培訓機會或有益的事業發展建議；公開表揚員工的優秀表現；給員工足夠的自由空間發揮其才能；允許下屬在執行任務時擁有自主空間；提供更加具有挑戰性的工作任務和職業發展機會等。

2. 對任務的控制

收集有關工作活動和影響工作的內外部信息，檢查工作進度與質量，並進行分析和預測；安排多個事件的處理順序；對自我和下屬的工作進行清晰的崗位職責描述；不斷尋找提高協作、生產和組織單位效率的方法；對於各項任務，能明確分工和責任到位。

3. 與員工的溝通

尊重員工的合理建議；在工作中徵詢相關員工的意見；總結工作中的問題，並反饋給員工；對於事關全局的重要信息予以公開；就工作責任、任務目標、最後期限和執行期望等方面內容進行溝通；樂於接受員工的意見和合理化建議；通過積極溝通，消除與其他人的矛盾或誤解等。

4. 重視關係的建立

領導在工作中注重與上下級建立良好的人際關係，主要行為包括：增加對外界的影響力，以獲得更多的支持者；通過積極的方式處理好與上級、平級和下級的關係；行動友好且考慮全面；面對員工的尖銳問題（如當面頂撞）鎮定自若；面對沖突時能提出建設性的解決方案。

5. 對員工的指導

系統分析問題，引導員工查找原因並尋求解決方法；有效指導下屬工作方向和方法；及時反饋自己的想法，並提出合理化建議等。

6. 重視團隊

用共同的目標將團隊緊密聯繫起來；鼓勵合作及發揮團隊精神；顧及他人利益；強調團隊間的合作等。

7. 靈活變通

領導能洞察周圍環境的變化，並採取積極反應；根據優先權分配資源，決定如何應用人力和物力以有效完成任務等。

8. 承擔責任

關鍵時刻代表員工說話；出現事故時，勇於正視自身問題，不推諉責任；積極協助員工解決困難等。

(二) 中國文化背景下領導行為與員工承諾、組織績效的關係

該研究以員工承諾和組織績效作為衡量領導行為有效性的指標，使用相關分析，統計 8 個因素的領導行為分別與員工的情感承諾、持續承諾及組織績效之間的相關關係。

1. 領導行為與員工情感承諾的相關性

相關分析結果表明，對員工的激勵與員工情感承諾顯著相關，t = 0.130,9，P < 0.05；對任務的控制與員工情感承諾顯著相關，t = 0.1341，P < 0.05；靈活變通與員工情感承諾顯著相關，t = 0.143，P < 0.05；與員工的溝通與員工情感承諾顯著相關，t = 0.281，P < 0.05；對員工的指導與員工情感承諾顯著相關，t = 0.237，P < 0.05。綜合來說，如果領導者能較好地解決工作中的問題，能指導幫助員工成長並且給員工充分的自由空間，處理事務變通靈活，並能保持與員工的良好溝通，那麼員工就會大大提高對工作的熱情以及對組織的信賴。使用相關分析，研究者同時把 8 個因素中的 43 個具體領導行為與情感承諾的相關性進行了分析。

2. 領導行為與員工持續承諾的相關性

相關分析結果表明，對員工的激勵與員工持續承諾顯著相關，t = 0.25，P < 0.05；重視團隊與員工持續承諾顯著相關，t = 0.202，P < 0.05；靈活變通與員工持續承諾顯著相關，t = 0.237，P < 0.05；與員工的溝通與員工持續承諾顯著相關，t = 0.209，P < 0.05；承擔責任與員工持續承諾顯著相關，t = 0.282，P < 0.05。綜合來說，能讓員工產生在組織中繼續工作願望的領導行為包括：公平對待與激勵員工，表現出靈活變通的領導行為，如隨著上級政策的改變調整計劃，領導能承擔工作中的責任等。使用相關分析，研究者同時把 8 個因素中的 43 個具體領導行為與持續承諾的相關性進行了分析。

3. 領導行為與績效的相關性

相關分析結果表明，對任務的控制與組織績效顯著相關，t = 0.272，P < 0.05；重視團隊與組織績效顯著相關，t = 0.232，P < 0.05。使用相關分析，把 43 個具體領導行為與績效的相關性進行分析，結果表明，強調共同目標和利益與組織績效的顯著正相關。

從長遠角度來看，態度決定行為，員工忠誠感的培養更為重要，而且直接影響組織績效，如果他們的態度與實際行為達成一致，將非常有助於組織績效的提高。

第十七章　領導行為有效性的研究、討論及建議

一、國內外領導行為有效性研究

現在有一種說法，「領導是生產力，第一領導是第一生產力」，這反應了社會對領導的看法。領導問題是關係到企業成敗，國家興衰的重要問題，領導問題研究的核心在於如何才能實現最有效的領導。對此，世界各國的心理學家和管理學家已取得共識，並以領導活動和領導者本身作為心理科學和行為科學研究的對象，作了大量廣泛而深入的研究。

國外對領導問題的系統研究和探討始於 20 世紀初，發展到今天，其研究大體經歷了三個階段，即特性理論研究階段、行為理論研究階段和權變理論研究階段。

領導心理研究之初，心理學家主要致力於探討作為一個成功的領導者應具備哪些品質（人格特質、工作作風等），從而試圖找到某種「有效的」領導者個性模式或行為模式。這一階段的研究可稱之為領導有效性的特性理論研究，其重點在於通過對領導者個人特徵的分析來預測什麼樣的人當領導才最為有效。特性理論又可分為傳統特性理論與現代特性理論兩種。傳統特性論認為，領導者的特性是與生俱來的，天生不具備領導特性的人，不能當領導。美國心理學家斯托格迪爾（R. MStogdill）1948 年發表《與領導有關的個人因素：文獻調查》一文，提出與領導有關的先天特性包括：①智力過人；②在學術和體育運動上取得過成就；③感情成熟，干勁十足；④有良好的社交能力；⑤對於個人身分和社會經濟地位的慾望。吉伯（T. A. Gibb）的研究（1969 年）表明，天才的領導者應具備以下七項天生特性：①善言辭；②外表英俊瀟灑；③智力過人；④具有自信心；⑤心理健康；⑥有支配他人的傾向；⑦外向而敏感。

從已有的研究資料中我們得出，西方現代特性理論對領導特性的研究有以下幾個共同點，即：①瞭解下屬；②尊重人格；③敢擔風險；④善於激勵；

⑤富於進取；⑥精於決策。

領導有效性的特性理論揭示了領導者的個性特徵與成功領導的關係，對我們有一定的參考意義。但無論是傳統特性論還是現代特性論，都忽略了社會環境因素的影響和群眾的作用，其結論只能在情境因素完全相同的條件下才能成立，因而有很大的局限性。我們認為，有效的領導是領導者的個體素質和領導行為以及情境因素交互作用的產物，而不是領導者各種毫無聯繫的品質特性的混合物。正如美國領導學家拉爾斐·斯島迪爾所說：「一個人並非因其具備了某些綜合品質，便會成為一名領導者。」因此，以個性或人格特質作為領導者與被領導者、有效領導者與無效領導者之間的本質區別，是不符合實際的。這也正是領導特性論的根本缺陷所在。

與西方相比，中國對領導問題的探索由來已久。從歷史上看，領導人物必須具備一定素質的思想，早在春秋戰國時期就有論述。春秋末年傑出的軍事家孫武在《孫子兵法》中說：「將者，智、信、仁、勇、嚴也。」說明為將者必須具備的五種素質。三國名相、軍事家諸葛亮在《將器》中寫道：「將之器，其用大小不同。若洞察其奸，伺其禍，為之眾服，此十夫之將；悉人饑寒，此萬夫之將；進賢進能，日慎一日，誠信寬大，閑於理亂，此十萬夫之將；仁愛始於下，信義服鄰國，上知天文，中察人事，下識地理，四海之內，視為室家，此天下之將。」對各級領導應具備的素質特點進行了描述和總結。類似的論述在中國史籍中不勝枚舉。

雖然中國對領導問題的探索較早，但都是較直觀的經驗描述，科學、系統的研究起步很晚，比西方落後了近半個世紀，因而至今沒有形成自己獨特的理論體系和研究方法。這在研究領導科學已成為世界潮流的今天，在中國改革開放、大力發展經濟的歷史時刻，已成為亟待解決的研究課題。

研究當前中國的領導問題，科學地揭示各行業、各階層領導者的心理和行為特點及其活動規律，對繼承和發揚中國以人為本，重視探索領導心理的文化傳統，對瞭解和分析中國領導群體的素質和水準，指導領導實踐，增強管理效能，對提高中國領導問題的研究水準，都具有很大的歷史意義和現實意義。

二、企業領導行為有效性研究案例

(一) 研究對象

本研究被試者包括：四川省經濟幹部管理學院 MBA 班學員生產領導者 62 人（生產領導指廠長、經理、工程師、隊長等），後勤領導 60 人（後勤領導

指書記、工會主席、車間主任等），來源於四川自貢、廣元、樂山、內江、綿陽、瀘州等企業 MBA 學員。

被試的性別、年齡、文化程度、行政級別等基本情況見表 17-1。

表 17-1　　兩類被試的年齡、性別、文化程度和行政級別分佈表

類別		性別		年齡				文化程度				行政級別		
		男	女	20~29	30~39	40~49	50~59	大學	大中專	高中	初中小學	處級	科級	車間級
生產領導	人數	62	50	18	30	11	3	8	18	12	24	26	12	24
	%	100	0	29.0	48.8	17.7	4.9	12.9	29.0	19.3	38.7	41.9	19.4	38.7
後期領導	人數	57	3	1	12	21	13	18	21	18	3	11	26	19
	%	95	5	16.1	25.0	35.0	21.7	30	35	30	5	25	43.3	31.7

（二）研究工具

艾克森（H. J. EYsenck）個性問卷（龔耀先主持修訂，1986），簡稱 EPQ（成人）；日本大阪心理學教授三隅二不二設計的「PM 領導行為評價量表」（中科院心理研究所 502 組修訂，1983 年），並配以適當的談話法。

每個因素在問卷中各設有五個問題。問卷中每個問題的答案均按五分制計分。這樣，根據 P、M 得分情況，與團體的平均值比較，就可以將領導行為劃分為四種類型：① PM 型，即 P、M 分均高於平均值的領導類型，說明工作績效和團體維繫能力都很好，是最佳的領導類型；② P 型，工作績效高而團體維繫低；③ M 型，團體維繫高而工作績效低；④ pm 型，工作績效和團體維繫都低的類型，其管理效果最差（見表 17-2）。

表 17-2　　　　　　四種領導行為類型的管理效果

領導行為類型	生產效果	對組織的信賴度	團結力
P	中間	第二位	第三位
PM	最高	最高	最高
M	中間	第三位	第二位
pm	最低	最低	最低

（三）研究方法

（1）PM 領導行為的測量方法。嚴格按照 PM 領導行為測評手冊的要求進行，採用團體測評法。這樣可以由主試及時解答被試不清楚的問題，糾正各種可能使測評出現偏差的因素。

（2）整個過程採用主試者口讀問題，被試者選擇答案的方式進行。主試者每讀完一題後，留出 30~40 秒的時間，請被試者選擇合適的答案，並且在答卷相應的答案上做出標記。待全體被試者都作答完畢後，主試者再開始讀下一個問題。整個測評約需 40~50 分鐘。下面是測評「指導語」。

「現在請大家做一個調查，目的是研究企業具有的管理特點和風格，以便於總結經驗和提高管理水準。這種調查不是測驗，因此答案無所謂正確與錯誤。要求大家按自己的真實看法，實事求是地作答，對每個問題都表明你自己的態度。另外，大家回答的卷子都由我們統一管理，作為研究資料使用。因此請大家不要有任何顧慮。」

作答時不要求大家用文字表達自己的看法，只要求聽懂題意後，在幾種答案中選擇一個你認為最符合實際情況的，並在相應的答案上劃「√」表示。要求每道題都回答，每題只能選擇一個答案，不要互相商量。下面舉一個例子：

問題：「你對現任的工作滿意嗎？」

答案有五種：①非常滿意；②相當滿意；③不好說；④不太滿意；⑤不滿意。

在以上的五種答案中你選擇一個最適合你的情況，如你認為自己是「相當滿意的」在②處畫一個「√」表示，以此類推。如果沒有其他問題時，請大家翻到下一頁，注意答卷上五種答案的順序排列。現在我開始讀問題，大家注意在答卷上做出選擇，並在相應的數字上劃「√」。

（3）答卷中每個問題的答案均按 5 分制計分，即，1~5 分。每個因素題的得分小計，就是該因素的最後得分。有關領導行為類型劃分的方法，是根據 PM 領導行為的具體得分，與總分平均值進行比較，然後依據兩種行為的不同組合，就可以劃分為四種領導行為類型：PM 型、Pm（簡稱 P）型、Mp（簡稱 M）型和 pm 型。生產、後勤在其領導行為上是有差異的，因此在評估不同組別的領導時需要用不同的 P、M 領導行為評定表。本研究下設 4 個分量表，每一分量表各有 A、B 兩個類型，分別供自評和他評使用。對八項情境因素的評定不涉及職別差異問題，所以在測量中使用統一的通用評定表。

三、企業領導行為有效性影響因素

企業生產領導者和後勤領導者的個性特徵 P 行為包含有「壓力因素」和「計劃因素」，主要是領導為完成團體目標所作出的努力；而 M 行為則包含有「理解、關懷和體貼」等因素，主要起協調和維繫團體的作用。兩種行為的不

同組合，就形成了四種相應的領導行為類型，即①PM 型：領導的 P 行為和 M 行為的分數值均高於總體平均值，說明其工作績效和團體維繫能力都好。②P 型：P 行為得分高於總體平均值，但 M 行為得分小於總體平均值，表明領導者注重工作的績效。③M 型：M 行為得分高於總體平均值，但 P 行為得分小於總體平均值，表明維繫團體的能力強。④pm 型：P 行為和 M 行為得分都小於總體平均值，帶有某些「民主」式的工作傾向。

根據 EPQ 量表的測量結果，可以從以下幾個方面分析兩類領導者個性特徵：

（1）生產領導和後勤領導各自具有的顯著個性特徵的人數比例（見表 17-3）。

表 17-3　　　　生產和後勤領導者顯著個性特徵的人數比例

個性特徵與 個性特點		P		E		N		L		EN	En	en	Ne
		高	低	內向	外向	穩定	不穩定	低	高					
生產	人數	25	26	27	41	23	36	28	29	37	31	27	29
	%	20.2	20.9	16.8	38.1	26.6	29.0	22.6	23.3	29.8	25.0	21.8	23.4
後勤	人數	31	27	32	38	34	33	24	32	32	28	30	30
	%	25.8	22.5	26.7	31.7	28.3	27.5	20.0	26.7	26.7	23.3	25.0	25.0

註：P—精神質，E—內向性，N—情緒性，L—掩飾性；EN—外向穩定型，En—外向不穩定型，en—內向穩定型，en—內向不穩定型。

由表 17-3 可見，有半數以上的生產領導者（55.6%）和後勤領導者（55.8%）具有顯著的情緒性特徵，其中生產領導者傾向情緒不穩定者的人數比略高於傾向情緒穩定者的人數比，而後勤領導者則相反，但都不形成顯著差異；有半數以上的後勤領導（58.4%）具有顯著的表現，其中傾向外向的人數比（31.7）高於傾向內向的人數比（26.7），但也不形成顯著差異。

另外，領導者在四種類型上所占人數比例，差別都不大，這說明領導者並不必然是某一種或某幾種個性類型的人，相對而言，個性傾向於外向穩定型的領導者人數最多，稍有不同的是，生產領導其次為外向不穩定型和內向不穩定型，最少的性格類型為內向穩定型；而後勤領導其次為內向穩定型和內向不穩定型，最少的類型則為外向不穩定型。

（2）生產領導和後勤領導個性特徵的差異檢驗（見表 17-4）。

第十七章　領導行為有效性的研究、討論及建議

表 17-4　　　　生產和後勤領導者個性特徵的差異檢驗。

	方差	F	P
P	9.98	0.38	0.54
E	16.94	3.35	0.06
N	21.29	1.94	0.16
L	13.02	0.01	0.94

結果表明，生產和後勤領導者在 EPQ 個性特徵的 P、N、L 三個維度上沒有顯著差異，只是在個性的內外向性上（E 分）有比較顯著的差異（P＝0.06）。從表 17-3 可以看出，這一差異表現在後勤領導內向者（26.7%）明顯多於生產領導（16.8%），而生產領導外向者（38.1%）又多於後勤領導（31.7%）。

（3）EPQ 評定結果（均數和標準差）全國常模的比較（見表 17-5）。

從表 17-5 可見，兩類領導的 P、N 分均高於標準組。E、L 分低於標準組。這說明領導在內外向性上比常人表現得更為明顯；生產領導掩飾性較常人普遍要低一些，而後勤領導要高一些。

表 17-5　　本組研究與全國常模 EPQ 評定結果比較（XiSD）

	分量表	本組 (生產 n=62 後期 n=60)	標準組 (n=500)	T 值
生產	P	10.93±1.074	5.84±3.27	2.310
	E	4.76±3.13	10.14±4.33	0.732
	N	13.79±3.53	11.08±4.80	3.524
	L	10.56±4.60	12.99±3.028	
後勤	P	4.51±3.18	5.84±3.27	2.515
	E	11.89±4.16	10.14±4.33	0.841
	N	9.73±4.63	11.08±4.80	3.937
	L	13.83±3.69	12.99±3.86	3.028

企業生產和後勤領導者的行為類型分析：根據 PM 量表的測查結果，可以從以下幾個方面來分析領導者的領導行為類型：

（1）生產和後勤領導者的四種領導行為類型上的人數比例（見表 17-6）。

表 17-6　　　　　　　　四種領導行為類型的人數比例

領導類型		PM	P	M	pm
生產	人數	23	7	9	23
	百分比(%)	37.1	11.3	15.3	36.3
後勤	人數	22	8	9	21
	百分比(%)	36.7	13.3	15.8	34.2

由表 17-6 可見，PM 型的領導所占的比例最大，其次是 pm 型，再次為 M 型和 P 型。

（2）企業的生產、後勤領導和其他企業領導與全國 PM 常模的比較。

PM 問卷的長處在於除了測試領導行為的 P、M 兩職能外，還反應影響領導行為的有關下屬情況的八個情境外因素，它們依次是：X1 工作激勵；X2 對待遇的滿意度；X3 福利條件；X4 心理保健；X5 集體工作精神；X6 會議成效；X7 信息溝通；X8 績效規範。為了更全面地分析和把握各行業領導者 P、M 職能狀況和有關下屬的情境狀況，將本研究中 PM 問卷各因子分的均值與全國企業領導的常模作一比較（見表 17-7）。

表 17-7　本組被試 P、M 兩職能和 8 個情境因子的均值與企業領導全國常模的比較

		P	M	X1	X2	X3	X4	X5	X6	X7	X8
本組	生產	35.4	33.5	16.0	12.3	14.6	16.7	16.6	15.4	16.4	15.7
	後勤	34.4	33.0	16.6	11.0	14.4	16.3	15.9	15.5	16.6	16.0
標準值		33.5	30.5	18.5	13.0	15.1	16.6	18.3	14.5	15.3	18.7

從表 17-7 中可以看到，本組的生產領導和後勤領導在團體維繫（M 分）方面與企業領導沒有什麼差別，但 P 分明顯高於其他企業領導。八個情境因素中，企業領導在工作激勵（X1）、對待遇的滿意度（X2）、福利條件（X3）、集體協作精神（X5）和績效規範（X8）等五個因子上的得分明顯高於本組企業生產和後勤領導；後者在會議成效（X6）和信息溝通（X7）等兩個因子上高於企業領導。

（3）兩類領導團體 PM 因子的差異檢驗。

對兩類領導者 P、M 兩職能和八個情境因素的差異性檢驗表明（見表 17-8），黨政和學校領導在「對待遇的滿意度（X2）」上存在顯著差異（$P<0.05$），這一現象應引起社會的足夠重視。另外，在領導行為的 P 職能上差異也較顯著，後勤領導比生產領導更重視工作績效。

表 17-8　生產領導和後勤領導在 PM 兩職能和 8 個情境因子上的差異檢驗

	P	M	X1	X2	X3	X4	X5	X6	X7	X8
均方	41.18	34.73	16.07	20.11	12.08	12.44	14.16	16.31	15.42	14.97
F 值	3.49	0.19	1.22	4.83	0	0.57	1.89	0.02	0.01	0.19
P 值	0.06	0.66	0.27	0.03	0.99	0.45	0.17	0.89	0.93	0.66

（4）P、M 領導行為兩職能和情境因子的相關分析。

最新的領導權變理論認為，被領導者的因素是影響領導有效性的重要因素，有了好的工作情境，有效的領導才能發揮作用。為了定量地研究領導行為和情境因素之間的關係，彌補以往的不足，我們分別就兩類領導者的 P、M 兩職能和情境因素進行了相關分析（表 17-9）。為了說明領導者的個性特徵與領導行為之間的關係，我們將領導行為的 P、M 兩個職能分別同 EPQ 問卷上的 P、E、N、L 四個個性因子做了相關分析，結果見表 17-9。

表 17-9　生產、後勤領導個性因子與行為因子的相關分析

		P	E	N	L
生產	P	−0.0763	0.0574	0.2278*	0.01972
	M	−0.1271	−0.0508	−0.2470*	0.1234
後勤	P	−0.0680	0.0420	−0.2460*	0.1823
	M	−0.0905	−0.0233	−0.0894	0.1638

四、企業領導行為研究、討論及建議

本項研究用 EPQ 個性問卷（成人）和 PM 領導行為問卷對 122 例生產和後勤領導者的個性特徵與領導行為類型進行了調查研究。下面是討論和建議：

（1）生產和後勤領導，個性類型以「外向型」和「外向穩定型」居多。兩類領導群體具有「情緒穩定性（N）」高，「內外向性（E）」顯著的個性特點，其中生產領導者傾向外向，後勤領導者傾向內向。與全國常模相比，兩類領導者的「精神質（P）」因素普遍較高，而「掩飾性（L）」普遍偏低，並與精神質呈顯著負相關。因此，與一般人相比，個性特徵突出，個性色彩濃厚是當今領導者的一個共同特點。

（2）在個性與領導行為的關係上，研究結果表明，除情緒及 P、M 兩職能有一定的相關外，其他個性特徵與領導行為沒有相關，而且「情緒性」與領導行為的相關也未達到顯著水準。說明個性特徵與領導行為之間並無必然聯繫，不存在領導者「獨具的」，或「唯一有效」模式。同時，兩類領導團

體的個性特徵除「內外向性」外不存在顯著差異，在內外向性上的差異也主要是職業訓練和適應的結果。說明中小企業領導者在個性特徵上有其職業的共同點，但存在各自一定的個性模式。

（3）生產和後勤領導者類型以 P 型為主，大多是外向，情緒有起伏，所占比例最大。同時，PM 型領導所占的人數比僅次於 pm 型而位居第二，遠遠高於 P 型和 M 型，這應引起我們足夠重視。

（4）情境因素是影響領導行為的重要因素，領導行為與情境因素之間存在顯著的相關。與 P、M 兩種領導行為相關最大的情境因素依次是「集體工作精神」「信息溝通」「心理保健」和「會議成效」，其次為「績效規範」和「工作激勵」。同時，「集體工作精神」，「會議成效」「信息溝通」和「績效規範」四個情境因素之間也存在顯著相關，說明它們互相依賴，交互作用，共同影響著領導行為的效果。

（5）生產和後勤領導者在「對待遇的滿意度」上存在顯著差異，後者明顯低於前者。而在領導行為的 P 職能上，也存在較顯著的差異，後勤領導者的工作績效（P）高於生產領導者。因此，應充分重視這一問題，切實改善增加前線及後勤職工的福利，只有這樣才能保證生產安全，保證生產經濟的勢頭和後勤保障有力。

（6）EPQ 量表及 PM 量表可以作為幹部培訓和選拔部門的綜合檢驗工具，為機關人員指出需要發展和完善的方向，提高幹部選拔的質量。同時，人事部門和幹部管理部門應深入實際調查研究，盡量減少 PM 型領導的任用率，降低他們在幹部群體中所占的比例。領導者要實現有效的領導，首先要善於創立一種積極的力量，這種力量就是從他身上散發出來的，能感染並推動整個組織中的所有成員都投身於目標活動之中的內驅力。這種內驅力來源於領導者的個性魅力。心理學的研究表明，一個人的個性特徵往往影響整個人的精神面貌，使人的心理和行為活動具有獨特的色彩，從而表現出穩定的行為特徵或傾向性。因此，領導者個性特徵的優勢必然會對領導行為方式及領導職能的發揮產生不同的影響。

第十八章　人本管理的心理學思考

因為人本管理的核心在於心理學的實際應用，下面是對這方面的思考。

一、人本管理的根本是人，關鍵是促進人的潛能發揮

美國心理學家馬斯洛提出需要理論以後，人本管理在20世紀80年代初風靡西方世界，其核心是尊重人、激發人的熱情，其著眼點在於滿足人的合理需求，從而進一步調動人的積極性，它使管理科學上了一個新臺階。

企業管理中的人本管理首先在幾個基本問題上作出了明確的回答，即企業是什麼？企業為什麼？企業的發展靠什麼？怎樣才能真正調動人的積極性？

企業是由人組成的集合體，企業無「人」則「止」。因此，管理應以人為本，把人的因素放在中心位置。時刻把調動人的積極性放在主導地位。人的潛力極大，關鍵在於開發。

著名經濟學家舒爾茨曾說過，當代高收入國家的財富是靠人的能力創造的。一個正常的健康人只運用了其能力的10%。心理學的一系列最新成果證明，人類的潛能是巨大的。當代科學使我們懂得人的大腦結構和工作情況，大腦所儲存的能力使我們難以估算。在正常情況下工作的人，一般只使用了其思維能力的很小一部分。如果我們能迫使自己的大腦達到其一半的工作能力，我們就可以輕而易舉地學會40種語言，將一本大百科全書背得滾瓜爛熟。這種對人的潛能的推斷，現在已為人們所接受。怎樣才能挖掘這一巨大的潛能？這是一個心理學應用的複雜問題。如果一個人處於自由、放鬆的狀態，工作就顯得特別輕鬆，創造性就會得到空前的發揮，工作由此會卓有成效。一個企業要開發人的智力和潛能，調動人的積極性就應使企業員工經常處於輕鬆愉悅的氛圍中，智慧勞動者是最活躍的生產力要素，誰能充分發揮這種最活躍的生產力要素，誰就取得了管理企業的成功奧秘。

在企業與人的關係上，歐美是「契約型」的，日本是「所屬型」的。所屬型組織的工作要求不像契約型那樣明確嚴格，因為員工會自動擴大其工作

範圍。所屬型組織的等級不僅在組織中,而且在組織之外也仍然存在。文化的管理模式植根於民族文化的土壤之中,它的產生和發展主要是「自然長成」的,是整合的結果。其價值取向主要為社會性而不是經濟利益,這是考察文化管理模式的主要標準。日本式團隊和美國式團隊的主要區別在於,日本式團隊建立在「家庭」或「效忠」的基礎上,企業依靠員工的主要手段是對其成員終身雇傭,並隨年齡增長給予相應的地位和待遇,允許並鼓勵成員積極參與企業事務;同時,員工對企業應盡忠,對企業應服從,使自己和企業融為一體,必要時為企業犧牲自己的利益。而美國式團隊依靠員工的手段是建立在「契約」「合作」的價值觀上的。

二、人本管理的層次與心理學的應用

人本管理是一種以人為中心的管理,其中涉及情感管理、民主管理、自主管理、人才管理和文化管理,這些都是心理學的實際應用。

情感管理。情感管理是通過情感的雙向交流和溝通實現有效的管理。例如,「走動式管理」就是鼓勵企業主管走出辦公室,深入現場,與各層次各類型人員接觸、交談,加強感情溝通,建立融洽關係,瞭解問題,徵求意見,貫徹實施企業的戰略意圖。這種以憎愛分明感為主要特徵的管理方式可以減少勞資矛盾,融洽勞資關係。

情感管理是注重人的內心世界和人的認識過程,根據情感的可塑性、傾向性和穩定性等特徵進行管理,其核心是激發員工的積極性,消除員工的消極情緒。

情感管理,就是應該誠心誠意地相信,「每個人都有自己的專長」,「無論你多忙,也必須花時間使別人感到他們重要」,「一個經理怎樣才能使人們感到自己重要?首先是要傾聽他們的意見,讓他們知道你尊重他們的想法,讓他們發表自己的意見」。既要人承擔責任,就要向他們授權,不授權會毀掉人的自尊心,應該用語言和行動明確告訴人們讚賞他們。

情感管理就是要經常鼓勵人們去取得成功。作為一個企業家,應當意識到人人需要表揚,而且必須誠心誠意地去表揚,因為每個人都希望得到這種機會。表揚的方式多種多樣,如口頭讚揚,請被表揚人上臺接受眾人的鼓掌祝賀,在報刊上公布先進名單與事跡等。雖然物質鼓勵也是需要的,但是促使人們「取得優異成績的因素,遠遠不只是金錢」「上臺接受同行們的讚揚比接受一份裝在信封裡的貴重物品重要得多」。

民主管理。民主管理不是僅掛在口頭上的辭令,而應確確實實體現在日

第十八章　人本管理的心理學思考

常工作之中。企業主管應多聽少談，「聽」是一種藝術，這種藝術的首要原則，是全神貫註地聽取對方的意見，絕不可心不在焉，應鼓勵部下反應來自下面的意見。民主管理就是讓員工參與決策。人人都有自尊心。企業家在做出涉及部屬的決定時，如果不讓經理以外的其他人來參與，就會損傷他們的自尊心，引起他們的激烈反對。如果你能讓其他人參與決策，即聽取他們的意見，那你不但不會挫傷他們的自尊心，反而會提高他們的士氣；被徵求意見的人多一些，人們的士氣就會更高一些。如果員工感到自己對有關的事沒有出一份力，就會覺得自己被別人瞧不起，就對相關事情漠不關心。

民主管理就是要求企業家集思廣益。辦企業必須集中多數人的智慧，全員經營，否則不會取得真正的成功。集思廣益，並不是說遇事找人開會或商量，更不是沒有自己的主見。集思廣益重要的不在於形式，而在於經營者心中經常裝著「要集思廣益地辦事」這一原則，要有隨時隨地聽取別人意見的思維習慣。這樣的態度，就會造就一種讓員工自由說話的民主氛圍，歡迎下級自由地並可越級提出建議。

民主管理還要求企業家坦誠地、不受自己的利益、感情、知識及先入為主意識的影響，要按事物的本來面貌去看待問題。只有心地坦誠，才能知道事物的真實面貌和事物的本質，並順應自然的規律；傾聽企業員工大眾的呼聲，才能集中廣大員工的智慧，才會產生該做的就做、不該做的不做的真正勇氣；也才會產生寬容的心態和仁慈心態。

自主管理。這是現代企業的新型管理方式，是民主管理的進一步發展。這種管理方式主要是員工根據企業的發展戰略和目標，自主制訂計劃、實施控制、實現目標，即「自己管理自己」。它可以把個人意志與企業的意志統一起來，從而使每個人心情舒暢地為企業做奉獻。「信任型」管理和「彈性工作時間制」都是自主管理的新型管理方式。它是以廣大員工的良好素質為基礎的，企業主管不單憑職務權力和形式上的尊嚴去領導下級。員工自己制訂實施與上級目標緊密聯繫的個人工作目標計劃。自主管理的根本點在於對人要有正確的看法，因為經營是靠人來進行的，身負重任的經營者是人，員工也是人，顧客以及各方面的關係戶也都是人。可以說，經營就是人們相互依存地為人類的幸福而進行的活動，正確的經營理論必須立足於以人為本的看法之上。

人才管理。善於發現人才、培養人才和合理使用人才是人才管理的根本。人才的特點是熱愛學習，注意廣泛獲取信息。企業給員工創造學習和發展的環境和機會，就是最大地愛護人才。

企業競爭的實力是人才——受過教育，又有技能，渴望發揮自己的潛能，

促進企業成長的人才。人才和創造性是可以通過學習創造的。多數企業認為創造性領域與他們無關，但是，在信息豐富、分權制以及全球化的社會中，創造性人才在工商界的重要性將日益明顯。企業主管要激勵和保護創造性人才的創造精神。企業在使用人才的過程中，要遵循人才管理的規律，建立人才信息管理系統，使人才的培養、使用、儲存、流動等工作科學化，真正實現人事工作科學化、合理化，做到人盡其才、才盡其用。

文化管理。從情感管理到文化管理，人才管理層次向縱深方向推進。文化管理是人本管理的最高層次，它通過企業文化培育、管理文化模式的推進，使員工形成企業共同的價值觀和共同的行為規範。

文化管理，就其重視人和文化的作用而言，是行為科學的發展和繼續，但絕不是行為科學的簡單重複。文化管理充分發揮文化覆蓋人的心理、生理、人的現實與歷史，把以人為中心的管理思想全面地顯示出來。文化是一整套由一定的集體共享的理想、價值觀和行為準則形成的，是個人行為能為集體所接受的共同標準、規範、模式的整合。

三、企業管理中的心理和諧

心理和諧包含兩個層面的內容，一是領導與員工關係的和諧，二是員工與員工之間的和諧，這兩個層面的和諧也體現出利益的均衡和人與人之間的互信、寬容、尊重和平等的人性化原則。

和諧利益原則體現在企業利益均衡分配製度的建立，以利益共同體來凝聚人心，增強競爭力。和諧體現了對人性的尊重信任，主要表現在建立授權管理、民主管理制度以及創造企業內部融洽和睦的人際關係、寬鬆愉快的精神環境上。

企業應與社會的利益和諧一致，不能為了企業的利益犧牲社會的利益。有遠見地把奉獻社會作為自己的崇高職責，當兩者發生矛盾時能超越一己之私利，把社會利益放在企業利益之前甚至犧牲企業利益。中國近代航運業巨子盧作孚把「服務社會，便利人群，開發產業，富強國家」作為經營理論，倡導「個人為事業服務，事業為社會服務，個人的工作是超報酬的，事業的任務是超經濟的」，就是這一原則的體現。

當前社會公益事業和環境保護已成為衡量企業是否維護社會利益的重要標志，尤其是環境利益。世界上推行的綠色行銷的基本理論，就是通過綠色產品的行銷，促進企業利益、消費者利益、社會利益、生態環境利益的和諧統一。

市場經濟的本質是競爭經濟，沒有競爭就沒有市場經濟。但市場競爭又是一種理性的、有規則的競爭，是一種和諧有序的競爭，是在合理地配置資源的條件下，公平合理地進行質量、價格、服務、品牌等全方位的競爭。同時競爭者之間還應有合作協調，講求利益共享，既不可損人利己，也不能損人損己。然而，在現實生活中，我們常常看到的是一種非和諧的、令人痛心的惡性競爭，最突出的就是壓價傾銷。這種競爭不僅導致生產企業效益大幅下降，惡化了工商企業生存發展的環境，而且導致國家稅收大量流失，是必須堅決反對的。

和諧的競爭是創新競爭，是一種在創新意識、創新精神支持下的競爭，是一種更高層次的競爭。表現為企業從產品設計製造、技術管理、市場行銷到廣告公關等各個方面、各個層次，力求走一條有自己特色的發展道路，追求一種「你無我有，你有我新，你新我更新」的境界。創新競爭能夠大大促進企業在技術管理、市場拓展等方面的優化提高，最終能實現社會資源的優化配置，促進整個社會生產力的進步和提高。因此，樹立起創新的競爭觀念是和諧競爭的一個重要保證，是促進企業與社會資源財產合理配置的重要手段。企業應該以更開闊的視野，更新的目光，更多的角度，在市場競爭中發掘自己的競爭優勢，真正把競爭作為自己不斷發展的內在推動器，通過競爭真正發展企業，造福消費者，造福社會。

綜上所述，企業發展其領導行為要以人為本，必須運用心理學原理，注意人的心理過程，從而使企業充滿活力。

第十九章　領導力模型

隨著外資銀行的加入，中資商業銀行的競爭越來越激烈。在這場競爭中，作為分支機構的負責人——銀行行長的人才爭奪戰成為焦點。如何選拔和培育合適的商業銀行行長成為各中資商業銀行面臨的重要課題。國外先進的實踐經驗表明，必須引入領導力模型才能更好地選拔出具有潛質且未來可能產生高績效的商業銀行行長。為此，2006年，黃勛敬、李光遠、張敏強等人在國內首度對商業銀行行長的領導力模型進行了探索式研究。該研究通過對商業銀行績效優秀的行長與績效普通的行長關鍵行為特徵的分析，辨別出高績效行長所具備的領導力，建構起商業銀行行長領導力模型，以便為商業銀行行長的選拔、績效考核、培訓及職業生涯規劃提供專業化的參考（黃勛敬等，2006）。

一、領導力模型構建的方法和步驟

（一）被試

為了開發行長領導力模型，選擇了30名行長被試。其中預研究7名行長，全部為高績效行長；正式研究23名行長，高績效行長13名，普通績效行長10名。另外，邀請在崗行長205名填寫了領導力核檢表。

（二）構建準備

《商業銀行行長個案訪談提綱》若干份。該訪談提綱按照經典的行為事件訪談（BEI, Behavior Event Interview）形式來設計，該研究方法由中國科學院時勘博士引進，並在國內經過反覆驗證得出是信度和效度比較高的方法之一。提綱的主體部分由被訪談者對其職業生涯中3個成功事件和3個不成功事件的描述組成，重點在於訪談者與被訪談者之間的互動和溝通。

「商業銀行行長領導力核檢表」。在該核檢表的生成過程中，參考了Hay集團編製的《基本勝任力辭典》；車宏生教授、時勘教授、王繼承教授等人提出的中高層管理者的領導力模型；中國工商銀行總行張衢副行長的《行長論》

一書，以及五大人格因素模型中的人格分類、MBTI 人格維度。同時請教了有關專家，在充分討論的基礎上形成。該核檢表共有 59 項領導力。

「商業銀行行長領導力編碼辭典」初稿。該辭典的領導力以在商業銀行行長領導力核檢表中出現的領導力為主要參考依據，並在此基礎上作了一定修改。每個領導力都包含了定義、核心問題、它為什麼重要、每個領導力的 6 個等級以及每個等級的行為表現這幾個部分。它的主要用途是作為對訪談文本進行編碼的依據。辭典的編寫經過了查閱和總結資料、心理和人力資源專家初次編寫、在崗優秀分行和支行行長根據行業經驗修訂、金融專家定稿 4 個過程，所以在形式和內容上都具有很高的科學性。

（三）方法

採用行為事件訪談法和核檢表法。核檢表法採用自編的商業銀行行長領導力核檢表。

（四）步驟

第一步：預研究。

預研究的主要目的是進行關鍵事件訪談方法的練習，具體包括訪談實施的技術、錄音文本的編碼等。練習的目標主要是研究小組成員能夠從行長的訪談文本數據中準確地識別出各種領導力的行為指標。根據研究小組確定的取樣策略和標準，選擇 7 名行長依照《商業銀行行長個案訪談提綱》實施訪談。他們均為高績效行長，其中男性 4 名、女性 3 名。在訪談之前，對所有訪談者針對訪談中需要注意的問題進行統一培訓，以減少因訪談者的差異對訪談結果產生的影響。訪談完畢後整理打印成文本，然後以編製的《商業銀行行長領導力編碼辭典》為藍本，研究小組成員分別對一份訪談錄音文本進行試編碼，討論好編碼單元以及編碼標準；與此同時對編碼辭典進行補充，然後研究成員一起討論，在討論基礎上確保編碼成員對該份訪談文本的編碼達成一致意見。然後對第二份文本進行編碼，從中挑出一致性比較高的兩位成員來分別完成對剩餘文本的編碼。在此基礎上，完善編碼辭典，最後形成本研究中的《商業銀行行長領導力編碼辭典》修訂稿。編碼辭典在格式上仍然由初稿中的領導力名稱、定義、強度等級、相應的行為指標描述、反應某個具體領導力的行為表現組成。相關事例請參照附錄。在此基礎上實施正式研究。

第二步：選擇正式受訪者。

根據研究中確定的高績效行長標準，受訪者的確定首先由總行根據績效標準確定，選擇部分分行行長和支行行長，然後根據被訪談者的上級以及員工的評價來確定最終的受訪談人名單。其中優秀績效組 13 位行長、普通績效

組10位行長。被訪談者自己並不知道自己屬於哪個被試組，因此屬於單盲設計。被訪談者在行長崗位上的平均工作年限為11.3年，其中優秀組為8.1年，普通組為10.5年；他們的平均年齡為40歲，其中優秀組為39歲、普通組為41歲。被試中男性20位、女性行長3位。

第三步：實施行為事件訪談，採集數據。

根據《商業銀行行長個案訪談綱要》，對被試實施行為事件訪談並錄音。事先電話預約，由被試所在分行或者支行安排訪談具體時間和地點。訪談過程中，告訴所有參與訪談的行長本研究的目的，由他們自願決定自己是否接受訪談和錄音。對於接受訪談的被試，要求他們分別描述在行長職業生涯中3件成功和3件失敗的事情。訪談的過程在總體上按照STAR技術來進行，S（Situation that exlsted）、T（Task or problem to be undertaken）、A（Action taken by yourself）和R（Result what happened）。也就是對每一個問題，要講一個小故事，當然是自己經歷的真實的故事，包括：①發生的時間、地點、項目和涉及的人員；②要完成的任務或遇到的問題；③自己採取了哪些步驟或行動；④得出了什麼樣的結果，取得了什麼成就。所有這4大方面內容缺一不可，必須完整。另外要求被試描述每一事件時，要能夠以一個詞或者簡短的語言來概括這件事情，同時能夠確切地回憶一些對話、行動和感受。

訪談過程中主試根據被試的描述，詢問各種探測性的問題，對事件進行深入探測。每個被試的訪談時間控制在1小時左右。實際訪談錄音時間最短的36分鐘，最長的63分鐘。訪談過程全程錄音。

第四步：訪談錄音文本轉錄。

由訪談人轉化他所訪談的支行或者分行行長的錄音，在轉錄的過程中由訪談者根據在訪談過程中所獲得的信息，在尊重被訪談者具有實在意義的語義單元的前提下，把廢話或者重複的話去掉。然後對每個錄音轉錄文本編號，並打印文本，最終產生提出概念化的領導力的原始數據，即23份訪談錄音文本，共計7萬字。

第五步：基於文本進行領導力編碼。

運用主題分析和內容分析方法識別主題和進行編碼。選擇預研究中編碼一致性較高的兩名研究人員組成正式編碼小組，閱讀所有錄音文本，同時根據被訪談者自己的歸納，對文本中的關鍵事件進行獨立的主題分析，分析主要概念和思想，提煉出基本主題。之後根據預研究中形成的《商業銀行行長領導力編碼辭典》，辨別、區分各個事件中出現的領導力的行為指標，進行正式歸類和編碼。編碼時在訪談文本中相應的行為事件附近寫上領導力的代碼以及強度等級。由於文本數據內容非常廣泛，初次編碼時，兩個編碼人員按

照統一的編碼辭典對照認可的領導力，先進行嘗試性分類並予以編碼。對那些訪談文本中出現的獨特特徵，進行補充編碼，並進一步補充到編碼辭典中。初次編碼後再次閱讀文本，對每個歸類編碼進行核查，尋找支持某一歸類編碼的所有現存證據，對其編碼的正確性進行確認或者修正。

第六步：數據處理。

統計訪談文本中，關鍵事件中被試的行為和言語的編碼結果。統計的基本指標為訪談文本的字數、各個領導力在不同等級上出現的次數。在此基礎上，統計各個領導力發生的總頻次、各等級分數、平均等級分數和最高等級分數。等級是指某一領導力在該領導力最小可覺差（JND, Just Noticeable Difference）量表中的大小值，它表示某個行為表現的強度或者複雜程度。例如，根據《商業銀行行長領導力編碼辭典》，某一被試在「執行力」分量表上的具體行為表現為：在等級1上出現2次，等級2上出現1次，等級3上出現3次，等級5上出現4次，那麼這一領導力發生的總頻次就是 2+1q-3+4=10次；平均等級分數為3.3，即總分數/總頻次；最高等級分數就是 5×4=20。然後對頻次、平均等級分數、最高等級分數3個指標進行驗證，對優秀組和普通組的每一領導力之間的差異進行比較分析。同時，統計商業銀行行長領導力核檢表中各個領導力的頻次及所占百分比，使用視窗版SPSS11.5對數據進行處理。

第七步：建立領導力模型。

根據優秀組和普通組每一領導力平均等級分數和最高等級分數進行差異比較的結果，參照商業銀行行長領導力核檢表中的頻次統計結果，提出商業銀行行長領導力模型，包括優秀行長和一般行長共有的領導力。然後，以統計分析結果為基礎，匯集整理訪談文本中優秀組和普通組商業銀行行長的關鍵行為，對每一維度作出描述性說明，確定完善編碼辭典，形成商業銀行行長領導力模型體系。

第八步：驗證領導力模型。

通過專家驗證（焦點訪談法）及編製商業銀行行為自評問卷，通過對行長問卷調查來進一步驗證。

二、領導力模型構建過程

(一) 訪談文本長度（字數分析）

我們對訪談字數的原始數據進行方差齊性檢驗，結果表明原始數據符合方差齊性假設。如表 19-1 所示，優秀績效組訪談平均長度為 3,362 字，普通績效組訪談平均長度為 2,531 字。在訪談長度上，優秀績效組與普通績效組之間的差異在 0.05 水準上無統計學意義，也就是差異不顯著。

表 19-1　　　　　　　不同績效組訪談長度差異分析表

	優秀組（N：13）		普通組（N；10）		J	df	p
	Mean	S. D.	Mean	S. D.			
字數（字）	3,362.39	972.25	2,531.3	1,513.92	1.601	21	0.124

表 19-2 顯示了領導力發生頻次、平均等級分數、最高等級分數與訪談長度之間的相關性。對全部 23 個訪談文本進行分析，採用頻次計分。其中，有 13 項領導力的頻次總分與訪談文本的長度（字數）相關，具有一定的統計學意義，並且有 9 項在 0.01 水準上相關；用最高等級，有 12 個領導力與訪談長度（字數）相關；採用平均等級分數這一指標，只有 11 個領導力與訪談長度（字數）相關。

表 19-2　領導力發生頻次、平均等級分數、最高等級分數與訪談長度相關係數表

領導力	長度與發生頻次相關	長度與平均等級分數相關	長度與最高等級分數相關
成就導向	0.211	0.342	0.233
個人影響力	0.447*	0.101	0.355
執行力	0.553**	0.423*	0.312*
重視規範和規則的意識	0.326	0.469*	0.526**
自我控制能力	0.538**	0.322	0.476*
誠實正直	0.265	0.389	0.251
風險意識和風險管理能力	0.560**	0.358	0.358
接受挑戰	0.630**	0.575**	0.586**
情緒穩定性	0.196	-0.11	0.125
資源配置意識	0.545**	0.478*	0.467*
領導者的胸懷與視野	0.462**	0.137	0.337
數量關係	0.239	0.305	0.366

第十九章 領導力模型

表19-2(續)

領導力	長度與發生 頻次相關	長度與平均等級 分數相關	長度與最高等級 分數相關
團隊意識	0.504*	0.439*	0.432*
相關的知識和經驗	0.465*	0.509*	0.453*
學習能力	0.404	0.329	0.41
法制觀念	0.254	0.056	-0.024
分析性思維	0.411	0.466*	0.523*
信息搜尋	0.556**	0.578**	0.470*
應變能力	0.653**	0.482*	0.585**
創新與開拓意識	0.079	0.276	0.144
公關能力	0.561**	0.462*	0.662**
客戶導向與市場意識	0.743**	0.434*	0.597**
培養下屬	-0.203	-0.037	-0.07
自信心	-0.158	-0.202	-0.072
組織協調和領導能力	0.036	0.122	0.042
成本控制意識	0.185	0.133	0.158

註：** 表示在0.01水準上有統計學意義，* 表示在0.05水準上有統計學意義。

根據相關高低的比較，並結合以往的相關研究結果，本研究得出領導力的平均分數這一指標比較穩定。

在Hay公司的經典研究中，提出採用頻次、平均等級分數、最高等級分數3種指標進行統計分析，其中平均等級分數最優。國內時勘等人的研究也證實了這一結果。該研究也得到了相同的結論。從該研究的實際情況看，因為最高等級本身也體現了水準的高低，所以該研究使用平均等級和最高等級分數作為準確反應出被試某一領導力水準的指標。

(二) 優秀組和一般組領導力頻次差異比較

匯總領導力編碼中出現的頻次，更進一步針對某一領導力對優秀組和普通組發生的頻次進行比較，其頻次差異比較分析如表19-3所示。

表19-3　　不同績效組領導力發生頻次差異分析表

| 領導力 | 優秀組（N=13） | | 普通組（N=10） | | f | df | p |
	Mean	S.D.	Mean	S.D.			
成就導向	3.085	0.8	2.888	0.454	0.701	21	0.491
個人影響力	2.919	0.607	3.105	0.756	0.656	21	0.519

表19-3(續)

領導力	優秀組 (N=13) Mean	S. D.	普通組 (N=10) Mean	S. D.	f	df	p
執行力	3.219	0.556	2.715	0.718	1.835	21	0.084
重視規範和規則的意識	2.94	0.699	3.078	0.651	-0.48	21	0.631
自我控制能力	3.048	0.784	2.937	0.509	0.41	21	0.686
誠實正直	3.076	0.845	2.901	0.399	0.67	21	0,511
風險意識和風險管理能力	3.03	0.709	2.961	0.643	0.24	21	0.813
接受挑戰	3.189	0.76	2.755	0.447	1.603	21	0.024
情緒穩定性	3.051	0.74	2.934	0.59	0.409	21	0.387
資源配置意識	3.265	0.532	2.656	0.691	2.392	21	0.026
領導者的胸懷與視野	3.093	0.684	2.879	0.659	0.754	21	0.459
數量關係	3.023	0.742	2.971	0.592	0.182	21	0.858
團隊意識	3.155	0.585	2.799	2.743	1.286	21	0.213
相關的知識和經驗	3.095	0.683	2.877	0.66	0.769	21	0.451
學習能力	2.996	0.677	3;006	0.689	-0.04	21	0.971
法制觀念	2.892	0.399	3.141	0.914	-0.88	21	0.387
分析性思維	3.144	0.61	2.813	0.722	1.189	21	0.248
信息搜尋	3.174	0.707	2.774	0.565	1.465	21	0.158
應變能力	3.077	0.698	2.899	0.645	0.625	21	0.539
創新與開拓意識	3.242	0.767	2.685	0.328	2.144	21	0.044
公關能力	3.19	0.639	2.753	0.65	1.614	21	0.121
客戶導向與市場意識	3.002	4.719	2.996	0.889	0.021	21	0.983
培養下屬	3.143	0.857	2.814	0.196	1.187	21	0.248
自信心	3.176	0.801	2.771	0.359	1.485	21	0.152
組織協調和領導能力	3.04	0.595	2.948	0.781	0.324	21	0.749
成本控制意識	3.021	0.614	2.973	0.764	0.17	21	0.86

表19-3的結果表明，兩組只有3項領導力發生的頻次存在差異。因此更進一步表明，使用領導力頻次指標意義不是很大。

(三) 領導力評價法的信度分析

兩個編碼者按照《商業銀行行長領導力編碼辭典》，認為相同文本進行編碼的一致性程度，是影響領導力評價法的重要因素，是編碼可靠性、客觀性的重要指標。該研究採用多種方法考察文本編碼者之間編碼結果的一致性，以確立領導力評價法的信度指標。

第十九章　領導力模型

1. 歸類一致性

歸類一致性（CA，Category Agreement）是指評分者之間對相同訪談文本資料的編碼歸類相同的個數占總個數的百分比。它的計算公式是參照溫特（Winter，1994）的動機編碼手冊得來的。具體計算公式為

$$CA = 2S/(T_1 + T_2)$$

公式中，S 表示評分者編碼歸類相同的個數，用 T_1 表示評分者甲的編碼個數，T_2 表示評分者乙的編碼個數。表 19-4 是根據這個公式，兩名編碼者對 23 名被試的文本進行編碼的歸類一致性系數。

表 19-4　　　　　兩名編碼者領導力編碼歸類一致性

被試編號	T1	T2	S	CA
1	52	51	40	0.777
2	31	55	22	0.512
3	23	32	11	0.400
4	30	42	26	0.?22
5	14	15	8	0.552
6	7	14	4	0.381
7	14	9	6	0.522
8	8	5	5	0.769
9	18	18	10	0.556
10	11	15	6	0.462
11	27	24	19	0.745
12	17	49	9	0.273
13	30	38	20	0.588
14	33	38	28	0.789
15	35	43	25	0.641
16	37	39	24	0.632
17	31	37	24	0.706
18	34	38	26	0.722
19	20	27	14	0.596
20	49	49	34	0.694
21	21	17	12	0.632
22	32	23	14	0.509
23	32	37	19	0.551
全體被試	606	715	406	0.615

歸類一致性的值為 0.273~0.769，總的歸類一致性為 0.615。因為歸類一致性是對編碼信度最嚴格的要求，不僅要求出處一致，而且還要求等級相同。《商業銀行行長領導力辭典》中每一個領導力實際上是一個分量表，在編碼時，不只是單純記錄領導力出現與否，還要記錄每一事件中出現的領導力的具體等級，所以歸類具有一定難度，因此，部分特徵項目歸類一致性的值稍低。但是與以往的研究比較，這個歸類一致性還是可以接受的。

2. 相關係數

計算兩個評分者對每個被試編碼的頻次分數的斯皮爾曼相關係數，平均等級分數、最高等級分數的皮爾遜相關係數，用相關係數值進一步考察兩個評分者之間的一致性，結果如表 19-5 所示。

表 19-5　兩名編碼者在領導力頻次、平均等級分數、最高等級分數上的相關

領導力	頻次	平均等級分數	最高等級分數
成就導向	0.358	0.475*	0.723**
個人影響力	0.214	0.543**	0.561**
執行力	0.52**	0.424*	0.454*
重視規範和規則的意識	0.435*	0.258	0.484*
自我控制	-0.093	0.231	0.16
誠實正直	0.435*	0.728**	0.483*
風險意識和風險管理能力	0.458*	0.562**	0.538**
接受挑戰	0.643**	0.582**	0.707**
情緒的穩定性	0.114	0.463*	0.751**
資源配置意識	0.535**	0.486	0.537**
領導者的胸懷與視野	0.547**	0.845*	0.453*
數量關係	0.468*	0.774**	0.193
團隊意識	0.480*	0.482*	0.439*
相關的知識和經驗水準	0.791**	0.503*	0.659**
學習能力	0.394	0.655**	0.415*
法制觀念	0.817**	0.590**	0.966**
邏輯推理和邏輯思維	0.635**	0.465*	0.253
信息搜尋	0.791**	0.378	0.470**
應變能力	0.379	0.631**	0.276
創新與開拓意識	0.645**	0.234	0.268
公關能力	0.628**	0.605**	0.469**

第十九章 領導力模型

表19-5(續)

領導力	頻次	平均等級分數	最高等級分數
客戶導向與市場意識	0.784**	0.664**	0.242
培養下屬	0.816**	0.523**	0.654**
自信心	0.496*	0.646**	0.691**
組織協調和領導能力	0.423*	0.513**	0.53**
成本控制意識	0.521**	0.21*	0.1

註：** 表示在 0.01 水準上有統計學意義，* 表示在 0.05 水準上有統計學意義。

表 19-5 的結果顯示，兩個編碼者在 26 個領導力的編碼頻次、平均等級分數、最高等級分數 3 個指標之間的相關性。絕大多數領導力表現出較顯著的相關。由此說明兩個編碼者的編碼一致性較高。

採用上述不同的方法，對該研究所採用的領導力評價法中不同編碼者的編碼一致性進行了全面的考察。分析結果表明，這一方法及其相關指標是可靠的，也證實了其他人的研究成果，為進一步使用這一方法更加可靠地辨別商業銀行行長領導力及其相關行為提供了一定的實證支持。

（四）差異檢驗

以平均等級分數為指標，分別計算兩個編碼者對同一錄音文本中某一領導力分數的平均數，然後把這個分數進行標準化轉換（轉換成 Z 分數，再用 $S=3+2Z/3$ 轉換成 1~5 的 5 點量表分數），然後比較優秀組和普通組被試在每個領導力上的平均等級分數，檢驗其差異的顯著性。結果如表 19-6 所示。

表 19-6　不同績效組訪談平均等級分數差異分析表

領導力	優秀組 (N=13) Mean	優秀組 S.D.	普通組 (N=10) Mean	普通組 S.D.	t	df	p
成就導向	3.134	0.807	2.826	0.398	1.101	21	0.283
個人影響力	3.022	0.749	2.971	0.581	0.176	21	0.862
執行力	3.331	0.611	2.57	0.474	3.25	21	0.004**
重視規範和規則的意識	2.914	0.627	3.111	0.734	-0.695	21	0.495
自我控制能力	2.999	0.754	3.002	0.573	-0.12	21	0.991
誠實正直	3.1	0.798	2.87	0.452	0.813	21	0.425
風險意識和風險管理能力	3.196	0.76	2.743	0.432	1.687	21	0.106
接受挑戰	3.192	0.717	2.5	0.528	1.636	21	0.117
情緒穩定性	3.084	0.777	2.89	0.507	0.683	21	0.502
資源配置意識	3.43	0.312	2.441	0.585	5.23	21	0.000**

表19-6(續)

領導力	優秀組（N=13) Mean	S. D.	普通組（N=10) Mean	S. D.	t	df	p
領導者的胸懷與視野	3.203	0.677	2.736	0.582	1.742	21	0.096
數量關係	3.131	0.773	2.831	0.483	1.073	21	0.295
團隊意識	3.353	0.626	3.119	0.767	3.599	21	0.002**
相關的知識和經驗	3.119	0.767	2.845	0.504	0.977	21	0.34
學習能力	3.069	0.764	2.911	0.54	0.554	21	0.586
法制觀念	3.002	0.78	2.998	0.526	0.013	21	0.99
分析性思維	3.382	0.508	2.504	0.508	4.107	21	0.001**
信息搜尋	3.19	0.682	2.754	0.592	1.61	21	0.122
應變能力	3.124	0.729	2.839	0.573	1.015	21	0.322
創新與開拓意識	3.264	0.729	2.658	0.387	2.379	21	0.027*
公關能力	3.256	0.669	2.667	0.522	2.295	21	0.032*
客戶導向與市場意識	3.335	0.504	2.564	0.612	3.315	21	0.003**
培養下屬	3.194	0.725	2.748	0.51	1.649	21	0.114
自信心	3.11	0.79	2.858	0.462	0.895	21	0.381
組織協調和領導能力	3.26	0.668	2.662	0.517	2.339	21	0.029*
成本控制意識	2.99	0.635	3.013	0.741	-0.08	21	0.937
各領導力總分	48.678	12.546	28.264	14.258	3.647	21	0.002**

註：** 表示在0.01水準上有統計學意義，* 表示在0.05水準上有統計學意義。

表19-6中的數據表明，優秀績效組和普通績效組在執行力、資源配置意識、團隊意識、分析性思維、創新與開拓意識、公關能力、客戶導向與市場意識、組織協調和領導能力這8個領導力之間的差異有統計學意義。其他的領導力，兩組之間的差異就沒有明顯的統計學意義。但是，優秀績效組的平均數明顯高於普通績效組。也就是說，他們有更高的正向得分。此外，計算每個被試所有領導力平均數之和，對兩組平均數總和之間的差異進行比較，結果發現兩者在0.01水準上差異顯著。

根據前面的分析，等級最高分數也是一個好的指標。表19-7是用同樣的方法對兩組被試標準化後的等級最高分進行的t檢驗結果。

表 19-7　　　　　　不同績效組訪談最高等級分數差異分析表

領導力	優秀組（N：13） Mean	S. D。	普通組（N：10） Mean	S. n	t	df	P
成就導向	3。122	0.814	2.841	0.391	1.001	21	0.328
個人影響力	2。939	0.671	3.079	0.689	-0.489	21	0.63
執行力	3.309	0.681	2.599	0.388	2.941	21	0.008*
重視規範和規則的意識	2.965	0.739	3.045	0.595	-0.28	21	0.782
自我控制能力	3.022	0.742	2.972	0.592	0.174	21	0.864
誠實正直	3.099	0.843	2.872	0.327	0.804	21	0.43
風險意識和風險管理能力	3.065	0.657	2.916	0.705	0.522	21	0.607
接受挑戰	3.212	0.762	2.724	0.405	1.83	21	0.081
情緒穩定性	3.004	0.626	2.994	0.751	0.035	21	0.972
資源配置意識	3.35	0.622	2.545	0.404	3.549	21	0.002**
領導者的胸懷與視野	3.234	0.739	2.696	0.421	2.054	21	0.053
數量關係	2.95	0.395	3.065	0.933	-0.399	21	0.694
團隊意識	3.319	0.649	2.586	0.434	3.072	21	0.006*
相關的知識和經驗	3.22	0.751	2.741	0.451	1.706	21	0.103
學習能力	3.058	0.753	2.924	0.566	0.47	21	0.664
法制觀念	2.975	0.70Z	3.033	0.654	-0.204	21	0.841
分析性思維	3.282	0.648	2.634	0.513	2.596	21	0.017*
信息搜尋	3.246	0.724	2.68	0.431	2.182	21	0.041*
應變能力	3.148	0.774	2.808	0.464	1.225	21	0.234
創新與開拓意識	3.305	0.728	2.603	2.642	2.89	21	0.009*
公關能力	3.282	0.699	2.634	0.415	2.592	21	0.017*
客戶導向與市場意識	3.274	0.582	2.644	0.621	2.501	21	0.021*
培養下屬	3.184	0.729	2.761	0.516	1.554	21	0.135
自信心	3.153	0.789	2.802	0.424	1.27	21	0.218
組織協調和領導能力	3.213	0.70：3	2.723	0.527	1.838	21	0.08
成本控制意識	3.022	0.634	2.971	0。741	0.182	21	0.858
各領導力總分	71.642	18.914	38.55	23.074	3.783	21	0.001

註：** 表示在 0.01 水準上有統計學意義，* 表示在 0.05 水準上有統計學意義。

表 19-7 的結果顯示，優秀組和普通組的最高等級分數在執行力、資源配置意識、團隊意識、分析性思維、信息搜尋、創新與開拓意識、公關能力、客戶導向與市場意識 8 個特徵上存在顯著差異。各個領導力最高分標準化後

289

的總分，優秀組和普通組的差異在 0.01 水準上具有統計學意義。

（五）商業銀行行長領導力核檢表頻次統計結果

使用自編商業銀行行長領導力核檢表，請在職行長從核檢表中列舉的 59 項領導力中，選出行長工作中最重要的 15 項領導力。填寫核檢表的被試分別是分行行長和支行行長，其中發放核檢表 210 份，回收 205 份，回收率 97.62%，205 份核檢表全部有效。表 19-8 是頻次統計結果。

表 19-8　　商業銀行行長領導力核檢表頻次統計表

排序	總體 領導力	頻次	百分比(%)	排序	總體 領導力	頻次	百分比(%)
1	領導與決策能力	188	91	11	正直誠實	109	53
2	組織管理能力	186	90	12	資源配置意識	103	50
3	風險意識	180	87	13	溝通能力	95	46
4	團隊協作	166	80	14	培養下屬	85	41
5	責任心	154	7S	15	服務意識	75	36
6	明確的發展目標	153	74	16	成就導向	69	33
7	成本意識	126	61	17	溝通技能	67	32
8	專業知識	122	59	18	遵守規則	67	32
9	學習能力	112	54	19	主動性	58	28
10	分析性思維	110	53	20	創造性	51	24

結果發現，根據領導力核檢表統計結果，排在前 20 位的領導力詞條中，基本上包含了通過行為事件訪談法構建的行長領導力詞條，這在一定程度上又驗證了行為事件訪談、編碼及數據處理等過程的科學性。

三、領導力模型體系

（一）商業銀行行長領導力模型

根據訪談數據中優秀組和一般組平均等級分數以及最高等級分數的檢驗結果，找出差異顯著的領導力，並結合商業銀行行長領導力核檢表頻次分析中出現頻次最多的領導力，依據自編的《商業銀行行長領導力編碼辭典》，確定出績效優秀行長領導力以及行長共有的領導力，共同組成商業銀行行長領導力模型。

該模型中包括的具體領導力如表 19-9 所示。其中行長基準領導力即行長共有的領導力是指作為一名合格的行長，其工作需要的基準領導力，這類領導力是行長的基本要求，屬於合格性領導力；優秀行長領導力則屬於超越性領導力，對行長的工作績效有較強的預測能力和區分能力，據此能夠區分出

績效優秀的行長和績效普通的行長。這類領導力能夠有效地從一般行長中區分出績效優秀的行長，對行長具有甄別和篩選能力，所以優秀行長的領導力可視為區分性領導力。

表 19-9　　　　　　　　　　行長領導力模型

行長組別	領導力		
優秀行長領導力 （D 系列）	執行力	分析性思維	客戶導向與市場意識
	資源配置意識	創新與開拓意識	組織協調和領導能力
	團隊意識	公關能力	信息搜尋
行長基準領導力 （T 系列）	風險意識	成本意識	正直誠實
	責任心	專業知識	培養下屬
	明確的發展目標	學習能力	服務意識
	成就導向	溝通技能	遵守規則
	主動性		

根據《商業銀行行長領導力編碼辭典》，確定了每項領導力的定義，並在此基礎上完善了各領導力項目的核心問題及 6 個行為等級表現。該研究所建構的商業銀行行長領導力模型包括 22 項領導力，其中超越性領導力 9 項（D1～D9）；基準領導力包括 13 條（T1～T13）（見圖 19-1）。下面對每個領導力的含義予以說明。

商業銀行行長勝任力模型

超越型勝任特徵

又稱區分型勝任特徵，是指優秀行長所特有的或者說是層次比較高的勝任特徵，它對行長的工作績效有較強的預測能力和區分能力。這類勝任特徵能夠有效地從一般行長中區分出績效優秀的行為，對行長具有甄別和篩選能力。

執行力、分析性思維、客戶導向與市場意識、資源配置意識、創新與開拓意識、組織協調和領導能力、團隊意識、公關能力、訊息搜尋

合格型勝任特徵

行長共有的勝任特徵是指作為一名合格的行長，其工作需要的基準勝任力，這類勝任力是行長的基本要求，屬於合格型勝任特徵。

風險意識、成本意識、正直誠實、責任心、專業知識、培養下屬、明確的發展目標、學習能力、服務意識、成就導向、溝通技能、遵守規則、主動性

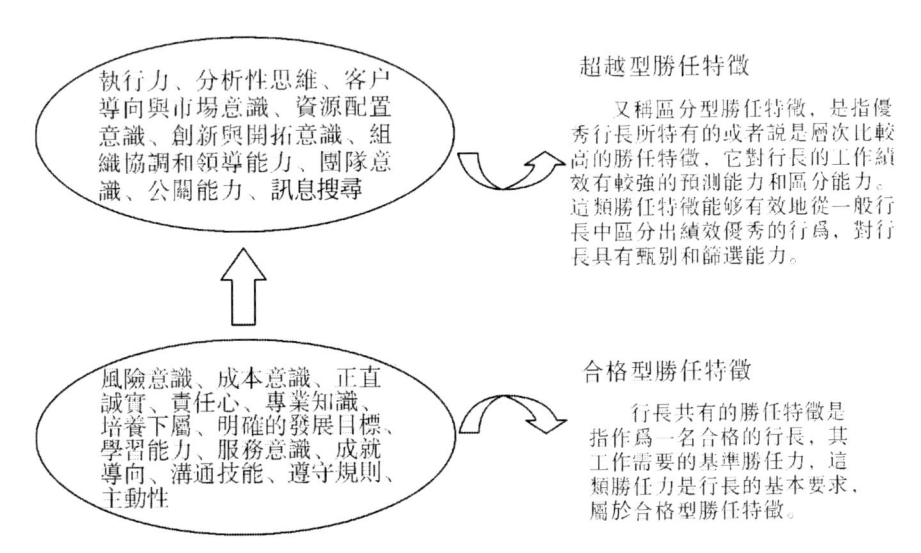

圖 19-1　商業銀行行長超越領導力及合格型領導力特徵

1. 優秀行長領導力（D 系列）

D1：執行力

執行力是把銀行戰略轉化為行動計劃，實現既定目標的具體過程。它是一家銀行的戰略和目標的重要組成部分，也是目標和結果之間不可缺失的一環。對於一個優秀的執行型行長而言，執行力是一種以身作則、身體力行的工作作風；是一種腳踏實地、實事求是的工作原則；是一種設定目標、積極進取的工作態度；是一種雷厲風行、快速行動的管理風格。

D2：分析性思維

分析性思維指運用給出的信息和已掌握的綜合知識，通過理解、分析、綜合、判斷、歸納等過程，對事物間的關係以及事件的走勢作出合理的判斷與分析，確定解決問題的途徑和方法。在信息技術異常發達，金融局勢變化莫測的今天，銀行行長作為銀行領導，必須具備分析性思維才能把握大局，從而為作出正確的決策奠定基礎。

D3：客戶導向與市場意識

行長的市場意識是指行長能夠按照市場的規律認識社會經濟活動，按照市場的規範處理銀行與社會的各種關係，展開銀行的經營管理活動；客戶導向是它的一個重要內容，包括以客戶為中心和優化客戶等多個方面。商業銀行要屹立於世界金融之林，其行長就必須以強烈的市場觀念和市場的經營方式融入市場。在市場經濟條件下，行長的各種經營理念最終都要融合為市場觀，接受市場的考驗。因此，市場意識在行長的經營理念中居於統領的地位。

D4：資源配置意識

資源配置意識是指在銀行經營管理中，行長合理地將人力、財力、物力分配到最需要的地方，做到人盡其能、物有所用。銀行作為一個特殊的企業，它經營的對象是一種特殊的商品——貨幣。如何使銀行的貨幣資源以及其他的資源能夠「材盡其用」，達到銀行經營的目的，是提高銀行效益的一個重要方面，因此作為行長必須要具有資源配置的意識和能力。

D5：創新與開拓意識

行長通過對各種要素的重新組合和創造性變革來創造或引進新的服務項目，開拓新業務領域，找到新的業務增長點，維持或獲取更多的市場份額。創新是商業銀行的靈魂，是一家銀行維持生存力、競爭力的源泉。行長作為銀行的決策者，如果沒有創新思維，整個銀行也就失去了發展的動力源泉。

D6：組織協調和領導能力

行長能夠從宏觀的、領導者的角度著手，激發所有的團隊成員為實現有價值的目標而努力工作；同時，他能夠為員工提供良好的幫助，並能推動他

人前進。行長必須具有組織協調和領導能力，這樣才能帶領員工在日益激烈的競爭中立於不敗之地。

D7：團隊意識

團隊意識是指在銀行經營中，行長能夠對員工予以信任與認可，把員工當作組織發展的源泉，注重團隊士氣，崇尚合作精神。團隊意識是凝聚整個組織的核心力量，一位行長具有這種意識，才能調動員工的積極性和主動性，挖掘他們的潛力，才能夠使組織中的資源得到最優化的利用，並產生高績效。

D8：公關能力

公關能力是指行長能夠協調和處理好與客戶、政府等的關係；加強與他們的聯繫，並能夠利用好這些關係來拓展業務或者為工作提供方便。處於激烈的市場競爭中的商業銀行必須處理好與市場主體即股東、客戶、政府等相關利益者的關係，才能為自身的發展爭取更多的機會。

D9：信息搜尋

信息搜尋是指行長能夠從各種紛繁複雜的信息中選擇自己需要的信息，獲得對自己有利的信息，並且能夠有效地處理信息使其為自己所用，以此來作出決策和判斷。現代銀行以信息技術為支撐，信息技術已經成為銀行發展的第一生產力。行長只有具備了這種能力，才能及時有效地把握和處理利用好相關信息，為自己和工作需要所用。

2. 行長基準領導力（T系列）

T1：風險意識

風險意識是指商業銀行行長通過對風險的識別和衡量，採取合理的經濟和技術手段加以處理，以最小的成本獲得最大的安全保障的一種管理行為。銀行業作為一個特殊的行業，不管其管理者和客戶多麼優秀，風險都是存在和不可避免的。因此，行長作為整個分支機構的直接責任人，他們的風險防範任務就顯得相當重要，要想盡辦法把銀行出現風險的可能性降低到最小，在出現風險後盡全力將後期的損失減少到最低。

T2：成本意識

行長能夠把成本的投入當成是一種犧牲，珍惜每一項經濟要素，節約經濟資源。某項經濟因素一旦進入成本形成過程就失去了經濟生命，不能被補償，只能更新。因此行長是否具有科學的成本觀，對組織領導銀行經營資源的使用調配並創造經濟效益具有重要的意義。

T3：正直誠實

在競爭日益激烈的現代金融界，銀行的角色也有了一定的變化，它更需要以誠信的態度來激勵員工、吸引客戶。因此，商業銀行行長必須以誠懇正

直的態度來做人做事，並以同樣的態度對待員工、客戶和周圍所接觸到的人，把做人當成做事的根本。

T4：責任心

行長能夠充分發揮主人翁的精神，認真負責、誠實可靠、具有很強的道德觀念；能夠給員工做出很好的表率。責任心是一個人品質的重要組成部分，作為領導，必須有對組織對員工的高度的責任心，才能夠腳踏實地做好工作，帶動整個銀行的發展。

T5：專業知識

行長必須具有銀行經營及管理過程中需要的金融、經濟、法學、管理學、心理學等方面的知識，同時，能夠從銀行經營與管理實踐中總結出有價值的經驗。銀行經營的理論知識是行長運籌帷幄的根基，當今銀行面臨的社會、經濟、技術及經營管理問題越來越複雜，解決金融問題需要相關知識的支持。另外，銀行從業經驗可以幫助商業銀行行長更深刻地感受經濟政策和市場情況，減少發生風險的可能性。

T6：培養下屬

行長通過提供培訓、輔導或者其他的支持，促進員工學習和發展。現代商業銀行的成功，僅靠行長一個人的力量是不夠的。要想在競爭中取得優勢，更重要的是要懂得培養下屬、發展員工；只有動員集體的力量，集思廣益，才能取得更大的績效。

T7：明確的發展目標

行長能夠設定清晰可行的目標，並且能夠圍繞目標開展工作，逐步達成目標，然後又設定新的目標。沒有目標就沒有努力的方向，如何帶領所在銀行設定清晰且現實可行的奮鬥目標，是行長的一個工作重點。通過設定共同的奮鬥目標，可以凝聚整個銀行員工的戰鬥力，提高士氣，以具體的行動來實現目標。

T8：學習能力

學習能力是指行長能夠以最快捷的速度、最有效的形式獲取準確的知識和信息。它是閱讀能力、理解能力、分析能力、思維能力等各種能力的有機統一體；除此之外，更重要的是要把學習到的知識學以致用。在當今「變是唯一不變的主題」的年代，知識和有效經驗的生命週期大幅縮短，這就要求銀行必須「隨需應變」，要不斷進行有效的、積極的、主動的學習。

T9：服務意識

行長能夠把為上級、為員工和客戶服務當成自己的責任，能夠從他們的需要出發來行事。當代商業銀行強調服務的角色和功能，作為商業銀行的行長，必須具備服務意識，才能勝任這個崗位的要求。

T10：成就導向

行長具有想把工作做好和追求優越的傾向，這既包括行長追求卓越的實際行動，也包括目標定向、競爭意識，以及為完成目標堅持不懈、不斷去探索創新的精神。在行長不斷追求卓越和創新的過程中，其追求成功的驅動力可以促使一個銀行不斷發展，甚至有所突破，從而增強員工的滿意度和組織的凝聚力。

T11：溝通技能

行長的溝通技能具體地可解釋為傾聽和準確理解他人的感受、需要和觀點，並做出恰當反饋的能力。溝通能力是影響行長角色發揮的重要因素，這個能力的高低代表著一位行長能夠團結員工、影響客戶的水準和程度。

T12：主動性

行長主動採取行動迎接眼前的挑戰或提前面對未來的機遇和挑戰。在面對挑戰追求卓越的過程中，行長主動採取行動能夠促使其更好地把握機遇，有助於更好地完成目標，促使銀行不斷發展。

T13：遵守規則

遵守規則的意識既要求行長重視規範和規則對於銀行在形成良好的氛圍和秩序中的作用，又強調銀行也要重視外部規則的約束作用，從而做到依法行事。金融市場營運日益向法制化、全球化挺進，這給銀行行長帶來了新的挑戰，內部制度和規範的完善則有利於增強一個群體的約束力和凝聚力，從而提高銀行的競爭力。

（二）商業銀行行長領導力群

根據 Spencer（1993）關於領導力的分類，把表 19-10 商業銀行行長領導力模型中包含的諸多領導力，劃分為 5 類行長領導力群，依次為成就特徵、服務特徵、個人特徵、管理特徵、認知特徵。這些領導力群和它們次一級的分類及具體的領導力，共同構成完整的商業銀行行長領導力模型；如表 19-10 和圖 19-2 所示。

表 19-10　　　　　　　　商業銀行行長領導力模型

特徵群	領導力
成就特徵	創新與開拓意識、明確的發展目標、成就導向、學習能力、主動性
服務特徵	公關能力（溝通能力）、客戶導向與市場意識（服務意識）
個人特徵	責任心、正直誠實、遵守規則
管理特徵	執行力、資源配置意識、團隊意識、組織協調與領導能力、風險意識、成本意識、培養下屬
認知特徵	分析性思維、專業知識、信息搜尋

領導行為與綜合測評研究

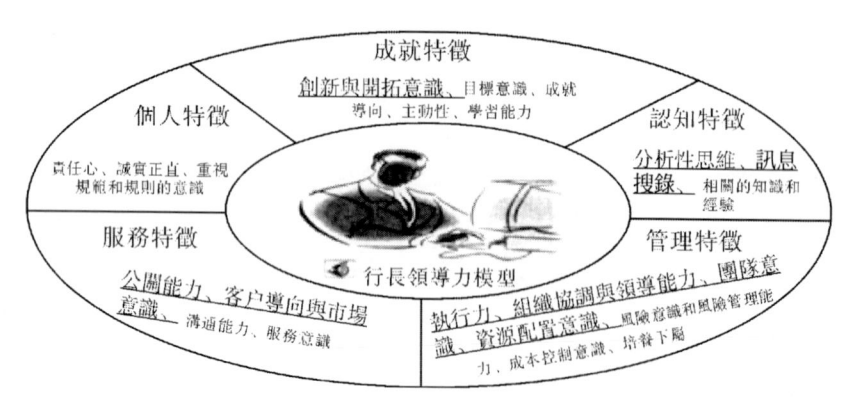

圖 19-2　商業銀行行長超越型與合格型勝任特徵

四、領導主要職責對應所需要的領導力要求

本研究運用行為事件訪談法（BEI）方法，通過實證研究和分析在國內首度構建了商業銀行行長領導力模型，將行長的領導力概念化。為了進一步明晰商業銀行行長所需要的領導力，對此專門進行了相應的分析。

一般說來，商業銀行的行長的主要職責包括業務發展和綜合管理兩方面。其中業務發展主要包括個人類業務的發展和公司類業務的發展。由於這兩個職責本身的差異性，其所對應的領導力要求也有所不同，商業銀行行長領導力與具體工作職責的對應關係如圖 19-3 所示。

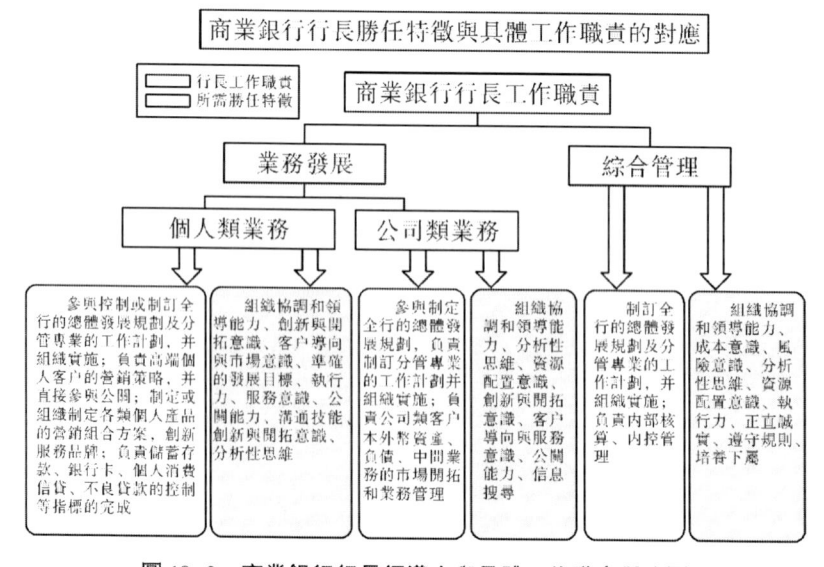

圖 19-3　商業銀行行長領導力與具體工作職責對應圖

五、獨特性分析

那麼，同一般的企業管理者相比，商業銀行行長的能力要求有什麼特別之處？為此，專門進行了對比分析。

商業銀行行長領導力模型與一般的管理者的領導力模型相比較，具有以下特徵上的差異：執行力、分析性思維、資源配置意識、公關能力、風險意識、成本意識、專業知識、明確的發展目標、學習能力、溝通技能、遵守規則。這在一定程度上體現了領導力模型的初步設想，也就是要針對具體的崗位建立領導力模型，體現出崗位的特殊性。

Meber & COmpany 諮詢公司總裁 Lyle. M. Spenccr 曾於 1989 年建立了通用的企業家的領導力模型。①成就：主動性、捕捉機遇、信息收集、關注效率等；②思維與問題解決：系統計劃、解決問題能力等；③個人形象：自信、專業知識等；④影響力：說服、運用影響策略等；⑤指導與控制：指導下屬、過程控制等；⑥體貼他人：關注員工福利、發展員工等。需要說明的是，由於該通用模型是基於國外的被試的結果，因此，在中國的適用性仍需要進一步驗證。與企業家通用領導力模型相比，商業銀行行長領導力模型因其所處的銀行業的獨特性而具有明顯的行業素質要求：風險意識、執行力、資源配置意識、分析性思維、遵守規則、金融專業知識，如圖 19-4 和圖 19-5 所示。這在一定程度上是由於銀行業務的經營對象——貨幣，以及當前銀行業角色的轉變對行長提出的新的要求決定的。這符合構建領導力模型的初衷，即要針對具體的崗位建立領導力模型，體現出崗位本身的特殊性。當然，這些獨特素質要求並不意味著其他企業的中高層管理者不需要這些素質，只是因為由於銀行這一金融企業的獨特性而對其高層管理者有特別的要求。

另外，本研究得出的另外一個與以往研究不同的結果是：執行力。這個勝任特徵可以說是一個新生事物，正得到業界越來越廣泛的認同。行為事件訪談結果表明，優秀組與普通組在這個特徵上差異顯著。對於商業銀行來說，執行力可以說是對一個行長能力的全面的、綜合的考察，並且可以在其經營管理活動中得到充分的體現。

領導行為與綜合測評研究

商業銀行行長領導力模型與一般中高層管理者領導力模型比較
- 與一般管理者共有的特徵
- 商業銀行行長所特有的特徵

團隊意識、成就導向、創新與開拓意識、主動性、客戶導向與市場意識、訊息搜尋、服務意識、自信心、發展下屬、責任心、組織協調和領導能力、誠信正直

執行力、分析性思維、資源配置意識、公關能力、風險意識、成本意識、專業知識、明確的發展目標、學習能力、溝通技能、遵守規則

圖19-4　商業銀行行長領導力模型與一般管理者領導力模型比較圖

商業銀行行長勝任力模型相對於一般管理者勝任素質的特殊之處

體現出金融業特色的勝任特徵有：成本意識、遵守規則、風險意識、誠實正直、資源配置意識。這在一定程度上是由銀行業務的經營對象——貨幣，以及當前銀行業角色的轉變對行長提出的新的要求決定的

體現出銀行行長職位特色的勝任特徵有：分析性思維、明確的發展目標、專業知識、溝通能力、公關能力、訊息搜尋。這些勝任特徵可以說是由商業銀行行長的職位特色決定的。他們既要負責整個分行或者支行的發展戰略的把握，有時候又要親自發展客戶、營銷業務，走高層公關的道路。這樣的一種雙重身份，決定了他們除了具有一般管理者的特徵外，還必須具有一定的業務能力、業務知識和具體的分析性思維，以及與客戶打交道的能力

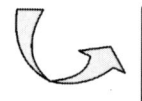

另外，本研究得出的另一個與以往的研究不同的是：執行力，這個勝任特徵得到了業界專家的強烈認同。在我們通過訪談得出的結果中，優秀組與普通組在這個特徵上差異顯著。對於銀行來說，執行力是對一個行為能力的全面的綜合的考察，並且可以在行動或者是執行任務的時候得到充分的體現

圖19-5　商業銀行行長的獨特素質要求

六、領導力模型驗證

（一）焦點訪談法驗證

本模型構建好後，研究者專門組織了一個由金融專家、心理學建模專家和人力資源管理專家組成的研討會，共同研討構建的商業銀行行長模型。在

第十九章 領導力模型

充分論證的基礎上，與會專家普遍比較認同該模型，認為該模型包含了作為商業銀行行長所需要具備的素質要求。

(二) 問卷調查驗證

為了進一步驗證模型的有效性，研究者依照構建的行長領導力模型，編製了商業銀行行長行為自評問卷，並對在職行長共計 512 人施測。錄入數據後進行項目分析。在項目分析研究基礎上，進行探索性因素分析，驗證行長領導力模型。因素分析採用主成分分析法，旋轉方法採用 Promax 斜交旋轉，提取的標準為特徵值大於 1，經過多次探索，最終提取出 9 個因素。9 個因素的累計方差解釋率達到 55.077%。總共保留的 56 個問卷項目在各個因素中的載荷見表 19-11。

表 19-11　　　　行長行為自評問卷項目的因素載荷矩陣

項目編號	因素 1	因素 2	因素 3	因素 4	因素 5	因素 6	因素 7	因素 8	因素 9
65	0.647								
33	0.612								
24	0.609								
3	0.566								
51	0.537								
41	0.506								
34	0.470								
68	0.456								
4	0.403								
19		0.639							
18		0.615							
9		0.577							
12		0.529							
8		0.516							
13		0.495							
36		0.451							
26		0.431							
23		0.407							
21		0.392							
11		0.376							
31		0.356							
38			0.824						
37			0.715						

表19-11(續)

項目編號	因素1	因素2	因素3	因素4	因素5	因素6	因素7	因素8	因素9
28			0.651						
53			0.474						
22			0.415						
39			0.372						
35			0.355						
29			0.308						
62				0.720					
60				0.663					
59				0。618					
64				0,608					
61				0.518					
63				0.468					
52				0.415					
58					0.729				
54					0.60Z				
17					0.515				
47					0.509				
44					0.474				
57					0.424				
7					0.383				
48						0.775			
56						0.685			
32						0.537			
45							0.687		
16							0.580		
43							0.525		
27								0.630	
5								0.588	
15								0.568	
25								0.561	
1									0.809
2									0.686
49									0.333

根據問卷項目的具體內容，對各個因素進行命名。因素 1 中涉及的是信息獲取、分析能力及成本風險意識，所以將其命名為「分析性思維與風險意識」。因素 2 包含的項目涉及合作意識與自我提升方面的內容，並強調通過培養下屬來提高團隊力量，所以將其綜合為「團隊意識與自我提升」。因素 3 所包含的 6 個項目，重視用新的方法做事情以及新業務的開拓，並注重工作效率和質量的提高，強調在人際交往中的主動性，因此命名為開拓與主動性。因素 4 共有 6 個題目，涉及的對象包括做到「人職匹配」、與上下級的協調、資源的合理配置等方面，所以命名為組織協調能力。因素 5 涉及以客戶為中心，及時搜尋目標客戶信息，滿足客戶需求，同時還強調與客戶溝通的技巧和公關能力，因此命名為「客戶導向與市場意識」。因素 6 則主要強調完成任務的效率和質量，並注意加強專業知識的學習，從而提前完成任務，所以命名為「執行力」。因素 7 命名為「責任感」，強調的是在工作中的積極性和主動性，能夠保持誠信的品德並以主人翁的責任感對待工作、員工以及客戶，當工作中出現問題的時候，能夠主動承擔相應的責任，並積極地想辦法解決。因素 8 強調的是對自己要求嚴格，做事細心謹慎；具有較高的成就慾望，把事業的成功當成人生最重要的事情，所以將其命名為成就導向。因素 9 重在確定目標、制訂計劃以及在遵守規則的前提下排除干擾因素完成計劃的意識和水準，所以將其命名為目標意識。

探索性因素分析所得的 9 個因素及其包含的內容，與前面構建的商業銀行行長領導力模型中包含的勝任特徵全部吻合。不同的是，行長領導力模型的構建採用的是行為事件訪談法（BEI）方法和技術，資料是通過個案訪談獲取。這裡的探索性因素分析資料是通過編製問卷在大範圍行長群體中測試獲取的。這種交叉驗證說明模型是有效的。

七、領導力模型應用

如圖 19-6 所示，商業銀行行長領導力模型構建好後，即可以此為基礎，開發出相應的測評系統對行長候選人進行測評，從而為決策者提供相對科學和量化的參考，提高人力資源的專業性，實現人力資源部成為業務部門戰略夥伴的定位。同時，該模型也可用於在崗行長的領導力評價，進而為行長的培訓、績效考核、薪酬管理以及職業生涯規劃提供參考依據，促進建立基於領導力的現代商業銀行人力資源管理體系。

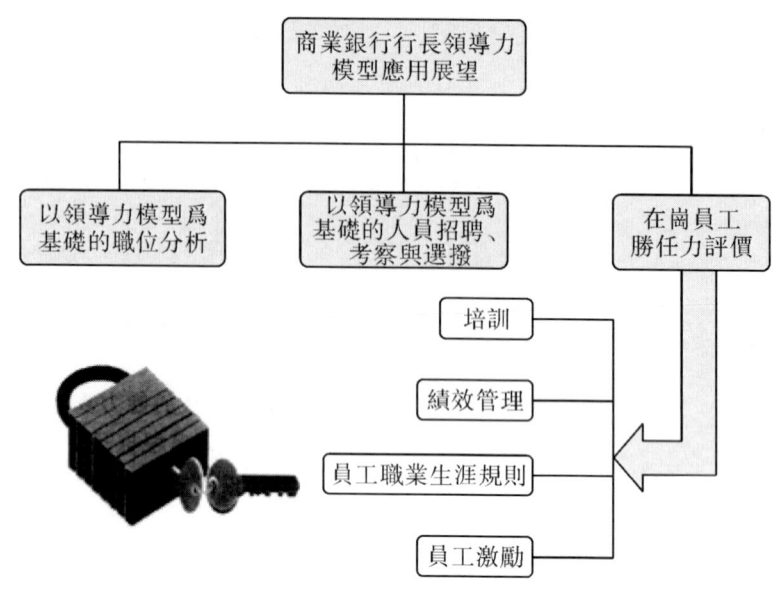

圖 19-6　商業銀行行長領導力模型應用

（一）基於領導力模型的商業銀行行長候選人選拔與配置

傳統的行長招聘與選拔多停留在以教育背景、知識水準、技能水準和以往的經驗而非領導力來作出聘用的決定，但往往知識豐富、技術能力較強的人不一定就是績效優秀者。因此，這種選拔方式可能並不能很好地選拔出高潛力者。而基於領導力模型的選拔，挑選的是具備領導力和能夠取得優異績效的人，而不僅僅是能做這些工作的人。因此，人—職匹配不僅體現在知識、技能的匹配上，還必須重視內隱特徵的匹配。這樣做的理由是，處於領導力結構表層的知識和技能，相對易於改進和發展；而處於領導力結構底層的核心動機、人格特質等，則難於評估和改進，但對領導力卻有著重要的貢獻。只有具有與商業銀行企業使命一致的人格特質和動機的人，才可能與銀行建立以勞動契約和心理契約雙重紐帶為基礎的戰略合作夥伴關係，才可能被充分激勵而具有持久的奮鬥精神，才能將企業的核心價值觀、共同願景落實到自己日常的行為過程中從而造就卓越的組織。

以商業銀行行長領導力模型為基礎，可以構建基於領導力的行長選拔與配置機制。該機制重點對行長候選者的價值觀（包括性格、態度、行為方式等）、能力和技能進行評估。因此，在評價時採用的方法也會與以前的不完全一樣，行為事件訪談法（BEI）、工作樣本、情景模擬等技術將被更廣泛地採用。對應聘者的能力、技能和素質進行評估的最實際、最有效的方法之一是基於行為事件的面試方法。這一面試方法的假設前提是過去的績效能最好地

預測未來的績效。優秀的面試官根據行長領導力模型，對應聘者價值觀以及在過去行為中所表現出來的能力高低進行判斷，並與崗位領導力標準對照，預測應聘者在該應聘崗位的未來表現，作出是否錄用的決策。

（二）基於領導力模型的商業銀行行長培訓設計

基於領導力模型設計的培訓，是對員工進行特定職位的關鍵領導力的培養，培訓的目的是增強員工取得高績效的能力、適應未來環境的能力和領導力發展潛能。與傳統的培訓相比，基於領導力的行長培訓系統更富有針對性。通過行長領導力模型，行長可以發現自己的「短板」，從而有針對性地實施培訓計劃。這種培訓設計重視領導力的培訓。領導力的核心是「知道怎樣做」與「知道由誰來做」的內隱知識，而管理實踐是培養這種知識的最佳途徑。基於領導力模型的行長培訓設計可以採用多種形式，如課堂講授、問題討論、團隊作業、現場教學、情景模擬、案例研究、方案設計等。商業銀行可根據培訓重點和受訓人員行為方式的不同，通過不同培訓形式的交叉運用來提高培訓的效果。

（三）基於領導力模型的商業銀行行長績效考核設計

績效：結果+過程，引進平衡記分卡和關鍵業績指標能清楚地界定績效體現在結果方面的指標，而引進領導力之後則能非常容易地界定績效在過程方面的指標，從而極大地簡化績效評價過程，並能鼓勵員工不斷提高自己的領導力水準。

為改變傳統的依據主觀評價籠統評分的個人考核模式，在商業銀行行長績效考核中不妨引入基於員工勝任能力和素質的行為考核評價工具——行為錨定等級評價法（Behavior Anchored Rating Scales），完善行長的年度績效考核機制。該工具基於行長領導力模型，通過明確銀行所期望的能產生高績效的能力和素質，對每項關鍵因素外化的行為設定若干評價等級和標準，上級和同事根據員工個人日常工作表現和關鍵事件表現來評判各項行為等級。這對於業績貢獻難以量化考核的工作，將是一種簡便、有效的考核方法。將領導力模型應用於績效管理，需要建立公正的、具有發展導向和戰略性的績效管理體系。這樣一個績效管理體系應包括四方面的內容：①績效目標是建立在認同和信任的基礎上，員工參與績效目標的制定，並通過管理溝通形成績效承諾；②在整個績效管理過程中，管理者應針對下屬領導力的特點，給予相應的指導、支持和授權，不斷提高下屬的工作自主權，推動員工與企業共同成長；③績效考核應做到公平、公正，績效溝通應著眼於領導力發展與績效提高；④績效管理不能僅僅局限於員工個人的績效，應注意領導力中人際技能和團隊協作能力的培養與發揮，合理設計工作群體，努力提高群體績效。

（四）基於領導力模型的現代商業銀行後備行長選拔和培育

企業接班人計劃是現代企業應對各種危機管理所不得不採用的一種策略。運用領導力模型，現代企業能夠選拔出有潛質的企業接班人（後備人才），從而為組織的發展提供合適的領袖人才，進而實現企業的長遠發展。

對於競爭激烈的商業銀行來說，建立全新的、科學的、系統的行長後備人才選拔培育系統，對於銀行在知識經濟時代獲得生存和競爭優勢具有重要意義。鑒於此，改革和完善後備人才選拔培養機制，以行長領導力模型為基礎，建立行長後備人才選拔評價體系；以行為事件訪談法、評價中心法為手段，完善基於業績和能力的人才測評體系，是當前許多商業銀行所面臨的一項緊迫任務。

（五）基於領導力模型的商業銀行行長職業生涯規劃設計

運用領導力模型這一有效工具，商業銀行可以對在崗行長領導力現狀進行評估。在此基礎上，結合行長本人的工作特點和行為特質，為其設計符合個人需要與企業需要的職業生涯規劃，從而實現員工和企業的共同成長。領導力模型在理論上具有其優越性，在國內外許多優秀企業實踐中也取得了良好的效果。然而，由於文化適應性和銀行業的特殊性、銀行人員素質以及基礎管理的限制，基於領導力模型的人力資源管理實踐活動必須循序漸進，先從理念的引入，再到實踐運用，並最終在人力資源實踐中發揮重要作用，進而重新塑造人力資源管理體系，全面促進業務的發展。

附件1　領導行為績效管理系統研究調查問卷

尊敬的女士/先生：

　　您好！

　　素仰貴公司經營卓越，且熱心支持學術研究，令人尊敬。煩請您於百忙之中填寫本問卷。

　　領導行為的績效管理問題已成為理論界和實業界面臨的重要課題。本研究試圖對領導行為的職業能力與素質、績效評價指標、職業能力提升途徑等進行調查。在此基礎上構建企業領導行為的績效管理系統，為領導行為的績效管理提供理論指導。特此懇請您協助填答本問卷。

　　您的支持是本研究非常重要的部分，故懇請您審慎全部填答，您所提供之資料僅提供學術研究之用，絕不對外披露。在本研究完成後，若貴公司需要，請留下聯繫方式，我們將奉贈研究摘要一份，以答謝貴公司的熱情協助。

　　非常感謝您花費寶貴時間填寫這份問卷！

　　順祝事業順利，萬事如意！

領導行為績效管理系統研究課題組
20××年×月

一、個人基本信息（請在相應的選項上打「√」）

1. 您的性別：□男　　□女
2. 您的年齡：□40歲以下；□41~45歲；□46~50歲；□51~55歲；□56~60歲；□60歲以上
3. 您的最高學歷：□高中以下；□高中或中專；□大專；□學士；□碩士；□博士
4. 您參加工作的時間：□0~4年；□4~5年；□5~10年；□10~20年；□20年以上

5. 您已經在本單位中工作了：□2 年以下；□2～5 年；□5～10 年；□10 年以上

6. 您所在單位的性質：□製造業；□批發與零售業；□房地產業；□建築業；□住宿和餐飲業；□採礦業；□交通運輸、倉儲和郵電業；□金融業；□電力、燃氣和水的生產和供應業；□信息傳輸、計算機服務和軟件業；□農、林、牧、漁業；□其他＿＿＿＿＿＿（請您填寫）

7. 您所在企業的性質：□國有企業；□民營企業；□合資或外商獨資企業

8. 您所在企業的總人數：□100 人以下；□100～400 人；□400～500 人；□500～1000 人；□1,000～2,000 人；□2,000～4,000 人；□4,000 人以上

9. 您所在企業的年銷售額：□1,000 萬元以下；□1,000 萬～4,000 萬元；□4,000 萬～15,000 萬元；□15,000 萬～40,000 萬元；□40,000 萬元以上

10. 你所在公司的股權結構：□個人獨資公司；□有限責任公司；□無限責任公司；□股份有限公司；□其他＿＿＿＿＿＿（請您填寫）

11. 您的職位及職責分工：

□董事長（企業所有者）；□總經理；□生產副總；□行銷副總；

□財務副總；□人事行政副總；□研發副總；□人力資源經理（部長）；

□其他＿＿＿＿＿＿（請您填寫）

12. 您任現職的途徑：□外部公開招聘；□內部競爭上崗；□內部晉升；□上級主管部門任命；□員工民主選舉；□其他＿＿＿＿＿＿（請您填寫）

（如果您是人力資源經理，請填寫您公司選聘領導時常用的途徑）

二、績效評價者（請在相應的選項上打「√」）

1. 對您的績效進行考核的有哪些？（可多選）

□直接上級；　□自己；　□同事；　□直接下級；　□間接下級；□董事會；□績效評價委員會；　□職代會；　□上級主管部門；□其他＿＿＿＿＿＿（請您填寫）

三、考核指標

以下是常用的考核指標，在公司對您的考核體系中，有沒有這些指標，如果有，在「有」後面的「□」裡打「√」，如果沒有，請在「無」後面的「□」裡打「√」。然後，您認為這些指標對於考核您的工作來說重要程度如何，請您在後面相應的方框裡打「√」。另外如果還有未列出的指標，請在後面的空格裡填寫（如果您是董事長或人力資源經理，請您選擇對公司各職位領導行為評價時通用的考核指標，並對各指標的重要性進行評價）。

附件 1　領導行為績效管理系統研究調查問卷

編號	問題	公司對您的考核指標中是否有該指標	您認為該指標的重要程度				
			很不重要	較不重要	一般	比較重要	非常重要
1. 財務類指標							
1.1	銷售目標完成率	有□　無□					
1.2	銷售利潤率	有□　無□					
1.3	淨資產收益率	有□　無□					
1.4	總資產報酬率	有□　無□					
1.5	總資產週轉率	有□　無□					
1.6	流動資產週轉率	有□　無□					
1.7	存貨週轉率	有□　無□					
1.8	應收帳款週轉率	有□　無□					
1.9	資產負債率	有□　無□					
1.10	流動比率	有□　無□					
1.11	現金流動負債率	有□　無□					
1.12	總資產增長率	有□　無□					
1.13	銷售增長率	有□　無□					
1.14	貨款回收款（回款率）	有□　無□					
1.15	資金週轉率	有□　無□					
其他		有□　無□					
2. 客戶類指標							
2.1	客戶滿意度	有□　無□					
2.2	市場佔有率	有□　無□					
2.3	客戶開發率	有□　無□					
2.4	客戶維持率	有□　無□					
2.5	客戶利潤率	有□　無□					
其他		有□　無□					
3. 企業內部營運類指標							
3.1	員工培訓目標達成的程度	有□　無□					
3.2	人才引進計劃的完成程度	有□　無□					
3.3	費用預算的執行情況	有□　無□					
3.4	事故發生率	有□　無□					
3.5	分管領域制度建設	有□　無□					
3.6	項目、產品開發計劃完成的程度	有□　無□					

(續表)

編號	問題	公司對您的考核指標中是否有該指標	您認為該指標的重要程度				
			很不重要	較不重要	一般	比較重要	非常重要
3.7	交貨期	有□ 無□					
3.8	設備維護	有□ 無□					
3.9	會計核算準確性	有□ 無□					
3.10	資金安全性	有□ 無□					
其他		有□ 無□					
4. 學習、創新與成長類指標							
4.1	員工滿意度	有□ 無□					
4.2	員工留住率	有□ 無□					
4.3	人才戰略規劃	有□ 無□					
4.4	骨幹人才適用率	有□ 無□					
4.5	員工合理化建議的次數、採納程度及帶來的效益	有□ 無□					
4.6	新產品(項目)收入占總收入的比率	有□ 無□					
4.7	技術改造創造的收益	有□ 無□					
其他		有□ 無□					
5. 個人能力與行為指標							
5.1	決策能力	有□ 無□					
5.2	溝通協調能力	有□ 無□					
5.3	授權與激勵能力	有□ 無□					
5.4	學習與創新能力	有□ 無□					
5.5	人才培養能力	有□ 無□					
5.6	個人影響力（個人魅力）	有□ 無□					
5.7	專業知識技能	有□ 無□					
5.8	工作主動性	有□ 無□					
5.9	團隊協作意識	有□ 無□					
5.10	成就動機（追求高績效、做事追求盡善盡美的程度）	有□ 無□					
5.11	自信	有□ 無□					
5.12	責任心	有□ 無□					
其他		有□ 無□					

四、績效評價結果的應用

績效評價結果的應用情況如何，請在相應的選項後面的「□」打「√」。您認為以下各種選項的重要程度如何，請在相應的選項裡打「√」（如果您是董事長或人力資源經理，請您客觀評價目前公司在對領導行為績效評價結果的應用以及領導行為的培訓方面的現狀，並對各項目的重要性進行評價）。

編號	問題	是否應用（有）	您認為該指標的重要程度				
			很不重要	較不重要	一般	比較重要	非常重要
1	考核結果及時反饋	是□ 否□					
2	考核結果作為您職業生涯規劃的依據	是□ 否□					
3	考核結果作為對您獎懲的依據	是□ 否□					
4	考核結果作為您的薪酬分配的依據	是□ 否□					
5	考核結果作為您的職位升降的依據	是□ 否□					
6	考核結果作為對您培訓的依據	是□ 否□					
6.1 目前公司為您提供的培訓項目或內容							
6.1.1	系統的管理知識與技能	是□ 否□					
6.1.2	分管領域的專業知識與技能	是□ 否□					
6.1.3	個人潛能開發	是□ 否□					
6.1.4	新理念的培訓	是□ 否□					
其他培訓項目或內容							
6.2 公司為您提供的培訓途徑							
6.2.1	專題講座	是□ 否□					
6.2.2	研修班（研究生班、MBA研修班等）	是□ 否□					
6.2.3	成人學歷教育（本科、研究生等）	是□ 否□					
6.2.4	研討會	是□ 否□					
6.2.5	進修	是□ 否□					
6.2.6	到國內其他企業參觀學習	是□ 否□					
6.2.7	出國考察	是□ 否□					
其他培訓途徑							
6.3 公司為您提供的培訓方式							
6.3.1	講座	是□ 否□					
6.3.2	案例討論	是□ 否□					
6.3.3	培訓游戲	是□ 否□					
6.3.4	角色扮演	是□ 否□					

(續表)

編號	問題	是否應用（有）	您認為該指標的重要程度				
			很不重要	較不重要	一般	比較重要	非常重要
6.3.5	戶外拓展訓練	是□ 否□					
6.3.6	職務輪換（輪崗）	是□ 否□					
6.3.7	授課	是□ 否□					
其他培訓方式							
考核結果的其他用途							

五、公司業績

貴公司近兩年來的業績及您分管領域的工作情況如何，請您在相應的選項中打「√」（如果您是董事長或人力資源經理，請您客觀評價目前公司在下述各方面工作業務的現狀）。

編號	問題	您認為與貴公司現狀及您分管工作符合的程度				
		完全不符合	較不符合	一般	比較符合	完全符合
1	貴公司的業績呈增長趨勢					
2	貴公司的生產經營費用呈減少趨勢					
3	貴公司市場佔有率逐步提高					
4	貴公司社會形象逐步提高					
5	貴公司顧客滿意度逐步提高					
6	貴公司的內部作業流程效率逐步提高					
7	貴公司員工滿意度逐步提高					
8	貴公司骨幹人才流失率逐步降低					
9	貴公司的財務安全狀況逐步提高					
10	貴公司的財務營運狀況逐步提高					
11	貴公司的各種管理制度逐漸完善					
12	貴公司新產品、新技術的研發逐步提高					
13	貴公司的人員引進、員工培訓效果逐步提高					

六、企業環境

貴公司是否把環境因素考慮到績效評價指標內，請在後面的「□」打「√」，您認為這些指標的重要程度如何，請在相應的選項打「√」。

附件 1　領導行為績效管理系統研究調查問卷

編號	問題	是否有此指標	您認為的重要程度				
			很不重要	較不重要	一般	比較重要	非常重要
1	外部市場環境對實現組織目標的影響	是□　否□					
2	宏觀政策、經濟環境對組織目標的影響	是□　否□					

七、領導行為應具備的基本能力與素質要求

以下是領導行為基本能力與素質要求的選項，這些能力與素質由低到高劃分為 10 個等級，您認為自己在各項能力與素質方面達到了哪個等級，請在相應的等級下打「√」（如果您是董事長或人力資源經理，請選擇您公司績效優秀的領導行為在各項能力方面達到的等級）。

編號	項目	您認為本人該項能力與素質的等級									
		1	2	4	4	5	6	7	8	9	10
1	成就欲										
2	主動性										
3	責任心										
4	人際理解力										
5	服務意識										
6	人才培養										
7	團隊合作										
8	溝通能力										
9	監控能力										
10	領導能力										
11	專業知識技能										
12	演繹思維能力										
13	歸納思維能力										
14	自信										
15	自我控制能力										
16	正直										
17	誠信										
18	職業忠誠度										
19	影響力										
20	關係建立能力										
其他	……										

再次感謝您花寶貴時間填寫這份問卷！

附件2 領導行為各項素質評價等級的均值

勝任素質要素	評價等級的均值
成就欲	7.68
主動性	8.29
責任心	9.05
團隊合作	7.81
服務意識	8.4
影響力	8.46
關係建立	8.82
培養人才	8.67
監控能力	7.86
領導能力	7.95
溝通能力	7.29
歸納思維能力	7.75
自信	8.27
自我控制能力	8.9
職業忠誠度	7.52

附件 3　領導綜合素質考評表

被考評人		單位及崗位		日期	

考核內容		考核評分基準	分值	評分
工作態度	全局意識	凡事都能夠從公司的整體利益出發考慮問題，站在全局的高度上高效地處理問題	24~25	
		大多數情況下（特別是重大問題）能夠從公司的整體利益出發考慮問題，站在全局的高度上合理地處理問題	20~23	
		全局觀念意識一般	16~19	
		全局意識較弱，處理問題的時候較少從全局出發	10~15	
		根本沒有全局意識，只注重眼前利益和小團體的利益	1~9	
	敬業精神	工作勤勤懇懇，兢兢業業，凡事以公司為重，個人的利益服從公司的利益，並帶動下屬努力工作，積極主動地完成各項工作任務	24~25	
		自身工作努力，任勞任怨，且能以公司為重，個人的利益服從公司的利益	20~23	
		工作基本上能做到認真仔細，基本上能完成公司下達的各項工作任務	16~19	
		事業心不強，缺乏主動性和創造性，工作完成情況不理想	10~15	
		缺乏事業心，工作上馬馬虎虎，大多情況下不能完成工作任務	1~9	
	部門間合作意識	能與同事、領導之間形成和諧信賴的關係，在部門合作時注意建立和諧的工作關係，創造融洽的人際氛圍，從而使所合作的工作高質量完成	24~25	
		能積極地配合其他部門工作，在部門合作時不推諉責任，能使所合作的工作順利進行	20~23	
		在部門合作時態度謙和，基本能配合完成工作	16~19	
		在部門合作時雖配合，但態度上比較消極	10~15	
		在部門合作時不重視部門間合作意識，總是推諉責任，從而使工作進展困難	1~9	
	責任感	對任何事情都有強烈的責任心並積極付諸行動，勇於承擔重擔	24~25	
		責任心強，能清楚知道自己的責任，敢於承擔責任	20~23	
		有一定的責任心，工作稍加督促，亦能完成	16~19	
		工作被動，一般情況下缺乏責任心，不能按時完成工作任務	10~15	
		消極、被動，不負責任，遇事推諉，總想逃避責任	1~9	

（續表）

考核內容		考核評分基準	分值	評分
工作能力	計劃能力	能積極按照公司的經營戰略目標及年度的經營計劃安排，制訂本系統的長、中、短期工作目標和實施計劃，有很強的可操作性和整體計劃的配合性	14~15	
		能積極按照公司的年度經營計劃安排，制訂本系統的年度、月度工作計劃，確定下屬工作任務，有較好的可操作性和整體計劃的配合性	12~13	
		能制訂本系統的月度工作計劃，但全局觀念不強，與公司整體計劃的配合度不夠，可操作性不強	9~11	
		工作計劃制定不及時，且工作計劃模糊不清	4~8	
		本系統沒有工作計劃，下屬工作時有很大的隨意性	1~3	
	職務技能	業務能力強，能妥善解決本系統關鍵複雜的業務問題，事業上的帶頭人或業務尖子	14~15	
		業務能力強，能獨立處理較複雜的業務工作，是業務骨幹	12~13	
		業務能力一般，能獨立處理本系統日常工作	9~11	
		業務能力較差，在具體指導下能處理日常工作	4~8	
		業務能力差，難以勝任本系統日常工作	1~3	
工作能力	團隊建設	擅於團隊建設，打造了一支卓越的團隊；同時也非常注重部門之間的橫向協作，與公司各部門建立了非常好的協作關係	9~10	
		溝通能力強，能使所領導的團隊有較強的凝聚力，與公司各部門建立了良好的協作關係	7~8	
		溝通能力一般，所領導的團隊凝聚力一般，與公司各部門的合作關係一般	5~6	
		不易與人溝通協調，所領導的團隊無凝聚力，與公司各部門合作關係較差，有時會因為工作差錯而造成部門之間的矛盾	3~4	
		無法與人溝通協調，所領導的團隊散漫，與公司各部門之間的合作關係很差，致使工作難以推動	1~2	
	變革創新	能綜合分析公司的經營發展狀況，不斷為公司提出變革創新的發展思路。能以本系統的變革創新帶動公司其他系統的變革創新	9~10	
		從本系統出發，提出變革創新的具體方法。在本系統內能營造變革創新的氛圍，鼓勵員工積極變革創新	7~8	
		有一定的變革創新思路。雖然能夠吸取和採納員工的變革創新建議，但缺乏激勵	5~6	
		能夠模仿其他系統的做法，進行有限的變革創新。沒有鼓勵員工變革創新，本系統內沒有變革創新氛圍	3~4	
		工作因循守舊，缺乏變革創新。對員工的變革創新漠然視之，甚至反對變革創新	1~2	
	人才培養	瞭解所有下屬的工作業績表現、能力特點，並能針對每個下屬的具體情況進行專門的培育，使其能力得以大幅提升，為公司作出較大的貢獻	9~10	
		瞭解大多數下屬的工作業績表現、能力特點，並能針對每個下屬的具體情況進行專門的培育，使其能力得以提升，為公司作出貢獻	7~8	
		能應部屬之要求，提供其所需之訓練與指導	5~6	
		對培育部屬缺乏主動性，且在培育的方法上不夠好	3~4	
		對部屬之績效提升執行方案毫不關心，更排斥對部屬之培訓	1~2	

附件 3　領導綜合素質考評表

（續表）

考核內容		考核評分基準	分值	評分
工作能力	判斷決策力	能在複雜之狀況中，遇事能快速、準確地作出正確之判斷和決定	9~10	
^	^	能有效掌握相關信息，評估可能結果，且快速有效地作出決定，而所作的決策事後常能證明大多數正確	7~8	
^	^	能分析、研判資料、信息，並衡量決策後果，其決策一般而言快速且大多準確	5~6	
^	^	易於對不準確或不完整之信息在未仔細考量的情況下作出決策	3~4	
^	^	判斷欠佳，經常草率決定或不願作決定	1~2	
^	組織能力	對任何工作任務和突發事件，都能快速、準確地作出判斷與決策，並高效地組織本系統的員工及其他相關系統的員工出色地完成任務	9~10	
^	^	對任何工作任務，都能組織本系統的員工及相關系統的員工出色完成，但面對突發事件在組織工作上尚欠缺一點經驗	7~8	
^	^	基本上能夠組織本系統的下屬員工完成工作任務，工作的質量不夠完美	5~6	
^	^	缺乏組織能力，本系統的工作任務有部分不能按規定完成	3~4	
^	^	組織工作混亂不堪，系統的工作不能有序進行，嚴重影響了公司整體的經營發展	1~2	
^	應變能力	能前瞻性地瞭解內外環境變化，迅速調整本系統計劃，出色地完成既定的工作目標	9~10	
^	^	在外界環境發生改變的情況下及時進行分析，並調整本系統計劃，最大限度完成既定的工作目標	7~8	
^	^	在外界環境變化發生改變的情況下，能配合公司要求對本系統計劃進行一定的調整，以符合公司經營的需要	5~6	
^	^	對內外環境缺乏認識，反應較為遲緩	3~4	
^	^	漠視內外環境變化，不做本系統計劃的調整	1~2	
^	學習提升	非常樂意參加各項教育訓練、研討會和各種會議，並主動積極地學習各方面的知識，吸收後運用到實際的工作當中，為公司創造效益	9~10	
^	^	樂意參加各項教育訓練、研討會和各種會議，能根據目前自身存在的工作差距，有針對地進行相關知識的學習並運用到工作當中	7~8	
^	^	被動地參加各項教育訓練、研討會和各種會議，學習知識的主觀能動性不強	5~6	
^	^	偶爾參加各項教育訓練、研討會和各種會議，不願主動學習	3~4	
^	^	從不參加各項教育訓練、研討會和各種會議及學習新的知識	1~2	
綜合評價及建議		簽名及日期：	總分	

說明：為了保證考核的客觀性，如對表中某一條不瞭解時，該條可以空項，不打分。

參考文獻

一、中文部分

[1] 沈登學. 領導管理心理學 [M]. 烏魯木齊：新疆人民出版社，1999.

[2] 沈登學. 人力資源管理中的心理測評 [M]. 成都：四川科技出版社，2004.

[3] 沈登學. 職業生涯設計學 [M]. 成都：四川大學出版社，2003.

[4] 凌文輇，濱治世. 心理測驗法 [M]. 北京：科學出版社，1998.

[5] 戴忠恒. 心理測量 [M]. 長沙：湖南教育出版社，1987.

[6] 徐聯倉，凌文輇. 組織管理心理學 [M]. 北京：科學出版社，1988.

[7] IBM 2008 年全球人力資本調研報告：解析高適應性人才團隊的構建基因 [EB/OL]. http://WWW.ibm.com/cn/zh/.

[8] M. 圖什曼，C. A. 奧賴利. 創新制勝：領導組織的變革與振興實踐指南 [M]. 孫連勇，等，譯. 北京：清華大學出版社，1998.

[9] R. 布萊克，A. A. 麥坎斯. 領導難題·方格解法：管理方法新論 [M]. 孔令濟，等，譯. 北京：中國社會科學出版社，1999.

[10] 安德魯·杜伯林. 領導藝術 [M]. 賀平，等，譯. 沈陽：遼寧教育出版社，1999.

[11] 安娜蓓爾·碧萊爾. 領導與戰略規劃 [M]. 趙偉，譯. 北京：機械工業出版社，2000.

[12] 陳春霞. 行為經濟學和行為決策分析：一個綜述 [J]. 經濟問題探索，2008（1）.

[13] 陳慧. 有效領導行為實證研究 [J]. 北京郵電大學學報（社會科學版），2006（10）.

[14] 陳夢竹，黃勛敬. 國際先進企業基於勝任力的後備人才管理制度案例分析 [J]. 金融管理與研究，2007（11）.

[15] 陳瑋. 培養中國未來的企業領導人 [N]. 經濟觀察報，2007 -

08-18.

[16] 陳霞，段興民. 外派經理的績效評估［J］. 科學學與科學技術管理，2001（10）.

[17] 諶新民，劉善敏. 人員測評技巧［M］. 廣州：廣東經濟出版社，2002.

[18] 諶新民. 人力資源管理概論［M］. 3 版. 北京：清華大學出版社，2005.

[19] 方慶來. 漫議領導風格［J］. 領導藝術，2007（7）.

[20] 付丹. 跨國公司外派經理選擇方法與開發機制研究［D］. 廣州：暨南大學，2006.

[21] 蓋伊·黑爾. 領導者的優勢：掌握思維突破點的 5 個技巧［M］. 郭武文，譯. 北京：華夏出版社，2000.

[22] 郭惠容，劉欣. 美國跨國公司外派經理管理及其啟示［J］. 商業研究，2000（11）.

[23] 郭俊. 跨國經營企業選派外派經理問題研究［J］. 西安石油學院學報（社會科學版），2002（5）.

[24] 韓卓辰. 大象跳舞的秘訣［J］. 信息網絡，2007（4）.

[25] 合易人力資源管理諮詢. 領導力素質模型如何培養［EB/OL］. http://WWW.heyeehrm.corn/index.asp.

[26] 亨利·明茨伯格. 領導［M］. 思銘，譯. 北京：中國人民大學出版社，2000.

[27] 侯貴松. 領導力［M］. 北京：中國紡織出版社，2006.

[28] 胡月星. 現代領導心理學［M］. 太原：山西經濟出版社，2005.

[29] 華倫·本尼斯，伯特·耐納斯. 領導者：成功謀略［M］. 柴賀，譯. 北京：九州圖書出版社，1999.

[30] 黃歐文. 領導力訓練［M］. 北京：中國城市出版社，2003.

[31] 黃秀娟，黃勛敬. 人力資源提升新理念——基於勝任力的培訓體系設計研究［J］. 科學管理研究，2007（6）.

[32] 黃勛敬，胡曄. 國有商業銀行員工工作倦怠現狀及對策實證研究［J］. 金融論壇，2007（1）.

[33] 黃勛敬，李光遠，張敏強. 商業銀行行長勝任力模型研究［J］. 金融論壇，2007（7）.

[34] 黃勛敬，孫海法. 中國跨國企業外派人員薪酬問題研究［J］. 中國

人力資源開發, 2007 (6).

[35] 黃勛敬, 孫海法. 外派員工孤獨感成因及干預對策研究 [J]. 中國人力資源開發, 2008 (1).

[36] 黃勛敬, 張敏強. 建立基於勝任力的現代商業銀行人力資源管理體系 [J]. 管理現代化, 2007 (1).

[37] 黃勛敬. E 時代, HRM 走向前臺 [J]. IT 經理世界, 2001 (6).

[38] 黃勛敬. 贏在勝任力——基於勝任力的新型人力資源管理體系 [M]. 北京: 北京郵電大學出版社, 2007.

[39] 黃勛敬. 勝任力模型: 選擇「最適」的外派人才 [J]. 新資本, 2008 (2).

[40] 黃勛敬. 獲取卓越績效管理 [J]. 新資本, 2008 (2).

[41] 吉伯, 等. 領導力開發指南 [M]. 任長江, 譯. 北京: 人民郵電出版社, 2005.

[42] 金鑫. 領導力開發的途徑 [J]. 企業改革與管理, 2005 (1).

[43] 九院校編寫組. 領導學 [M]. 瀋陽: 遼寧人民出版社, 1986.

[44] 鞠偉. 領導力培養與實踐 [J]. 新資本, 2007 (4).

[45] 肯·謝爾頓. 領導是什麼: 美國各界精英對 21 世紀領導的卓見 [M]. 王伯言, 譯. 上海: 上海人民出版社, 2000.

[46] 庫澤斯, 波斯納. 激勵人心: 提升領導力的必要途徑 [M]. 王莉, 譯. 北京: 電子工業出版社, 2006.

[47] 庫澤斯, 波斯納. 領導力 [M]. 3 版. 李麗林, 楊振東, 譯. 北京: 電子工業出版社, 2004.

[48] 老諾曼·弗里根, 小哈里·杰克遜. 領導的科學與藝術: 培養領導必需的技巧與個人品質 [M]. 肖忠華, 譯. 上海: 上海人民出版社, 2000.

[49] 雷蒙·阿爾達格, 巴克·約瑟夫. 領導與遠景: 激勵屬下的 25 個訣竅 [M]. 陳榮, 譯. 北京: 北京大學出版社, 2000.

[50] 李春, 許娜. 行為金融學理論的形成發展及研究困難 [J]. 時代金融, 2007 (11).

[51] 李宏, 李宏豔. 跨國公司對外派經理的管理戰略 [J]. 北京工商大學學報 (社會科學版), (11).

[52] 李華, 張湄. 外派經理: 跨國公司專業化管理的核心環節 [J]. 國際經濟合作, 2004 (12).

[53] 李林, 童新洪. 基於項目績效的領導力模型 [J]. 現代管理科學,

2005（9）.

［54］李寧. 美國企業如何挑選和培訓外派經理［J］. 國際人才交流, 2003（5）.

［55］李曉紅. 讓外派薪酬成為異地擴張的加速器［J］. 北大商業評論, 2007（9）.

［56］李秀蘭. 跨國公司外派經理績效管理研究［D］. 哈爾濱：哈爾濱工程大學, 2007.

［57］李玄, 李宕豔. 跨國公司對外派經理的管理戰略［J］. 北京工商大學學報（社會科學版）, 2005（11）.

［58］李中斌, 張曉慧. 企業海外人員的派遣及其管理［J］. 經濟與管理, 2002（8）.

［59］理查德·達夫特, 羅伯特·H. 倫格爾. 聚變式領導：激活企業的潛在力量［M］. 劉美珍, 馬勝, 譯. 上海：上海譯文出版社, 2001.

［60］理查德·哈格斯, 羅伯特·吉納特, 戈登, 柯菲. 領導學——在經驗累積中提升領導力［M］. 朱舟, 譯. 北京：清華大學出版社, 2004.

［61］理查德·尼克松. 領導者［M］. 尤鯢, 等, 譯. 北京：世界知識出版社, 1997.

［62］羅伯特·邁爾斯. 領導公司變革：改制——企業自我提升的藍圖［M］. 陳世珍, 等, 譯. 北京：中國經濟出版社, 2001.

［63］羅伯特·H. 羅森, 保羅·B. 布朗. 領導的藝術［M］. 天津編譯中心組, 譯. 北京：國際文化出版公司, 2000.

［64］羅劍威. 企業管理人員領導力發展研究［D］. 廣州：暨南大學, 2004.

［65］摩托羅拉：從核心領導力模型到CAMP［EB/OL］. 中國人力資源開發網. http://WWW.chinahrd.net/.

［66］莫少昆. 大領導力［M］. 北京：東方出版社, 2006.

［67］諾爾·M. 蒂奇, 厄里·科恩. 領導引擎：公司常勝寶典［M］. 林宙辰, 陳文輝, 譯. 北京：清華大學出版社, 1999.

［68］彭劍鋒. 人力資源管理概論［M］. 上海：復旦大學出版社, 2005.

［69］彭劍鋒. 企業領導力培育與領導團隊的建設［EB/OL］. 中國管理傳播網. http://man-age.org.cn.

［70］戚小波, 張楠. 企業外派經理成功歸國研究［J］. 四川經濟管理學院學報, 2005（3）.

［71］喬塞夫·喬沃斯基. 領導聖經：關於領導力深層意義的探索［M］. 莫非, 譯. 成都：西南財經大學出版社, 1999.

［72］邱立成, 成澤宇. 跨國公司外派經理管理［J］. 南開管理評論, 1999（5）.

［73］任長江. 美國企業的領導力開發實踐［J］. 人才資源開發, 2004（12）.

［74］任長江. 培養最佳管理者——美國3M公司的領導力開發［J］. 企業管理, 2005（2）.

［75］申明. 中式領導力［M］. 北京：企業管理出版社, 2003.

［76］時勘, 侯彤妹. 關鍵事件訪談的方法［J］. 中外管理導報, 2002（3）.

［77］時勘. 基於勝任特徵模型的人力資源開發［J］. 心理科學進展, 2006（4）.

［78］史蒂芬·柯維. 高效能人士的七個習慣［M］. 北京：中國青年出版社, 2002.

［79］史提夫·艾柏赫特, 約翰·柯力蒙. 不朽的智慧領導力的啟示：柏拉圖、莎士比亞、金恩、克勞塞維茲、邱吉爾、甘地……［M］. 李宛蓉, 譯. 北京：昆侖出版社, 1999.

［80］蘇凱. 中國組織領導力發展模式研究及建議——明基集團領導力［D］. 上海：上海交通大學, 2007.

［81］孫海法, 方琳. 外派人員的多角度培訓與開發［J］. 新資本, 2008（2）.

［82］孫海法. 現代企業人力資源管理［M］. 廣州：中山大學出版社, 2002.

［83］孫振耀. 讓「目標管理」水到渠成——如何培養員工領導力［J］. IT世界經理, 2006（12）.

［84］唐東方, 張建武. 人力資源管理實用操作經典［M］. 北京：人民出版社, 2006.

［85］唐榮明. 中國企業全球領導力的五大缺失［J］. 機械工業信息與網絡, 2007（6）.

［86］王德文, 張建武, 都陽. 中國勞動經濟學［M］. 北京：中國勞動出版社, 2004.

參考文獻

［87］王輝，忻蓉，徐淑英．中國企業CEO的領導行為及其對業績的影響［J］．管理世界，2006（4）．

［88］王峻松．IBM如何打造領導力［J］．通信企業管理，2004（5）．

［89］王樂夫．領導學：理論、實踐與方法［M］．廣州：中山大學出版社，1998．

［90］王明輝，凌文栓．外派經理培訓的新趨勢［J］．中國人力資源開發，2004（8）．

［91］王明景．試論國際旅遊企業外派經理的管理［J］．安徽工業大學學報（社會科學版），2002（11）．

［92］威廉·科恩．領導者的藝術［M］．陸麗雲，譯．北京：光明日報出版社，2001．

［93］吳江．提升你的領導力［J］．中國電力企業管理，2005（5）．

［94］吳培冠．如何進行公平的薪酬體系設計［J］．新資本，2008（2）．

［95］夏禹龍，等．領導與戰略［M］．濟南：山東人民出版社，1985．

［96］夏禹龍，等．論領導科學［M］．北京：光明日報出版社，1987．

［97］徐飛．東西方思維方式和文化特質比較——兼論跨文化領導力［J］．上海交通大學學報（哲學社會科學版），2006（5）．

［98］徐建平．教師勝任力模型與測評研究［D］．北京：北京師範大學，2004．

［99］嚴正．四維領導力——鍛造中國管理者的卓越領導力［M］．北京：機械工業出版社，2007．

［100］楊國安．動盪環境中的企業轉型和領導力開發［EB/OL］．中華管理精粹，http://WWW.sba.com.Cn./.

［101］楊燕．跨國公司如何培訓外派經理［J］．中國人力資源開發，2002（5）．

［102］楊壯．中國企業家的領導風格特徵分析［J］．商務周刊，2007（5）．

［103］佚名．如何培養和提升領導力［J］．通信企業管理，2003（8）．

［104］餘世維．領導商數［M］．北京：北京大學出版社，2005．

［105］約翰·伍頓，史蒂夫·詹姆森．全力以赴：讓每一個人激情飛颺［M］．姚穎，黃沛，譯．北京：人民郵電出版社，2006．

［106］張春霞．中國境外投資企業駐外管理人員的選拔與培訓［J］．湖南經濟管理幹部學院學報，2006（1）．

［107］張建武. 勞動經濟學：理論與政策研究［M］. 北京：中央編譯出版社，2001.

［108］張雷. 基於企業持續發展的領導力開發——飛利浦照明電子亞太區的個案研究［D］. 上海：上海交通大學，2007.

［109］張權. 企業領導力培養研究［D］. 貴陽：貴州大學，2006.

［110］張偉峰，職業生涯管理，如何做到「雙贏」［J］. 新資本，2008（2）.

［111］張雲庭. 現代領導學［M］. 呼和浩特：內蒙古人民出版社，1987.

［112］張占斌，等. 新中國企業領導制度［M］. 上海：春秋出版社，1988.

［113］章義伍. 共贏領導力［M］. 北京：北京大學出版社，2004.

［114］趙懷讓. 領導科學新論［M］. 鄭州：河南人民出版社，1985.

［115］趙履寬. 現代領導知識要覽［M］. 杭州：浙江人民出版社，1989.

［116］趙曙明. 跨國公司人力資源管理［M］. 北京：中國人民大學出版社，2001.

［117］中國科學院「科技領導力研究」課題組. 領導感召力研究［J］. 領導科學，2006（10）.

［118］中國科學院「科技領導力研究」課題組. 領導決斷力研究［J］. 領導科學，2006（13）.

［119］中國科學院「科技領導力研究」課題組. 領導控制力研究［J］. 領導科學，2006（14）.

［120］中國科學院「科技領導力研究」課題組. 領導力五力模型研究［J］. 領導科學，2006（9）.

［121］中國科學院「科技領導力研究」課題組. 領導前瞻力研究［J］. 領導科學，2006（11）.

［122］中國科學院「科技領導力研究」課題組. 領導影響力研究［J］. 領導科學，2006（12）.

［123］朱榮華. 對提高跨國公司海外派遣成功率的探討［J］. 黑龍江對外經貿，2003（4）.

［124］追月. 以內養外——培養領導魅力［J］. 管理與財富，2006（4）.

［125］鄒燕，郭菊娥. 行為金融學理論研究體系及展望［J］. 寧夏大學學報（人文社會科學版），2007（11）.

二、英文部分

[1] Blanchard K, Zigarmi P, Nelson R. 1993. Situational Leadership After 25 Years: A Retrospective [J]. Journal of Leadership Studies: 23-47.

[2] Carlson D S, Perrewe P l. 1995. Institutionalization of Organizational Ethics through Transformational Leadership [J]. Journal of Business Ethics: 807-838.

[3] Dansereau F, Graen G B, Haga W. 1975. A Vertical Dyad Linkage Approach to Leadership in Formal Organizations [J]. Organizational Behavior and Human Performance: 46-79.

[4] Deborah Keller. 1992. Building Human Resource Capability [J]. Human Resource Management: 79-80.

[5] DObbinsG, Platz S. 1986. Sex Differences in Leadership [J]. Academy of Management Review: 66-97.

[6] Elkins Teri, Keller Robert T. 2003. Leadership in research and development organizations: A literature review and conceptual framework [J]. The Leadership Quarterly, 14: 587-606.

[7] Fiedler F. E., GarciaJ. E. 1987. New approaches to Leadership [M]. New York: John Wiley: 23-31.

[8] George C. Thomton, William C. Byham. 1982. Assessment Centers and Managerial Performance [J]. A Subsidiary Of Harcourt Brance Joyanovich. Publishers: 111-117.

[9] Hirst Giles, Mann Leon, Bain Panl, et al. 2004. Learning to lead: the development and testing of a model of leadership learning [J]. The Leadership Quarterly, 15: 311-327.

[10] House R J, Mitchell R R. 1974. Path-goal Theory of Leadership [J]. Journal of Contemporary Business: 71-97.

[11] Lord Robert G., Hall Rosalie J. 2005. Identity, deep structure and the development of leadership skill [J]. The Leadership Quarterly, 16: 591-615.

[12] McClelland D C, Boyatzis R E. 1982. Leadership motive pattern and term success in management [J]. Journal of Applied Psychology, 67: 737-743.

[13] Michael D. Ensley. 2003. Top management team process, shared lemder-ship, and new venture performance: a theoretical model and research agenda [J]. Human Resource Management Review: 329-346.

[14] Michael Lombardo, Robert Eichinger. 1995. Twenty-two Ways to Develop Leadership in Staff Managers [J]. Center for Creative Leadership: 45-83.

[15] Michael Lombardo, Robert Eichinger. 1997. What Characteri2es a Hippo Ferreting out the True High Potentials [M]. Minneapolis: Working Paper: 45-47.

[16] Shamir Boas, Eilam Galit. 2005.「What's your story?」A life-stories approach to authentic leadership development [J]. The Leadership Quarterly, 16: 395-417.

國家圖書館出版品預行編目（CIP）資料

領導行為與綜合測評研究 / 沈登學 著. -- 第一版.
-- 臺北市：崧博出版：崧燁文化發行, 2019.05
　　面；　公分
POD版

ISBN 978-957-735-836-3(平裝)

1.企業領導

494.2   108006394

書　　名：領導行為與綜合測評研究
作　　者：沈登學 著
發 行 人：黃振庭
出 版 者：崧博出版事業有限公司
發 行 者：崧燁文化事業有限公司
E - m a i l：sonbookservice@gmail.com
粉絲頁：　　　　　網址：
地　　址：台北市中正區重慶南路一段六十一號八樓 815 室
8F.-815, No.61, Sec. 1, Chongqing S. Rd., Zhongzheng
Dist., Taipei City 100, Taiwan (R.O.C.)
電　　話：(02)2370-3310　傳　真：(02) 2370-3210
總 經 銷：紅螞蟻圖書有限公司
地　　址：台北市內湖區舊宗路二段 121 巷 19 號
電　　話:02-2795-3656　傳真:02-2795-4100　網址：
印　　刷：京峯彩色印刷有限公司（京峰數位）

　　本書版權為西南財經大學出版社所有授權崧博出版事業股份有限公司獨家發行電子書及繁體書繁體字版。若有其他相關權利及授權需求請與本公司聯繫。

定　　價：550 元
發行日期：2019 年 05 月第一版
◎ 本書以 POD 印製發行